U0020592

採用最新蕨類植物分類系統PPG

台灣原生植物全圖鑑

Illustrated Flora of Taiwan: Ferns and Lycophytes I

第八卷（上）

蕨類與石松類 石松科——烏毛蕨科

呂福原◎總審定　邱文良◎審定

許天銓、陳正為、Ralf Knapp、洪信介◎著

貓頭鷹

台灣原生植物全圖鑑第八卷（上）：蕨類與石松類
石松科——烏毛蕨科

作　　者　許天銓、陳正為、Ralf Knapp、洪信介
總 審 定　呂福原
內文審定　邱文良
責任主編　李季鴻
特約編輯　胡嘉穎
協力編輯　林哲緯、趙建棣
特　　稿　張智翔
校　　對　黃瓊慧
版面構成　張曉君
封面設計　林敏煌
影像協力　廖于婷
總 編 輯　謝宜英
行銷業務　鄭詠文、陳昱甄

出 版 者　貓頭鷹出版
發 行 人　凃玉雲
發　　行　英屬蓋曼群島商家庭傳媒股份有限公司城邦分公司
　　　　　104台北市民生東路二段141號11樓
劃撥帳號：19863813　戶名：書虫股份有限公司
城邦讀書花園：www.cite.com.tw　購書服務信箱：service@readingclub.com.tw
購書服務專線：02-25007718～9（週一至週五上午09:30～12:00；下午13:30～17:00）
24小時傳真專線：02-25001990～1
香港發行所　城邦（香港）出版集團　電話：852-25086231／傳真：852-25789337
馬新發行所　城邦（馬新）出版集團　電話：603-90563833／傳真：603-90576622
印 製 廠　中原造像股份有限公司
初　　版　2019 年6月
定　　價　新台幣 2800 元／港幣 933 元
ISBN　978-986-262-388-6

國家圖書館出版品預行編目(CIP)資料

台灣原生植物全圖鑑. 第八卷, 蕨類 / 許天銓等著 ; 李季鴻主編.. -- 初版. -- 臺北市 : 貓頭鷹出版 : 家庭傳媒城邦分公司發行, 2019.06
448面 ; 21×28公分
ISBN 978-986-262-388-6（上冊 : 精裝）
1.植物圖鑑 2.台灣

375.233　　108008647

貓頭鷹
讀者意見信箱　owl@cph.com.tw
投稿信箱　owl.book@gmail.com
貓頭鷹知識網　www.owls.tw
貓頭鷹臉書　facebook.com/owlpublishing
歡迎上網訂購；大量團購請洽專線(02)2500-1919

目次

4 如何使用本書

6 推薦序

7 作者序

9 《台灣原生植物全圖鑑》總導讀

10 第八卷導讀（石松類與蕨類植物）

11 PPG分類系統第一版（PPGI）親緣關係樹

石松目

12 石松科

水韭目

41 水韭科

卷柏目

43 卷柏科

木賊目

64 木賊科

松葉蕨目

66 松葉蕨科

瓶爾小草目

67 瓶爾小草科

合囊蕨目

80 合囊蕨科

紫萁目

86 紫萁科

膜蕨目

91 膜蕨科

裏白目

151 雙扇蕨科

153 裏白科

莎草蕨目

162 海金沙科

164 莎草蕨科

槐葉蘋目

166 槐葉蘋科

170 田字草科

桫欏目

171 瘤足蕨科

179 金狗毛蕨科

181 桫欏科

水龍骨目

189 鱗始蕨科

211 鳳尾蕨科

320 碗蕨科

354 冷蕨科

361 軸果蕨科

362 腸蕨科

363 鐵角蕨科

419 岩蕨科

424 球子蕨科

425 烏毛蕨科

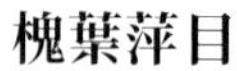

如何使用本書

本書為《台灣原生植物全圖鑑第八卷（上）：蕨類與石松類 石松科——烏毛蕨科》，使用PPG分類法，依照親緣關係，自石松目的石松科起，至水龍骨目的烏毛蕨科為止，共收錄28科409種。科總論部分詳細介紹各科特色、亞科識別特徵，並以不同物種照片，清楚呈現該科辨識重點。個論部分，以清晰的去背圖與豐富的文字圖說，詳細記錄植物的科名、屬名、拉丁學名、中文別名、生態環境、物種特徵等細節。以下介紹本書內頁呈現方式：

❶ 科名與科描述，介紹該科共同特色。
❷ 以特寫圖片呈現該科的識別重點。

12 · 石松目

❶ 石松科 LYCOPODIACEAE

全世界約 16 屬，約 400 種，泛世界性分布，於熱帶森林中具有最高的多樣性。本科成員生活型多樣，從地生、附生、懸垂到攀緣皆有，主要的形態特徵為莖二叉分支，小葉單一不分岔，對生或輪生於莖上，孢子葉或與營養葉同型，或稍微至顯著縮小，或特化並集中於枝條先端，形成固定形態之孢子囊穗。孢子囊單一，孢子多數，接近球形或四面體形。

❷ 特徵

多數類群小葉螺旋狀排列，全緣且狹長。（寬葉馬尾杉）

少數類群葉較寬且邊緣齒狀（長柄千層塔）

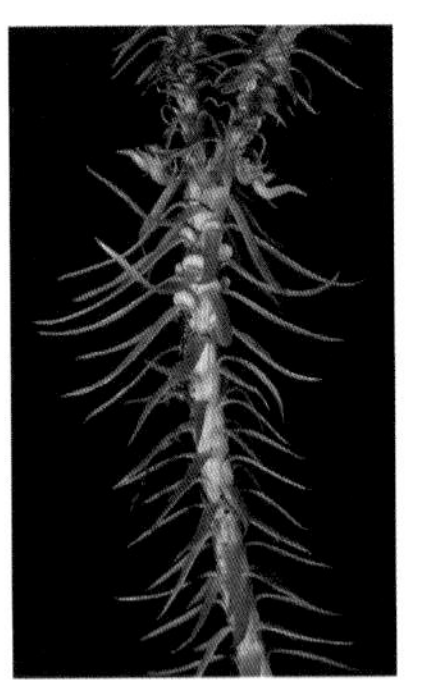
不具孢子囊穗，且營養葉與孢子葉同型。（峨眉石杉）

無特化之孢子囊穗，但孢子葉顯著縮小為鱗片狀。（馬尾杉）

特化之孢子囊穗（玉柏）

❸ 屬名與屬描述，介紹該屬共同特色。
❹ 本種植物在分類學上的科名。
❺ 本種植物的中文名稱與別名。
❻ 本種植物在分類學上的屬名。
❼ 本種植物的拉丁學名。
❽ 物種介紹，包括本種植物的詳細形態說明與分布地點。
❾ 本種植物的生態與特寫圖片，清晰呈現細部重點與植物的生長環境。

4 紫萁科 · 89

3 假紫萁屬 OSMUNDASTRUM

營養葉與孢子葉完全兩型，營養葉片狹橢圓形，二回羽狀深裂，幼時密被絨毛；孢子葉生長於葉簇中心，羽片強度緊縮，遠軸面密布孢子囊。

本屬全世界僅1種，即分株假紫萁。

5 分株假紫萁 6 屬名 假紫萁屬

學名 *Osmundastrum cinnamomeum* (L.) C.Presl 7

8 特徵同於屬描述。

在台灣僅分佈於宜蘭低至中海拔山區之數個天然池沼中。

9

羽片深裂，基部具關節。

孢子葉具密集之絨毛與孢子囊

孢子葉於早春發育

根莖直立，常兩兩並生，因而得名。

台灣蕨類中少數的水濕生物種之一，生長於天然池沼草澤中。

初夏孢子葉已凋萎

推薦序

台灣地處歐亞大陸與太平洋間，北回歸線橫跨本島中部，加以海拔高度變化甚大，植被自然分化成熱帶、亞熱帶、溫帶及寒帶等區域，小小的一個島上，孕育了多達4,000餘種的維管束植物，是地球上重要的生物資料庫。

台灣的植物愛好者眾，民眾從圖鑑入門，識別植物，乃是最直接途徑；坊間雖已有各類植物圖鑑，但無論種類之搜集或編排之系統性，均尚有缺憾。有鑑於此，鐘詩文君，十年來披星戴月，奔走於全島原野與森林，親自觀察、記錄、拍攝所有植物的影像，並賦予正確的學名，已達4,000餘種，且加以詳細描述撰寫，真可謂工程浩大，毅力驚人。

這套台灣原生植物的科普圖鑑，每個物種除描述其最易識別的特徵外，並佐以清晰的照片，既適合初學者，也是專業研究人員不可或缺的參考書；作者更特別貼心的為讀者標出每一物種與相似種的差異，讓初學者更易入門。本書為了完整性及完備性，作者拍攝了每一種植物的葉及花部特徵，並鑑之分類文獻及標本，以力求每一物種學名之正確性。更加難得的是，本圖鑑有許多台灣文獻上從未被記錄的稀有植物影像，對專業研究人員來說也是極珍貴的參考資料。

在我們生活的周遭，甚或田野、海邊、山區，到處都有植物，認識觀察它們，進而欣賞它們，透過植物自然美，你會發現認識植物也是個身心安頓的良方。好的植物圖鑑，可以讓你容易進入植物的世界，《台灣原生植物全圖鑑》完整呈現台灣原生的各種植物，內容詳實，影像拍攝精美，栩栩如生，躍然紙上，故是一套值得您永遠珍藏擁有的圖鑑。

歐辰雄

國立中興大學森林學系

教授　歐辰雄

作者序

蕨類，覺累。

本卷初稿在2016年中左右已由三位原作者基本備齊，惟因當時開花植物部分尚未完成，排序在最後的蕨類便未得及時發表。兩年過後欲重啟出版作業時，一切卻已風雲變色。首先蕨類新分類系統PPG1於2016年底磅礡登場，許多類群因而需重新編排；再者因愈加深入的野外工作及愈加便利的資訊流通，台灣蕨類植物多樣性短期間內直線竄升，物種資料又亟需更新。雪上加霜的是，此時作者之一感悟到生命的意義在創造宇宙繼起之生命，作者之二一夕發跡成為網紅讚魔王，作者之三又突然必須回歸故里，一時間均無暇顧及，完稿的任務最後便落入筆者手中。原先料想僅是簡單的封頂作業，豈料竟成為一年來的噩夢（同時也是責編的噩夢）。闕漏資料的補正永無止盡，未定類群的歸屬糾結難解，預購讀者的殷盼如影隨形，每當編寫文稿或後製圖片至夜深人靜，不禁思量，自己何以深陷於此無底泥淖？

於此黑暗時期，唯一的樂趣僅是在挑選照片時，能隨之憶起那些野地裡揮灑汗水，奔波探索的時光。每一類群，每張照片背後，或是長久追尋，或是偶然巧遇，或是舊雨新知，其間點點滴滴，總是令人回味再三，恨不得立即拋下手邊工作，重投自然懷抱（責編表示崩潰）。英國邱植物園的植物探險家William Robert Price在1912年來台灣進行採集時，曾留下這麼一段感言：「這山林實在太過迷人，每當身歷此境，你就越想深入；愈是深入，卻愈能感到自己瞥見的僅是滄海一粟。」即便已經過百年的研究調查與開發破壞，筆者卻時常仍有相同的悸動。毛緣細口團扇蕨（見上卷第135頁）、寡毛梳葉蕨（見下卷）等類群的發現顯示在人煙罕至，雲霧繚繞的原始森林最深處，仍待深入探索；或許更令人驚歎的是，就連頻繁的都會郊山，依然能有異葉書帶蕨（見上卷第262頁）、凱達格蘭雙蓋蕨（見下卷）這樣嶄新的發現。本書冀以精準的科學論述作為基調，最終必須捨棄那些精彩曲折的背景故事，但作為台灣蕨類與石松類植物多樣性的集成展現，讀者若能從中獲取一點新知，展開一陣思索，邁開一履步伐，得到一絲喜悅，便是對作者群的最佳鼓舞。

與自然的繁茂同樣歷歷在目的，是自然的變遷。在本書籌備時期，團羽鐵線蕨（見上卷第213頁）的南部族群因邊坡工程改變棲地品質而奄奄一息；連續的異常乾旱使甫發表的宜蘭禾葉蕨（見下卷）族群已然岌岌可危；就在本書出版的時間點，台南市郊一片百年天然草原正遭軍方大肆開挖建設，瓶爾小草屬未定種（見上卷第77頁）最大的已知生育地與共域繁衍的多種瀕危動植物，面臨浩劫。我們期盼，本書紀錄的是生命在寶島茁壯的足跡，而不是消逝的遺跡。

本卷之源起乃鐘詩文博士熱情敬邀，最終得以順利付梓首要感謝邱文良與呂福原兩位老師精心審訂，及貓頭鷹責任編輯李季鴻先生帶領編輯團隊鞠躬盡瘁之努力。作者群15年來有關蕨類植物之野外調查及攝影工作得到許多熱心朋友，特別是郭明裕先生、呂碧鳳小姐及鄧為治先生的參與協助；趙怡姍、郭立園與張麗兵等蕨類博士專家在鑑定及分類上的建議與討論；張智翔先生協助圖片編輯並提供多種類群之生態照片，作者群一併致上誠摯的謝意。

許天銓

作者簡介

許天銓

台灣大學生態學與演化生物學研究所碩士。蕨類植物之興趣始於碩班郭城孟老師之啟發，並受林業試驗所邱文良老師與蕨類研究團隊薰陶，及共同作者Ralf Knapp先生之砥礪。參與發表棣氏卷柏、碧鳳鐵角蕨等蕨類新種，及多羽三叉蕨、沼生蹄蓋蕨、穴孢濱禾蕨等新紀錄種；近年致力於台灣熱帶山地霧林環境膜蕨及禾葉蕨類群之多樣性踏查。

陳正為

台灣基隆人，支持台灣獨立建國，俗稱台獨分子。高中時收到表哥送的蕨類圖鑑後便栽進蕨類的世界，就讀研究所期間在邱文良博士的指導下開始進行蕨類研究。目前主要待在家中培育未來的科學家，有餘力時則從事熱愛的蕨類研究，希望在未來能夠完成舊世界書帶蕨類群的分類專論。

Ralf Knapp

1969年生於德國埃柏巴哈，曾在台灣擔任電機工程師長達18年。與台灣女友結婚後，他更加致力於2004年起就開始的台灣蕨類與裸子植物研究。來台前曾研究過中歐的維管束植物，並有數年應巴伐利亞環保署之邀，參與監控與保育罕見原生植物的計畫。在台灣野外調查的期間，他採集了超過4,500份標本，同時建立了超過250,000筆紀錄的影像資料庫。

洪信介

目前任職於辜嚴倬雲保種中心，名字時常可見於在學術報告及研究論文中，為植物圈中著名的「植物獵人」。特別擅長蕨類與蘭科植物，是索羅門群島台灣調查團隊的一員，也曾多次在台灣參與大型的植物資源調查工作。

《台灣原生植物全圖鑑》總導讀

一、植物分類學，是一門歷史悠久的科學，自17世紀成為一門獨立的學科後，迄今仍持續發展。傳統的植物分類學，偏重於使用植物之解剖形態特徵，而現今由於分子生物工具的加入，使得植物分類研究在近年內出現另一層面的發展，即是利用分子系統生物學，通過對生物大分子（蛋白質及核酸等）的結構、功能等等之研究，闡明各類群間的親緣關係。由於生物大分子本身即是遺傳信息的載體，以此為材料進行分析的結果，相對於傳統工具，更具可比性和客觀性。本套書的被子植物分類，即採用最新的APG IV系統（Angiosperm Phylogeny IV；被子植物親緣組織分類系統第四版），蕨類及裸子植物的分類系統則依據最近研究之成果排序。被子植物親緣組織（APG，Angiosperm Phylogeny Group）是一個非官方的國際植物分類學組織，該組織試圖將分子生物學的資訊應用到被子植物的分類中，企圖尋求能得到大多學者共識的分類系統。他們所提出的系統，大異於傳統的形態分類，其主要是依據植物的三個基因編碼之DNA序列，以重建親緣分枝的方式進行分類，包括兩個葉綠體基因（*rbc*L和*atp*B）和一個核糖體的基因編碼（nuclear 18S rDNA）序列；雖然該分類系統主要依據分子生物學的資訊，但亦有其它資料或訊息的加入，例如參考花粉形態學，將真雙子葉植物分枝，和其他原先分到雙子葉植物中的種類區分開來。由於這個分類系統不屬於任何個人或國家而顯得較為客觀，所以目前已普遍為世界上大多數分類學者所認同及採用，本書同步使用此一系統，冀期為台灣民眾打開新的視野。

二、本書在各「目」之下的「科」，係依照科名字母順序排列；種論亦以字母順序為主要原則，每種介紹多以半頁至全頁為一篇，除文字外，以包含根、莖、葉、花、果及種子之彩色照片完整呈現其識別特徵，並以生態照揭示其在生育地之自然生長狀態。

三、植物的學名、中名以《台灣維管束植物簡誌》、《台灣植物誌》（*Flora of Taiwan*）及《台灣樹木圖誌》為主要參考，形態描述除自撰外亦參據前述文獻之書寫。

四、書中大部分文字及照片由鐘詩文博士執筆及拍攝，惟蘭科、莎草科及穀精草科全由許天銓先生主筆及拍攝，陳志豪先生負責燈心草科之文圖，禾本科則由陳志輝博士及吳聖傑博士共同執筆及攝影，蕨類部分交由許天銓、陳正為、Ralf Knapp及洪信介等四位合作撰述。本套書包含8卷，共收錄4,000餘種的台灣植物，每一種皆有清楚的照片供讀者參考，作者們從10萬餘張照片中，精挑約15,000張為本套巨著所用，除少數於圖片下署名者係由其他人士提供之外，未特別註明者，皆為鐘博士本人或該科作者所攝影。

五、本套書收錄的植物種類涵蓋台灣及附屬離島之原生及歸化的所有植物，並亦已儘量納入部分金門、馬祖及東沙群島的特殊類群。

第八卷導讀（石松類與蕨類植物）

本卷分為上下兩冊，內容包含台灣目前已知的石松類（Lycophytes）與蕨類（Ferns）植物共843個分類群（包含15種下分類群，28雜交種及49分類地位未定類群），上冊共收錄28科，從石松科至烏毛蕨科，下冊共收錄10科，從蹄蓋蕨科至水龍骨科。石松類與蕨類植物在早期以形態特徵為主要依據的分類系統中，因兩者都是以孢子為主要繁殖體的維管束植物，因此被認為具有較近的親緣關係而統稱為「廣義的蕨類植物（Pteridophytes）」。近年來，系統分類學者普遍認為DNA序列上的相似度相較於外部形態特徵更能夠反映物種在演化歷史上的親緣關係，根據分子親緣研究的結果顯示，石松類植物與狹義的蕨類植物（ferns）之親緣關係並不如早期所認為的那樣接近，相對於石松類植物，狹義的蕨類植物（ferns）與種子植物在親緣關係上反而是更接近的一群。因此，為了讓名詞的使用上能夠更符合物種演化的歷史，「廣義的蕨類植物」一詞目前已較少被系統分類學者所使用，取而代之的則是石松類與蕨類植物。

台灣在地理位置上鄰近西邊的東亞大陸與南邊的馬來植物區系，加上溫暖而潮濕的氣候與複雜的地形地貌等條件，共同造就了的台灣豐富的植物資源，而石松類與蕨類植物也不例外。從科的角度來看，PPG（Pteridophyte Phylogeny Group）分類系統第一版所接受的51個科中，台灣就具有其中38個科。而從物種多樣性的角度來看，台灣的單位面積物種數目更是全世界名列前茅的國家之一。近年來隨著研究人員與業餘愛好者共同的努力，台灣的石松類與蕨類研究無論是在基礎調查上，或是更進一步的研究都有了顯著的成果。舉例來說，2016年發表的PPG分類系統第一版堪稱石松類與蕨類基礎分類學上一個跨時代的里程碑，而參與的94位學者中，就包含了7位來自台灣的學者。今年十月台灣更主辦了四年一次的亞洲蕨類學大會，吸引世界超過60位石松類與蕨類植物專家參與。這些成果都一再顯示台灣對於全世界石松類與蕨類植物研究的貢獻。

台灣石松類與蕨類植物的基礎調查與分類學研究最早自英國人Robert Swinhoe開始，其後經歷日治時期日本學者的努力打下基礎，國民政府接收後本土學者也跟上腳步陸續出版了台灣植物誌，台灣維管束植物簡誌，與蕨類圖鑑等書→國民政府接收後本土學者也跟上腳步陸續出版了《台灣植物誌》、《台灣維管束植物簡誌》與《蕨類圖鑑》等書，記錄台灣600多個物種；近年來《Ferns and fern allies of Taiwan》與其兩卷補敘更將台灣產物種數目增加至800種。本書在前人的研究基礎上，透過詳細的野外觀察與標本比對，將分類群數目進一步增加至843種。石松類與蕨類植物由於特徵不易區別而常被植物愛好者所忽略，本書透過細部特寫詳細記錄各物種的區別特徵，配合簡要的描述希望能讓讀者更容易地親近這群美麗的植物。也期待台灣豐富的石松類與蕨類植物資源，在未來無論是研究，保育與利用方面都能夠有更多樣的發展。

本書在屬級以上之分類系統乃以2016年出版之第一版PPG作為骨幹，少數類群再依據新近發表之系統學研究論文加以修訂。物種認定之基礎為Ralf Knapp於2011、2013及2017年出版之《Ferns and Fern Allies of Taiwan》叢書（包含Supplement與Second Supplement），欲更深入探索的讀者可將本書與該叢書之檢索表及分類註記相互參照，但須注意許多物種學名已因分類系統改變而有所更動。此外，部分類群另依據由台灣蕨類研究者合力編纂之"Updating Taiwanese pteridophyte checklist: a new phylogenetic classification"（預計於2019年下旬發表）加以修訂，有關物種之命名學資訊及分類沿革，亦可參照此最新名錄。

PPG分類系統第一版（PPGI）親緣關係樹

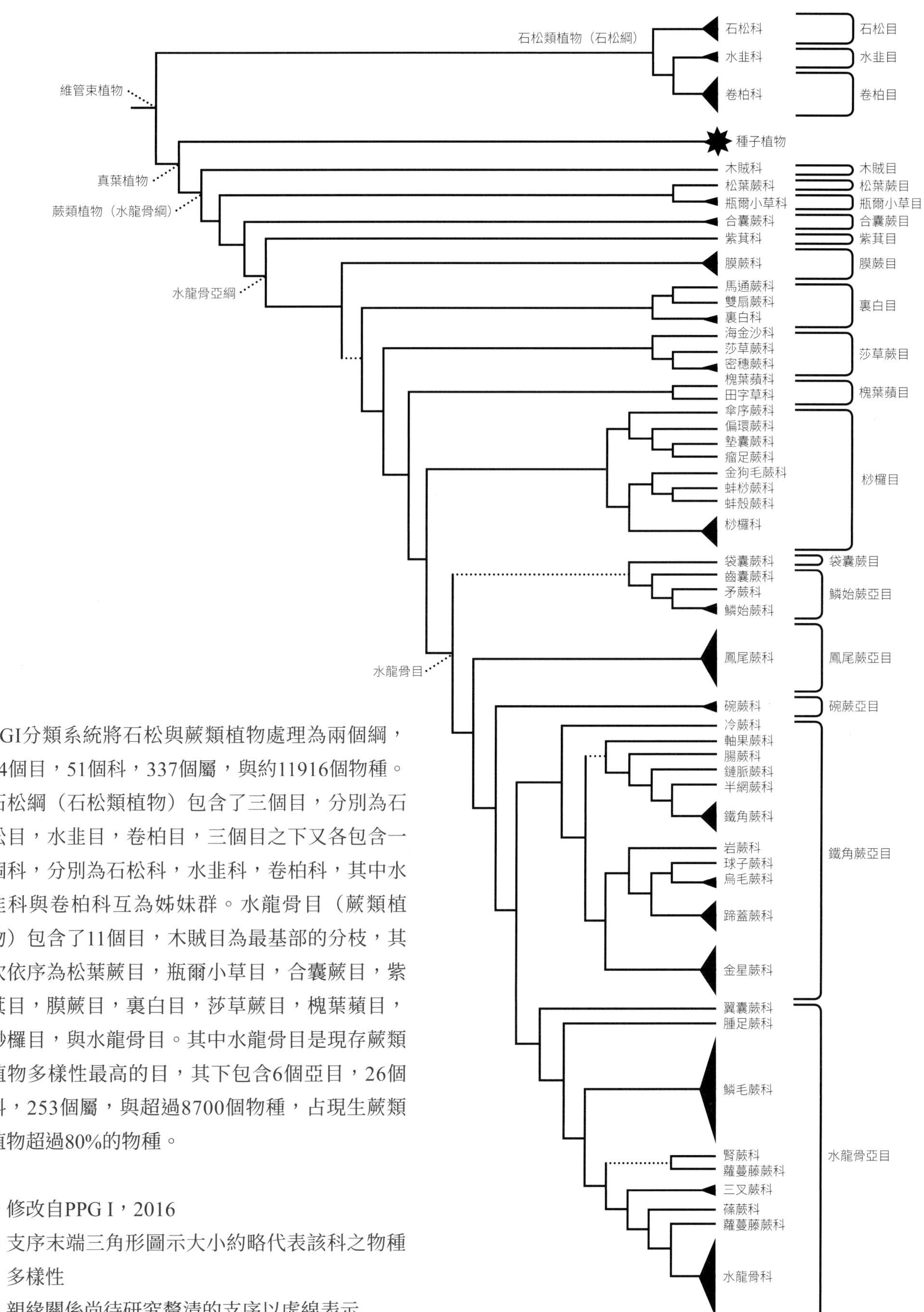

PGI分類系統將石松與蕨類植物處理為兩個綱，14個目，51個科，337個屬，與約11916個物種。石松綱（石松類植物）包含了三個目，分別為石松目，水韭目，卷柏目，三個目之下又各包含一個科，分別為石松科，水韭科，卷柏科，其中水韭科與卷柏科互為姊妹群。水龍骨目（蕨類植物）包含了11個目，木賊目為最基部的分枝，其次依序為松葉蕨目，瓶爾小草目，合囊蕨目，紫萁目，膜蕨目，裏白目，莎草蕨目，槐葉蘋目，桫欏目，與水龍骨目。其中水龍骨目是現存蕨類植物多樣性最高的目，其下包含6個亞目，26個科，253個屬，與超過8700個物種，占現生蕨類植物超過80%的物種。

・修改自PPG I，2016
・支序末端三角形圖示大小約略代表該科之物種多樣性
・親緣關係尚待研究釐清的支序以虛線表示

石松科 LYCOPODIACEAE

全世界約 16 屬，約 400 種，泛世界性分布，於熱帶森林中具有最高的多樣性。本科成員生活型多樣，從地生、附生、懸垂到攀緣皆有，主要的形態特徵為莖二岔分支，小葉單一不分岔，對生或輪生於莖上，孢子葉或與營養葉同型，或稍微至顯著縮小，或特化並集中於枝條先端，形成固定形態之孢子囊穗。孢子囊單一，孢子多數，接近球形或四面體形。

特徵

多數類群小葉螺旋狀排列，全緣且狹長。（寬葉馬尾杉）

少數類群葉較寬且邊緣齒狀（長柄千層塔）

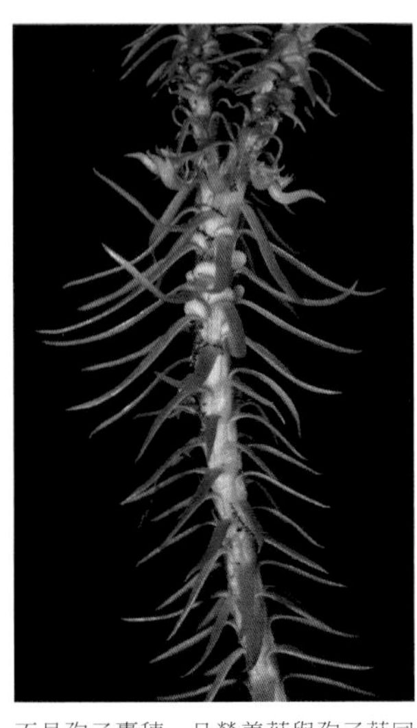

不具孢子囊穗，且營養葉與孢子葉同型。（峨眉石杉）

無特化之孢子囊穗，但孢子葉顯著縮小為鱗片狀。（馬尾杉）

特化之孢子囊穗（玉柏）

石杉屬 HUPERZIA

植物體常地生或岩生，通常矮於 40 公分；莖叢生，不分化為主莖及側枝，小枝頂端常有芽孢。孢子葉與營養葉同型或近同型。

孢子葉生於莖上部，與營養葉同型。

小杉葉石杉

屬名　石杉屬

學名　*Huperzia appressa* (Desv.) Á.Löve & D.Löve

植物體多呈黃綠色。莖直立或斜生，一至四回二岔分支。葉螺旋狀排列，披針形，全緣，革質至草質，孢子葉與營養葉同型，孢子囊生於孢子葉腋，腎形，黃色。

在台灣主要分布於海拔 3,200 公尺以上向陽草原環境。

芽胞集生於小枝頂端附近

小葉螺旋狀排列，披針形，全緣，先端指向莖頂。

生長在 3,200 公尺以上草生向陽環境

莖直立或斜生，植物體多呈黃綠色。

峨眉石杉

屬名　石杉屬

學名　*Huperzia emeiensis* (Ching & H.S.Kung) Ching & H.S.Kung

形態接近反捲葉石杉（*H. quasipolytrichoides*，見第 19 頁），但葉較平直，不強烈反折，寬約 0.8 公釐；且植物體不具有顯著之節狀緊縮。

在台灣目前僅發現於阿里山區海拔 2,300 ～ 2,400 公尺半開闊之濕潤山壁。

葉全緣，不強烈反折。

植物體無顯著節狀緊縮，葉片大致等長。

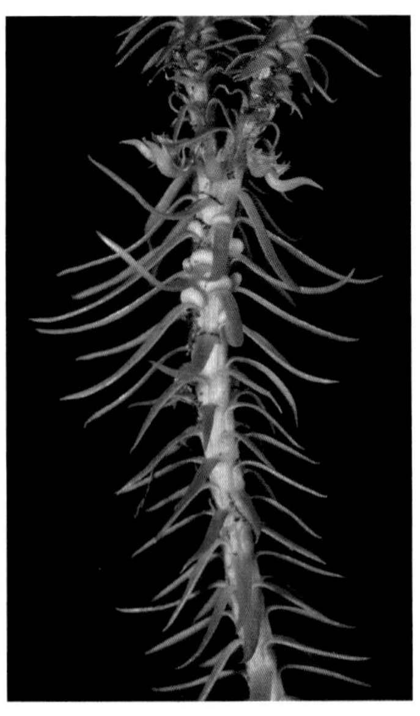

全株綠色不帶紅暈

生長於濕潤土坡

錫金石杉

屬名　石杉屬

學名　*Huperzia herteriana* (Kümmerle) T.Sen & U.Sen

形態接近反捲葉石杉（*H. quasipolytrichoides*，見第19頁），但葉稍寬（約1.3公釐），且葉緣疏生有細微之齒突。

在台灣零星分布於中、高海拔山區，大多生長於針葉林下。

具芽孢，生於小枝頂端。

形態近似於反捲葉石杉

大多生於針葉林下

葉緣疏生有細微之齒突

小葉較反捲葉石杉寬且平展

長柄千層塔

屬名　石杉屬

學名　*Huperzia javanica* (Sw.) C.Y.Yang

莖直立，高可達 30 公分左右，葉序呈現顯著之節狀緊縮，亦即有不連續區段的葉片顯著縮小。較大葉片為橢圓形，長可達 1.5～2 公分，寬 3～5 公釐，基部收狹為柄狀，先端銳尖，葉緣不規則鋸齒狀且常有波狀起伏；緊縮處之葉片常極度縮小呈鱗片狀。*H. serrata* var. *longipetiolata* 為本種之同物異名。

在台灣廣泛分布於全島中低海拔闊葉林下。

孢子葉與營養葉同型，多集中於頂端。

孢子囊腎形，位於葉腋。

具明顯節狀緊縮，緊縮處葉片常極度縮小成鱗片狀。

較大的葉片為橢圓形，基部漸狹為柄狀，先端銳尖，葉緣不規則鋸齒狀且常有波狀起伏。

莖直立叢生

凉山石杉

屬名　石杉屬
學名　*Huperzia liangshanica* (H.S.Kung) Ching & H.S.Kung

葉緣僅有少數微細齒突

形態與石杉屬未定種（*H.* sp.，見第 21 頁）及長柄千層塔（*H. javanica*，見前頁）非常接近，區別為葉緣僅疏生細微齒突，通常需高倍放大方清晰可辨；且葉寬不超過 2.2 公釐。本種在過往文獻多被鑑定為千層塔（*H. serrata*），但該類群葉緣具顯著鋸齒而有所不同。

在台灣零星分布於中海拔山區，多生長於極濕潤之林緣地帶。

莖頂附近具芽胞

植物體具節狀緊縮

生長於中海拔濕潤森林中

孢子葉通常位於緊縮處

阿里山千層塔 特有種

屬名　石杉屬

學名　*Huperzia myriophyllifolia* (Hayata) Holub

莖直立，高可達 30 ～ 40 公分，通常無顯著之節狀緊縮。葉線形，長可達 16 公釐，寬 1 ～ 2 公釐，邊緣具顯著不規則且波狀起伏之鋸齒緣。

特有種，局限分布於阿里山區，生長於海拔 2,000 ～ 2,400 公尺之濕潤林下及林緣。

葉線形，邊緣具波狀起伏之不規則鋸齒緣。

具芽孢，生於小枝頂端。

通常無顯著節狀緊縮

生長於海拔 2,000 ～ 2,400 公尺之濕潤林下及林緣

莖直立

反捲葉石杉

屬名　石杉屬
學名　*Huperzia quasipolytrichoides* (Hayata) Ching

莖直立或斜生，二岔分支，具芽胞，多呈節狀緊縮。葉反折或略斜下，線形，常歪斜，全緣，長度可達 11 公釐，寬約 1 公釐。

在台灣分布於全島中高海拔潮濕針葉林下。

芽胞生於頂端附近

莖直立或斜生，二岔分支。

小葉反折或略斜下，線形，全緣。

分布於全島中高海拔潮濕針葉林下

莖多呈節狀緊縮

相馬氏石杉

屬名　石杉屬
學名　*Huperzia somae* (Hayata) Ching

植物體多少帶紅暈。莖基部倒伏，先端直立，不具顯著之節狀緊縮；葉片在台灣同屬植物中最小，長不超過 4 ～ 5 公釐，呈鑿形，全緣。

在台灣廣泛分布於全島海拔 1,500 ～ 2,500 公尺之潮濕森林環境。於阿里山區可見一未定類群（*H.* aff. *somae*）植物體稍大，葉長可達 8 公釐，而莖亦具紅暈。由於同生育地亦有峨眉石杉（*H. emeiensiis*，見第 14 頁）及典型之相馬氏石杉混生，因此推測為二種之天然雜交種，但分類地位仍有待研究確認。

莖帶紅暈；葉片在同屬中最為短小。

植物體細小，常生於蘚苔覆蓋之濕潤坡面。

H. aff. *somae* 疑為峨嵋石杉與相馬氏石杉之雜交種，形態介於二者之間。

H. aff. *somae* 莖、葉帶紅暈。

石杉屬未定種

屬名　石杉屬

學名　*Huperzia* sp. (*H.* aff. *serrata*)

形態與長柄千層塔（*H. javanica*，見第 16 頁）接近，但大、小葉片之差異較小，葉寬不超過 3 公釐，先端漸尖。

零星紀錄於中海拔山區，生長於濕潤之林下及林緣。此類群形態與千層塔（*H. serrata*）相當接近，但千層塔葉緣平坦，且尺寸皆相近，幾乎沒有節狀緊縮。目前在台灣並未紀錄過與千層塔模式標本（採自日本）完全相符的族群，而本類群的分類地位亦仍待更詳細的研究確認。

葉緣波狀起伏，並有不規則鋸齒。

植物體具節狀緊縮，但不若長柄千層塔顯著。

形態近似長柄千層塔，但大、小葉片差異較小。

莖直立叢生

阿里山區可見此未定種（左）與長柄千層塔（中）、阿里山千層塔（右）混生。

藤石松屬 LYCOPODIASTRUM

具長匍匐地下莖；地上主莖蔓藤狀，攀緣於周遭物體，長達數公尺；側枝懸垂，多回二岔分支。葉螺旋狀排列，卵狀披針形。孢子囊穗生於多回二岔分支之繁殖枝頂端。

小葉螺旋狀排列，卵狀披針形。

藤石松

屬名　藤石松屬

學名　*Lycopodiastrum casuarinoides* (Spring) Holub *ex* R.D.Dixit

特徵如屬。

在台灣零星分布於中海拔闊葉林或混合林之林緣或林隙間半開闊處。

孢子囊開裂後囊穗狀似毬果

主莖攀緣，小枝懸垂。

具特化之孢子囊穗

大片繁生於林緣地帶

石松屬 LYCOPODIUM

地生，具匍匐主莖與直立或斜倚之側枝。孢子囊穗單一，生於小枝頂端，或生於特化為柄狀之繁殖枝頂端。

杉葉蔓石松

屬名　石松屬

學名　*Lycopodium annotinum* L.

匍匐莖細長橫走，側枝斜立，一至三回二岔分支。葉螺旋狀排列，邊緣有鋸齒。孢子囊穗單生於小枝先端不具柄。

在台灣主要分布於海拔 3,000 公尺以上之草原環境。

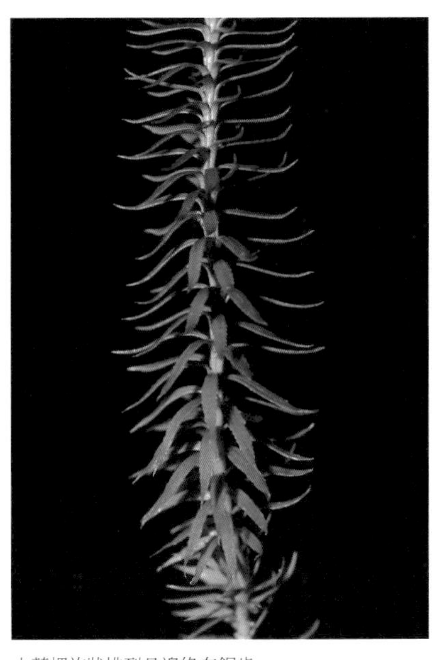

小葉螺旋狀排列且邊緣有鋸齒

孢子囊穗不具柄

匍匐莖細長橫走，主枝斜立。

分布於海拔 3,000 公尺以上之草原環境

孢子囊穗單生於小枝先端

日本石松

屬名　石松屬

學名　*Lycopodium japonicum* Thunb.

匍匐莖地上生，二至三回分岔，側枝直立，多回二岔分支。葉螺旋狀排列，先端具毛狀之長尾尖。孢子囊 2 ～ 6 枚生於特化為柄狀，直立之繁殖枝頂端。

在台灣主要分布於中海拔暖溫帶森林。

孢子囊穗具長柄

單一孢子枝具數個孢子囊穗

匍匐莖地上生，呈二至三回分岔。

多生於中高海拔開闊地

小葉先端具毛狀之長尾尖

玉柏

屬名　石松屬
學名　*Lycopodium juniperoideum* Sw.

形態上與杉葉蔓石松（*L. annotinum*，見第 23 頁）較接近，但本種之匍匐莖為地下生，側枝多回二岔分支，小葉全緣。

同樣分布於海拔 3,000 公尺以上之草原環境。

具數個孢子囊穗，無柄。

多生於高海拔箭竹草原中

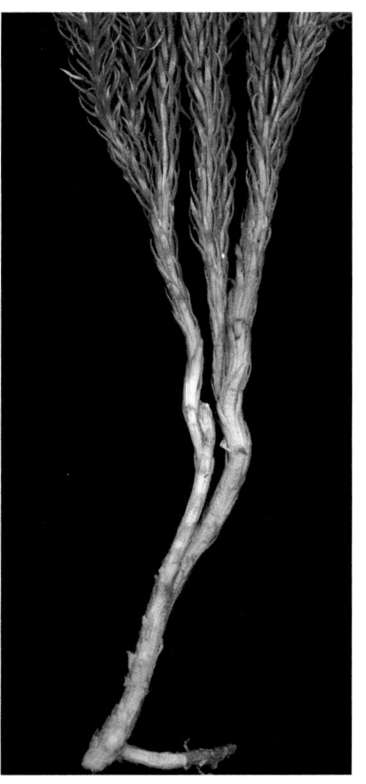
側枝直立

側枝上半部呈叢狀多回分支

匍匐莖地下生，側枝遠生。

地刷子

屬名　石松屬

學名　*Lycopodium multispicatum* J.H.Wilce

主莖匍匐於地表，側枝斜倚，多回二岔分支，小枝先端稍下垂，扁壓狀。葉明顯兩型，四行排列，基部緊貼於枝條。孢子囊穗生於柄狀，直立之繁殖枝頂端。

在台灣廣泛分布於中高海拔草原環境。

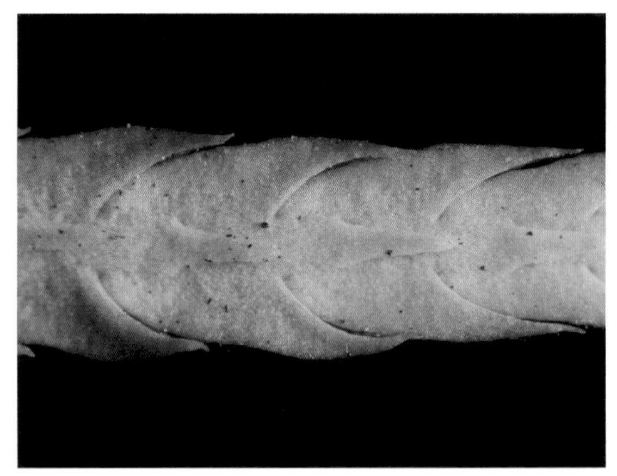

小葉先端稍短，葉遠軸面粉綠。

具數個長柄之孢子囊穗

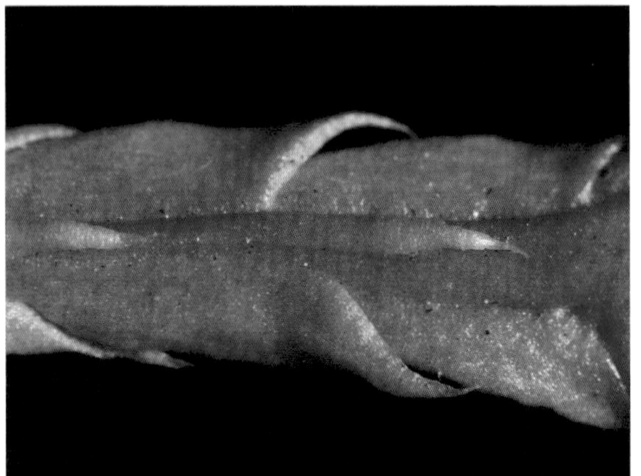

小葉明顯兩型，呈四行排列。

營養枝呈懸垂狀，扇形開展，繁殖枝挺空直立。

玉山石松

屬名　石松屬

學名　*Lycopodium veitchii* Christ

形態上與日本石松（*L. japonicum*，見第 24 頁）相近，但本種之小葉先端不具毛狀之長尾尖，且孢子囊穗大多 1 枚或偶 2 枚生於柄狀繁殖枝頂端。

在台灣主要分布於高海拔向陽草原環境。

孢子囊穗具長柄

孢子囊枝多單一不分岔

小葉先端不具毛狀之長尾尖

生於高海拔向陽草原環境，多貼地生長。

玉山地刷子 特有種

屬名　石松屬

學名　*Lycopodium yueshanense* C.M.Kuo

形態上與地刷子（*L. multispicatum*，見第 26 頁）接近，主要區別為本種之根莖地下生而非匍匐於地表，且小枝直立或斜升，不為懸垂。

在台灣主要分布於高海拔向陽草原環境。

每一繁殖枝頂端常有 2 ～ 3 枚孢子囊穗

主莖橫走，側枝直立。

分支緊密

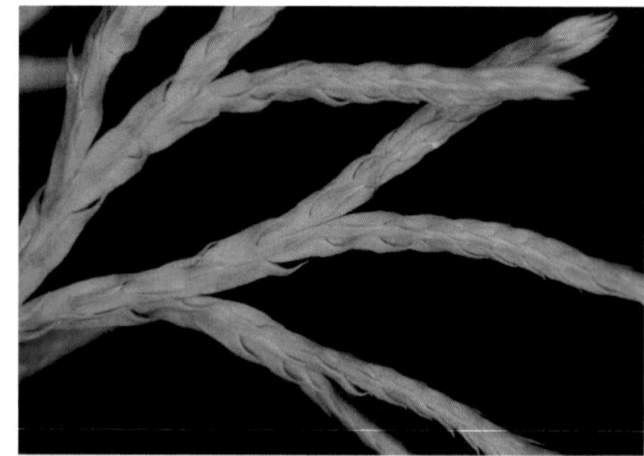

小葉先端稍長，葉遠軸面粉綠。

小葉兩型，基部緊貼枝條。

垂穗石松屬 PALHINHAEA

具長橫走之匍匐莖與直立莖。葉線形。孢子囊穗單一位於枝條末端，不具柄。

過山龍

屬名　垂穗石松屬

學名　*Palhinhaea cernua* (L.) Franco & Carv.

主莖直立，多回二岔分支。葉螺旋狀排列，線形。孢子囊穗單生於小枝頂端，短圓柱形，成熟時呈點頭狀。

在台灣廣泛分布於全島低海拔向陽邊坡環境。

小葉螺旋狀排列，線形。

孢子囊穗成熟時呈點頭狀

孢子囊穗單生於小枝頂端，短圓柱形。

主莖直立，多回二岔分支。

群生於酸性土質之開闊環境

馬尾杉屬 PHLEGMARIURUS

附生，主要枝條向下懸垂，常超過一公尺。孢子葉集生於枝條頂端，但不形成固定形狀之孢子囊穗，與營養葉近同型或二型化。

覆葉馬尾杉

屬名　馬尾杉屬

學名　*Phlegmariurus carinatus* (Desv. *ex* Poir.) Ching

營養葉與孢子葉同型

營養葉與孢子葉近同型，革質，緊密排列於枝條上，遠軸面隆起呈龍骨狀。

在台灣主要分布於東部及南部之低海拔原始森林中。

小葉排列緊密

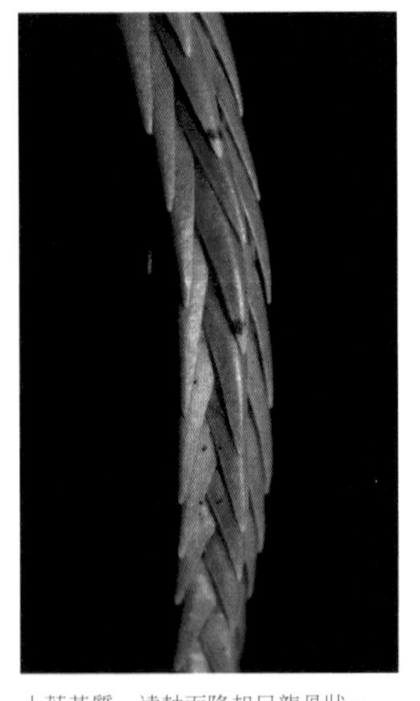
小葉革質，遠軸面隆起呈龍骨狀。

基部小葉貼伏

高位著生於闊葉林大樹上

莖通常懸垂

張氏馬尾杉 特有種

屬名　馬尾杉屬

學名　*Phlegmariurus changii* T.Y.Hsieh

莖長 60 ～ 90 公分，徑 3 ～ 5 公釐，多分支，基部褐色。所有葉片均近伏貼於莖上，披針形，基部楔形，先端漸尖，莖先端葉片逐漸縮小而成為鱗片狀孢子葉。

特有種，僅在花蓮有一次明確紀錄，生長於低海拔溪谷兩側闊葉林枝幹。在台灣東部尚有一形態近似類群（*P.* aff. *phlegmaria*），葉形與張氏馬尾杉相近，但較密集且較向外開展，分類地位尚待釐清。

P. aff. *phlegmaria* 營養葉亦為披針形

孢子葉與營養葉二型化

營養葉披針形

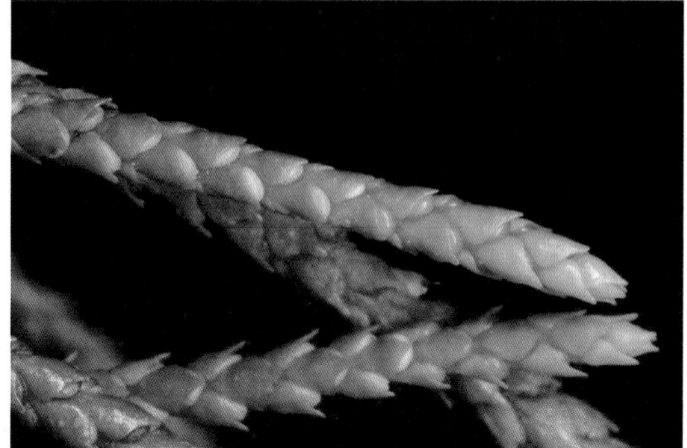

P. aff. *phlegmaria* 孢子葉

莖懸垂，二歧分支。

P. aff. *phlegmaria* 與覆葉馬尾杉比鄰而生

柳杉葉蔓馬尾杉

屬名　馬尾杉屬

學名　*Phlegmariurus cryptomerinus* (Maxim.) Satou

營養葉與孢子葉近同型，小葉線形，枝條基部之葉片排列鬆散不反折。

　　在台灣分布於全島中海拔原始闊葉林中。

莖常為紅褐色，偶為淡綠色。

小葉排列鬆散，不反折。

小葉線形，營養葉與孢子葉同型。

著生於暖溫帶天然林中

寬葉馬尾杉 特有種

屬名　馬尾杉屬

學名　*Phlegmariurus cunninghamioides* (Hayata) Ching

形態上與杉葉馬尾杉（*P. squarrosus*，見第39頁）相似，主要區別為本種之小葉稍寬且枝條基部之小葉不反折。

特有種，零星紀錄於本島南北兩端海拔 1,200 公尺以下之原始闊葉林內。

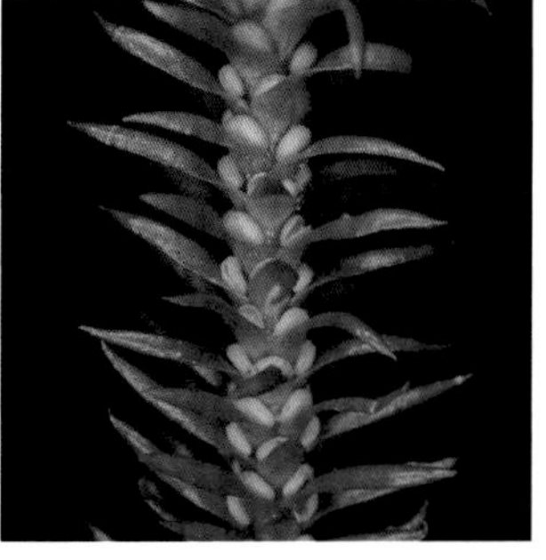

營養葉與孢子葉同型

小葉披針形，全緣。

小葉向莖頂漸縮

基部枝條小葉不反折

著生於暖溫帶天然闊葉林中

銳葉馬尾杉

屬名　馬尾杉屬

學名　*Phlegmariurus fargesii* (Herter) Ching

莖叢生，主枝下垂，二岔分支。葉螺旋狀排列，營養葉與孢子葉近同型，線形彎曲。

在台灣廣泛分布於全島中海拔原始闊葉林中。

小葉密集螺旋狀排列

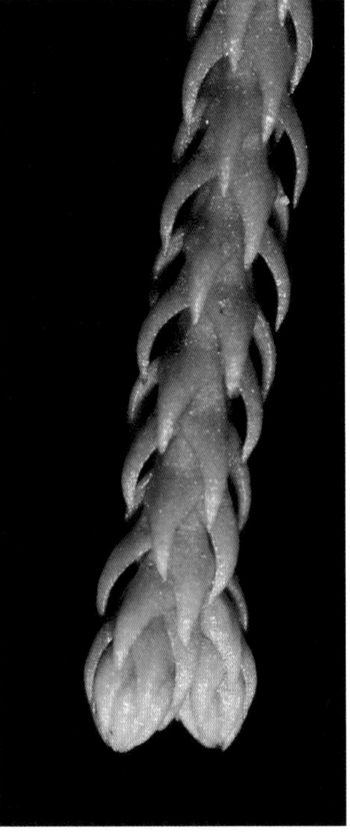

小葉線形，朝近軸面彎曲。

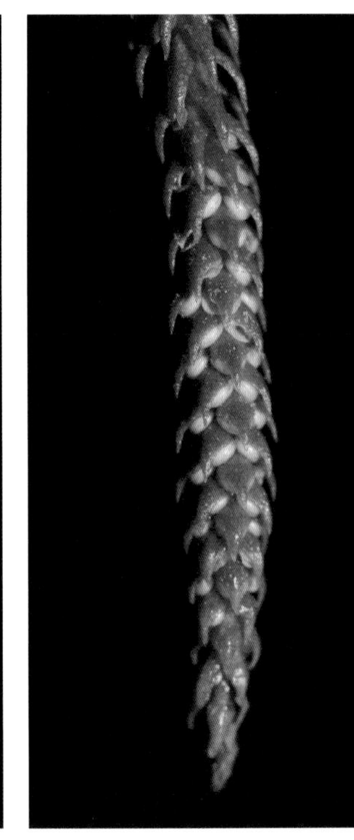

營養葉與孢子葉近同型

分布於全島中海拔天然闊葉林中

主莖基部小葉斜出

莖柔軟懸垂

福氏馬尾杉

屬名　馬尾杉屬

學名　*Phlegmariurus fordii* (Baker) Ching

莖叢生，主枝下垂，二岔分支。葉螺旋狀排列，稍呈兩型，營養葉橢圓披針形，全緣，最先端稍鈍；基部之初生孢子葉形態與營養葉接近，而後向枝條先端漸縮為鑿形。

在台灣廣泛分布於全島中低海拔潮濕森林。

莖基部小葉開展

偶為坡生或地生

主莖簇生，常斜出後彎垂。

孢子葉向枝條末端漸縮為鑿形

營養葉橢圓披針形，全緣。

垂枝馬尾杉

屬名　馬尾杉屬

學名　*Phlegmariurus phlegmaria* (L.) Holub

莖叢生，懸垂，四至六回二岔分支。葉螺旋狀排列，明顯為二型，營養葉披針形，孢子葉卵形，明顯較小，生於枝條先端。

在台灣主要分布於低海拔原始森林中。

孢子葉明顯縮小為鱗片狀

主莖最基部小葉貼伏

莖為四至六回二岔分支

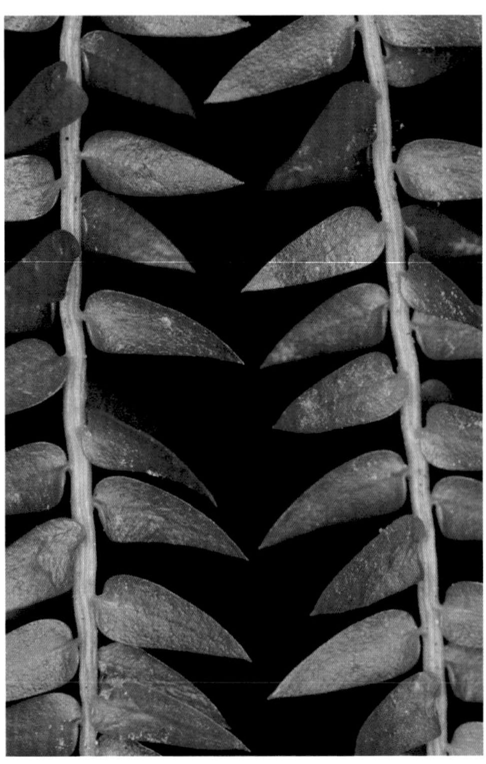

營養葉呈披針形，基部近截形。

小垂枝馬尾杉

屬名　馬尾杉屬

學名　*Phlegmariurus salvinioides* (Herter) Ching

形態上與垂枝馬尾杉（*P. phlegmaria*，見前頁）相似，但本種之枝條較為纖細，營養葉為卵圓形。

在台灣主要見於東部及南部低海拔原始森林中。

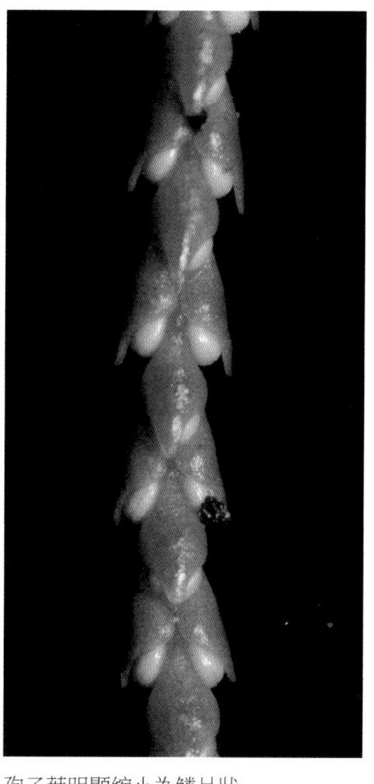

孢子葉明顯縮小為鱗片狀

主莖基部小葉貼伏

植株下垂，主要分布於東部以及南部低海拔天然闊葉林中。

營養葉卵形，基部圓。

孢子囊枝生於枝條先端，多分支。

鱗葉馬尾杉

屬名　馬尾杉屬

學名　*Phlegmariurus sieboldii* (Miq.) Ching

形態上與銳葉馬尾杉（*P. fargesii*，見第 34 頁）相近，但本種之小葉橢圓形，且緊貼於枝條上。

同樣分布於全島中海拔原始闊葉林中。

小葉緊貼於枝條上

基部小葉較開展，呈狹披針形。

孢子葉緊貼於枝條

著生下垂，分布於全島中海拔天然闊葉林大樹上。

主莖呈多回二岔分支

杉葉馬尾杉

屬名　馬尾杉屬

學名　*Phlegmariurus squarrosus* (G.Forst.) Á.Löve & D.Löve

莖叢生，枝條粗壯，二岔分支。葉螺旋狀排列，營養葉與孢子葉近同型，窄披針形，枝條基部之小葉明顯反折。

在台灣零星分布於全島低海拔原始林中。

孢子囊生於葉腋，可見其縱向開口。

孢子葉與營養葉同型

主莖最基部小葉稍反折，莖上小葉水平開展。

小葉覆瓦狀密生

莖叢生，枝條粗壯。

馬尾杉屬未定種

屬名　馬尾杉屬

學名　*Phlegmariurus* sp. (*P.* aff. *fordii*)

植物體外形與福氏馬尾杉（*P. fordii*，見第 35 頁）接近，但通常較小，常可見 5 ～ 10 公分長之成熟個體，很少超過 20 公分長；主要區辨特徵為葉先端尖銳。

在台灣分布於恆春半島及蘭嶼海拔 500 ～ 1,500 公尺之熱帶山地霧林環境。

孢子葉最先端亦為銳尖

基部小葉平展

植物體通常略小於福氏石松

營養葉先端銳尖

水韭科 ISOETACEAE

全世界僅 1 屬，約 130 種，泛世界性分布。多年生水生或地生性蕨類，部分物種生長在具有季節性的溼地，旱季時葉片枯萎僅存地下部。主要形態特徵為具有塊狀的根莖，中空的小葉細長叢生於根莖上，小葉基部膨大，著生一枚孢子囊，孢子球形，有大小孢子之分。

本科台灣僅 1 種，故鑑別特徵可直接參照物種之描述。

水韭屬 ISOETES

特徵同科。

台灣水韭 特有種

屬名 水韭屬

學名 *Isoetes taiwanensis* DeVol var. *taiwanensis*

水生蕨類，根莖塊狀，葉開展，肉質多汁，線形，葉生於球莖頂，呈螺旋狀排列，具空腔，孢子囊長於葉基部內側。

特有變種，僅見台北七星山夢幻湖中，能沉水或挺水生長。

葉線形，僅具單脈。

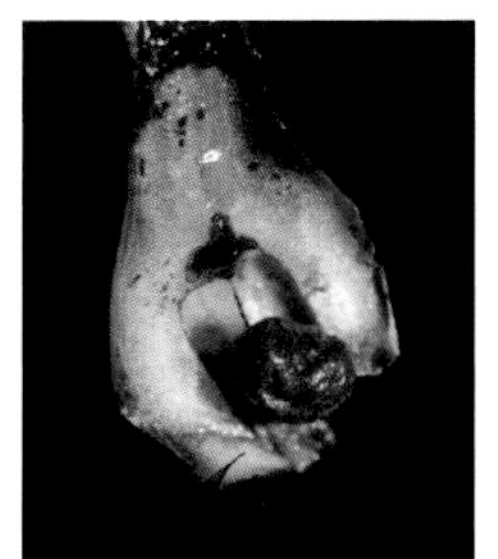
孢子囊長於葉基部內側

葉生於球莖頂，螺旋排列。

僅見台北七星山夢幻湖中

能挺水或沉水生長

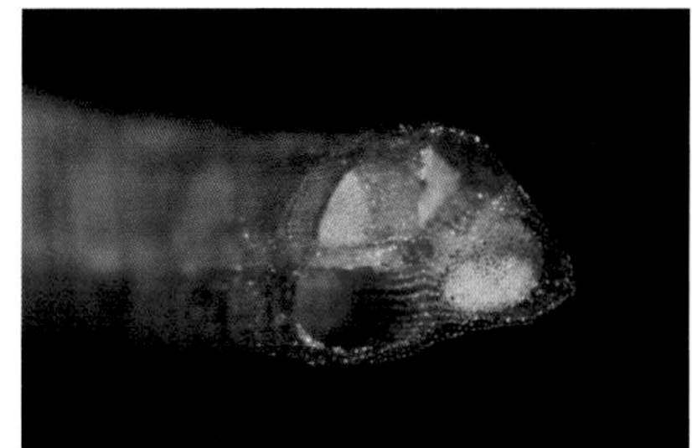
莖具空腔

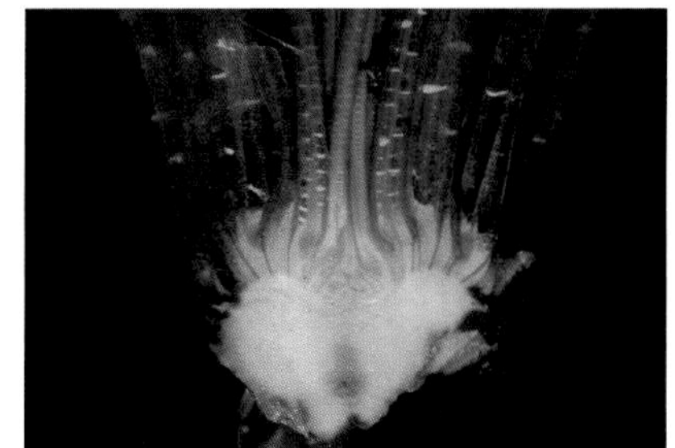
根莖塊狀

金門水韭 特有種

屬名　水韭屬

學名　*Isoetes taiwanensis* DeVol var. *kinmenensis* F.Y.Lu, H.H.Chen & Y.L.Hsueh

形態上與承名變種（台灣水韭，見第 41 頁）相似，但植株與葉片皆較小。

特有變種，僅見於金門太武山，生長於季節性積水之岩盤上。

葉內充滿空腔

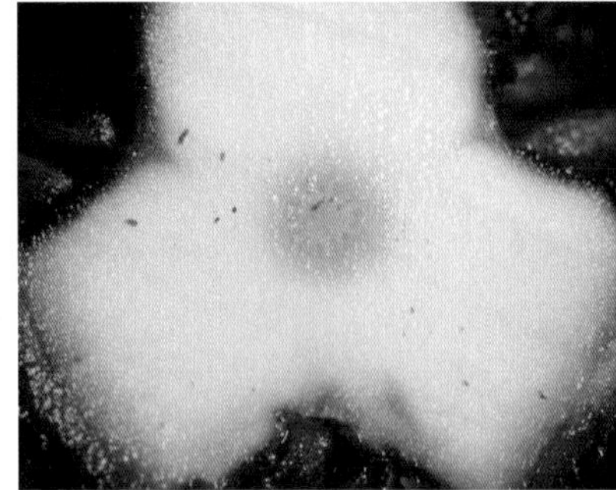

根莖橫切面

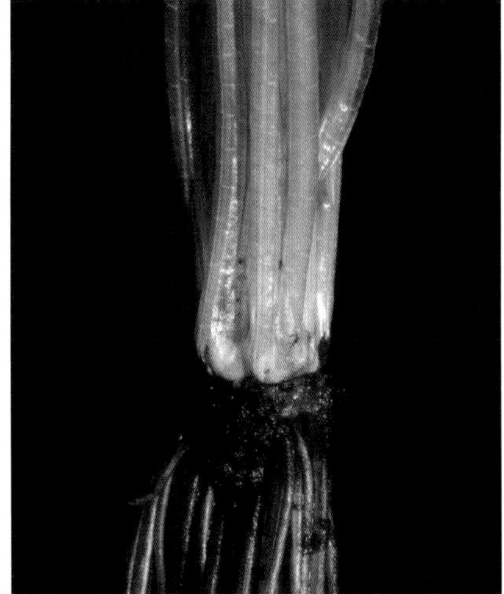

葉生於球莖頂，螺旋排列。

生於季節性積水岩盤上

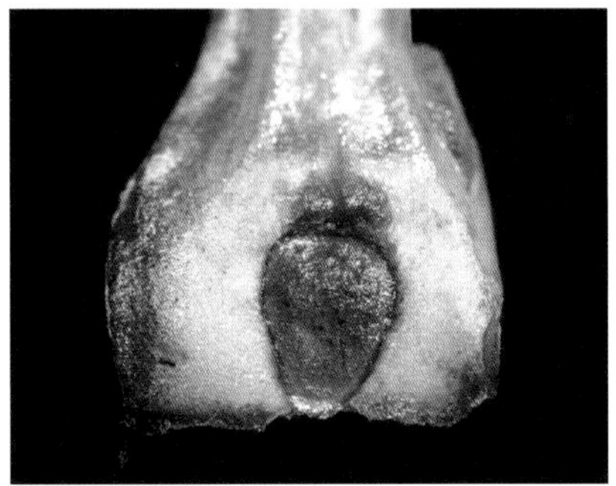

孢子囊長於葉基部內側

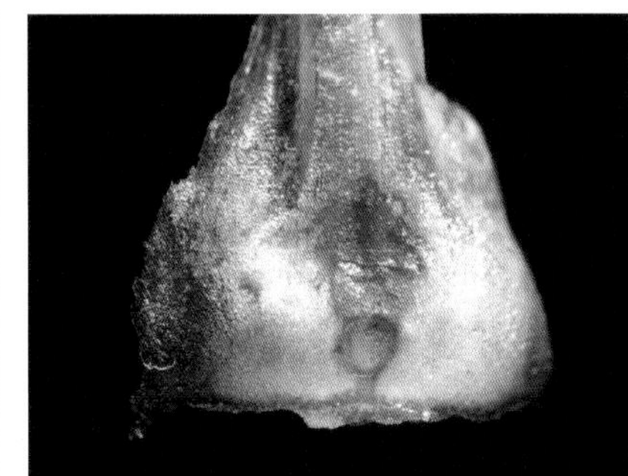

葉基部遠軸面

植物體較台灣水韭細小

卷柏科 SELAGINELLACEAE

全世界僅 1 屬，約 750 種，泛世界性分布。本科成員多為地生植物，最主要的形態特徵為小葉四列排列在莖上，孢子葉集中於枝條先端形成孢子囊穗。部分物種能夠適應乾溼季分明的環境，於乾旱時將葉片向內捲曲以減少水分散失，待溼季時才將葉片展開。

特徵

小葉四列，二大二小。（高雄卷柏）

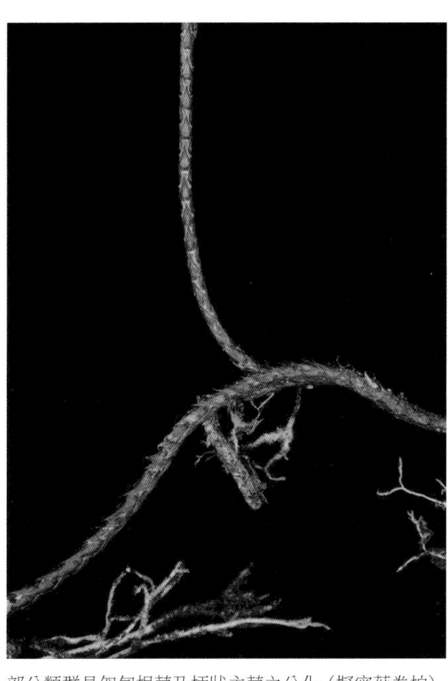
部分類群具匍匐根莖及柄狀主莖之分化（擬密葉卷柏）

部分類群孢子囊穗與營養枝分化較不明確（卷柏屬未定種）

四面體柱狀之孢子囊穗，具有近等大之孢子葉。（異葉卷柏）

扁壓狀之孢子囊穗，腹背性與營養枝相反。（緣毛卷柏）

卷柏屬 SELAGINELLA

特徵同科。

膜葉卷柏

屬名　卷柏屬

學名　*Selaginella aristata* Spring

生長季短暫之一年生植物，植物體細小簇生。營養枝直立或俯臥，不呈匍匐狀，營養葉疏鬆排列於莖上，明顯兩型，葉先端圓鈍；孢子葉形成孢子囊穗，孢子葉明顯兩型。

在台灣廣泛分布於中低海拔地區，多生長於潮濕土坡或山壁。

孢子葉緊密排列成孢子囊穗

葉明顯兩型

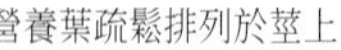

營養葉疏鬆排列於莖上

葉先端圓鈍

營養枝直立或俯臥

孢子葉兩型，中葉較側葉大。

小笠原卷柏

屬名　卷柏屬
學名　*Selaginella boninensis* Baker

營養枝匍匐狀，但著生孢子囊穗之營養枝常多少斜出。營養葉於莖上緊密排成四列，卵狀披針形，邊緣鋸齒；孢子葉排列緊密，形成孢子囊穗，明顯兩型。

在台灣主要分布於台東至恆春半島東側，及綠島、蘭嶼之低海拔闊葉林下及林緣。

營養葉於莖上緊密排成四列

孢子葉明顯兩型，排列緊密形成孢子囊穗。

營養枝中葉明顯小於側葉，孢子囊穗則相反。

營養枝呈匍匐狀

葉卵狀披針形，邊緣鋸齒。

緣毛卷柏

屬名　卷柏屬

學名　*Selaginella ciliaris* (Retz.) Spring

生長季短暫之一年生植物，植物體細小簇生。營養枝俯臥，通常短而多分支，營養葉卵圓形，排列較疏，基部邊緣具睫毛；孢子葉形成孢子囊穗，明顯兩型。

在台灣主要分布於低海拔開闊濕潤之草生環境，亦可見於綠島及蘭嶼。

植物體細小而簇生

孢子葉形成孢子囊穗，腹背性與營養枝相反。

營養葉卵圓形，中下部具睫毛。

營養枝俯臥，通常小而多分支。

生長於開闊草生地

全緣卷柏

屬名　卷柏屬

學名　*Selaginella delicatula* (Desv. *ex* Poir.) Alston

具直立主莖，根支體生於主莖的中下部，側枝不分岔，一回羽狀排列。營養葉兩型，邊緣全緣；孢子囊穗柱狀，孢子葉同型。

　　在台灣廣泛分布於中低海拔地區林下及林緣。

孢子囊穗長於側枝先端

孢子囊穗柱狀，同型。

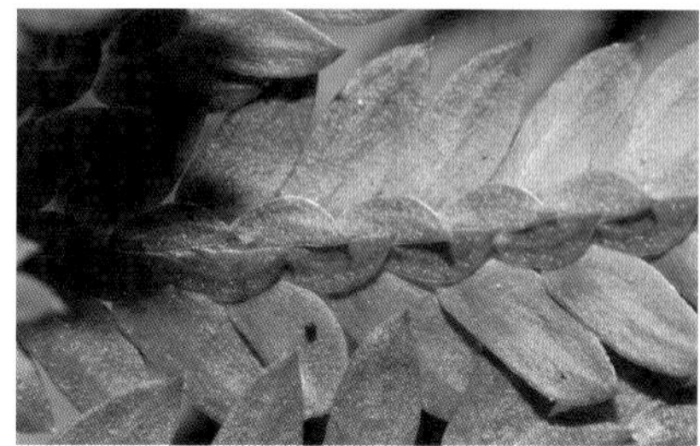

營養葉排列緊密

側枝不分岔，一回羽狀排列。

小葉全緣

植物體直立，常群聚而生。

棣氏卷柏 特有種

屬名　卷柏屬

學名　*Selaginella devolii* H.M.Chang, P.F.Lu & W.L.Chiou

葉緣鋸齒不為纖毛狀可與緣毛卷柏區分

生長季短暫之一年生植物，形態上與膜葉卷柏（*S. aristata*，見第 44 頁）及緣毛卷柏（*S. ciliata*，見第 46 頁）較相近，然而本種之營養葉卵形而先端圓鈍，且邊緣鋸齒不為纖毛狀，可與上述兩種區別。

特有種，僅知分布在台灣中、南部低至中海拔山區，生長於季節性乾燥之遮蔭土坡及山壁。

群生於土坡遮蔭處

營養葉卵圓形可與膜葉卷柏區分

營養葉卵圓形且先端圓鈍

植物體小而多分支

生根卷柏

屬名　卷柏屬

學名　*Selaginella doederleinii* Hieron. subsp. *doederleinii*

主莖匍匐。營養葉明顯兩型，表面光滑，邊緣鋸齒，中葉卵形具尾尖，側葉鐮刀狀；孢子葉排列緊密形成孢子囊穗，孢子囊穗柱狀，孢子葉同型。

在台灣廣泛分布於中低海拔林下環境。

部分文獻另紀錄一亞種粗葉卷柏（*S. doederleinii* subsp. *trachyphylla*），其特徵為營養葉側葉表面粗糙，高倍放大可見有許多細微之小刺狀突起。然而，台灣之族群僅有極稀疏的小刺狀突起，與該亞種之典型形態不完全相符，故分類地位仍有待釐清。

孢子囊穗柱狀，同型。

孢子囊穗短而橫展

中葉卵形具尾尖

側葉鐮刀狀，葉緣鋸齒。

主莖斜展

多數個體葉面光滑

台灣鑑定為粗葉卷柏的族群，葉面僅有稀疏之小突起。

姬卷柏

屬名　卷柏屬

學名　*Selaginella heterostachys* Baker

營養枝匍匐，但著生孢子囊穗之營養枝通常多少直立或斜出。營養葉明顯兩型，邊緣鋸齒；孢子葉排列緊密形成孢子囊穗，明顯兩型。

在台灣零散分布於中低海拔林下陰暗環境。

營養枝側葉鳥喙狀，中葉卵形。

營養葉明顯兩型，邊緣鋸齒。

營養枝匍匐

孢子葉緊密排列成孢子囊穗

著生孢子囊穗的營養枝多少挺空斜出

密葉卷柏

屬名　卷柏屬
學名　*Selaginella involvens* (Sw.) Spring

植物體具匍匐根莖及直立主莖，主莖基部柄狀，形態與異葉卷柏（*S. moellendorffii*，見第 54 頁）及擬密葉卷柏（*S. stauntoniana*，見第 59 頁）非常相近，主要差別為本種之營養葉中葉表面具兩條縱溝，先端漸尖。

在台灣廣泛分布於中低海拔地區，常附生於樹幹，亦偶生長於岩壁上。

孢子囊穗柱狀

營養葉密生，彼此緊貼。

主莖基部柄狀，小葉鬆散排列。

植物體具匍匐根莖及直立主莖

常見於中低海拔岩壁

側葉遠軸面可見兩深刻痕

中葉表面具二條縱溝

玉山卷柏

屬名　卷柏屬

學名　*Selaginella labordei* Hieron. *ex* Christ

具直立主莖。營養葉邊緣具細齒；孢子葉排列緊密形成孢子囊穗，兩型，側葉明顯較中葉大。

在台灣廣泛分布於中海拔潮濕環境。

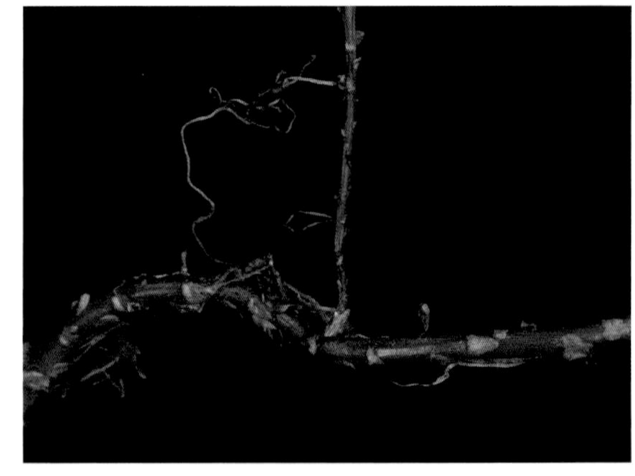

具匍匐莖及基部柄狀之直立主莖

多生長於冷涼森林內之滴水岩壁

營養葉具微細齒緣

孢子葉排列緊密成孢子囊穗

營養葉彼此稍具間隔

琉球卷柏

屬名　卷柏屬
學名　*Selaginella lutchuensis* Koidz.

於形態上與姬卷柏（*S. heterostachys*，見第 50 頁）相近，但本種葉具長尾尖，且孢子葉邊緣明顯纖毛狀。

在台灣僅見於海岸山脈東側及蘭嶼，生長於海岸至低海拔山區溪谷兩側或林隙間之半遮蔭石壁。

孢子葉緊密排列成穗狀，葉緣具長纖毛。

生長於半遮蔭石壁

葉緣具軟骨質邊緣

營養枝匍匐，生殖枝斜升。

葉先端長尾尖

異葉卷柏

屬名　卷柏屬

學名　*Selaginella moellendorffii* Hieron.

植物體具匍匐根莖及直立主莖，主莖基部柄狀，柄上具基部著生之葉片，營養葉四列排列於莖上，中葉寬卵形具長尾尖，僅具單一脈。

在台灣廣泛分布於中低海拔地區，常生長於岩壁或土坡上。

孢子囊穗柱狀，小葉同型。

側葉歪卵形，具纖毛緣。

中葉卵形，具長尾尖，無縱溝。

柄狀主莖上小葉近同型

常附生於樹幹上

日本卷柏

屬名　卷柏屬

學名　*Selaginella nipponica* Franch. & Sav.

在形態上與擬日本卷柏（*S. pseudonipponica*，見第 56 頁）較相似，主要差別為本種之孢子葉排列更為疏鬆，且營養葉邊緣短鋸齒。

在台灣僅知分布於北部與中部之森林邊坡環境。

金門及馬祖的族群曾被命名為「馬祖卷柏（"*S. matsuensis*"）」，惟此名尚未經有效發表。其孢子穗扁壓狀，營養葉側葉最先端顯著向後彎，其餘特徵與台灣本島族群相近。

葉緣具細齒（台灣本島）

生殖枝伸長且分支，不形成緊密之孢子囊穗。（台灣本島）

台灣本島族群側葉芒尖指向側方

馬祖族群側葉先端芒尖指向後方

成片生長於林緣土坡（馬祖）

孢子囊枝直立或斜升（台灣本島）

擬日本卷柏

屬名 卷柏屬

學名 *Selaginella pseudonipponica* Tagawa

營養枝匍匐；營養葉卵形，先端銳尖。本種最主要的特徵為孢子葉排列疏鬆，不特化為緊縮之孢子囊穗。

主要分布在台灣東部低至中海拔地區石灰岩環境。部分研究將本類群視為小卷柏之亞種，學名為 *S. helvetica* subsp. *pseudonipponica*，然而已發表之分子親緣研究並不支持此一分類處理，因此本書仍暫視為一獨立物種。

葉緣明顯纖毛狀

營養枝匍匐，生殖枝直立。

孢子葉排列鬆散，近等大，稍具腹背性。

常生於石灰岩環境之裸露岩壁或石縫內

疏葉卷柏

屬名　卷柏屬

學名　*Selaginella remotifolia* Spring

主莖匍匐狀。營養葉疏鬆排列於莖上，邊緣微鋸齒，孢子葉形成孢子囊穗，同型。

在台灣主要分布於中海拔潮濕森林環境。

腋生葉基部不歪斜

營養葉疏鬆排列於莖上

孢子葉緊密排列成穗狀，同型。

植株成匍匐狀

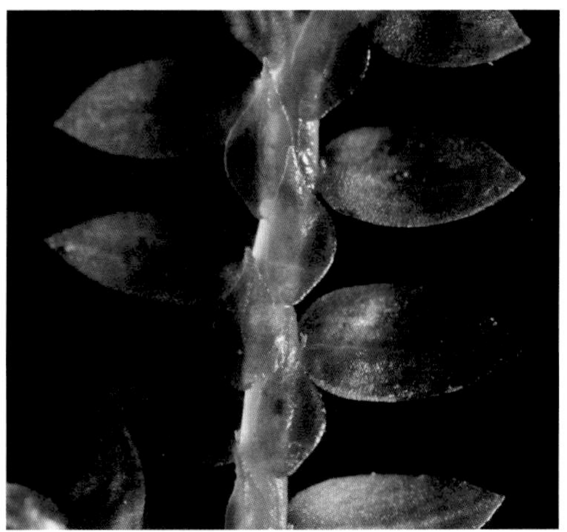

營養葉邊緣微鋸齒

高雄卷柏

屬名　卷柏屬

學名　*Selaginella repanda* (Desv. *ex* Poir.) Spring

形態上與生根卷柏（*S. doederleinii*，見第 49 頁）相似，主要區別為本種之小葉基部明顯纖毛狀。

在台灣主要分布於南部低海拔地區，生長於季節性乾燥環境之岩壁、土坡或地面上。

孢子葉緊密排列成柱狀，同型。

小葉排列緊密

大孢子囊通常生於孢子囊穗基部（黃綠色）；小孢子囊通常生於孢子囊穗上部（橘紅色）。

葉基部明顯纖毛狀

形態近似於生根卷柏，但生長模式不如生根卷柏般扇形開展。

葉緣具疏齒

中葉基部歪斜

常生長於較乾燥的林緣

擬密葉卷柏

屬名　卷柏屬

學名　*Selaginella stauntoniana* Spring

植物體具匍匐根莖及直立主莖，主莖基部柄狀，形態上與密葉卷柏（*S. involvens*，見第51頁）及異葉卷柏（*S. moellendorffii*，見第54頁）相似，主要差別為本種葉片排列較緊密，且柄狀構造上之小葉為盾狀著生。

在台灣分布於中低海拔岩壁環境。

孢子葉同型，形成柱狀孢子囊穗。

小葉具膜質邊緣及細齒

側葉歪卵形

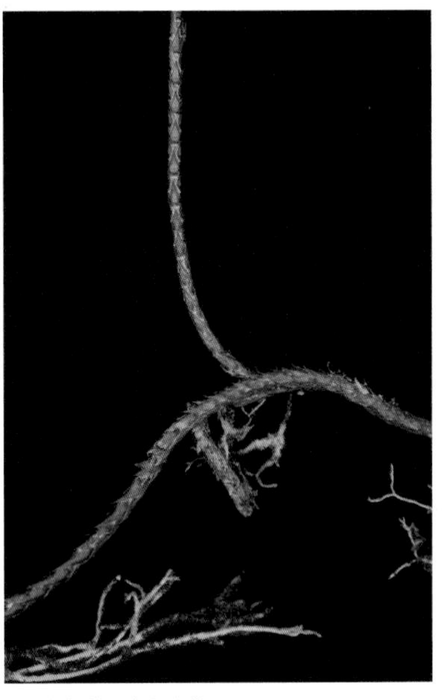

具匍匐根莖及直立主莖

植物體較近緣種硬挺且色深

生長於半乾燥之岩壁環境

中葉卵狀橢圓形，表面無縱溝。

山地卷柏

屬名　卷柏屬

學名　*Selaginella tama-montana* Seriz.

形態上與擬日本卷柏（*S. pseudonipponica*，見第 56 頁）最為相近，主要區別為本種營養葉邊緣僅鋸齒而不為纖毛狀；孢子囊穗僅 3 ～ 5 公釐長，通常平展。

在台灣僅知分布於中部海拔 3,000 ～ 3,600 公尺潮濕岩壁環境。

孢子穗短而平展

營養枝匍匐

孢子穗與營養枝無明確分化

葉緣僅為鋸齒，不為纖毛狀。

生長於高海拔岩石遮蔽處

萬年松

屬名　卷柏屬

學名　*Selaginella tamariscina* (P.Beauv.) Spring

本種為台灣產卷柏屬植物中唯一具有明顯單一直立主幹狀構造之物種。營養枝蓮座狀開展，遇環境乾燥時內捲為球狀，可長期耐旱，遇水後則再度展開。

在台灣廣泛分布於全島中低海拔山區，常群生於開闊之峭壁或土坡上。

環境乾燥時，植株捲為球狀。

營養枝蓮座狀開展

葉緣具細齒

孢子葉緊密排列成柱狀，同型。

營養葉排列緊密，具長尾尖。

常群生於開闊之峭壁或土坡上

主幹狀構造由集生的莖基部與根構成

翠雲草

屬名　卷柏屬

學名　*Selaginella uncinata* (Desv. *ex* Poir.) Spring

植物體多少帶有藍綠光澤，營養枝匍匐，中葉卵形至寬披針形；孢子囊穗四面體形，孢子葉均同型。

原產中國華南，引進台灣作為遮蔭環境之地被植物，逸出歸化於低海拔山區。

植物體帶藍綠光澤

孢子囊穗四面體形，孢子葉同型。

主莖紅褐色

相較於側葉與中葉，腋生葉近乎對稱。

逸出生長於郊野地帶

卷柏屬未定種

屬名　卷柏屬
學名　*Selaginella* sp.

形態與擬日本卷柏（*S. pseudonipponica*，見第 56 頁）接近，但營養葉狹卵形至披針形，先端漸尖至尾狀；且營養葉及孢子葉之側葉與中葉尺寸接近。

在台灣目前僅發現在台灣中部海拔 2,500～3,000 公尺山區，生長於冷杉林下濕潤之石壁或土坡。

葉具短纖毛緣

孢子葉排列鬆散，不形成緊密之孢子囊穗。

生長於冷杉林下岩隙間

孢子葉近同型

營養枝匍匐，生殖枝直立或斜出。

木賊科 EQUISETACEAE

全世界僅木賊屬 1 屬，約 15 種，主要分布於北半球暖溫帶地區。本科成員多生長在河邊、溪床、湖邊、沼澤等開闊向陽環境。主要的形態特徵為地下莖匍匐，地上莖空心，有時具輪生分支。葉退化為鱗片狀，輪生，下部癒合為鞘狀，上部齒狀分裂。孢子囊穗著生於莖頂，孢子囊不具環帶，內含孢子多數，孢子球形，綠色。

台灣僅有 1 原生種，鑑別特徵可直接參照物種描述。

木賊屬 EQUISETUM

特徵同科。

木賊

屬名　木賊屬

學名　*Equisetum ramosissimum* Desf. subsp. *ramosissimum*

地下莖匍匐，地上莖空心輪生，鞘狀小葉輪生於莖上，近基部之鞘上具黑褐色環紋，齒葉通常宿存，孢子囊穗著生於莖頂，孢子囊不具環帶，內含孢子多數，孢子球形，綠色。

在台灣廣泛分布於低海拔地區，主要見於溪邊、池塘邊等有水環境。台灣另有 2 偶發之歸化木賊類群：問荊（*E. arvense*）發現於阿里山地區，特徵為莖二型，營養枝具規律排列之輪生側枝；生殖枝無葉綠素，壽命極短。此外引進作為造景植物的大木賊（*E. praealtum*）逸出於北部田野，特徵為主莖粗壯，直徑達 5 ～ 9 公釐，高可達 1 公尺以上。

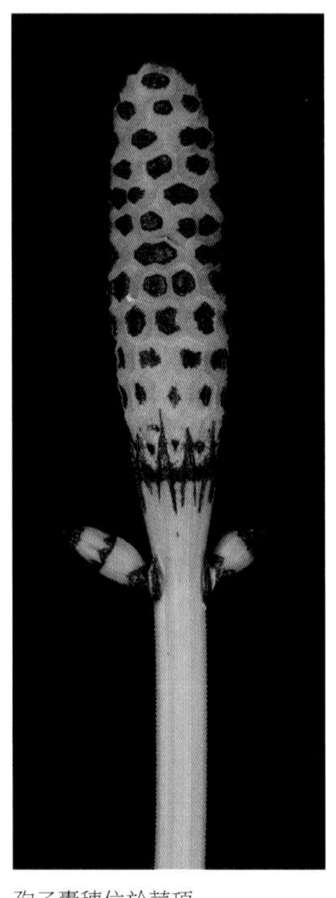

孢子囊穗位於莖頂

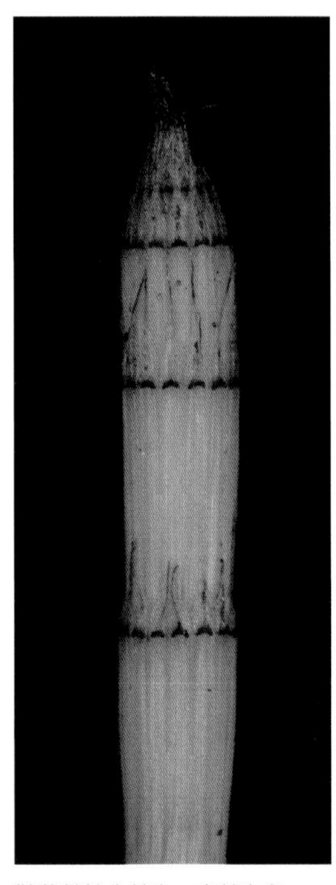

鞘狀葉輪生莖上，齒葉宿存。

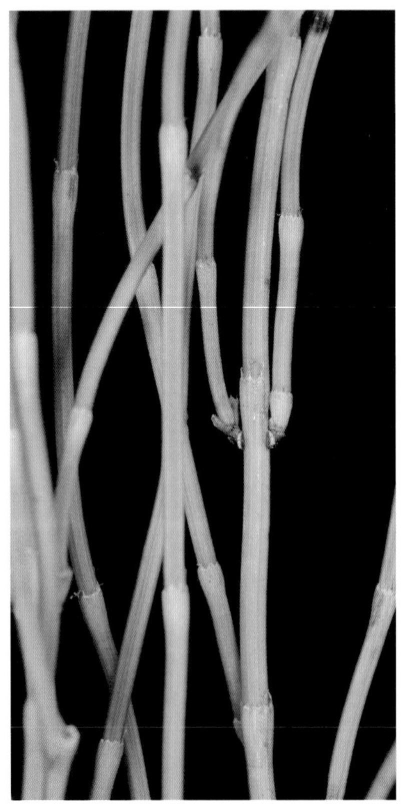

莖明顯具節，有稜。

莖近基部之鞘上具黑褐色環紋

主要見於低海拔有水的環境

台灣木賊

屬名　木賊屬

學名　*Equisetum ramosissimum* Desf. subsp. *debile* (Roxb. *ex* Vaucher) Hauke

與承名亞種（木賊，見前頁）非常相似，主要差別為本亞種葉鞘狀部分均呈綠色，齒狀裂片易脫落。

在台灣全島分布。

莖明顯具稜

齒葉褐色，較易脫落。

孢子囊穗頂端

鞘狀葉下部呈綠色

常見於水邊

松葉蕨科 PSILOTACEAE

全世界 2 屬，松葉蕨屬（*Psilotum*）與二囊松葉蕨屬（*Tmesipteris*），約 12 個種，廣泛分布於熱帶地區。本科成員多著生於樹幹上，偶而地生。主要形態特徵為不具根，莖上具有小葉，大型孢子囊著生於莖與小葉交接處，孢子囊壁具有兩層細胞，2 ～ 3 枚孢子囊合生，孢子多數，豆形。

本科台灣僅 1 種，鑑別特徵可直接參考物種描述。

松葉蕨屬 PSILOTUM

小葉鱗片狀，孢子囊三個一組形成合生孢子囊。

松葉蕨

屬名　松葉蕨屬

學名　*Psilotum nudum* (L.) P.Beauv.

僅具假根，無毛，無鱗片。小葉鱗片狀三角形，孢子囊單生在葉腋，球形，常三個合生為三角形。

在台灣分布於全島低至中海拔，附生樹蕨上或岩縫中。

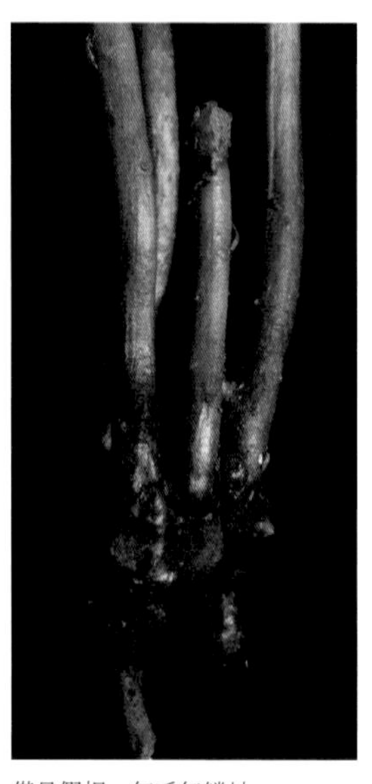
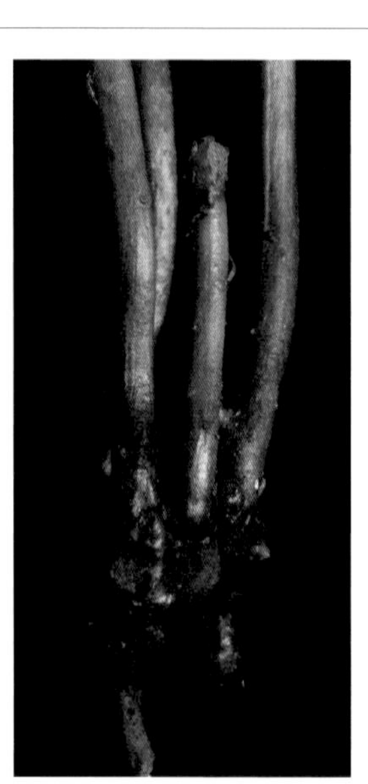

僅具假根，無毛無鱗片。

附生於樹蕨上

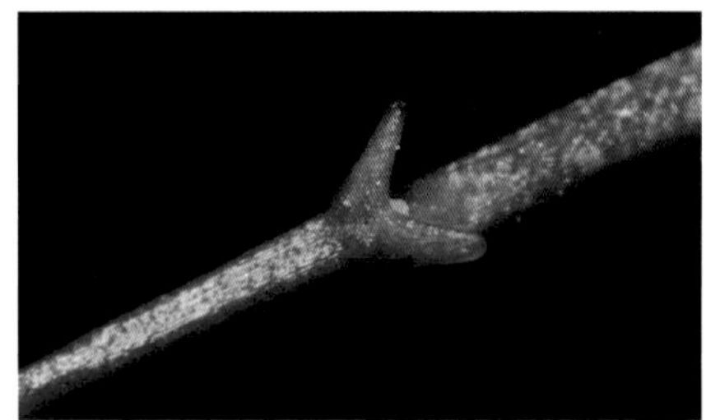

小葉呈鱗片狀三角形

未成熟孢子囊呈綠色

附生於樹上

孢子囊單生於葉腋，球形。

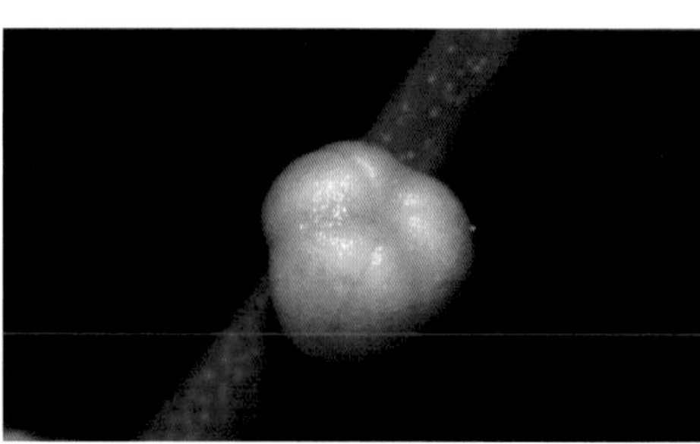

孢子囊常三個合生

瓶爾小草科 OPHIOGLOSSACEAE

全世界現有 9 屬，約 80 種，主要分布於溫帶地區，並有少數物種泛熱帶分布。本科成員多為地生，少數附生，生長於開闊草地，林緣邊坡、沼澤，或是附生於樹上。主要的形態特徵為全株肉質，多數類群葉片分化為營養葉與孢子囊穗二部分，孢子囊穗無葉肉；孢子囊壁具有兩層細胞，孢子多數，球形四面體。

植物體大多肉質或質地柔軟（扇羽陰地蕨）

植物體分為營養葉及孢子囊穗二部分（台灣大陰地蕨）

孢子囊具厚壁，縱裂。（蕨萁）

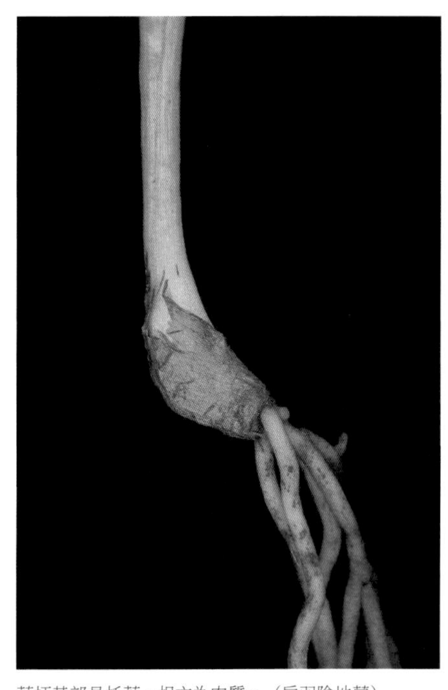

葉柄基部具托葉，根亦為肉質。（扇羽陰地蕨）

陰地蕨屬 BOTRYCHIUM

植物體大多不及10公分高，所有葉片均有孢子囊穗，營養葉短於5公分，單葉至二回羽裂，大多一回羽裂。

孢子囊穗一至二回分岔，孢子囊縱裂。

扇羽陰地蕨

屬名　陰地蕨屬
學名　*Botrychium lunaria* (L.) Sw.

根狀莖短而直立，全株肉質。營養葉片闊披針形，一回羽狀複葉，羽片3～6對，羽片扇形。孢子囊穗於營養葉片與葉柄交接處岔出。

在台灣生於高海拔森林界線以上空曠處之灌木叢下或碎石坡。

一回羽狀複葉，羽片扇形。

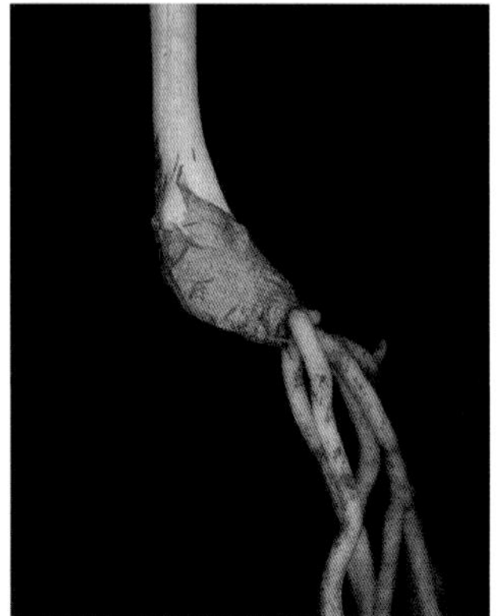
葉柄基部具棕色大型托葉

生長於高海拔開闊地或灌叢下

陰地蕨屬未定種

屬名　陰地蕨屬

學名　*Botrychium* sp.

營養葉明顯小於扇羽陰地蕨（*B. lunaria*，見前頁），羽片 1～2 對，方形至倒卵狀扇形。

目前僅發現在台灣中部山區，生長於海拔 2,700 公尺左右之混合林下。本種形態及生境近似部分北美之陰地蕨屬植物，分類地位仍待考證。

生長於陰暗林下，迥異於扇羽陰地蕨。

孢子囊穗一回羽狀分支，側枝甚短。

營養葉比例上甚小

營養葉一回羽狀複葉，羽片方形至倒卵狀扇形。

小型個體營養葉三出狀

蕨萁屬 BOTRYPUS

形態與大陰地蕨屬（*Sceptridium*）接近，主要區別為本屬之孢子囊穗著生於營養葉基羽片之交接處。

蕨萁

屬名　蕨萁屬
學名　*Botrypus virginianus* (L.) Michx.

植物體每年僅生 1 枚葉片，高 25 ～ 70 公分。營養葉平展，闊三角形或五角形，三至四回近三出之羽狀分裂，裂片具齒緣。孢子囊穗著生於營養葉基羽片交接處，直立，具 10 ～ 30 公分之柄，通常遠高於營養葉， 三至四回羽狀分裂。

在台灣廣泛分布於北半球溫帶地區，在台灣新近發現於台中武陵地區，生長於松雜林之林緣地帶。

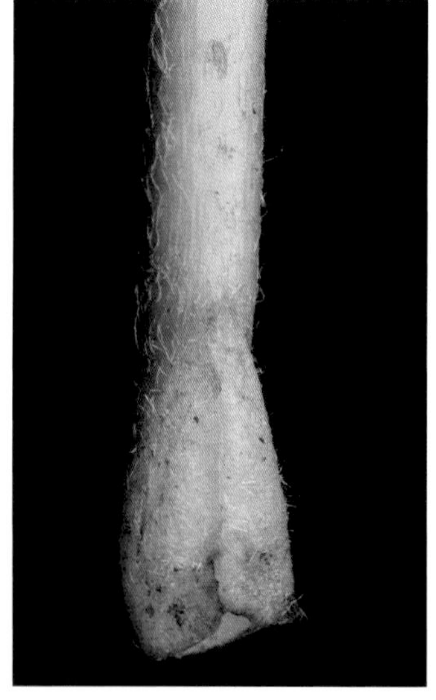

葉柄基部具托葉

孢子囊穗自營養葉基羽片間抽出

小羽片深齒裂

營養葉闊三角或五角形，多回羽裂。

孢子囊彼此分離

營養葉平展；孢子囊穗直立，具長柄。

七指蕨屬 HELMINTHOSTACHYS

營養葉掌狀分裂，根莖短橫走，孢子囊穗側枝極度短縮，因此外觀上呈直立不分岔之之圓柱狀。

錫蘭七指蕨

屬名　七指蕨屬

學名　*Helminthostachys zeylanica* (L.) Hook.

根狀莖肉質，匍匐狀。葉柄基部具托葉，葉片掌狀分裂，中央抽出一枚直立的孢子囊穗。

在台灣偶見於中、南部、恆春半島低海拔及蘭嶼，生於林緣或疏林下稍遮蔭處濕潤環境。

營養葉掌狀分裂

生長於林緣或疏林潮濕處

葉柄基部具托葉

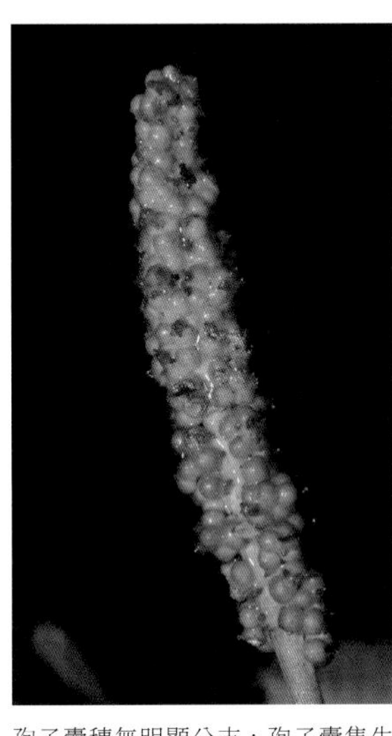
孢子囊穗無明顯分支，孢子囊集生於枝上。

孢子囊穗於葉中央抽出

葉緣具粗齒

日本陰地蕨屬 JAPANOBOTRYCHIUM

形態與大陰地蕨屬（*Sceptridium*）接近，主要區別為本屬孢子囊穗著生於營養葉之葉軸上；此外植物體被毛通常較為顯著，常為附生或岩生。

阿里山蕨萁

屬名　日本陰地蕨屬

學名　*Japanobotrychium lanuginosum* (Wall. *ex* Hook. & Grev.) Nishida *ex* Tagawa

肉質根狀莖粗短，葉柄基部具棕色托葉，葉片闊卵狀三角形，三至四回羽狀分裂，尺寸變化大，長 10 ～ 50 公分。孢子囊穗通常著生於營養葉羽軸近基部至中下段，具 2 ～ 10 公分之柄，等高或略高於營養葉，二至三回羽狀分支。

在台灣生長於海拔 2,000 ～ 3,000 公尺霧林帶樹幹、岩壁或邊坡上。

孢子囊穗於羽軸近基部抽出

肉質根狀莖粗短，基部具棕色托葉。

著生孢子囊之短枝排列間距大

營養葉三回至四回羽狀分裂

生長於海拔 2,000 ～ 3,000 公尺霧林帶樹幹、岩壁或邊坡上。

帶狀瓶爾小草屬 OPHIODERMA

營養葉單一或偶不規則分岔，帶狀；孢子囊穗單一或偶分岔，棒狀，著生於營養葉中下段；孢子囊排成二列，邊緣彼此癒合。

帶狀瓶爾小草

屬名　帶狀瓶爾小草屬

學名　*Ophioderma pendulum* (L.) C.Presl

附生於樹幹上。肉質根狀莖粗短，葉下垂如帶狀，單葉或分岔，肉質，邊緣常波狀起伏。孢子囊穗由營養葉中段岔出，具短柄，淡乳黃色。

在台灣分布於全島及蘭嶼低至中海拔濕潤森林內。本種為熱帶森林的指標植物，常與垂葉書帶蕨混生於巢蕨底部。

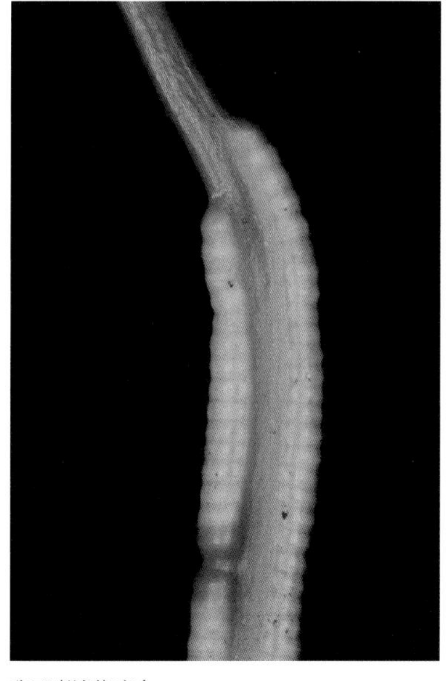

孢子囊邊緣癒合

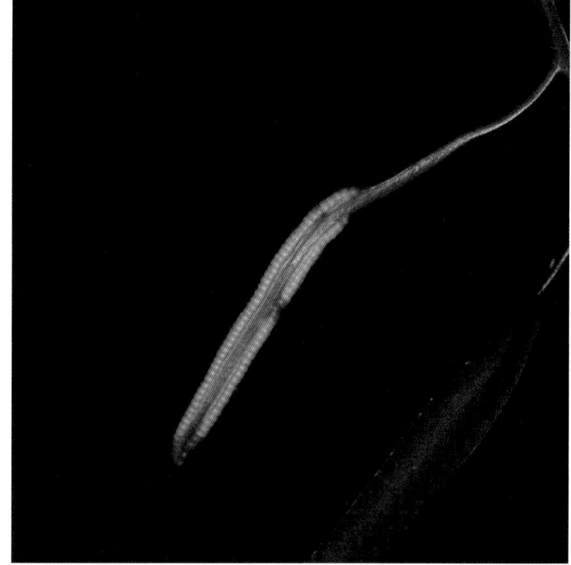

孢子囊穗自葉中段抽出，具短柄。

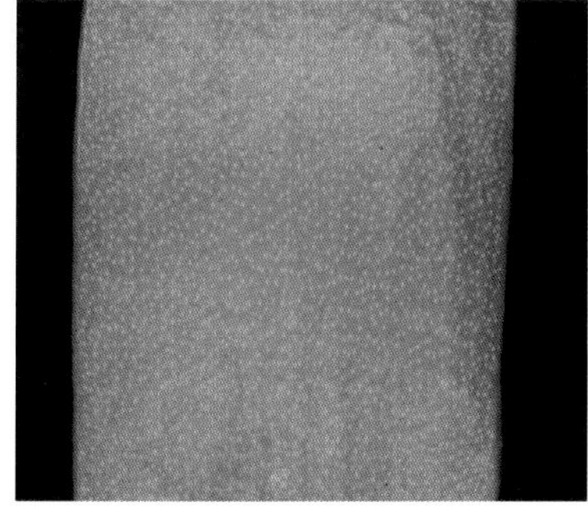

葉肉質，脈不顯著。

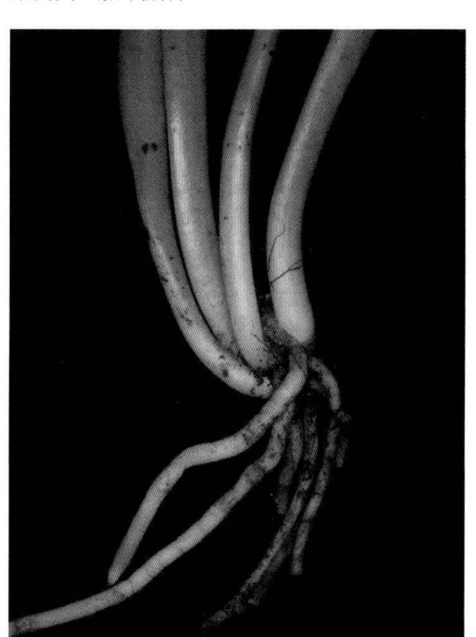

具肉質根部

營養葉一至二回分岔，輕微波浪狀。

附生於樹幹上，葉下垂帶狀。

瓶爾小草屬 OPHIOGLOSSUM

營養葉單葉，葉脈網狀，孢子囊穗單一棒狀，自營養葉葉身基部抽出；孢子囊排成二列，邊緣彼此癒合。除本書介紹物種外，網脈瓶爾小草（*O. reticulatum*）亦曾為文獻記載，其葉片大多為心形，生長熱帶地區之林隙或林緣半遮蔭環境，惟近年之研究均未能確認此種存在在台灣。

高山瓶爾小草

屬名　瓶爾小草屬

學名　*Ophioglossum austroasiaticum* Nishida

根莖粗大，直立。葉片闊卵形，近圓形或橢圓形，基部為圓鈍或心基，肉質，葉脈不明顯。孢子囊穗自營養葉之基部生出。

在台灣分布於高海拔向陽草原。

根莖粗壯

葉片闊卵形

孢子囊穗自營養葉基部抽出

葉基圓鈍或心形

生長於高海拔半開闊環境

銳頭瓶爾小草

屬名　瓶爾小草屬

學名　*Ophioglossum petiolatum* Hook.

株高 5 ～ 15 公分。葉 1 ～ 2 枚，營養葉卵形至長橢圓形，基部寬楔形，圓形或近截形，先端鈍至漸尖，長 3 ～ 6 公分。

在台灣廣泛分布於低海拔開闊草地環境。

孢子囊穗自營養葉基部抽出

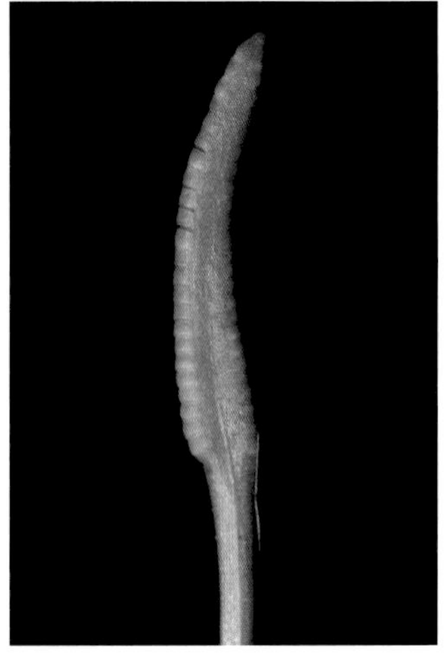
孢子囊二列，邊緣癒合。

常見於開闊草生環境

葉形多變，但大抵上為卵形至長橢圓形，基部寬楔形至近截形，先端鈍至漸尖。

狹葉瓶爾小草

屬名　瓶爾小草屬

學名　*Ophioglossum thermale* Kom.

營養葉為狹窄之披針形至倒披針形，基部窄楔形，其餘特徵與銳頭瓶爾小草（*O. petiolatum*，見第75頁）接近。

在台灣分布於低海拔開闊草地環境，族群數目少於銳頭瓶爾小草，東部較為常見。

孢子囊穗

植株纖細狹長

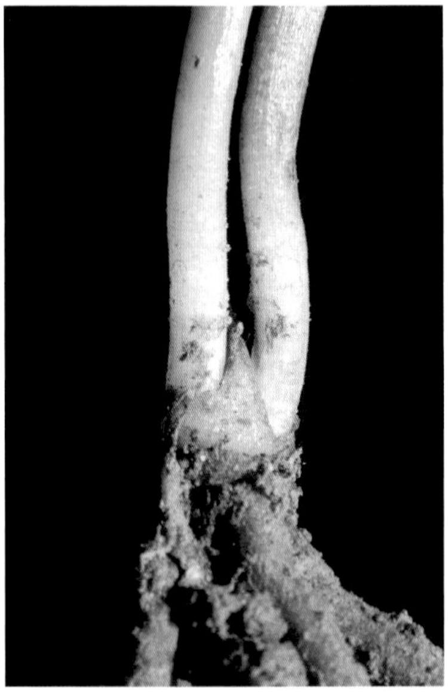

葉柄基部具淡黃色托葉

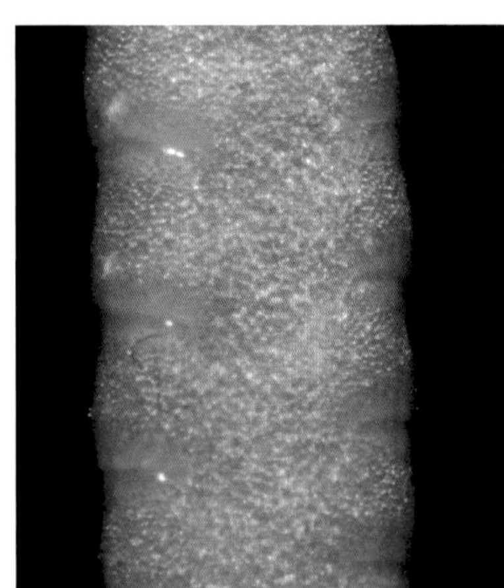

孢子囊穗近照

營養葉為狹披針形至倒披針形

生長於低海拔開闊環境

瓶爾小草屬未定種

屬名　瓶爾小草屬

學名　*Ophioglossum* sp. (*O.* aff. *parvum*)

植物體甚矮小，大多低於 5 公分。葉常 2 ～ 5 枚簇生，營養葉長 1 ～ 3 公分，卵形至卵狀橢圓形。本種形態接近分布於日本之 *O. parvum*。

在台灣分布於本島平野之開闊草地，但數量遠少於銳頭瓶爾小草，南部及東南可見較大族群。

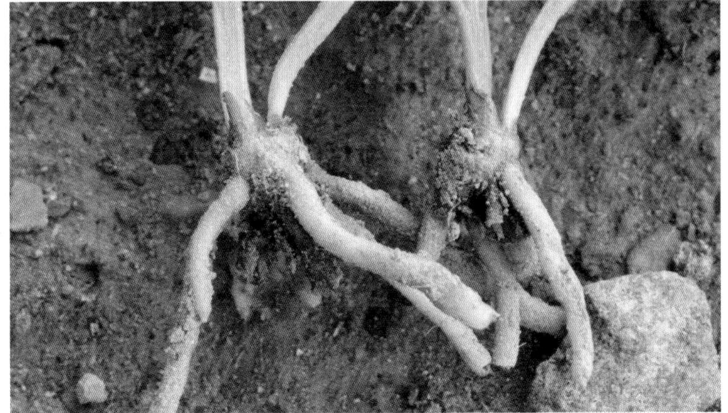

具鱗莖狀之地下莖及肉質根部

葉常多枚簇生

營養葉卵形至卵狀橢圓形

生長於開闊草地，可見於人工環境。

大陰地蕨屬 SCEPTRIDIUM

根莖直立；營養葉多回羽裂，邊緣齒狀；孢子囊穗自營養葉葉柄上岔出，多回羽裂；孢子囊彼此分離。

台灣大陰地蕨

屬名　大陰地蕨屬

學名　*Sceptridium formosanum* (Tagawa) Holub

株高 15 ～ 60 公分，葉片五角形，四回羽裂，長 8 ～ 35 公分，葉多汁薄草質。孢子囊穗著生於營養葉葉柄中段，直立，具 7 ～ 20 公分之柄，略高於營養葉，三至四回羽狀分裂。

在台灣廣泛分布於中、低海拔成熟闊葉林下，通風良好腐質豐富之處。本種與薄葉陰地蕨 *B. daucifolium* 相當接近，二種之關聯仍有待釐清。

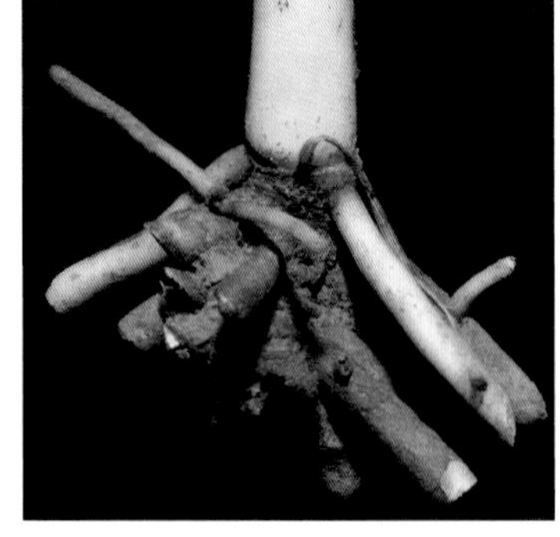

根狀莖粗大，具多條肉質根。

孢子囊密生於孢子囊穗上

葉軸及羽軸被疏柔毛，葉緣鋸齒狀且波緣。

孢子囊縱裂

葉面平展，五角形。

孢子囊穗於葉柄中段抽出

大陰地蕨

屬名　大陰地蕨屬

學名　*Sceptridium ternatum* (Thunb.) Lyon

根莖短，具肉質粗根。葉片闊三角形，三出三回羽狀複葉，末裂片橢圓形，邊緣粗尖鋸齒。孢子囊穗直立，具長柄，自營養葉葉柄近基部岔出。

在台灣偶見於低至高海拔山區，多發現於原始林邊緣或林隙之芒草叢間。

末裂片橢圓形，邊緣具粗尖鋸齒。

孢子囊穗三回分支

孢子囊穗於葉柄近基部抽出

葉闊三角形，三出三回複葉。

合囊蕨科 MARATTIACEAE

全世界6屬，分別為觀音座蓮屬（*Angiopteris*）、天星蕨屬（*Christensenia*）、合囊蕨屬（*Marattia*）、*Danaea*、*Eupodium*，以及粒囊蕨屬（*Ptisana*），約150種，廣泛分布於熱帶地區。本科成員多為地生大型蕨類，少數種類附生於樹上。主要形態特徵為全株肉質，具有粗壯的根，葉柄基部具有膨大的托葉，莖頂與葉柄被鱗片，孢子囊分離或形成合生孢子囊群，不具環帶，孢子多數，球形或橢球形。

部分類群具有自邊緣向內延伸之回脈構造（觀音座蓮）

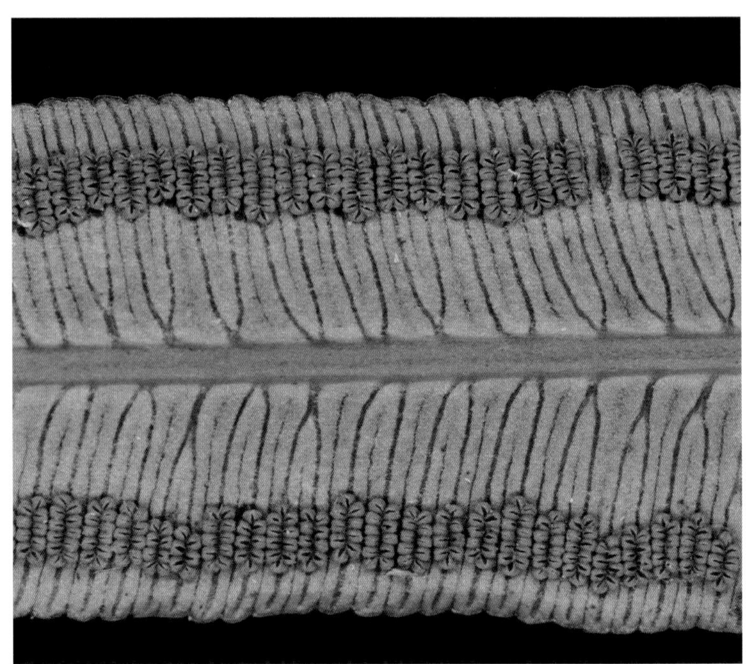

台灣產類群孢子囊均沿脈排成二列（蘭嶼觀音座蓮）

葉柄基部具宿存托葉（粒囊蕨）

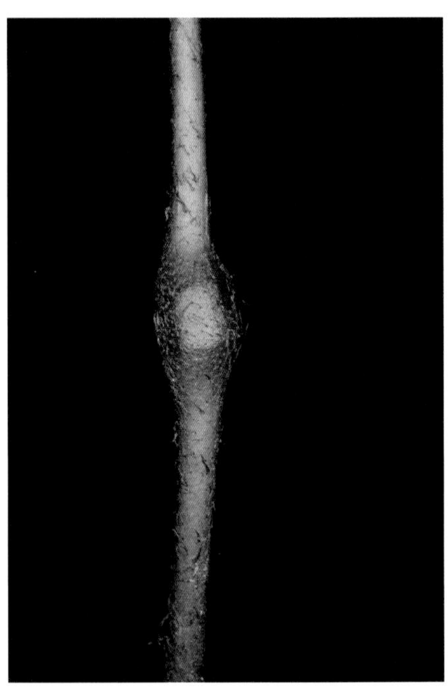

葉柄及葉軸具膨大葉枕，有支持而無運動功能。

觀音座蓮屬 ANGIOPTERIS

孢子囊群僅基部合生而頂部分離。

蘭嶼觀音座蓮

屬名　觀音座蓮屬

學名　*Angiopteris evecta* (G.Forst.) Hoffm

外形與觀音座蓮（*A. lygodiifolia*，見第83頁）相似，但本種之回脈較長幾乎到達羽軸。此外，葉柄覆有較多之深色毛狀鱗片，小羽片稍狹長，基部圓至淺心形。本書採用較廣義之物種概念，將過往文獻常用的*A. palmiformis*視為*A. evecta*之同物異名。

本種在台灣蘭嶼有較大族群，常見於季風雨林底層；此外於綠島、龜山島、本島之恆春半島、海岸山脈及台北近郊之低海拔山區有零星分布，大多生長於溪澗附近潮濕處。

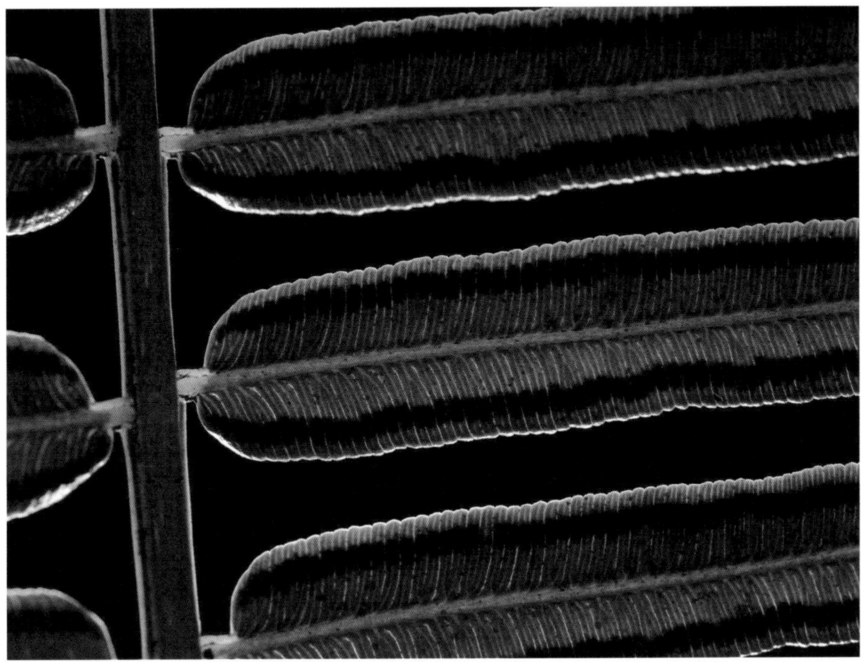

回脈幾乎延伸至羽軸

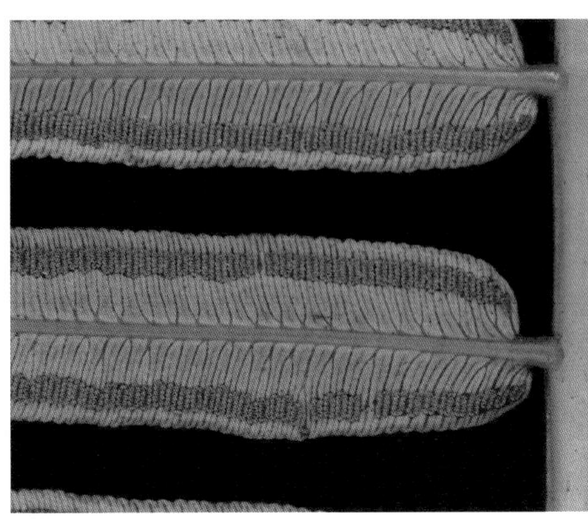

小羽片基部圓至淺心形，孢子囊群靠近葉緣。

葉柄覆有深色毛狀鱗片

二回羽狀複葉，叢生。

塊狀莖上宿存托葉

伊藤氏觀音座蓮 特有種

屬名　觀音座蓮屬

學名　*Angiopteris* × *itoi* (W.C.Shieh) J.M.Camus

塊狀短直立莖具肉質托葉，葉叢生，一回羽狀複葉，偶有二回，羽片4～9對，在葉脈之間另有一短細之回脈，部分個體無回脈。孢子囊群線形，位於羽軸與葉緣之間，稍近葉緣。

本類群為台灣觀音座蓮（*A. somae*，見第84頁）與觀音座蓮（*A. lygodiifolia*，見下頁）之天然雜交種，其孢子幾乎不孕，因此野生個體僅發現於二親本混生之地點，目前紀錄於新北烏來及南投埔里至魚池一帶山區。

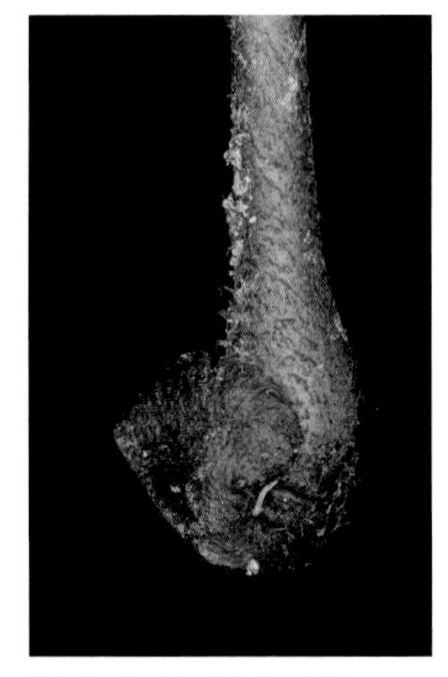

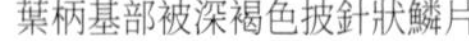

葉柄基部被深褐色披針狀鱗片

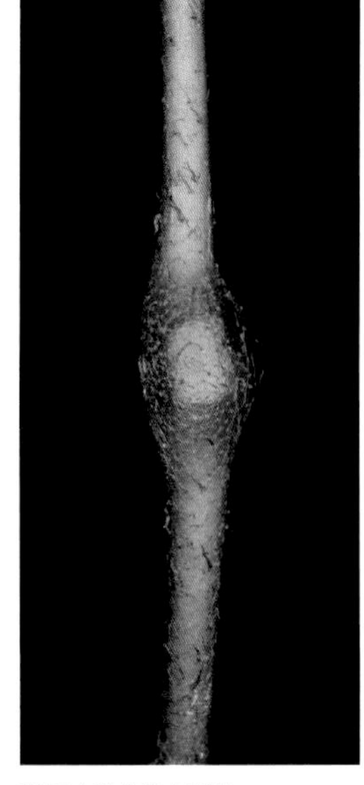

葉柄中段具膨大葉枕

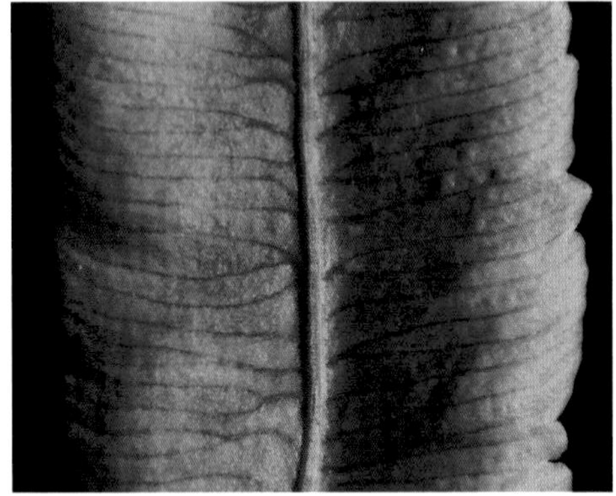

葉緣不連續鈍齒狀

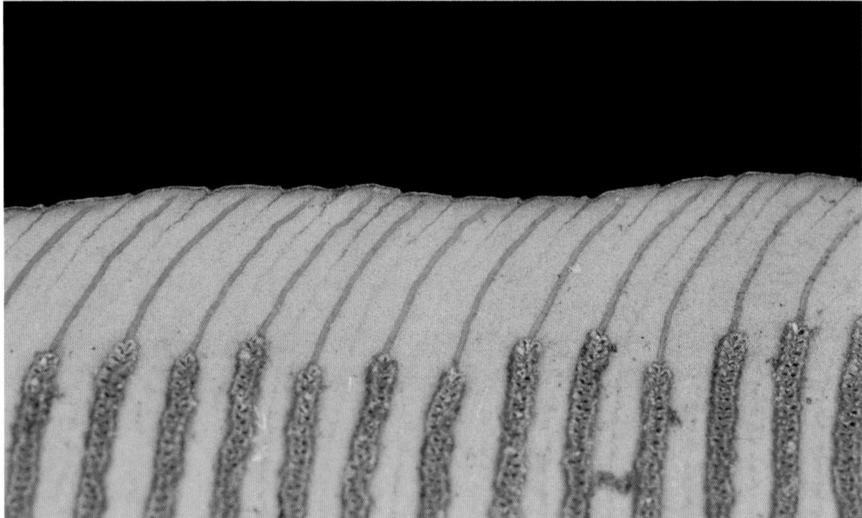

具回脈，延伸至羽片中段。

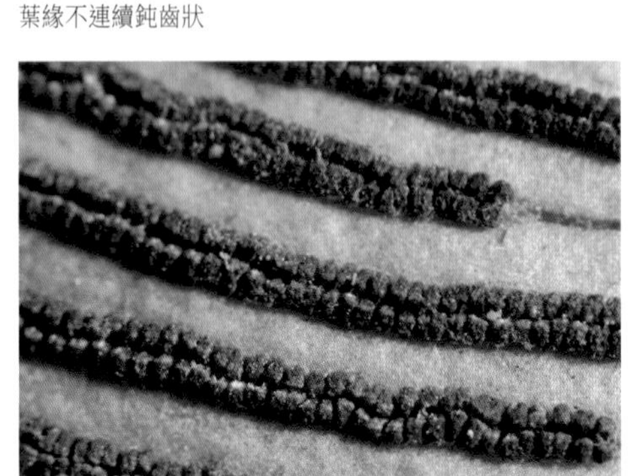

孢子囊群長線形

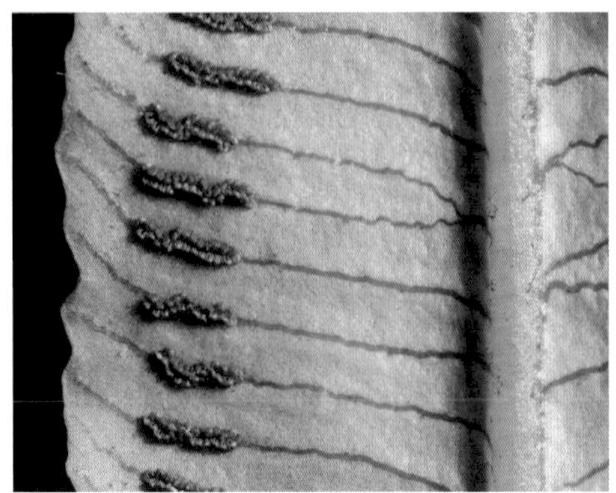

部分個體不具回脈

一回羽狀複葉，狹長。

觀音座蓮

屬名　觀音座蓮屬

學名　*Angiopteris lygodiifolia* Rosenst.

球形塊狀莖具肉質托葉。二回羽狀複葉，小羽片基部寬楔形至近截形，回脈短。孢子囊群生於側脈靠近葉緣。

在台灣本種是合囊蕨科中最常見的種類，普遍分布於本島低至中海拔潮濕之森林底層。

側脈單一或二岔

球狀塊狀莖宿存托葉

二回羽狀複葉

幼葉密被鱗片

孢子囊群短而接近葉緣

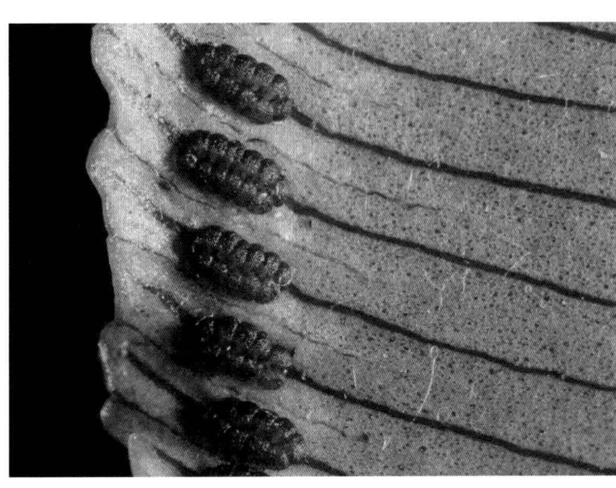

具短回脈

羽軸具翅，小羽片基部寬楔形至近截形。

台灣觀音座蓮 特有種

屬名　觀音座蓮屬
學名　*Angiopteris somae* (Hayata) Makino & Nemoto

塊狀莖具肉質托葉。葉叢生，一回羽狀複葉，羽片 2 ～ 3 對，具柄，無回脈。孢子囊群線形，位於羽軸與葉緣中間，沿側脈生長。

台灣特有種，間斷分布於北部烏來至坪林，中部埔里至魚池，及台東大武至達仁一帶，個體數少，生長於成熟闊葉林下。

葉面

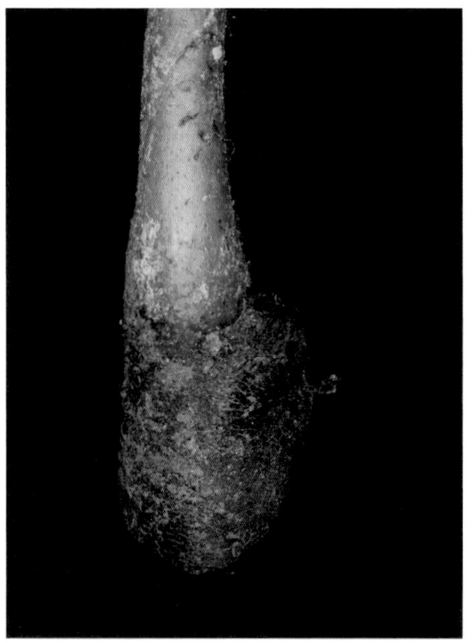

托葉

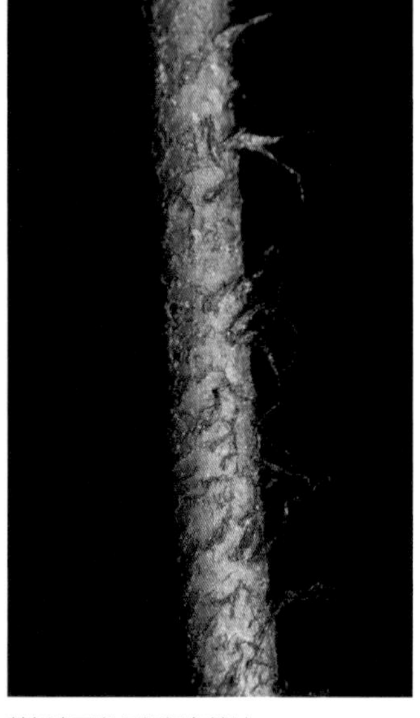

葉柄中下段具深褐色鱗片

孢子囊群線形，幾乎延長至羽軸。

羽片 2 至 3 對

一回羽狀複葉

粒囊蕨屬 PTISANA

孢子囊群完全癒合形成合生孢子囊。此屬類群過往多歸於合囊蕨屬（*Marattia*），依新近分子親緣研究成果而分出。

粒囊蕨

屬名　粒囊蕨屬

學名　*Ptisana pellucida* (C.Presl) Murdock

球形塊狀莖具肉質托葉。三回羽狀複葉。孢子囊群兩排形成聚合囊群，沿葉脈著生略靠近葉緣。

在台灣僅分布於離島蘭嶼北部山區，生長於海拔 200 公尺以上之濕潤闊葉林下。

球形塊狀莖上宿存托葉

三回羽狀複葉

羽軸及小羽軸基部具膨大葉枕

兩排孢子囊群 形成聚合囊群

孢子囊群著生於葉中段近葉緣處

生於潮濕闊葉林內

紫萁科 OSMUNDACEAE

全世界6屬，約20種。本科成員皆為地生蕨類，主要形態特徵為具有直立的根莖，葉片具有營養羽片及孢子羽片之分化，孢子羽片無葉肉，通常壽命短暫。孢子囊中大且具環帶，孢子多數，球形，綠色。

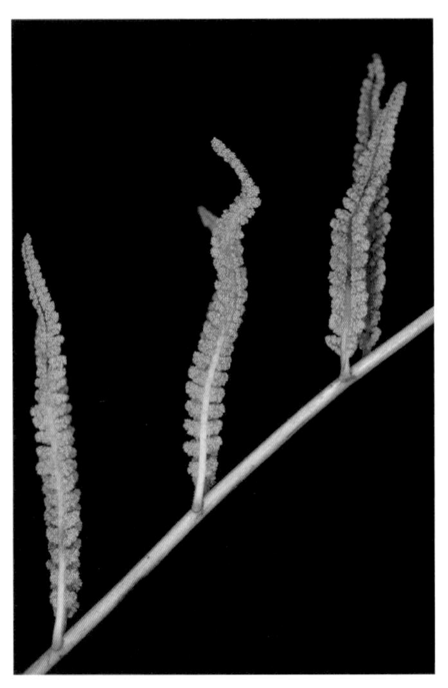
孢子葉或孢子羽片均無葉肉，僅有密生之孢子囊。（粗齒革葉紫萁）

根莖直立（紫萁）

具二型葉的類群，孢子葉的生長大多有季節性且壽命短暫。（分株假紫萁）

不完全二型葉的類群，孢子羽片亦較營養羽片更早凋萎。（絨紫萁）

孢子為綠色（粗齒革葉紫萁）

絨紫萁屬 CLAYTOSMUNDA

葉為二回羽狀裂葉，不完全兩型，孢子葉基部有數對孢子羽片，上半部則與營養葉相同；葉軸上有紅色絨毛；羽片基部無關節。

本屬全世界僅 1 種，即絨紫萁。

絨紫萁

屬名　絨紫萁屬

學名　*Claytosmunda claytoniana* (L.) Metzgar & Rouhan

特徵同於屬描述。

在台灣可見於高海拔冷溫帶草原環境。

孢子羽片無葉肉，壽命短暫。

羽軸基部無關節

葉為不完全兩型，孢子葉下部具孢子羽片，上部與營養葉相同。

可見於高海拔草原環境

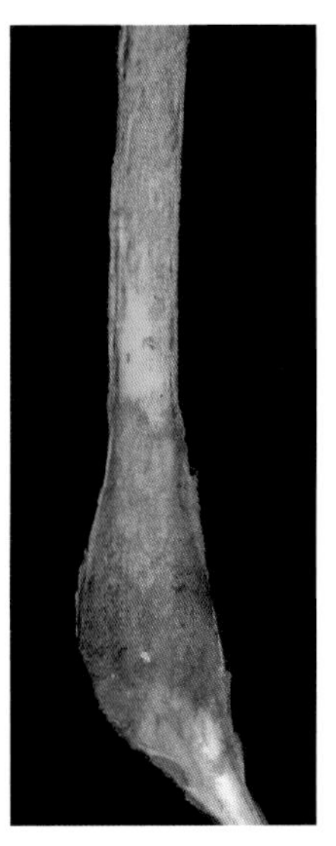
葉柄基部膨大

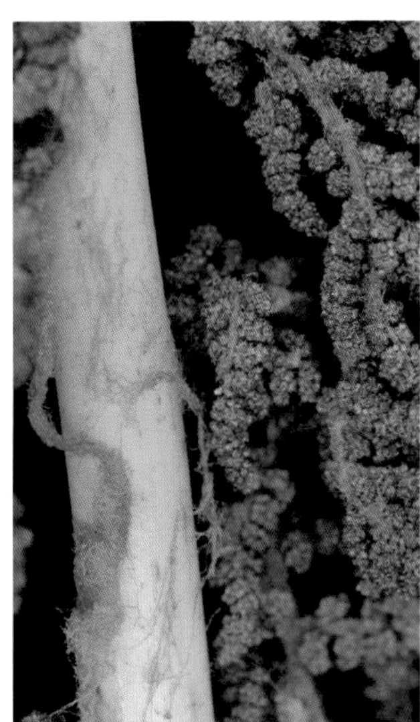
葉軸上有紅色絨毛

紫箕屬 OSMUNDA

二回羽狀複葉，羽片基部無關節。

孢子葉無葉肉，孢子囊環生於脈上。

紫萁

屬名　紫箕屬

學名　*Osmunda japonica* Thunb.

二回羽狀複葉，營養葉與孢子葉完全兩型化，或孢子葉僅在最先端有營養羽片。營養葉之小羽片均約略等長，全緣。

在台灣主要分布於中海拔林緣地帶，於北部可降至低海拔山區。

葉脈不等二岔分支

二回羽狀複葉

獨立之孢子葉於春季萌發，壽命短暫。

葉為闊三角形

根莖直立，葉簇生。

假紫萁屬 OSMUNDASTRUM

營養葉與孢子葉完全兩型，營養葉片狹橢圓形，二回羽狀深裂，幼時密被絨毛；孢子葉生長於葉簇中心，羽片強度緊縮，遠軸面密布孢子囊。

本屬全世界僅 1 種，即分株假紫萁。

分株假紫萁

屬名　假紫萁屬

學名　*Osmundastrum cinnamomeum* (L.) C.Presl

特徵同於屬描述。

在台灣僅分布於宜蘭低至中海拔山區之數個天然池沼中。

羽片深裂，基部具關節。

孢子葉具密集之絨毛與孢子囊

孢子葉於早春發育

根莖直立，常兩兩並生，因而得名。

台灣蕨類中少數的水濕生物種之一，生長於天然池沼草澤中。

初夏孢子葉已凋萎

革葉紫萁屬 PLENASIUM

一回羽狀複葉，不完全兩型；羽片基部具關節。

粗齒革葉紫萁

屬名　革葉紫萁屬

學名　*Plenasium banksiifolium* (C.Presl) C.Presl

一回羽狀複葉，羽片粗鋸齒緣，孢子羽片位於葉片之中下部。

在台灣廣泛分布於全島低海拔地區，常生於半遮蔭之山壁上。

幼葉密被紅褐色絨毛

葉軸紅褐色

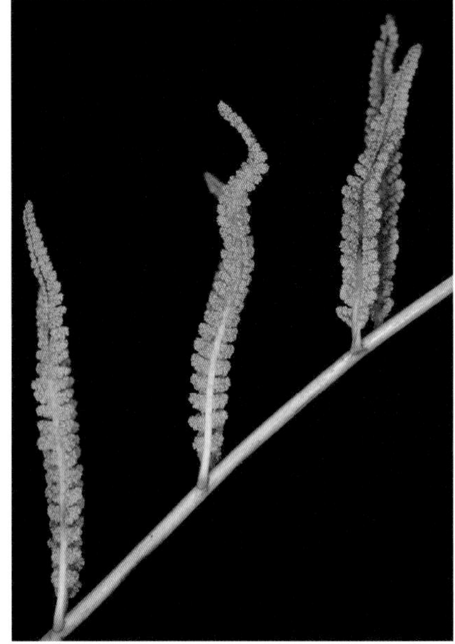

孢子羽片直立向上

粗鋸齒緣，葉脈不等二岔分支。

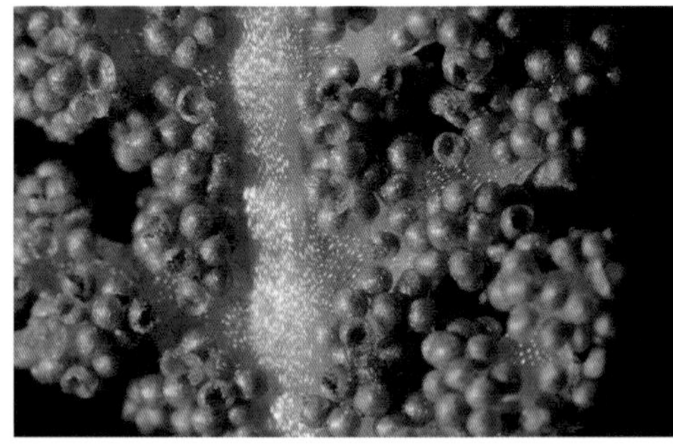

孢子囊環生於脈上，孢子具葉綠體。

生於半遮蔭之山壁上

一回羽狀複葉，頂羽片狹長。

膜蕨科 HYMENOPHYLLACEAE

全世界 9 屬，約 600 種，泛世界分布，共同特徵為葉片除維管束之外僅具一層細胞，因此大多呈現半透光狀，極易與其它類群區辨。除此之外，本科孢子囊群均位於葉緣之小脈先端，漸熟型；孢子球形，綠色。膜蕨成員可依照孢膜的形態大致區分為兩大類，具有兩瓣狀孢膜的物種多為膜蕨屬（*Hymenophyllum*）的成員，而具有管狀孢膜的物種則分別屬於其餘的 8 屬（但仍有少數例外）。生活史多樣，從地生、岩生到附生都有，形態上也具有高度的多樣性，但大多生長於濕潤之森林環境。

葉肉僅有單層細胞，因此大多呈現半透光之薄膜質。（長片蕨）

毛被物的有無、形式及分布因物種而異。（毛葉蕨）

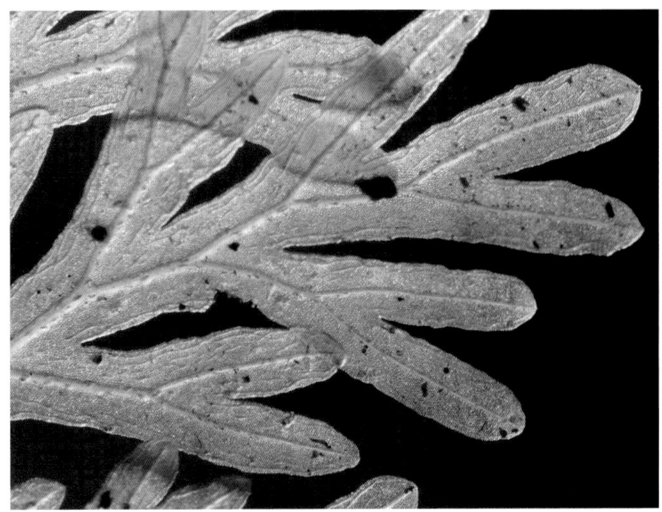

部分物種葉肉可見線狀排列，不與中脈相接的特化細胞，稱為「假脈」。假脈的有無及形式亦為重要分類依據。（假脈蕨屬未定種 2）

二瓣狀之孢膜（台灣蕗蕨）

管狀之孢膜（球桿毛蕨）

長片蕨屬 ABRODICTYUM

根莖直立、短橫走或長橫走皆有，被毛。葉羽狀分裂，不具假脈。孢膜管狀，開口喇叭狀或平截。

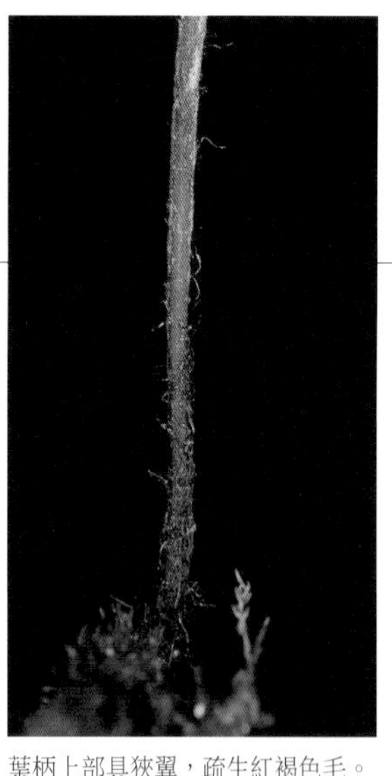
葉柄上部具狹翼，疏生紅褐色毛。

窗格長片蕨

屬名　長片蕨屬

學名　*Abrodictyum clathratum* (Tagawa) Ebihara & K.Iwats.

根莖短橫走，密被紅褐色毛，葉近生。葉片披針形，長 5 ～ 11 公分，達四回羽狀分裂，葉肉細胞呈顯著之窗格狀。孢子囊群生於線形羽片末端，管狀。

在台灣零星分布於中海拔終年濕潤且未受干擾之檜木林帶或闊葉林內，多生長於巨木基部，岩縫或土坡下遮蔭處。

孢膜管狀，孢子囊成熟時突出孢膜。

葉披針形，四回羽裂。（張智翔攝）

生長於霧林環境巨木主幹基部（張智翔攝）

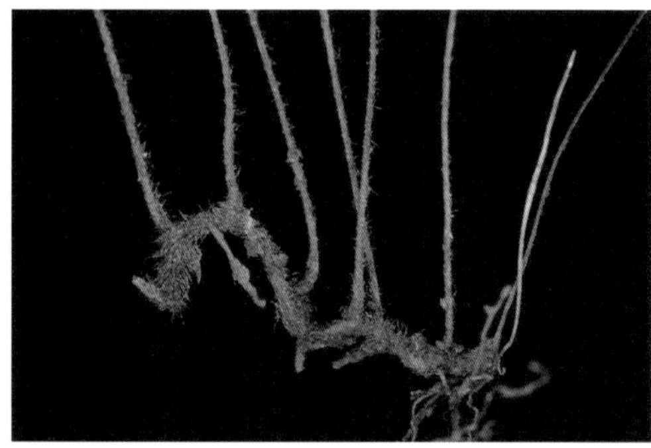
根莖橫走，密被紅褐色剛毛。

葉肉細胞呈窗格狀

長片蕨

屬名　長片蕨屬

學名　*Abrodictyum cumingii* C.Presl

根狀莖短小，上部密被褐色節狀毛，葉叢生，葉片狹橢圓形，二回羽裂，末裂片拉長，薄膜狀，具柵狀排列之狹長葉肉細胞。孢子囊群生於葉片上部三分之二短裂片的頂端，孢膜管狀，先端喇叭狀擴大。

在台灣分布於東部及蘭嶼海拔 300 ～ 1,000 公尺濕潤闊葉林內，生態棲位特殊，僅附生於樹蕨類之中下部莖幹。

柵狀排列之狹長葉肉細胞

葉片二回羽裂，末裂片拉長。

孢膜管狀，先端喇叭狀擴大。

僅生長於樹蕨幹上

線片長片蕨

屬名　長片蕨屬

學名　*Abrodictyum obscurum* (Blume) Ebihara & K.Iwats.

根莖粗短，直立或倒伏，葉叢生。葉柄無翼，葉片卵狀三角形，三回羽狀分裂，質地較厚而不透光，墨綠色。孢膜管狀，向下彎曲。

在台灣廣泛分布於低至中海拔山區濕潤森林內，多生長於陰暗且濕潤之溪溝兩側石壁或土坡縫隙，偶見於林下陰暗處。

孢膜管狀，先端平截。

葉片卵狀三角形，質地較厚而不透光，墨綠色。

根莖粗壯，葉叢生。

老熟之孢子囊及囊托突出孢膜外

毛桿蕨屬 CALLISTOPTERIS

根莖直立。葉柄上密被長毛。孢膜管狀。

毛桿蕨

屬名　毛桿蕨屬

學名　*Callistopteris apiifolia* (C.Presl) Copel.

根莖直立，葉柄及葉軸上密被多細胞節狀毛，無翼。葉片長卵圓形，長20～30公分，三至四回羽裂。

在台灣零星分布於暖溫帶潮濕森林中，在東部及中央山脈南段山區有較大族群存在，大多生長於樹幹、樹蕨近基部或山壁、土坡上。

葉柄上密被多細胞節狀毛

葉片長卵圓形，四回羽裂。

孢子囊托突出孢膜外

本種為台灣膜蕨科中植物體最壯碩的類群

孢膜管狀，頂端截形。

厚葉蕨屬 CEPHALOMANES

根莖直立或短橫走，葉一回羽狀複葉或二回羽裂。

菲律賓厚葉蕨

屬名　厚葉蕨屬

學名　*Cephalomanes javanicum* (Blume) C.Presl

根莖短直立。葉叢生，葉片長披針形，一回羽狀複葉。孢子囊群生於羽片上側的邊緣。

在台灣僅見於恆春半島東側、綠島及蘭嶼低海拔潮濕溪谷環境。

孢子囊群生於羽片近先端之邊緣

生長於溪溝潮濕土坡處

根莖短且直立，葉叢生。

一回羽狀複葉，葉片墨綠色。

側脈密生，無假脈。

假脈蕨屬 CREPIDOMANES

植株常小型，根莖長橫走，較少直立，常不具真正的根。葉片羽狀複葉或掌狀，常具有不規則之假脈，末裂片全緣。孢膜管狀或漏斗狀，開口兩瓣狀。

圓唇假脈蕨

屬名　假脈蕨屬

學名　*Crepidomanes bilabiatum* (Nees & Blume) Copel.

本種在過往文獻均與南洋假脈蕨（*C. bipunctatum*，見第 98 頁）相互混淆。二種之外觀及各部尺寸相當接近，但細部特徵有顯著差異。本種葉裂片除連續之亞邊緣假脈外，尚有疏至密之短斜生假脈散布於葉緣與中肋之間；裂片最先端之亞邊緣假脈外側僅有一排細胞。孢膜裂瓣為闊卵形至半圓形，向外開展。

在台灣僅於離島蘭嶼可見較大族群，生長於海拔 300 ～ 500 公尺雨林內樹幹基部或岩石上。本島於恆春半島之老佛山存在少量族群，此外 20 世紀初於新北坪林山區曾有過一筆紀錄。

葉三回羽裂

亞邊緣假脈與中肋間尚有許多斜生之短假脈

孢膜開口擴大，成熟時裂瓣水平開展。

孢膜裂瓣半圓形

低位著生於低海拔濕潤林內

南洋假脈蕨

屬名　假脈蕨屬

學名　*Crepidomanes bipunctatum* (Poir.) Copel.

根莖長橫走，被毛。葉柄具狹翼，有時密生黑色短毛。葉遠生，卵形至長橢圓，長 1.5 ～ 6 公分，二至三回羽裂；裂片具連續不中斷之亞邊緣假脈，此外無或極少出現其它形式之假脈；裂片先端之亞邊緣假脈外側有一排細胞。孢子囊群大多生於近葉軸兩側或近葉片先端之裂片，基部管狀，兩側具翼狀之葉肉延伸至開口處；先端二瓣狀，裂瓣近三角形，先端鈍尖，直立而不開展。

在台灣，本種過往常被認為是廣泛分布的類群，但經詳查野外族群及標本，僅確認恆春半島老佛山存在極少量族群，生長於恆濕之闊葉林內樹幹中下部及岩石上。其餘各地之分布紀錄均為近緣種如翅柄假脈蕨（*C. latealatum*，見第 102 頁）及圓唇假脈蕨（*C. bilabiatum*，見第 97 頁）之錯誤鑑定。

葉三回羽裂

裂片具連續之亞邊緣假脈，不具斜生之短假脈。

附生於樹幹或岩石上

孢膜裂瓣三角形，直立而不開展。

大球桿毛蕨

屬名　假脈蕨屬

學名　*Crepidomanes grande* (Copel.) Ebihara & K.Iwats.

本種在形態上與球桿毛蕨（*C. thysanostomum*，見第 110 頁）非常相似，然而兩者之孢膜形態有所區別，本種管狀包膜之開口明顯擴大呈喇叭狀，且孢膜不具翅及毛。

在台灣僅見於恆春半島東側之南仁山區，生長於陰暗潮濕之溪谷邊坡。

葉四回羽裂

生長於濕潤溝谷中

葉遠軸面有許多球桿狀毛

孢子囊群垂頭狀，老熟時囊托伸出孢膜外。

根莖短，葉叢生，柄無翼。

孢膜開口擴大為喇叭狀

厚邊蕨

屬名　假脈蕨屬

學名　*Crepidomanes humile* (G.Forst.) Bosch

根莖纖細而橫走，不具真正的根，葉遠生，二回羽裂，邊緣具有明顯延長之細胞，無假脈。孢膜管狀，開口喇叭狀。

在台灣分布東部、綠島及蘭嶼低海拔山區，多成片附生於溪谷周邊之岩石上。

葉緣具有明顯延長之細胞，無假脈。

葉遠生，二回羽裂。

孢膜管狀，開口喇叭狀。

多長於溪溝兩側石壁或大石頭上

克氏假脈蕨

屬名　假脈蕨屬

學名　*Crepidomanes kurzii* (Bedd.) Tagawa & K.Iwats.

植株微小，株高僅約1公分，根莖纖細，長橫走，被褐色毛。葉片近無柄，基部楔形至鈍形，一回羽狀深裂，具連續之亞邊緣假脈，假脈外側大多僅有一排細胞，無其它形式之假脈。孢子囊群位於裂片頂端，略寬於末裂片，孢膜倒圓錐狀，先端近平截。

在台灣生長於低海拔闊葉林內溪溝周圍高濕環境，成片附生於陰暗之岩石壁。在東南部、恆春半島及蘭嶼較為普遍，亦零星分布於台北近郊及龜山島。

孢膜倒圓錐狀，先端近平截。

具連續之亞邊緣假脈，假脈外側大多僅有一排細胞，無其它形式之假脈。

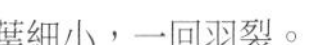

葉細小，一回羽裂。

成片附生於陰暗之岩石壁

翅柄假脈蕨

屬名　假脈蕨屬

學名　*Crepidomanes latealatum* (Bosch) Copel.

孢膜裂瓣近邊緣有假脈狀之增厚細胞

根莖纖細匍匐狀，密被褐色的短毛。葉遠生，葉柄上部具翅；葉片卵狀披針形至長橢圓形，長 4 ～ 10 公分，三回羽裂，末裂片長線形，先端圓鈍，邊緣與中肋間有許多斜生或與葉緣亞平行之短假脈，不具連續之亞邊緣假脈。孢膜瓶狀，裂瓣卵狀三角形至半圓形，近邊緣處有假脈狀之增厚細胞。

在台灣廣泛分布於全島中海拔濕潤森林內，附生於樹幹或岩石上。此類群為一複合種群，各地族群細部形態存在些許差異。

孢膜管狀部分較短，裂瓣卵形的個體。

末裂片先端鈍，具斜出或與葉緣亞平行之短假脈。

羽軸之翼常多少皺曲；孢子囊群多分布於葉片上半部。

孢膜瓶狀部分較長，裂瓣半圓形之個體。

闊邊假脈蕨

屬名　假脈蕨屬

學名　*Crepidomanes latemarginale* (D.C.Eaton) Copel.

植株微小，葉短於 2 公分，大多接近狀分裂，但孢子葉有時拉長而為一至二回羽裂；末裂片線狀長橢圓形，先端鈍，具有連續之亞邊緣假脈，假脈外側有二排細胞，邊緣與中肋間另有斜生之短假脈。孢子囊群頂生於裂片先端，倒錐形，裂瓣扇狀半圓形。

在台灣零星分布於全島低、中海拔山區，生長於溝谷周遭及林下之陰濕岩壁，在北部及東部低海拔地帶較為常見。

葉多掌狀分裂

孢膜下部杯狀，裂瓣扇狀半圓形。

具連續之亞邊緣假脈及斜生之短假脈

成片生長於溝谷兩旁潮濕處

變葉假脈蕨

屬名　假脈蕨屬

學名　*Crepidomanes makinoi* (C.Chr.) Copel.

形態接近翅柄假脈蕨（*C. latealatum*，見第 102 頁），但葉片較小，大多短於 5 公分，二回羽裂；末裂片先端多為銳尖，具密集的斜生短假脈。孢膜管狀部分較短，裂瓣闊卵狀三角形，先端鈍尖至銳尖。

在台灣零星分布於中海拔山區，生長於林下陰濕岩石壁。*C. palmifolium* 為本種異名。

葉裂片先端銳尖

具密集之斜出假脈，無亞邊緣假脈。

密生於林下濕潤岩壁

葉基下沿，近無葉柄。

孢膜裂瓣先端尖

葉片短於 5 公分

團扇蕨

屬名　假脈蕨屬

學名　*Crepidomanes minutum* (Blume) K.Iwats. subsp. *minutum*

根狀莖纖細匍匐狀，密被暗褐色短毛，葉遠生，葉片團扇形，葉薄膜質，孢子囊群著生於短裂片的頂部，孢膜瓶狀。本種已證實為複合種群，因此族群間形態上存在相當程度的多樣性，但又因頻繁的雜交形成網狀關係而難以分類。本書僅將外部形態及生態棲位上分化較顯著的二群（團扇蕨及長生團扇蕨）分開，其下則不再細分。

在台灣普遍分布於本島及蘭嶼低至中海拔山區，生長於樹幹及岩壁。

葉無假脈

裂片較短的族群，偶見於中海拔山區及蘭嶼。

孢子囊群著生於短裂片的頂部，孢膜瓶狀。

群生於潮濕岩壁、樹幹基部。

長生團扇蕨

屬名　假脈蕨屬

學名　*Crepidomanes minutum* (Blume) K.Iwats. subsp. *proliferum comb. ined.*

葉形變化大，圓扇形、卵形至長橢圓形皆有，常自葉身與葉柄交界處萌生新的葉片；其餘特徵與承名亞種（團扇蕨，見第105頁）接近。

此亞種在台灣之分布範圍及族群量均遠小於團扇蕨，僅偶見於中央山脈姑子崙山以南至老佛山，及蘭嶼紅頭山稜線之熱帶霧林環境，大多附生於樹幹上。

孢膜開口喇叭狀

常可見新的葉片自老葉葉基萌發

重複自葉基萌發新葉而呈寶塔狀之葉片。

葉形變化大，此為團扇狀分裂之葉片。

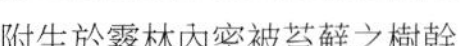

附生於霧林內密被苔蘚之樹幹

羽狀分裂之葉片

小葉假脈蕨

屬名　假脈蕨屬

學名　*Crepidomanes parvifolium* (Baker) K.Iwats.

小型岩生蕨類，葉長不超過 2.5 公分，不裂或二至三岔，葉緣與中肋間有許多斜生之假脈，不具亞邊緣之假脈。孢子囊群單一頂生，倒錐狀，下陷於葉肉中。

台灣僅紀錄於嘉義及屏東低海拔山區，極為罕見，生長於林下溝谷周邊之潮濕岩壁。

葉緣與中肋間有許多斜生之假脈，不具亞邊緣之假脈。

孢膜倒錐形，裂瓣卵狀三角形。

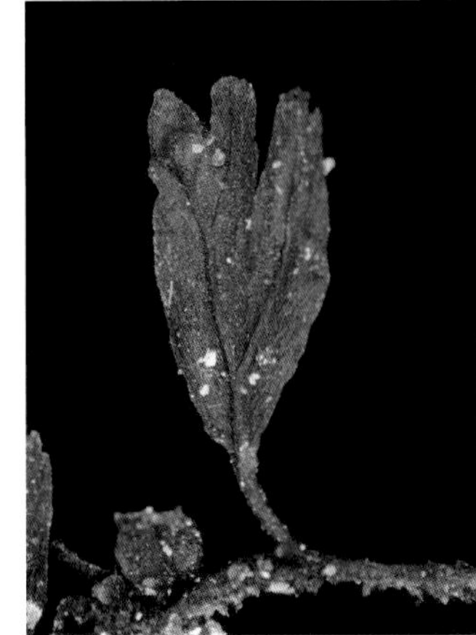

孢子囊群單一頂生於裂片先端

單葉或二至三岔

生長於林下溝谷周邊之潮濕岩壁

石生假脈蕨

屬名　假脈蕨屬

學名　*Crepidomanes rupicola* (Racib.) Copel.

植株微小，根莖纖細長橫走，葉遠生。葉短於 2 公分，具短柄，基部鈍或圓，近指狀分裂；末裂片先端圓鈍，全緣，亞邊緣假脈有時中斷或並排；斜生短假脈無或稀少。孢子囊群位於羽片頂端，孢膜倒圓錐狀，裂瓣半圓形，開展。

在台灣僅見於離島蘭嶼，生長於溪流兩側遮蔽良好之垂直岩石壁。

葉基鈍或圓，具短柄。

亞邊緣假脈有時中斷或並排；斜生短假脈無或稀。

植物體細小，葉指狀分裂。

生長於離島蘭嶼山區溪流兩岸之岩壁

寬葉假脈蕨

屬名　假脈蕨屬

學名　*Crepidomanes schmidtianum* (Zenker *ex* Taschner) K.Iwats. var. *latifrons* (Bosch) K.Iwats.

小型附生蕨類，根莖長橫走，被棕色毛。葉二至三回羽狀分裂，長卵圓形，長可達 8 公分以上，但通常較小，光滑，羽片約 10；末裂片長橢圓，不具任何假脈。孢子囊群位於羽片頂端，具寬翼；孢膜倒圓錐狀，全緣，開口擴大，近截形。

在台灣廣泛分布於海拔 1,800 ～ 2,800 公尺之混合林或針葉林內，成片生長於遮蔽良好之石壁、土坡或樹木基部 。

根莖長橫走，被棕色毛。

葉具寬翼，不具任何假脈。

孢膜倒圓錐狀，全緣，開口擴大，近截形。

成片生長於遮蔽良好之石壁、土坡或樹木基部。

葉二至三回羽狀分裂，長卵圓形。

球桿毛蕨

屬名　假脈蕨屬

學名　*Crepidomanes thysanostomum* (Makino) Ebihara & K.Iwats.

根莖短直立，葉叢生，葉柄無翼。葉片狹卵形，葉遠軸面疏被球桿狀毛，四回羽狀分裂。孢子囊群生於裂片頂端，孢膜管狀具窄翅。

在台灣僅分布於恆春半島及蘭嶼海拔 200 ～ 400 公尺山區之潮濕溪谷周遭，多生長於岩縫或土坡。

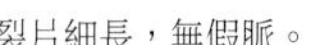

裂片細長，無假脈。

孢膜管狀具窄翅

葉片狹卵形，四回羽狀分裂。

多生長於潮濕溪谷周遭之岩縫或土坡

斐濟假脈蕨

屬名　假脈蕨屬

學名　*Crepidomanes vitiense* (Baker) Bostock

本種主要之區別特徵為植株微小，葉片單葉或二至四岔之指狀分裂，不具假脈。孢子囊群下陷於葉肉中，裂瓣開展，扇狀半圓形。

在台灣零星分布於花蓮、台東、屏東及嘉義之低海拔潮濕溪谷環境，成片生長於遮蔭良好之垂直岩石壁。

植物體不具假脈

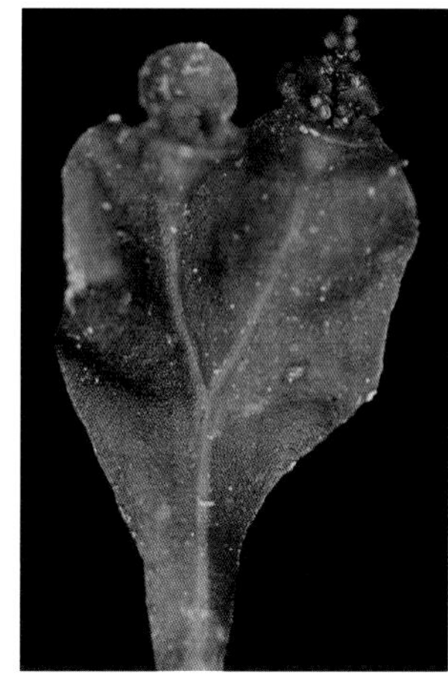

囊群下陷於葉肉中，裂瓣開展，扇狀半圓形。

成片附生於岩壁遮蔽處

葉大多不裂或二岔

孢子囊群單生於裂片先端

假脈蕨屬未定種 1

屬名　假脈蕨屬

學名　*Crepidomanes* sp. 1

形態接近闊邊假脈蕨（*C. latemarginatum*，見第 103 頁）及克氏假脈蕨（*C. kurzii*，見第 101 頁）。本種裂片邊緣與中肋間無斜生短假脈，且亞邊緣假脈偶中斷，外側有三至四排細胞可與闊邊假脈蕨區辨。此外，本種葉近無柄，基部圓至淺心形，具二型性，營養葉多近掌狀分裂，孢子葉近羽狀分裂，末裂片略寬於孢膜，孢膜裂瓣半圓形，則可與克氏假脈蕨區分。

在台灣偶見於北部及東部低海拔山區，生長於闊葉林內陰濕溝谷周邊岩石上。北部另有少數族群葉片明顯較大，達二回羽裂，但細部特徵仍相近，其分類地位及起源仍待研究

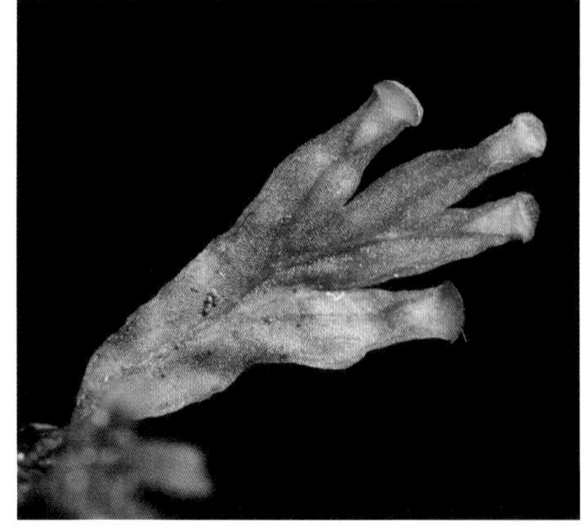

孢子葉羽狀分裂，孢膜裂瓣半圓形。

孢子葉相對營養葉拉長，群生於溝谷岩石上。（張智翔攝）

營養葉多近掌狀分裂（張智翔攝）

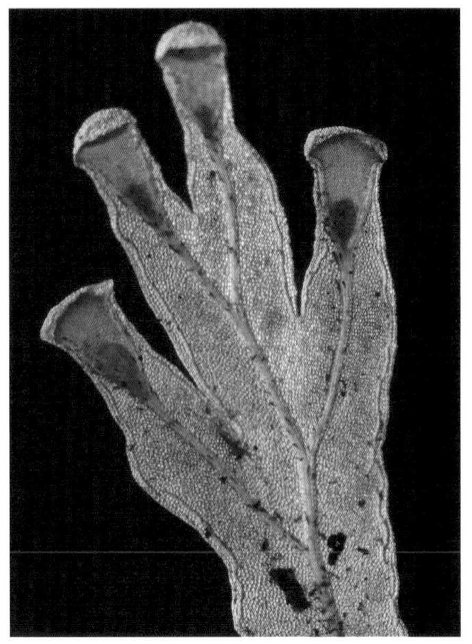

亞邊緣假脈偶中斷或不規則，無斜生短假脈。

二回羽裂類群亞邊緣假脈亦大致連續，偶不規則生長。

二回羽裂的近緣類群

假脈蕨屬未定種 2

屬名　假脈蕨屬

學名　*Crepidomanes* sp. 2

形態接近圓唇假脈蕨（*C. bilabiatum*，見第 97 頁）及南洋假脈蕨（*C. bipunctatum*，見第 98 頁），但本種亞邊緣假脈之形態較不規則，常中斷，歪曲，分岔或並排，與中肋間有時亦散生較短之假脈。孢子囊群較小，略窄於末裂片，基部倒錐狀部分與裂瓣近等長；裂瓣卵狀三角形，具縱向排列之增厚細胞。

目前僅發現於離島蘭嶼紅頭山及相愛山山頂附近之熱帶霧林環境，生長於樹幹基部或石上。

葉三至四回羽裂

具不規則生長之亞邊緣假脈

孢子囊群較小，略窄於末裂片。

生長於高濕之熱帶霧林環境

假脈蕨屬未定種 3

屬名　假脈蕨屬

學名　*Crepidomanes* sp. 3

形態與翅柄假脈蕨（*C. latealatum*，見第 102 頁）接近，區別為葉較小，大多短於 5 公分，葉柄短於 8 公釐；末裂片先端銳尖，不連續之短假脈較貼近葉緣且與葉緣近平行。孢子囊群垂頭狀，裂瓣扇狀半圓形，不具假脈狀之增厚細胞。

在台灣散生於北部及東部 300 ～ 1,100 公尺闊葉林內，生長於濕潤岩石或樹幹基部。

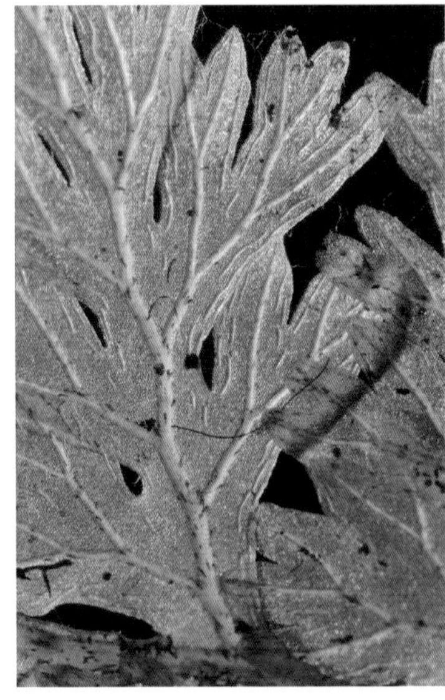

具不連續之短假脈，大多與葉緣近平行。

孢子囊群之翼不明顯，成熟裂瓣開展。

葉短於 5 公分，葉柄極短。

孢膜裂瓣扇狀半圓形，無假脈狀之增厚細胞。

單葉假脈蕨屬 DIDYMOGLOSSUM

根莖長橫走，被毛但不具真正的根。葉大多細小且不明顯分裂，具羽狀脈，以及與真脈平行之假脈。孢子囊群多生於葉片先端，孢膜不為兩瓣狀。

短柄單葉假脈蕨

屬名　單葉假脈蕨屬

學名　*Didymoglossum beccarianum* (Cesati) Senterre & Rouhan

植株細小，根莖長橫走，葉遠生，葉橢圓形、倒卵形或圓心形，長不及 1 公分。孢子葉大多先端凹入，孢子囊群單生於凹缺中央，孢膜管狀，突出於葉緣之外。

在台灣分布於台東海岸山脈南段、恆春半島東側及蘭嶼，生長於低海拔溪谷周邊或濕潤雨林下之石壁上。

孢子囊群突出葉緣

植物體細小，狀似蘚苔。

較乾燥環境之營養葉有時呈圓心形

孢子囊群單一頂生

叉脈單葉假脈蕨

屬名 單葉假脈蕨屬

學名 *Didymoglossum bimarginatum* (Bosch) Ebihara & K.Iwats.

葉卵狀橢圓形、長橢圓或倒卵形，不分裂，邊緣波浪狀起伏，長 1 ～ 2 公分，具有亞邊緣之假脈。孢子囊群 1 ～ 5 枚生於葉片先端，不突出葉緣。

在台灣零星紀錄於新北、南投及蘭嶼等地之低海拔山區，生長於潮濕林下之岩壁或樹幹基部。

葉不裂，邊緣波狀起伏。

葉具亞邊緣假脈

孢子囊群一至數枚

大片附生於岩壁

亞緣單葉假脈蕨

屬名　單葉假脈蕨屬

學名　*Didymoglossum sublimbatum* (Müll.Berol.) Ebihara & K.Iwats.

本種形態上與叉脈單葉假脈蕨（*D. bimarginatum*，見前頁）相似，葉片通常較狹長，孢子葉形狀較不規則，但主要區辨依據為葉片不具亞邊緣之假脈。

在台灣零星分布於新北、新竹、苗栗等地，生長於低海拔闊葉林下之潮濕岩壁。

葉片通常較狹長，孢子葉形狀較不規則。

葉片不具亞邊緣之假脈

植物體狀似蘚苔而不受注目，因此過往紀錄甚少。

成片附生於岩壁上（張智翔攝）

盾型單葉假脈蕨

屬名　單葉假脈蕨屬

學名　*Didymoglossum tahitense* (Nadeaud) Ebihara & K.Iwats.

葉片盾形，緊貼於著附之表面；孢子囊群一至數枚生於邊緣缺刻處。

在台灣分布自台北沿新北、宜蘭（含龜山島）、花蓮、台東至恆春半島，生長於闊葉林內濕潤岩壁上。

孢子囊群一至數枚生於邊緣缺刻處

孢膜直立，喇叭狀。

葉片盾形，緊貼於著附之基質表面。

膜蕨屬 HYMENOPHYLLUM

本屬形態變化多端，共通特徵為根莖為纖細絲狀，長橫走，接近光滑或疏被毛；且葉片不具假脈。孢膜通常二瓣狀，但仍有部分類群具管狀或杯狀孢膜。

稀毛毛葉蕨

屬名　膜蕨屬

學名　*Hymenophyllum acutum* (C.Presl) Ebihara & K.Iwats.

葉灰綠色，二至三回羽裂，葉軸、羽軸及中脈兩面疏被白色長毛。孢膜管狀。

在台灣僅見於花蓮及台東中海拔山區，生長於暖溫帶及熱帶山地霧林環境之石壁或樹幹基部。

孢膜管狀

葉片偶長達 30 公分

葉軸、羽軸及中脈上疏被白色長毛。

葉表灰白

附生於濕潤岩壁

葉狹長，二至三回羽裂。

蕗蕨

屬名　膜蕨屬

學名　*Hymenophyllum badium* Hook. & Grev.

葉柄具寬翼（含葉柄寬於 1.5 公釐）延伸至接近基部；柄翅、葉軸及羽軸無毛，翼平坦或稍波浪狀；三回羽裂，末裂片全緣，寬 1 ～ 2 公釐。孢子囊通常分布於羽片上部但不靠最頂端及邊緣；孢膜近圓形或扁圓形，全緣或近全緣。本種為一複合群，形態變化及學名使用仍有待深入研究。

在台灣廣泛分布於全島中海拔潮濕闊葉林下，但在南部較少見。

葉柄具寬翼，延伸至近基部。

常見於全島中海拔林下潮濕處

葉軸翼平坦或稍波狀起伏

葉為三回羽裂

孢子囊通常長於羽片近上部但不靠最頂端及邊緣

華東膜蕨

屬名　膜蕨屬
學名　*Hymenophyllum barbatum* (Bosch) Baker

葉色深綠，卵形，二至三回羽裂，葉柄具翼；葉柄、葉軸、羽軸及中脈遠軸面被黃褐色多細胞毛，翼些許下捲；末裂片邊緣尖齒狀。孢子囊群大多分布於葉片先端，孢膜卵形至披針形，先端不規則深齒裂。

在台灣少見，僅在台北七星山區存在較大族群，北部中海拔山區亦有零星分布，大多生長於樹幹基部或接近地面之岩石或土坡。

過往台灣文獻報導的華東膜蕨多為青綠膜蕨（*H. okadae*，見第132頁）之錯誤鑑定。

遠軸面軸上被黃褐毛

葉軸及羽軸之翼稍許下捲

葉大多近卵形，孢子囊群分布於先端附近。

葉色深綠

大多為低位著生或岩生

爪哇厚壁蕨

屬名　膜蕨屬

學名　*Hymenophyllum blandum* Racib.

植株微小，葉片一至二回羽狀分裂，邊緣尖鋸齒。孢子囊群生長在裂片頂端，孢膜基部杯狀，開口兩瓣狀，先端鋸齒緣。

在台灣零星分布於低、中海拔濕潤原始森林內，生長於樹幹中低處或岩縫之中。

葉緣尖齒狀

植株微小

孢膜基部杯狀，開口兩瓣狀，不規則尖鋸齒緣。

生長於中低海拔環境潮濕的樹幹中低處

一至二回羽裂，羽軸無翼。

波紋蕗蕨

屬名　膜蕨屬

學名　*Hymenophyllum crispatum* Wall. *ex* Hook. & Grev.

形態與蕗蕨（*H. badium*，見第 120 頁）接近，但葉柄之翼常不下延至最基部；葉柄、葉軸及羽軸遠軸面被有許多鱗屑狀附屬物，翼顯著波狀摺皺；孢膜常有細微之齒裂。*H. crispato-alatum* 為本種異名。

在台灣分布於苗栗至屏東之中海拔山區，大多生長於雲霧盛行之檜木林帶。

葉遠軸面有許多鱗狀附屬物

葉面波狀摺皺

柄翅常未達基部

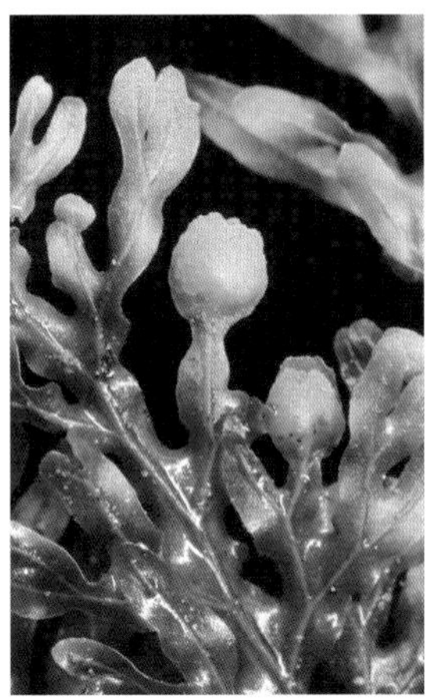

孢膜常有微細齒緣

生長於霧林環境內濕潤岩壁

厚壁蕨

屬名　膜蕨屬

學名　*Hymenophyllum denticulatum* Sw.

最主要之區別特徵為葉片邊緣尖鋸齒，且明顯波浪狀皺摺。孢膜基部杯狀，有小刺狀突起，開口兩瓣狀，齒緣。

在台灣分布自新北烏來及坪林一帶沿宜蘭、花蓮、台東至恆春半島及蘭嶼，生長於終年濕潤之闊葉林內樹幹基部或岩石上。

孢膜基部杯狀，有小刺狀突起，開口兩瓣狀，齒緣。

葉柄具狹翼，遠軸面被毛。

生長於終年濕潤之闊葉林內樹幹基部或岩石上

葉片明顯波浪狀皺摺

葉緣明顯尖齒狀

棣氏膜蕨 特有種

屬名　膜蕨屬

學名　*Hymenophyllum devolii* M.J.Lai

形態接近華東膜蕨（*H. barbatum*，見第 121 頁）及青綠膜蕨（*H. okadae*，見第 132 頁），特徵為葉色深綠，具霧狀之金屬光澤，葉緣鋸齒較短而疏，葉軸及羽軸之翼稍許下捲。孢膜圓形至卵形，細齒緣。

特有種，分布於中央山脈南段之霧林環境，自鬼湖一帶延伸至屏東里龍山山頂。

葉緣細齒狀

葉緣鋸齒較短而疏

葉柄、葉軸、羽軸之遠軸面密被棕色多細胞毛。

葉片具靛青之金屬光澤

孢膜圓形至卵形，細齒緣。

指裂細口團扇蕨

屬名　膜蕨屬

學名　*Hymenophyllum digitatum* (Sw.) Fosberg

形態上與細口團扇蕨（*H. nitidulum*，見第131頁）相似，但本種之葉片邊緣疏生黑褐色短剛毛；此外羽片除最基部指狀分裂外，中、末段亦常二岔分裂。

在台灣偶見於海岸山脈及中央山脈最南段之中海拔熱帶山地霧林環境，生長於樹幹中下部背陽面。

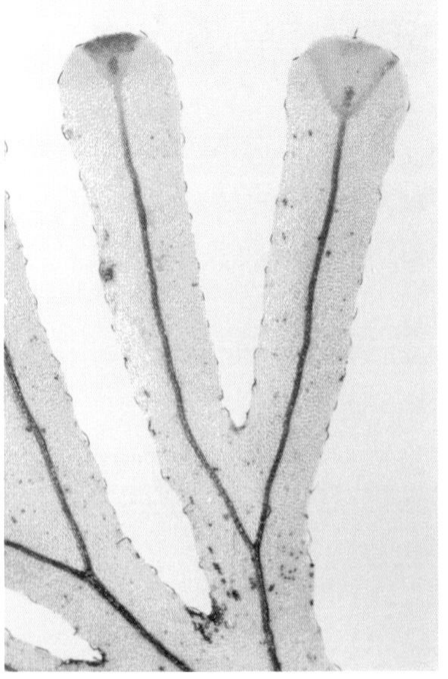

葉緣具短剛毛

常與苔蘚混生

羽片常二歧分岔

附生於大樹基部

孢膜位於指狀裂片頂端，倒三角形杯狀，與裂片等寬。

叢葉蕗蕨

屬名　膜蕨屬

學名　*Hymenophyllum fimbriatum* J.Sm.

根莖長橫走。葉柄具翅達基部，葉窄卵形，葉緣強烈波浪狀。孢子囊群位於裂片末端，孢膜兩瓣，頂端不規則流蘇狀齒裂。

在台灣分布於本島北部、東部及南部中海拔潮濕森林中，附生於恆濕霧林內樹幹中下部及岩石上。

孢膜兩瓣，頂端不規則流蘇狀齒裂。

葉緣強烈波浪狀

孢膜位於裂片先端近外緣處

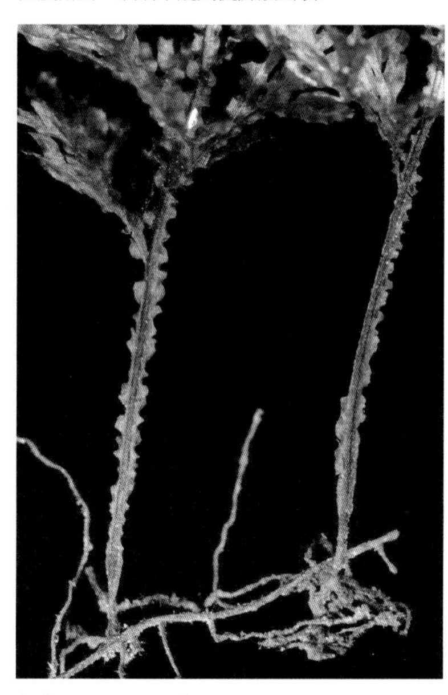

葉遠生，葉柄具翅達基部。

附生於恆濕霧林內樹幹中下部及岩石上

葉窄卵形，三回至四回分裂。

細葉蕗蕨

屬名　膜蕨屬

學名　*Hymenophyllum fujisanense* Nakai

葉柄具窄翅達基部；葉身長 6 ～ 14 公分，卵狀三角形至卵狀披針形，四至六回羽裂，末裂片寬 0.5 ～ 1 公釐，全緣。孢子囊群大多生於羽片上半部，孢膜卵形至卵狀三角形，全緣。

在台灣廣泛分布於全島中海拔山區，北部可下降至海拔 500 公尺左右，生長於濕潤森林內樹幹中下部或岩石上。本種過往多歸入 *H. polyanthos*，然而分子證據顯示 *H. polyanthos* 應為分布僅限美洲之物種，故亞洲包含台灣之族群均需重新定名。除本種外，平羽蕗蕨（*H. parallelocarpum*，見第 137 頁）、頂囊蕗蕨（*H. paniculiflorum*，見第 136 頁）、裸柄蕗蕨（*H. punctisorum*，見第 140 頁）及膜蕨屬未定種 1（*H.* sp. 1，見第 144 頁）均為自此複合種群分出之物種。

葉四至六回羽裂

孢子囊群大多生於羽片上半部

孢膜卵形至卵狀三角形，全緣。

葉柄具窄翅達基部

葉卵狀三角形至卵狀披針形

南洋厚壁蕨

屬名　膜蕨屬

學名　*Hymenophyllum holochilum* (Bosch) C.Chr.

根莖纖細長橫走，葉遠生，葉片橢圓形，二回羽裂，邊緣疏鋸齒，孢子囊群位於葉片上部，孢膜長橢圓形，下部杯狀，上部二瓣狀。

在台灣廣泛分布於全島暖溫帶高濕森林中，附生於樹幹或岩石。

葉二回羽裂為主，鋸齒緣。

成片生長於遮蔽良好之樹幹基部或岩石

孢膜長橢圓，近全緣。

孢膜基部杯狀，上部二瓣狀。

葉柄、葉軸、羽軸及中脈遠軸面被黃褐剛毛。

爪哇蕗蕨

屬名　膜蕨屬

學名　*Hymenophyllum javanicum* Spreng.

形態上與叢葉蕗蕨（*H. fimbriatum*，見第 127 頁）相似，但本種植物體稍大，葉面之起伏程度較低，孢膜長橢圓或近方形，先端不規則鈍齒狀或淺撕裂狀。

在台灣偶見於海岸山脈及中央山脈南段中海拔熱帶山地霧林環境，附生於樹幹中下部及岩石上。

孢膜先端淺裂

葉柄具寬翅，常皺曲。

三至四回羽裂，羽軸上之翼通常顯著皺曲。

生長於熱帶霧林內低處枝幹上

細口團扇蕨

屬名　膜蕨屬

學名　*Hymenophyllum nitidulum* (Bosch) Ebihara & K.Iwats.

根狀莖纖細匍匐狀，密被暗褐色柔毛。葉遠生，大多近掌狀分裂，裂片有時再二歧分岔，兩面光滑，邊緣全緣，幼時偶疏被白色常柔毛，成熟後脫落。孢子囊群生於裂片先端，孢膜倒三角形杯狀，與裂片等寬。

在台灣零星分布於全島中海拔雲霧帶之原始森林內，多發現於未砍伐之紅檜混合林中，通常大片著生樹幹近基部之背光面，或生長於遮蔽良好之石壁。

孢膜倒三角形杯狀，與裂片等寬。

葉大多近掌狀分裂，裂片有時再二歧分岔。

葉兩面光滑，全緣。

葉指狀分裂

成片著生於紅檜巨木基部背光面

青綠膜蕨

屬名　膜蕨屬

學名　*Hymenophyllum okadae* Masam.

過往常與華東膜蕨（*H. barbatum*，見第 121 頁）混淆，但本種葉片先端常持續伸展，而呈線狀長橢圓形；葉色青綠，葉軸之翼邊緣上捲；孢子囊群分布較不規律，孢膜圓形至扁圓形，可與之區辨。

在台灣廣泛分布於低至中海拔山區濕潤森林內，大多附生於樹幹中段或林下光線較充足之岩壁。

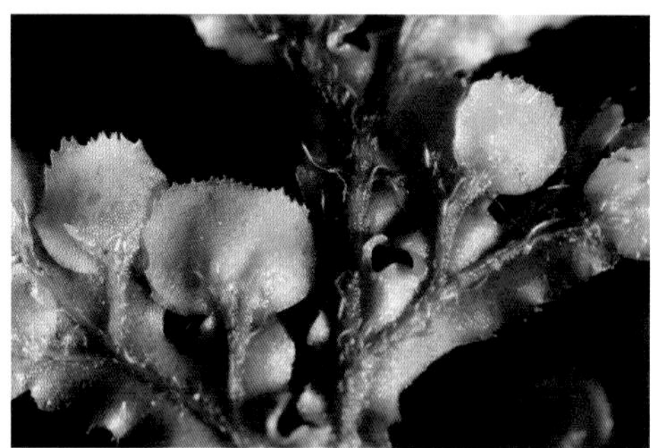

孢膜圓形或扁圓形，先端細齒緣。

台灣中海拔森林內最常見之膜蕨之一

附生於樹幹中段日照較充足處

葉色青綠，常伸展為線狀長橢圓形。

孢子囊群不一定集中於羽片先端

羽軸之翼邊緣上捲

長毛蕗蕨

屬名　膜蕨屬

學名　*Hymenophyllum oligosorum* Makino

主要之鑑別特徵為根莖、葉柄與葉軸上均被黃褐色剛毛，末裂片全緣。孢子囊群多集中於羽片先端，孢膜圓形，近全緣或有細微缺刻。

在台灣廣泛分布於全島低中海拔山區，大多生長於雲霧盛行區域之稜線風衝林內，附生於樹幹中下部或岩石上。

葉卵形至披針形，二至三回羽裂，裂片全緣。

根莖及葉柄密被黃褐剛毛

生長於光線較充足之處

羽軸遠軸面被黃褐色剛毛

孢子囊群集中於羽片頂端，孢膜近全緣。

小型膜蕨，葉片多不超過 5 公分長。

毛葉蕨

屬名　膜蕨屬

學名　*Hymenophyllum pallidum* (Blume) Ebihara & K.Iwats.

根莖纖細，長而橫走，疏被淺褐色毛。葉遠生，柄無翼，葉片長橢圓披針形，二至三回羽狀分裂，羽片 8 ～ 10 對，深羽裂幾達有翅的羽軸，裂片線形，葉厚膜質，密被毛。孢子囊群著生於裂片頂端，孢膜管狀。

在台灣零星分布於海岸山脈及中央山脈南段中海拔之熱帶山地霧林區域，著生於闊葉林內樹幹上。

孢子囊群著生於裂片頂端，孢膜管狀。

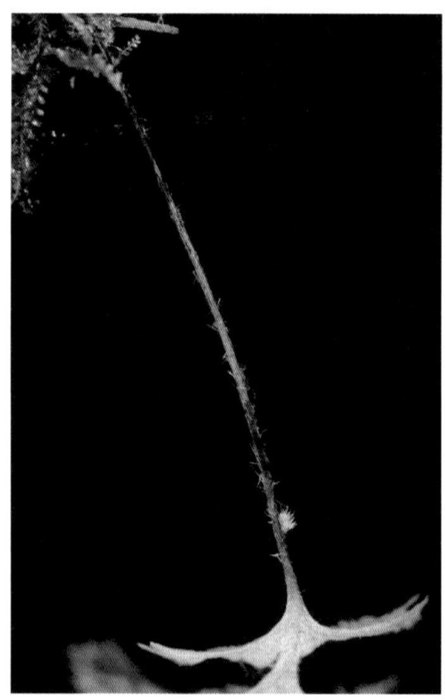

葉柄被毛，無翼。

葉厚膜質，密被毛。

葉色灰白，極易辨識。

葉片長橢圓披針形，二至三回羽狀分裂。

成片附生於原始森林內老樹主幹基部

毛緣細口團扇蕨

屬名　膜蕨屬

學名　*Hymenophyllum palmatifidum* (Müll.Berol.) Ebihara & K.Iwats.

形態上與細口團扇蕨（*H. nitidulum*，見第 131 頁）及指裂細口團扇蕨（*H. digitatum*，見第 126 頁）相似，最主要區別為本種於葉緣及中脈兩側被有許多金褐色剛毛，葉緣之毛常為二枚簇生，偶單生或三枚簇生。

在台灣目前僅發現於北大武山東側坡面，海拔 2,200 公尺左右之霧林環境，附生於樹幹基部背光面。

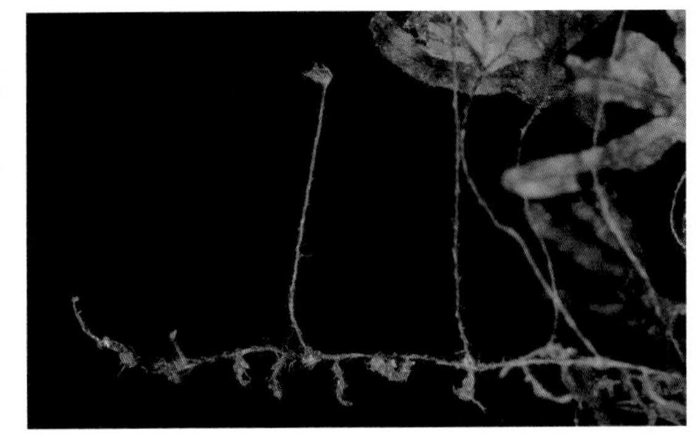

根莖及葉柄亦密被金褐色剛毛

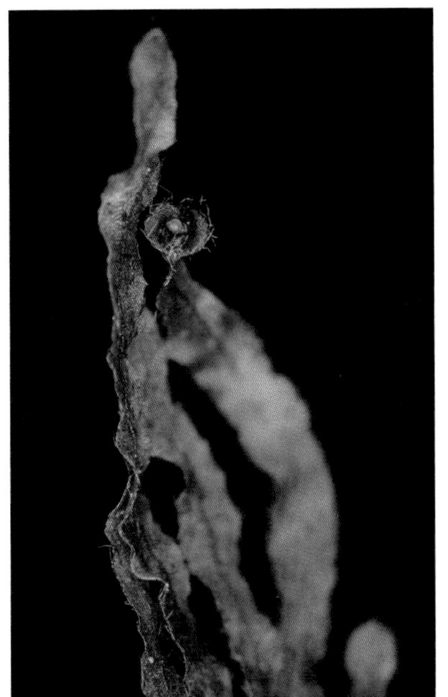

孢膜邊緣亦有剛毛

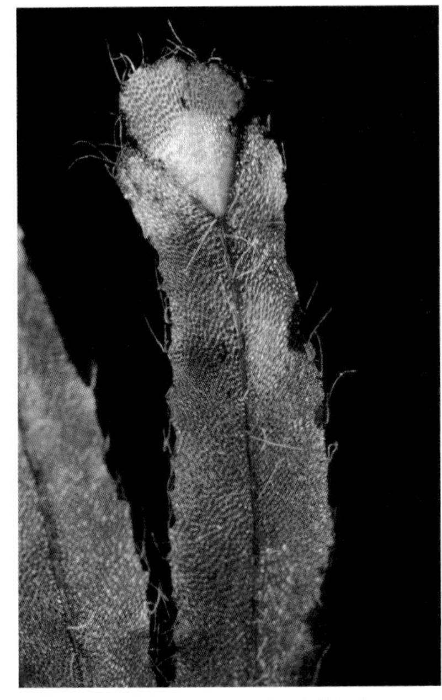

葉緣及脈上被大多二岔之剛毛；孢膜杯狀。

葉近掌狀分裂，裂片有時再二歧分岔。

孢子囊群生於裂片先端，與裂片近等寬。

生長於苔蘚覆蓋之樹皮

頂囊蕗蕨

屬名　膜蕨屬

學名　*Hymenophyllum paniculiflorum* C.Presl

孢子囊群聚生於葉片最先端為本種主要鑑別特徵。形態略似長毛蕗蕨（*H. oligosorum*，見第 133 頁），但葉遠軸面不具黃褐剛毛。

在台灣分布於海拔 1,200 ～ 3,200 公尺濕潤混合林及針葉林內，多為中、高位著生或生長於林下向光之岩壁。在雪山黑森林內另有一形態特異之族群，葉片短小，末裂片較寬，且孢膜基部具寬翼，分類地位有待確認。

生長於中高海拔濕潤森林內

葉軸及羽軸翼上捲且波狀起伏

雪山族群葉片短縮，孢膜基部具寬翼。

孢子囊群聚生於葉片最先端

葉片大多為卵形至卵狀橢圓形

葉柄具狹翼

葉軸及羽軸遠軸面無毛

平羽蕗蕨 特有種

屬名　膜蕨屬

學名　*Hymenophyllum parallelocarpum* Hayata

形態接近細葉蕗蕨（*H. fujisanense*，見第 128 頁），但本種葉柄僅最先端有漸縮之狹翼；葉軸、羽軸及裂片之交角較小；軸翼及末裂片均平坦而無任何捲曲或波狀起伏。孢膜卵圓形，與裂片近等寬。

特有種，分布於海拔 1,700 ～ 2,700 公尺檜木林帶之原始森林內，生長於巨木基部或遮蔭良好之岩壁。

葉柄僅最先端有漸縮之狹翼

孢膜卵圓形，與裂片近等寬。

葉面平坦而無任何捲曲或波狀起伏

星毛膜蕨

屬名　膜蕨屬

學名　*Hymenophyllum pilosissimum* C.Chr.

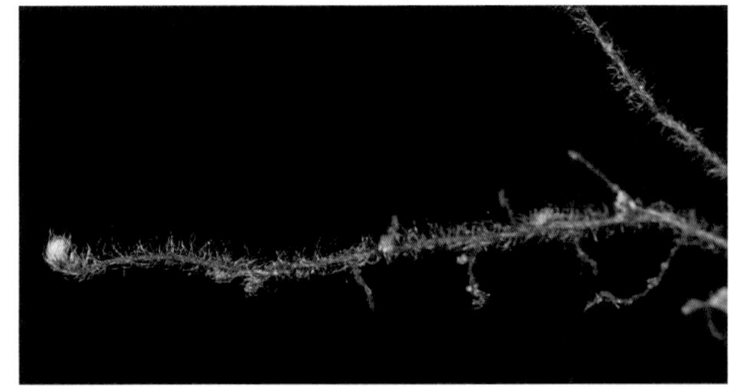
橫走莖亦被毛

葉片上密被褐色之星狀毛，為本種最主要的辨認特徵。

在台灣偶見於北部低海拔及東部、南部中海拔山區，附生於潮濕闊葉林內樹幹或溪谷周邊之岩壁。

葉二回羽裂

葉片上密被褐色之星狀毛

孢膜二瓣狀，先端圓鈍，亦被毛。

附生於潮濕闊葉林內樹幹

南洋蕗蕨

屬名　膜蕨屬

學名　*Hymenophyllum productum* Kunze

主要之特徵為葉柄及葉軸上具寬翅；羽片最先端之裂片常格外伸展；末裂片全緣。孢膜卵形至卵狀三角形，略寬於裂片，先端銳尖或鈍尖，具不明顯之細齒緣。

在台灣僅紀錄於中央山脈最南段山區，生長於海拔約 1,000 公尺之熱帶山地霧林下緣。

孢膜先端銳尖或鈍尖，常有細微齒裂。

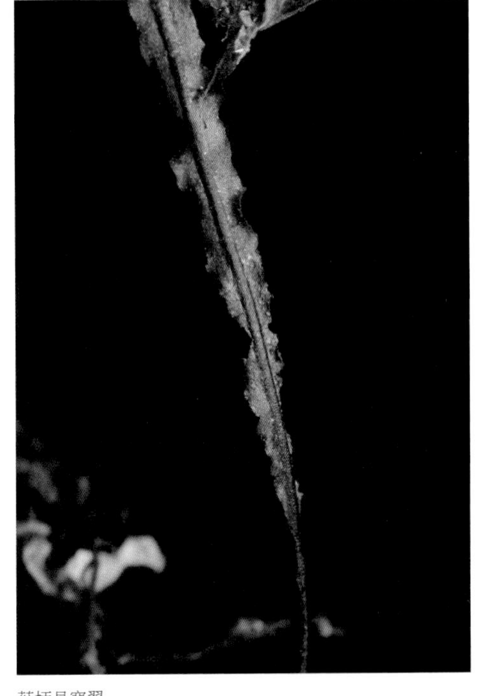

葉柄具寬翼

羽片最先端的裂片常特別伸長

生長於樹幹基部

裸柄蕗蕨

屬名　膜蕨屬

學名　*Hymenophyllum punctisorum* Rosenst.

形態接近細葉蕗蕨（*H. fujisanense*，見第 128 頁），但葉柄完全無翼，多呈紅褐色。孢膜近圓形，基部收狹呈頸狀。

在台灣廣泛分布海拔 1,700 ～ 3,200 公尺混合林及針葉林內，生長於濕潤岩壁。

葉柄完全無翼，多呈紅褐色。

葉可達四至六回羽裂

孢膜近圓形，基部頸狀。

高海拔族群植物體常明顯縮小

生長於半遮蔭之濕潤岩壁

半翼柄蕗蕨 特有種

屬名　膜蕨屬

學名　*Hymenophyllum semialatum* T.C.Hsu

形態接近蕗蕨（*H. badium*，見第 120 頁），特徵為葉柄僅上半部具翼，羽片最先端裂片常格外伸展，葉面略帶金屬光澤，表皮細胞為不規則形。

特有種，分布局限於中央山脈最南段大里力山、姑子崙山至大漢山一帶之熱帶霧林環境，成片著生於樹幹中低處。

葉面略帶金屬光澤

表皮細胞為不規則形，孢膜扁圓形。

羽片最先端裂片常格外伸展

成片著生於樹幹中低處

葉柄僅上半部具翼

寬片膜蕨

屬名　膜蕨屬

學名　*Hymenophyllum simonsianum* Hook.

根莖細長橫走。葉遠生，葉柄及葉軸遠軸面疏被剛毛；葉線狀披針形至線狀長橢圓，一至二回羽裂，裂片寬達 2 ～ 4 公釐，邊緣具尖鋸齒。孢子囊群著生於裂片頂端，孢膜兩瓣狀，先端具不規則鋸齒。

在台灣極罕見，早年曾紀錄於玉山及阿里山山區，但長期未有紀錄；至 2015 年方於南投杉林溪山區重新發現一小族群，生長於溪溝周邊之濕潤岩壁。

一至二回羽裂，裂片在同屬物種中最為寬闊。

孢膜兩瓣狀，先端具不規則鋸齒。

裂片為鋸齒緣

生長於溪溝周邊之濕潤岩壁

葉柄及葉軸遠軸面被稀疏褐色剛毛

台灣蕗蕨 特有種

屬名　膜蕨屬

學名　*Hymenophyllum taiwanense* (Tagawa) C.V.Morton

形態上與叢葉蕗蕨（*H. fimbriatum*，見第 127 頁）相似，但本種之孢膜邊緣僅鋸齒狀而不為流蘇狀。

特有種，僅分布於中央山脈最南段姑子崙山至茶茶牙頓山一帶之熱帶霧林環境，附生於樹幹中低處。

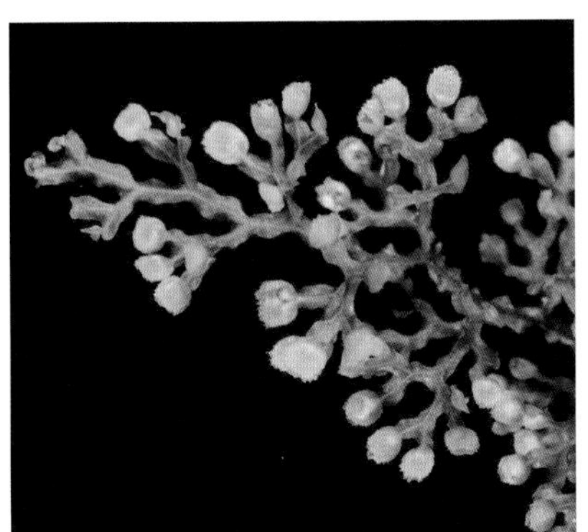

孢膜裂瓣邊緣鋸齒狀

葉柄具寬翅延伸至基部，邊緣強烈摺皺。

葉軸、羽軸及裂片均強烈波狀起伏。

低位附生於濕潤霧林內

膜蕨屬未定種 1

屬名　膜蕨屬

學名　*Hymenophyllum* sp. 1

形態接近細葉蕗蕨（*H. fujisanense*，見第128頁），但本種葉小而窄長，軸翼強烈波狀摺皺，末裂片短而扭曲，平展後呈鐮形。孢膜亦較小，卵形至近圓形。

在台灣分布於中海拔霧林環境，偏好光線良好之微棲地環境，常附生於樹木中、高層枝幹，或林下之岩石向光面，有別於大多低位著生之細葉蕗蕨。

孢膜亦較小，卵形至近圓形。

葉小而窄長

軸翼強烈波狀摺皺

末裂片短而扭曲，平展後呈鐮形。

常附生於樹木中、高層枝幹，或林下之岩石向光面。

膜蕨屬未定種 2

屬名　膜蕨屬
學名　*Hymenophyllum* sp. 2

形態接近南洋蕗蕨（*H. productum*，見第 139 頁），但葉三角狀披針形，軸翼及裂片均較寬，孢膜近全緣。目前僅於花蓮海拔約 800 公尺山區發現一小族群，附生於濕潤岩壁。

於台東中海拔山區亦發現另一近似南洋蕗蕨之類群（*H.* sp. 3），軸翼及裂片亦甚寬，但葉面十分平坦，羽片末端之裂片顯著延長。此二類群之分類地位均待進一步研究。

孢膜卵狀三角形，近全緣或具少許缺刻。

葉柄具寬翅延伸至基部

裂片近等寬或略寬於孢膜，全緣。

葉三角狀披針形，葉軸翼波狀褶曲。

H. sp. 3 孢膜亦為卵狀三角形

H. sp. 3 葉面平坦，羽片最先端裂片明顯延展。

生長於溪畔岩壁

瓶蕨屬 VANDENBOSCHIA

根莖長橫走，具有真正的根。葉柄及葉軸上具有棒狀毛，無假脈。孢膜管狀。

瓶蕨

屬名　瓶蕨屬

學名　*Vandenboschia auriculata* (Blume) Copel.

一回羽狀至二回羽裂之葉片為本種主要之鑑別特徵。

在台灣廣泛分布於全島中低海拔森林，攀爬於樹幹或岩壁。

老熟之孢子囊托突出孢膜外

孢膜管狀截形，先端向內縮。

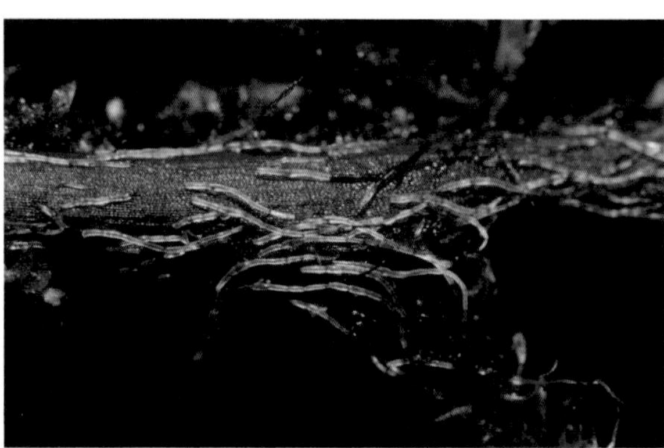

根莖散生多細胞毛

羽片邊緣具不規則深鋸齒圓

一回羽狀至二回羽裂

常攀附於樹幹或岩石上

華東瓶蕨

屬名　瓶蕨屬

學名　*Vandenboschia kalamocarpa* (Hayata) Ebihara

形態上和分布上皆與南海瓶蕨 (*V. striata*，見第 149 頁) 相似，主要區別為本種植株較小，根莖直徑小於 1 公釐；葉片質地較硬且羽片較短，葉軸具寬翅。

在台灣可見於全島中至高海拔山區及北部低海拔山區，生長於遮蔽良好之濕潤岩壁或土坡。

孢膜管狀，先端擴大成喇叭狀，孢子囊托突出。

葉軸具寬翅

葉片橢圓披針形，三回羽裂。

葉柄具翅，下延基部。

常生於中低海拔潮濕溪溝谷中

葉柄具翅，下延基部。

大葉瓶蕨

屬名　瓶蕨屬

學名　*Vandenboschia maxima* (Blume) Copel.

主要之區別特徵為葉片可達四回羽狀複葉，末裂片僅約 1 公釐寬；孢膜管狀。本種為一複合群，植物體略小，孢膜開口顯著擴大呈喇叭狀的族群有時被視為一個分開的物種，稱為琉球瓶蕨（*V. liukiuensis*），但種群內之親源及分類仍待深入釐清。

在台灣主要分布於台北盆地周邊及恆春半島東側低山，東部及蘭嶼亦有零星紀錄；「琉球瓶蕨」多見於台北近郊之陽明山區及平溪一帶，均生長於陰溼溝谷內之半遮蔭岩石及山壁上。

最末裂片狹窄，線形。

根莖長橫走

孢膜管狀

孢膜開口顯著擴大成喇叭狀之族群或可稱「琉球瓶蕨」

葉片可達四回羽狀複葉

生長於陰溼溝谷內之半遮蔭岩石及山壁上

南海瓶蕨

屬名　瓶蕨屬

學名　*Vandenboschia striata* (D.Don) Ebihara

根莖長匍匐，直徑寬於 1 公釐，密被黑褐毛。葉遠生，葉片橢圓披針形，三回羽裂，葉軸兩側具狹翅。孢子囊群生在小羽片腋間，孢膜管狀，開口截形不膨大。

在台灣廣泛分布於全島低海拔潮濕溪谷中。

葉柄具翼，下延至基部。

葉片橢圓披針形，三回羽裂。

孢膜開口截形不膨大，孢子囊托外露。

葉軸兩側具狹翅

亞窗格狀瓶蕨

屬名　瓶蕨屬

學名　*Vandenboschia subclathrata* K.Iwats.

形態上與華東瓶蕨（*V. kalamocarpa*，見第 147 頁）接近但植物體更為矮小，葉短於 5 公分，青綠色，葉肉細胞略呈窗格狀。

在台灣偶見於台北及基隆近郊低海拔山區，生長於溪流周邊之濕潤岩壁。

孢膜開口稍擴大為喇叭狀

葉肉細胞略呈窗格狀

葉短於 5 公分，青綠色。

生育地為溪流周邊濕潤石壁

葉二至三回羽裂，柄具翅。

雙扇蕨科 DIPTERIDACEAE

全世界 2 屬，分別為燕尾蕨屬（*Cheiropleuria*）和雙扇蕨屬（*Dipteris*），約 12 種，舊世界熱帶地區廣泛分布。本科成員主要的形態特徵為具有密被硬毛的長横走根莖；葉脈網狀，網眼中具有游離小脈；孢子囊散布葉遠軸面，無孢膜，具有環帶，孢子球形或豆形。

台灣僅 2 屬 2 種，鑑別特徵可直接參考物種之描述。

燕尾蕨屬 CHEIROPLEURIA

葉全緣或分岔，孢子葉明顯較營養葉細長。

燕尾蕨

屬名　燕尾蕨屬

學名　*Cheiropleuria integrifolia* (D.C.Eaton *ex* Hook.) M.Kato, Y.Yatabe, Sahashi & N.Murak.

根莖短横走莖狀，被盾狀著生之窗格狀鱗片。葉近生或遠生；葉二型，營養葉卵狀披針形，偶爾分裂為燕尾狀，孢子葉狹窄披針形，葉柄較營養葉長。孢子囊群密生於葉遠軸面。

在台灣生長於低至中海拔林下及林緣地帶，偏好酸性土壤，生長於半遮蔭之坡面。

孢子葉窄披針形；孢子囊群密生於葉遠軸面。

營養葉卵狀，偶分裂呈燕尾狀。

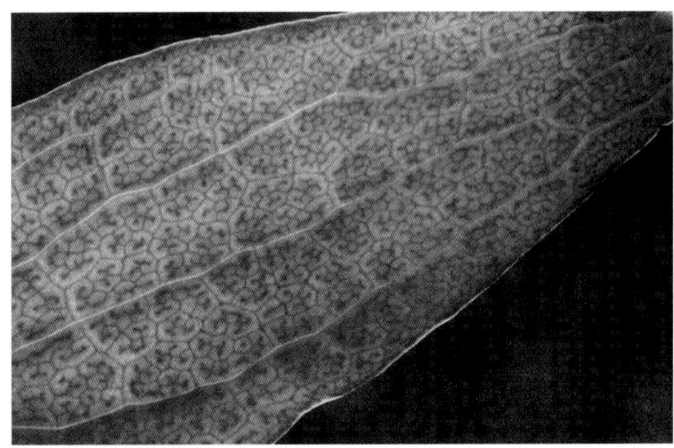

葉脈網狀，網眼中具分岔游離小脈。

根莖短横走，被盾狀著生窗格狀鱗片。

燕尾狀的營養葉

雙扇蕨屬 DIPTERIS

葉兩半扇狀，孢子葉與營養葉同型。

葉柄基部被剛毛狀鱗片

雙扇蕨

屬名　雙扇蕨屬

學名　*Dipteris conjugata* Reinw.

根莖長而橫走，密被黑色剛毛狀鱗片。葉遠生，葉片雙扇形，葉脈網狀，網眼內具游離小脈。孢子囊群散生於網眼中游離小脈上。

在台灣間斷分布於南北兩端、蘭嶼及綠島受東北季風顯著影響而終年多雨之低海拔山區，以北部族群較大。常大片生長於開闊向陽坡面，偶生於林緣及林下。

未開展的幼葉密被具金屬光澤褐色鱗片

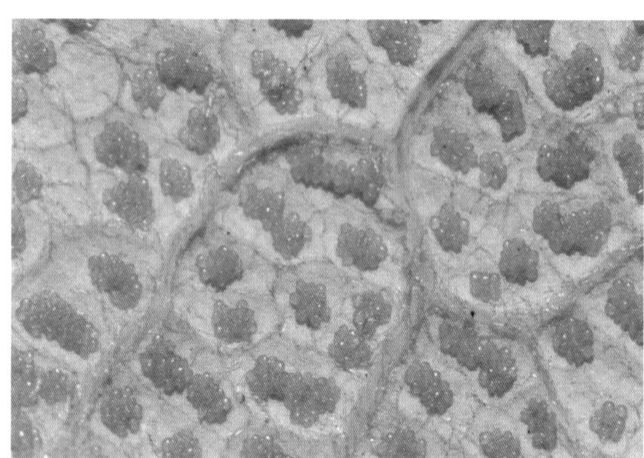

孢子囊群散生於網眼中游離小脈上

葉脈網狀，網眼中具分岔游離小脈。

葉片雙扇形，呈多回二岔撕裂狀。

裏白科 GLEICHENIACEAE

全世界 6 屬，約 125 種，泛熱帶分布。本科成員多生長在開闊地，森林邊緣等較多人為干擾的環境，是典型的先驅植物。主要的形態特徵為葉片假二岔分支，分岔處具休眠芽，葉脈游離。5 ～ 15 個孢子囊聚集成一孢子囊群，孢子囊具環帶，孢子多數，球形。

特徵

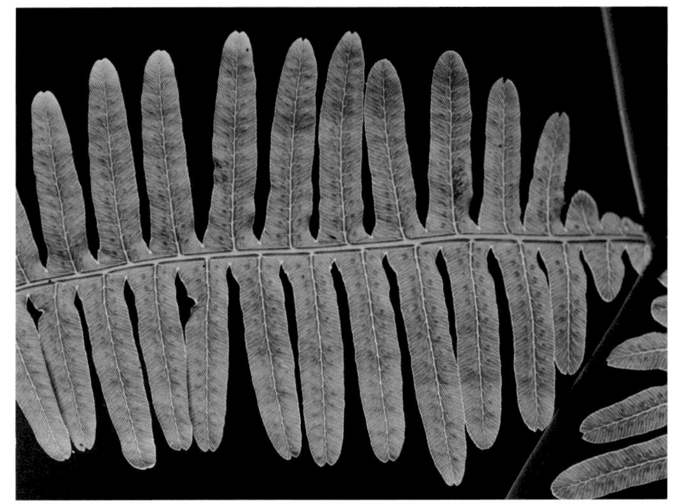

小羽片均為一回深裂至近基部，游離脈。（台灣芒萁）

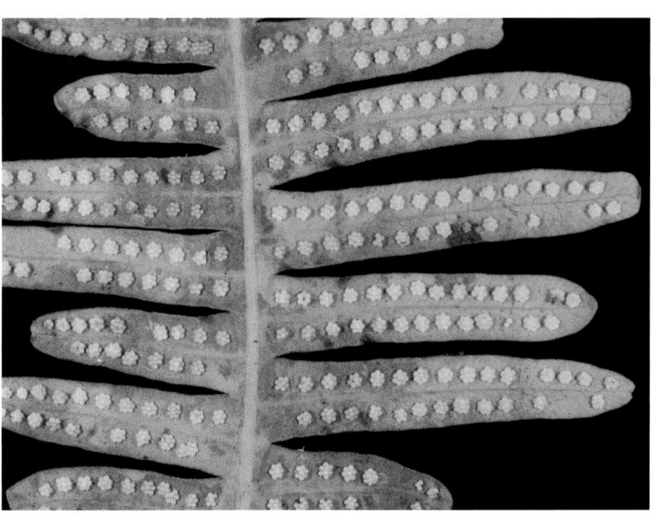

孢子囊群由 5 ～ 15 個孢子囊聚成團狀，無孢膜。（賽芒萁）

葉片頂芽形成間斷生長之休眠芽，因而狀似二岔。（中華裏白）

葉多能持續延展，因而形成高覆蓋度的密集群落。（逆羽裏白）

芒萁屬 DICRANOPTERIS

最末分支一回羽狀複葉，脈多次分岔。本屬部分類群分類困難，物種之界定及學名使用仍存在許多爭議。

芒萁

屬名　芒萁屬

學名　*Dicranopteris linearis* (Burm.f.) Underw.

蔓生蕨類，根莖橫走。葉遠生，葉軸假二岔分支，於分岔處具一休眠芽；葉軸、羽軸及裂片中脈遠軸面基部幼時密被鏽色星狀毛，且成熟後仍多少宿存；末回羽片篦齒狀深裂幾達羽軸，裂片全緣，葉脈每組由 3 ～ 5 條小脈組成。孢子囊群圓形，於中肋兩側各一列，具 5 ～ 9 個孢子囊。

本種為台灣本島及離島低海拔常見蕨類之一，喜好向陽之邊坡環境。

葉軸、羽軸及中脈密被鏽色星狀毛。

葉片呈多回假二岔分支

孢子囊群圓形，於中肋兩側各一列，具 5 至 9 個孢子囊。

休眠芽外可見兩枚托葉狀苞片

為低海拔常見的蕨類，常蔓生成一大片。

賽芒萁

屬名　萁屬屬

學名　*Dicranopteris subpectinata* (Christ) C.M.Kuo

形態介於芒萁（*D. linearis*，見前頁）及蔓芒萁（*D. tetraphylla*，見第 157 頁）之間。與芒萁之區別為葉軸、羽軸及裂片遠軸面僅在幼時疏被星狀毛，成熟後幾近光滑；與蔓芒萁之區別為末回分支無反折副枝或不甚發達。

在台灣零星分布於低海拔林緣環境。

葉為不對稱之假二岔分支

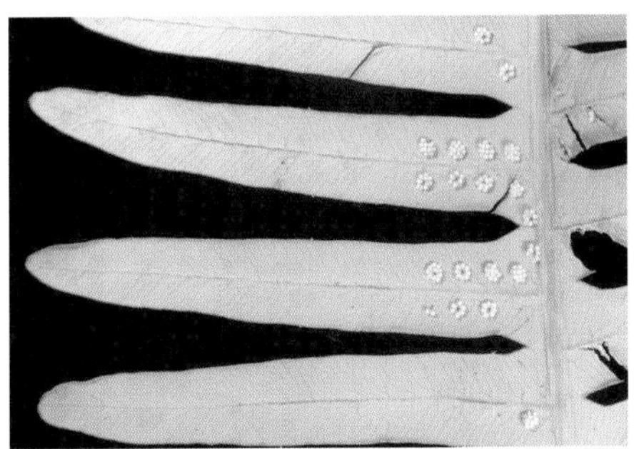

羽片遠軸面光滑

最末分支基部有時具反折副枝，但不發達。

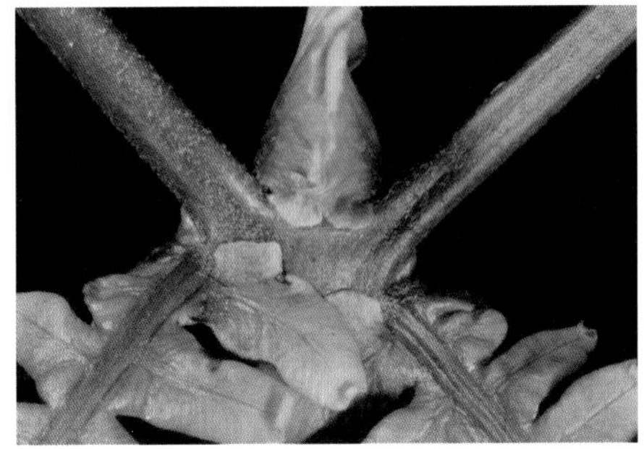

植物體僅幼嫩時疏被星狀毛，成熟後幾近光滑。

於林緣形成蔓生群落

台灣芒萁

屬名　萁屬屬

學名　*Dicranopteris taiwanensis* Ching & Chiu

形態上與蔓芒萁（*D. tetraphylla*，見下頁）相似，但末回羽片與裂片皆較寬；休眠芽之苞片常甚小且早落。

在台灣主要分布於中、南部及東部中海拔山區林緣。於東部低至中海拔山區存在另一近緣類群（*D.* sp.）同樣具有較寬的裂片，但末回羽片基部無反折副枝，且葉遠軸面鱗片狀附屬物之分布亦有所差異，形態近似描述自菲律賓的 *D. linearis* var. *latiloba*，仍有待進一步確認。

末回羽片具反折副枝

羽片及裂片較芒萁及蔓芒萁寬大

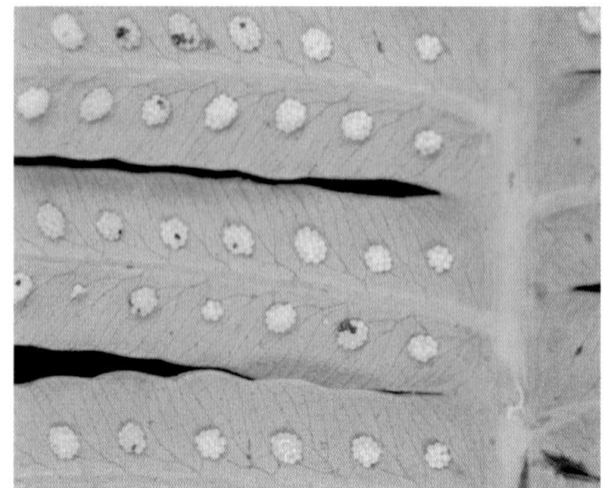

葉遠軸面光滑，囊群約有 8 ～ 24 個孢子囊。

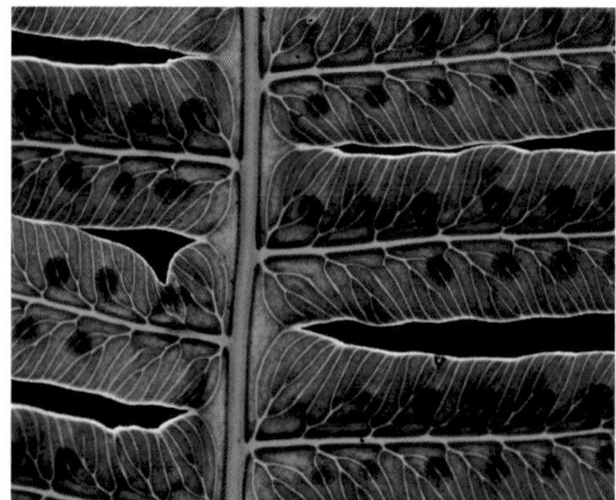

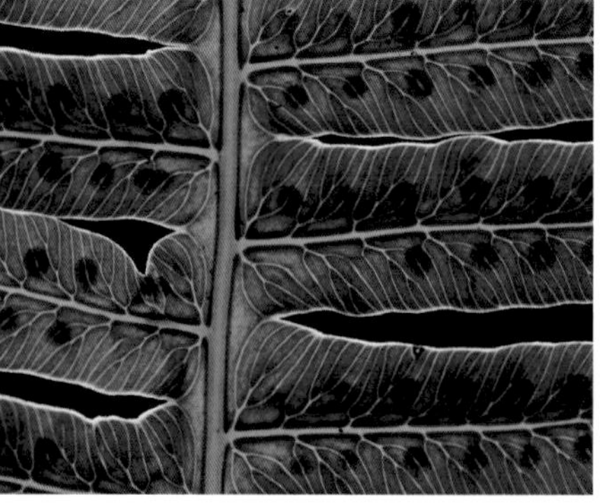

側脈約三至五岔

休眠芽之苞片常闕如或早落

D. sp. 末回羽片呈八字形，不具反折副枝。

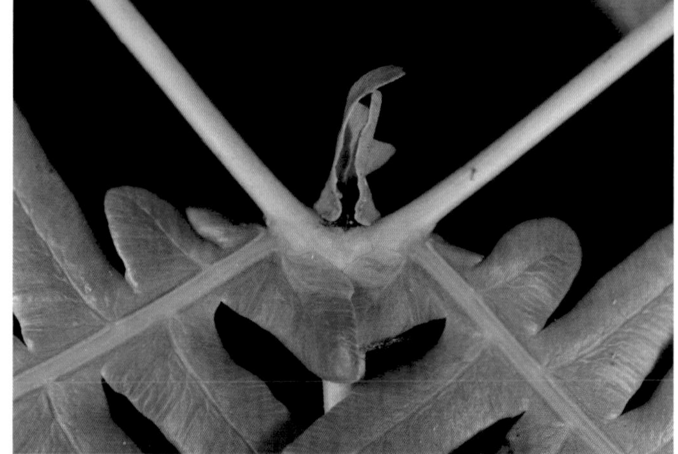

D. sp. 休眠芽常有發育良好之苞片

蔓芒萁

屬名　萁屬屬

學名　*Dicranopteris tetraphylla* (Rosenst.) C.M.Kuo

形態上與芒萁（*D. linearis*，見第 154 頁）相似，但本種假二岔分支常明顯不對稱生長，葉軸僅幼時疏被單生毛，成熟時幾近光滑，葉遠軸面偏白，且最末分支具反折之副枝，呈十字狀。

在台灣分布於低海拔山區，常生長於林緣或疏林下。

葉遠軸面灰白，幾近光滑。

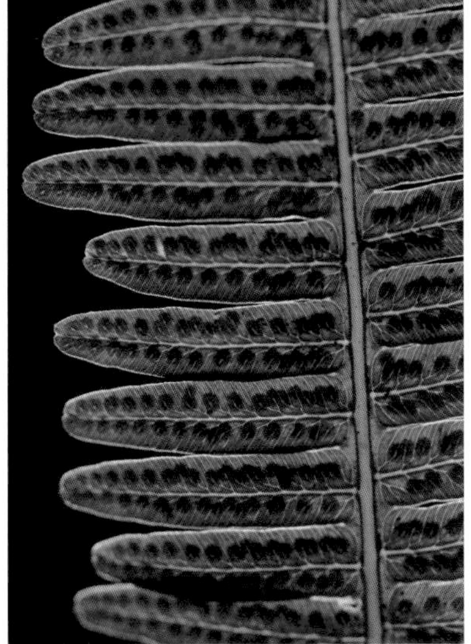

具三至四岔之游離脈

末回分支基部具一對向下反折的副枝

葉軸僅幼嫩時疏被單生毛；休眠芽具苞片。

為低海拔常見蕨類，常蔓生成一整片。

裏白屬 DIPLOPTERYGIUM

最末分支二回羽狀複葉，脈通常一次分岔。

逆羽裏白

屬名　裏白屬

學名　*Diplopterygium blotianum* (C.Chr.) Nakai

葉軸與羽軸上被有棕色星狀毛，以及具短柄的小羽片為本種最主要的鑑別特徵。

在台灣之分布集中於南投一帶之中低海拔半開闊林緣環境，少量族群分布於南部及東南部山區。於東部海岸山脈曾記錄過一未定類群（*D.* sp.），外觀略似逆羽裏白，但羽片纖弱，遠軸面星狀毛較稀疏，中肋及脈上除星狀毛外尚被有短棍狀毛；且休眠芽周圍苞片不發達，芽鱗為半透明帶深褐鑲邊。其分類歸屬仍待進一步觀察確認。

休眠芽周邊有苞片包覆，鱗片深褐色。

成片生長於林緣地帶

羽片懸垂，小羽片基部稍反折，具短柄。

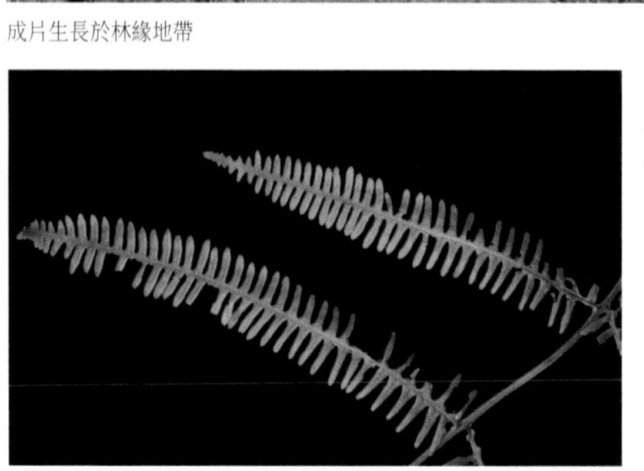

D. sp. 羽片排列鬆散，亦具短柄。

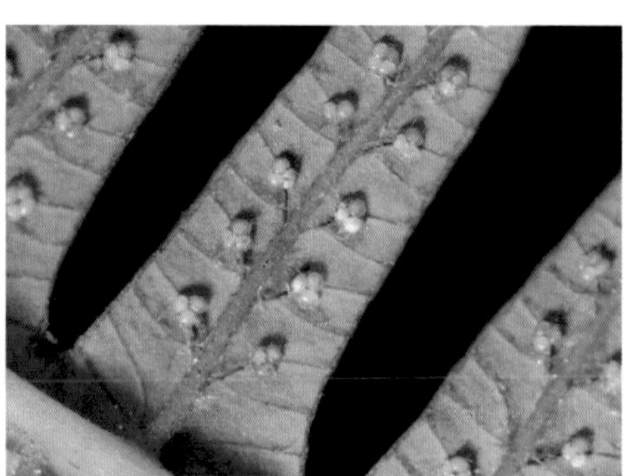

D. sp. 羽片排列鬆散，亦具短柄。

D. sp. 芽鱗中央淡色，邊緣褐色。

中華裏白

屬名　裏白屬

學名　*Diplopterygium chinense* (Rosenst.) DeVol

葉軸及羽軸上同時密被星狀毛與披針形褐色鱗片為本種最主要之鑑別特徵。

在台灣多見於中北部暖溫帶森林環境，亦紀錄於馬祖。

近羽軸基部的小羽片成一回不規則深裂且裂片覆於羽軸上

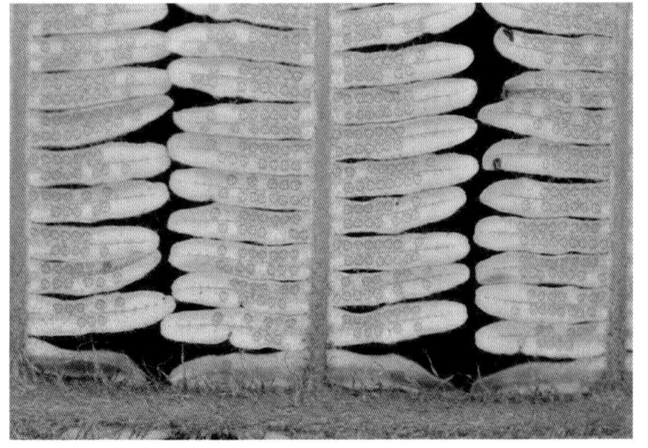

羽軸及小羽軸密被鱗片與星狀毛

側脈二至三岔

幼芽幾乎完全為鱗片及星狀毛包覆

多見於中北部暖溫帶森林環境

裏白

屬名　裏白屬

學名　*Diplopterygium glaucum* (Thunb. *ex* Houtt.) Nakai

與台灣產其他裏白屬植物最主要的區別為本種之葉軸及羽軸接近光滑，且葉遠軸面顏色明顯較淺。

在台灣常見於中海拔山區林緣地帶。

常見於中海拔山區林緣地帶

葉軸及羽軸接近光滑；孢子囊群兩列排於裂片中脈上，具 3 ～ 4 個孢子囊。

休眠芽由深褐色、緣撕裂狀鱗片所保護。

苞片二回羽狀深裂

近羽軸基部的小羽片成一回不規則深裂且裂片覆於羽軸上

鱗芽裏白

屬名　裏白屬

學名　*Diplopterygium laevissimum* (Christ) Nakai

休眠芽為全緣鱗片所覆蓋而不具苞片為本種最主要的鑑別特徵。

在台灣零星分布於中北部中海拔暖溫帶森林。

小羽片、裂片分別與羽軸、小羽軸斜交。

葉遠軸面光滑；孢子囊群具 4 ～ 5 個孢子囊。

植物體在同屬物種中相對較小

零星分布於中北部中海拔暖溫帶森林

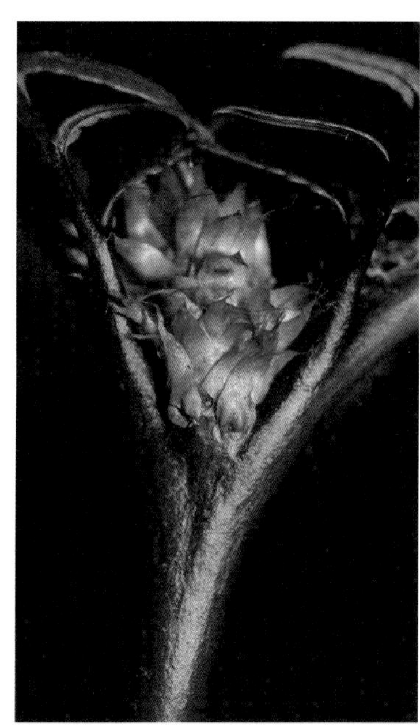

休眠芽僅由亮褐色鱗片所覆蓋，不具苞片。

海金沙科 LYGODIACEAE

全世界僅 1 屬，約 40 種，泛世界熱帶地區分布。本科成員皆為攀緣性蕨類，具有匍匐狀的根莖，可以無限生長的葉片，葉片假二岔分支，分支處具一枚休眠芽。孢子囊群位於葉片之末裂片，僅具一枚孢子囊，每一孢子囊中具有 128～256 顆孢子，四面體形。

台灣僅有 1 屬 2 種，鑑別特徵可直接參考物種之描述。

海金沙屬 LYGODIUM

特徵同科。

海金沙

屬名　海金沙屬

學名　*Lygodium japonicum* (Thunb.) Sw.

形態上與小葉海金沙（*L. microphyllum*，見下頁）相似，但羽軸和脈上具毛，小羽片也較長。

在台灣常見於本島、離島平野及低海拔山區，如蔓藤般生長於林緣半遮蔭處。

常攀附纏繞於其他植物上（張智翔攝）

羽片先端之休眠芽，密被淡褐色毛。

羽軸及脈上被短毛（張智翔攝）

孢子囊兩列並排於指狀突起上

羽片掌狀三裂，裂片狹長。（張智翔攝）

孢子羽片卵狀三角形，二回羽裂。

小葉海金沙

屬名 海金沙屬

學名 *Lygodium microphyllum* (Cav.) R.Br.

植株蔓攀，葉軸纖細能無限延長。三回羽狀複葉，具休眠芽，孢子葉之末回小羽片邊緣具指裂突起並著生孢子囊穗。

在台灣零星分布於低海拔林緣或濕地草澤中，於空曠地區蔓藤狀攀緣，經常覆蓋整株灌木植物。

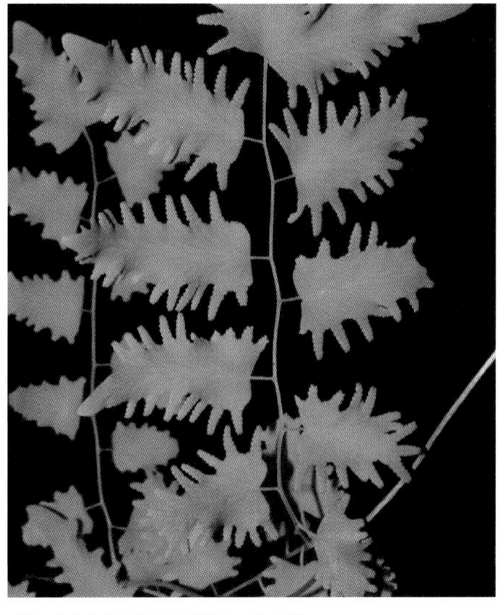

末回小羽片卵圓形具短柄，不分裂。

植株蔓攀，纖細延展。

孢子囊兩列並排，著生於葉遠軸面邊緣之指狀突起。

台灣族群大多生長於濕地周邊，圖為屏東南仁湖畔之野生族群。

不孕性之末回小羽片長卵形，具短柄，基部較寬，平截或心形。

葉脈游離

莎草蕨科 SCHIZAEACEAE

全世界 2 屬，約 30 種，主要分布於熱帶與南半球溫帶地區，化石證據顯示莎草蕨科植物至少起源於白堊紀。本科成員皆為地生性蕨類，葉片單葉線形或二岔分支，齒梳狀或掌狀之孕性羽片位於葉片頂端，孢子囊群不具孢膜，孢子囊環帶頂生，每一孢子囊中具有 128 ～ 256 顆豆形孢子。

叢穗莎草蕨屬 ACTINOSTACHYS

葉為單葉，孢子囊群位於葉片頂端之指狀構造上。

叢穗莎草蕨

屬名　叢穗莎草蕨屬

學名　*Actinostachys digitata* (L.) Wall.

地生，根莖短匍匐狀，先端被棕色短毛，葉叢生而直立，葉片狹線形，有軟骨質的狹邊，孢子葉先端掌狀深裂成多條裂片，孢子囊排列於裂片下。

在台灣生長於恆春半島東側及綠島近海闊葉林或灌叢內。

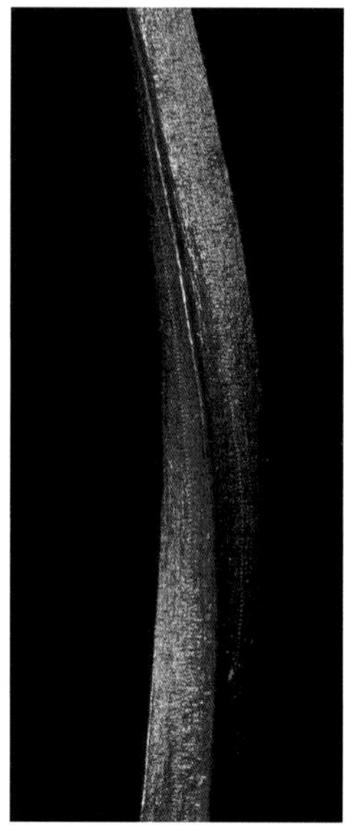

葉片呈扭曲狀向上生長

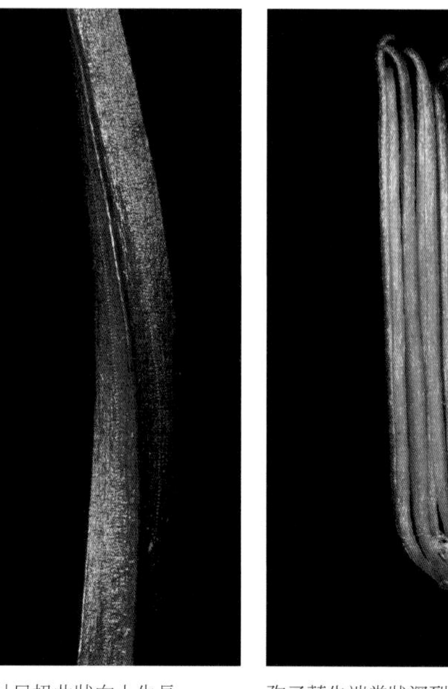

孢子葉先端掌狀深裂成多條裂片

葉簇生

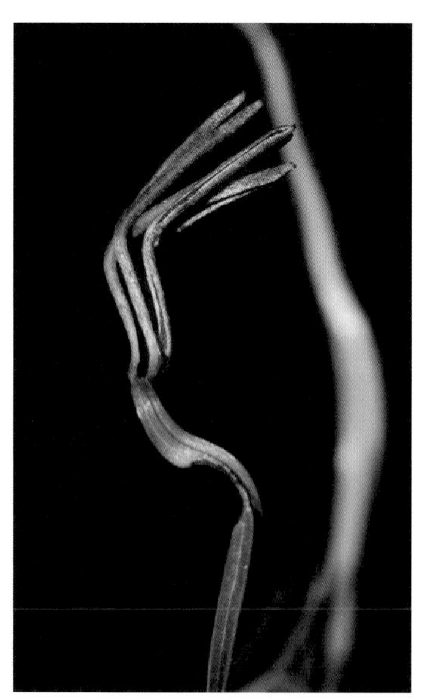

孢子囊群位於裂片近軸面，無孢膜。

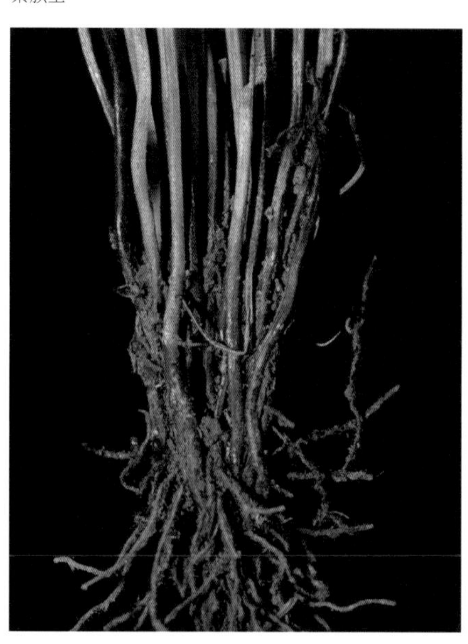

根莖短匍匐狀；葉叢生而直立；葉柄基部被棕色鱗片。

生長於近海闊葉林或灌叢內

莎草蕨屬 SCHIZAEA

葉單生或分岔，孢子囊群位於葉片頂端之梳狀構造上。

分支莎草蕨

屬名　莎草蕨屬

學名　*Schizaea dichotoma* (L.) J.Sm.

小型地生蕨類，根莖短而直立，葉單生，細長，線形，多次二回分支，末回裂片先端聚集生為倒三角形之指狀附屬物，孢子囊在其遠軸面排成兩行。

在台灣僅於恆春半島東側及蘭嶼各有少量之族群，生長於多雨的熱帶林底層。本種現為涵蓋多變形態之複合種群，恆春半島族群植物體較大，根莖粗壯，葉末裂片較寬而平展，較接近狹義之 *S. dichotoma*；而蘭嶼族群植物體及根莖纖細，葉末裂片短而直立，或可區分為另一物種（*S. biroi*），惟分類地位之確認仍待更完整之親緣研究。

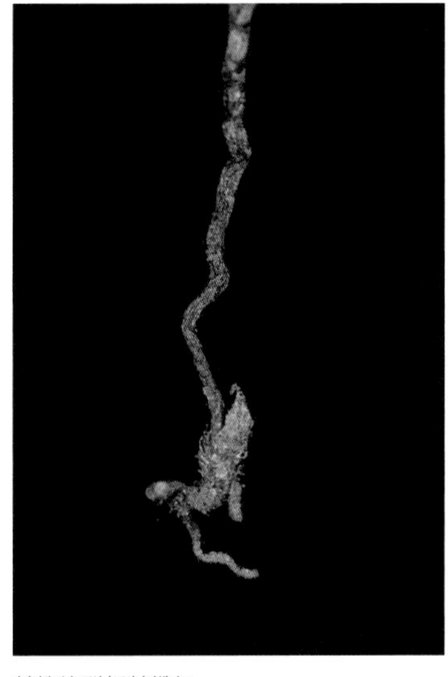

蘭嶼族群根莖纖細

葉二岔分歧，裂片具 2 條主脈（恆春半島）。

蘭嶼族群葉直立，末裂片短。

生長於熱帶林下腐質層豐厚處（蘭嶼）

恆春半島族群葉先端平展，末裂片長。

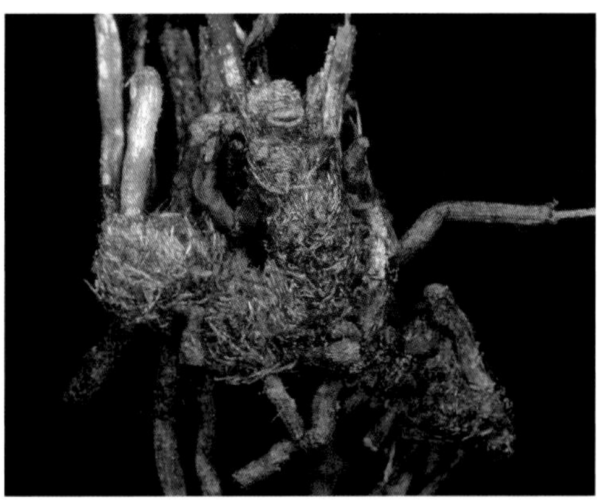

恆春半島族群根莖粗壯

孢子葉裂片先端有指狀之構造（恆春半島）

孢子囊於指狀構造內排成二列（恆春半島）

槐葉萍科 SALVINIACEAE

全世界 2 屬，約 20 種，泛世界分布，化石證據可追朔至白堊紀。本科成員皆為漂浮型水生蕨類，全株漂浮於水面，具有根（滿江紅屬）或無（槐葉萍屬），莖二岔分支。葉互生，葉脈游離（滿江紅屬）或網狀（槐葉萍屬），孢子囊群位於生長於莖上之孢子囊果中，孢子兩型，具有大小孢子之分，皆為球形。

滿江紅屬 AZOLLA

葉互生，互相重疊，具有真正的根。

卡州滿江紅

屬名　滿江紅屬

學名　*Azolla caroliniana* Willd.

形態與滿江紅（*A. pinnata*，見下頁）極為接近，外觀上主要之差異為植物體分支較少，大多相隔多枚葉片，且葉片排列較為緊密，表面之突起較短。在過往台灣文獻中記載的日本滿江紅（*A. japonica*）及細葉滿江紅（*A. filiculoides*）均為此類群之錯誤鑑定；然而，台灣是否亦存在其它形態上極難區分的近緣種，如墨西哥滿江紅（*A. mexicana*），仍未能完全確認。

原產美洲，廣泛歸化於世界各地，在台灣大量繁衍於水田或池沼，於北部較常見。

葉表皮具有許多小突起，有疏水之功效。

小孢子囊果球形，內含多枚小孢子囊。

大孢子囊果為卵形，內含 1 枚大孢子囊。

在台灣，水面泛紅景緻多為本種所形成。

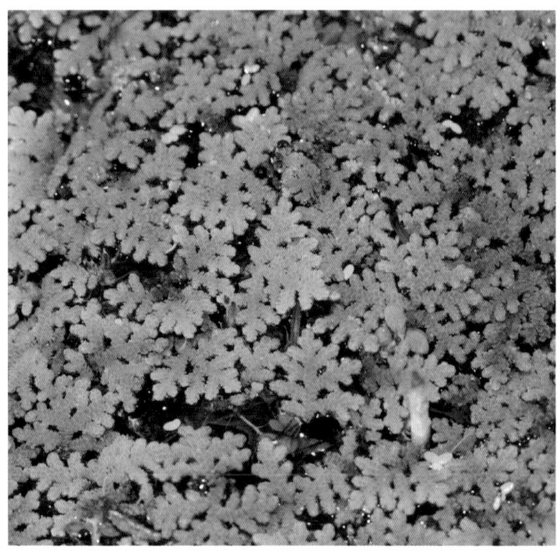

植物體因較密的葉片及較少分支而呈珊瑚狀

滿江紅

屬名　滿江紅屬

學名　*Azolla pinnata* R.Br.

小型漂浮植物，植物體呈卵形或三角狀，根莖細長橫走，向下生鬚根，葉覆瓦狀排列成兩行，近軸面密被乳狀瘤突，遠軸面中部略凹陷，基部肥厚形成共生腔，孢子果雙生於分支處，異型孢子。

在台灣零星分布於水域環境。

具有真正的根

植物體頻繁分支而呈羽毛狀

蘭嶼芋田內的族群

常與浮萍類植物混生

槐葉萍屬 SALVINIA

葉三枚輪生，水下葉特化成根狀，不具有真正的根。

人厭槐葉萍

屬名　槐葉萍屬

學名　*Salvinia molesta* D.S.Mitch.

形態與槐葉蘋（*S. natans*，見下頁）接近，主要區別為本種浮水葉近軸面毛被物由圓柱狀長柄及四根頭尾相接之多細胞毛構成，形似打蛋器。

可能原產於美洲，目前已成為世界性之歸化物種，在台灣偶見於各地池沼或溝渠內，植物體尺寸因日照及生長空間等因素而有相當大的變化。

另一種引進栽培之酒杯槐葉蘋（*S. cucullata*）亦少量逸出於南部池沼。其浮水葉捲曲為杯狀，表面具密集之多細胞單生長毛。

孢子囊果二列互生

於開闊池沼中大片繁生

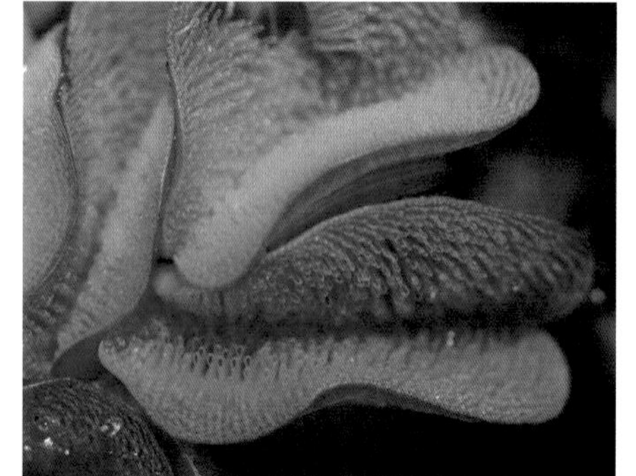

表皮上具打蛋器形狀之毛被物，為重要鑑別依據。

S. cucullata 浮水葉捲曲為杯狀

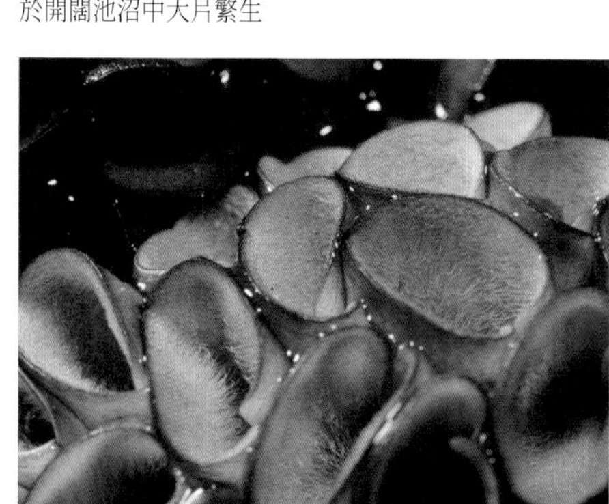

S. cucullata 浮水葉近軸面密生多細胞單毛

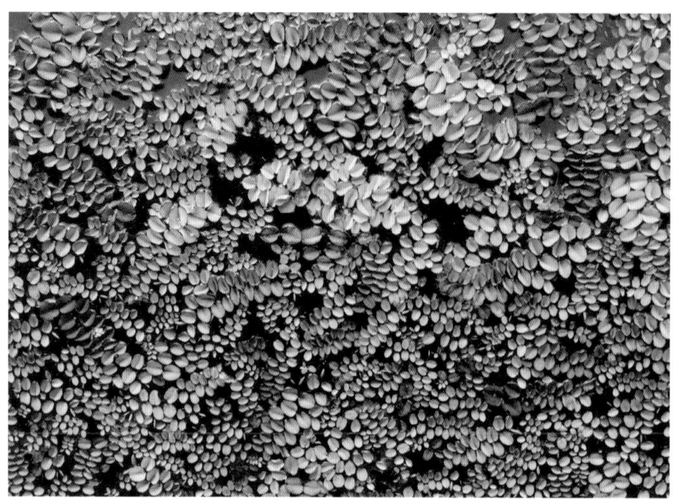

植物體尺寸變化大

密集生長之個體葉面通常對摺且皺曲

槐葉蘋

屬名　槐葉萍屬

學名　*Salvinia natans* (L.) All.

小型漂浮植物，莖細長而橫走，三葉輪生，沉水葉特化成根狀，上面二葉漂浮水面，浮水葉近軸面之毛被物為四根一組之多細胞毛。

在台灣零星分布於靜止水域環境，野生族群已相當少見。

葉三枚輪生，沉水葉特化為根狀。

浮水葉排成二列

生長於休耕水田中

葉面具四根一組之多細胞毛

田字草科 MARSILEACEAE

全世界 3 屬，約 61 種，泛世界分布。本科成員皆為沉水性蕨類，主要生長在較淺的水域，長橫走的根莖匍匐於水面下的土壤，葉子則漂浮於水面或挺水，葉子不具羽片或是具有 4 或 2 個羽片，葉脈二岔分支並於末端結合。孢子囊群位於生長在根莖或葉柄基部之孢子囊果中，孢子兩型，具有大小孢子之分，皆為球形。

田字草屬 MARSILEA

羽片 4 枚，呈田字狀。孢子囊果在葉柄基部或近基部著生。

水深時為浮葉植物

田字草

屬名　田字草屬

學名　*Marsilea minuta* L.

根莖長匍匐狀。葉遠生或偶簇生，具 4 枚羽片十字狀排列，扇形，全緣至不規則圓齒裂，網狀脈。孢子囊果橢球狀，常為 1 ～ 2 枚生於葉柄近基部，硬殼內藏數枚孢子囊。

在台灣往昔普遍分布於本島、蘭嶼及金門之水塘溝渠及水田中，因棲地品質持續衰退，野生族群有減少趨勢。

根莖疏被多細胞毛

4 枚羽片排成田字狀

葉幼時被毛

乾季時挺水生長

孢子囊果於冬季生於葉柄近基部

瘤足蕨科 PLAGIOGYRIACEAE

全世界僅1屬，約15種，除了1種分布於熱帶美洲之外，主要分布於東亞與東南亞。本科成員主要為地生型，偶有岩生，根莖直立或短橫走。葉片為一回羽狀裂葉或複葉，葉脈游離，營養葉與孢子葉明顯兩型，孢子囊群全面著生於孢子葉，孢子囊具有斜生之環帶，每個孢子囊中具有64顆孢子，孢子四面體球形。

特徵

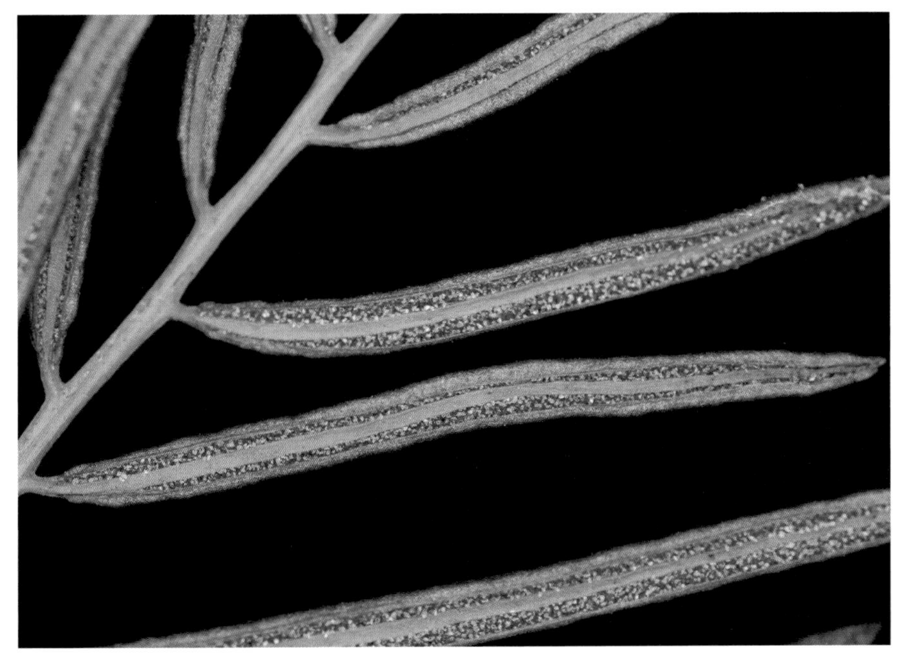
孢子葉羽片線形，孢子囊全面著生。（耳形瘤足蕨）

具顯著之二型葉分化（華中瘤足蕨）

葉均為一回羽狀複葉或一回羽狀深裂（瘤足蕨）

根莖粗壯，葉螺旋狀密生。（華東瘤足蕨）

瘤足蕨屬 PLAGIOGYRIA

特徵同科。

不具頂羽片，葉先端突縮成尾狀，邊緣具圓齒。

瘤足蕨

屬名　瘤足蕨屬

學名　*Plagiogyria adnata* (Blume) Bedd.

根莖短粗而直立，營養葉先端尾狀部分瓣裂，形態與側羽片不同；側羽片不具柄，基部羽片不明顯向下反折。

在台灣廣泛分布於全島暖溫帶森林下，大多數族群葉先端漸尖；但在北部及東部偶見部分族群側羽片先端圓鈍，且營養葉先端尾狀部分比例上稍長，其餘特徵則與典型瘤足蕨難以區分。此類羽片圓鈍之個體曾被命名為「小瘤足蕨（"*P. parva*"）」，但此名並未合法發表，分類地位仍待確認。

羽片圓鈍的個體

羽片圓鈍個體，葉先端尾狀部分比例上稍長。

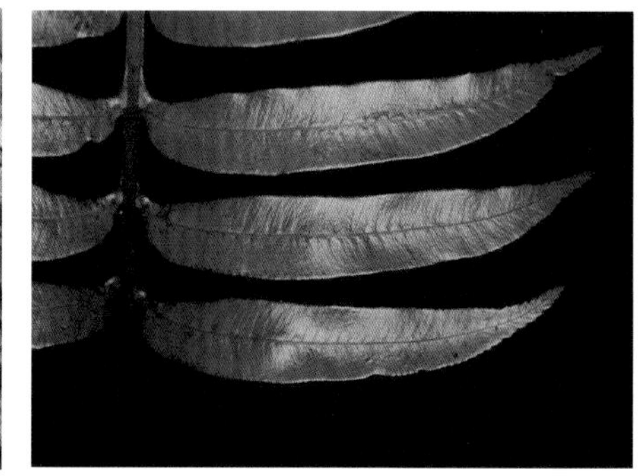

羽片不具柄，基部羽片不明顯向下反折。

典型族群羽片先端漸尖

孢子葉羽片邊緣反捲，孢子囊全面著生於葉遠軸面。

華中瘤足蕨

屬名　瘤足蕨屬

學名　*Plagiogyria euphlebia* (Kunze) Mett.

葉片長圓形，一回羽狀複葉，具獨立頂羽片，與側羽片形態接近；側羽片基部具短柄；葉遠軸面和近軸面同色。

在台灣廣泛分布於全島中海拔林下。

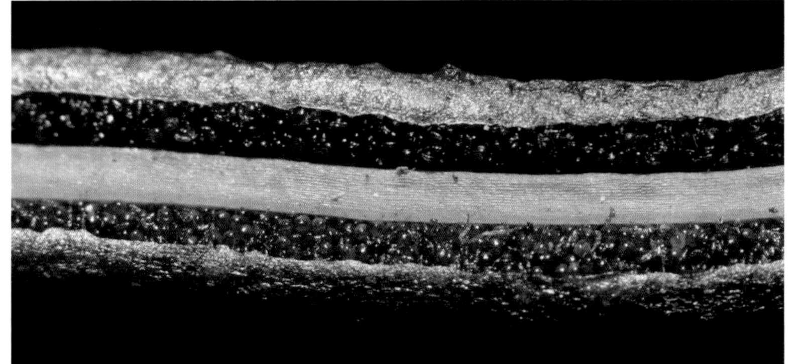

孢子囊全面著生於葉遠軸面

地生，植株呈噴泉狀生長；孢子葉直立。

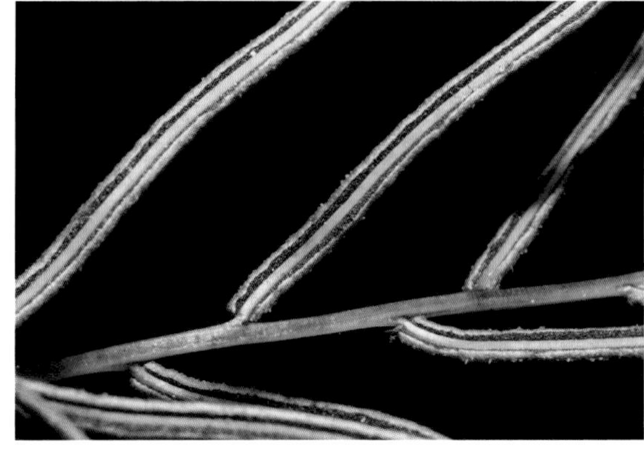

孢子葉羽片窄線形，細長。

孢子葉羽片邊緣反捲，形成假孢膜。

下部與羽片具短柄，葉兩面同色。

羽片線形狹長，具獨立之頂羽片。

倒葉瘤足蕨

屬名　瘤足蕨屬

學名　*Plagiogyria falcata* Copel.

形態上與瘤足蕨（*P. adnata*，見第 172 頁）相近，但葉片較狹長，側羽片亦稍短而狹，基部羽片強裂向下折。

在台灣廣泛分布於全島中海拔地區。

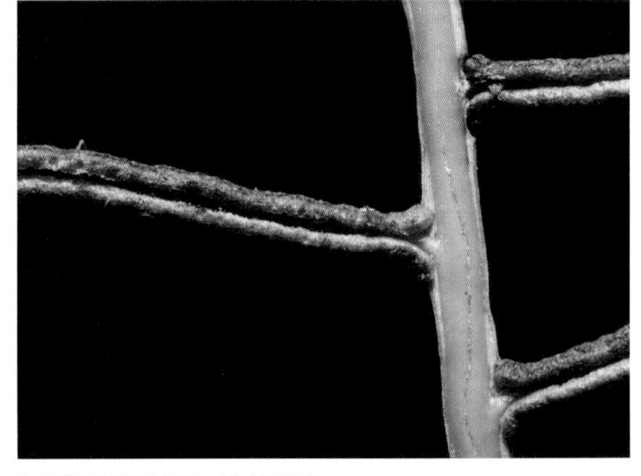

孢子葉羽片邊緣反捲，形成假孢膜。

常於中海拔林下形成大群落

孢子囊全面著生於葉遠軸面

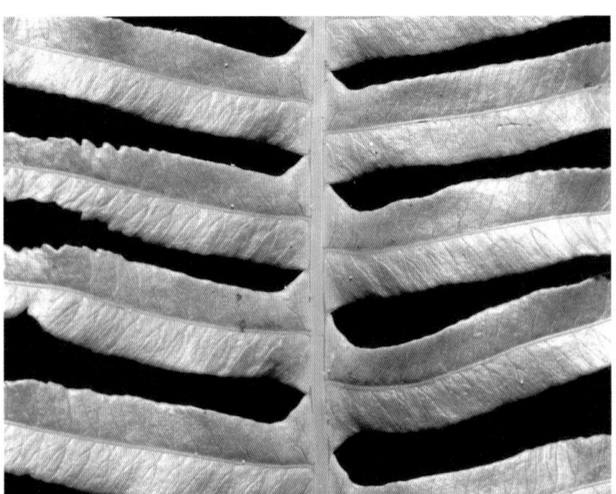

葉一回羽狀深裂幾近至葉軸，不具柄。

基部羽片明顯反折

台灣瘤足蕨

屬名　瘤足蕨屬

學名　*Plagiogyria glauca* (Blume) Mett.

形態上與華中瘤足蕨（*P. euphlebia*，見第 173 頁）相近，但側羽片較多而密，葉遠軸面白色。

在台灣廣泛分布於全島中海拔地區。於北部山區曾發現過形態介於本種與倒葉瘤足蕨（*P. falcata*，見前頁）之間的個體（*P.* sp.），可能為二種之天然雜交後代。

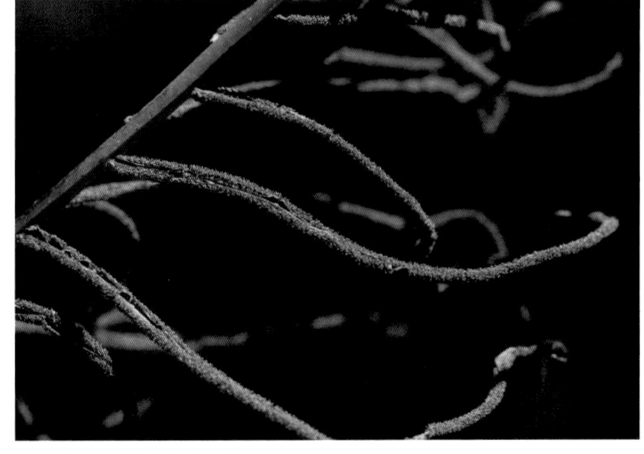

孢子葉羽片成熟後向外反捲

葉遠軸面白，與台灣同科其他類群明顯不同。

羽片長線形，邊緣銳鋸齒。

葉遠軸面略帶灰白

葉長卵形，頂羽片羽側羽片同型，具頂羽片。

P. sp. 葉先端尾狀部分與側羽片形態接近

華東瘤足蕨

屬名　瘤足蕨屬

學名　*Plagiogyria japonica* Nakai

形態上瘤足蕨（*P. adnata*，見第 172 頁）相當接近，主要特徵為營養葉先端尾狀部分近全緣，形態與側羽片接近，但基部常與側羽片相連而形成二或三岔狀。

在台灣零星分布於全島中海拔地區。

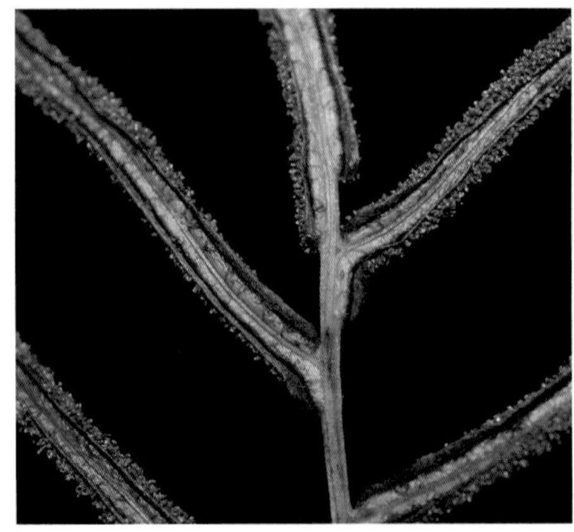

孢子葉羽片邊緣反捲，形成假孢膜，成熟後向外開展。

葉放射狀簇生

上部羽片不具柄，與葉軸相連，頂羽片與側羽片同型。（張智翔攝）

零星分布於中海拔山區

孢子葉直立

小泉氏瘤足蕨

屬名　瘤足蕨屬

學名　*Plagiogyria koidzumii* Tagawa

本種具橫走之根莖可與台灣產其他物種（均為短直立莖）區別；營養葉形態與瘤足蕨（*P. adnata*，見第 172 頁）相當接近，但側羽片基部歪斜程度較小。

在台灣零星紀錄於南投、雲林及花蓮中海拔山區，生長於林緣之濕潤岩壁。

植物體匍匐狀

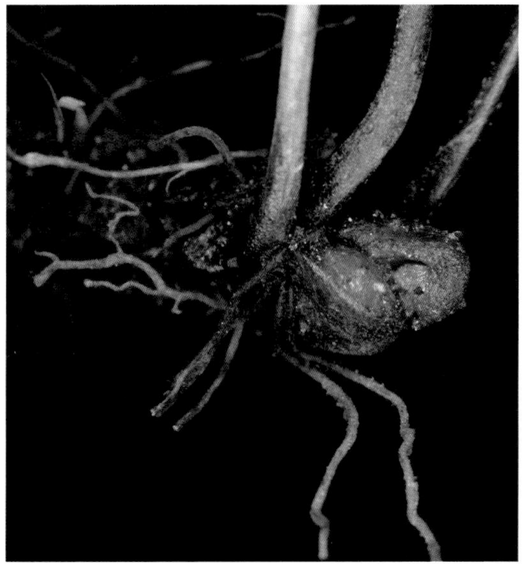

根莖橫走

孢子葉有時分化不完全

成片生於遮蔭處岩壁上

葉片先端尾狀部分淺羽裂，與側羽片形態不同。

耳形瘤足蕨

屬名　瘤足蕨屬

學名　*Plagiogyria stenoptera* (Hance) Diels

最基部一至數對側羽片突縮為耳狀為本種最主要之區別特徵。

在台灣分布於全島中海拔地區。

營養葉最寬處於中段；側羽片無柄。

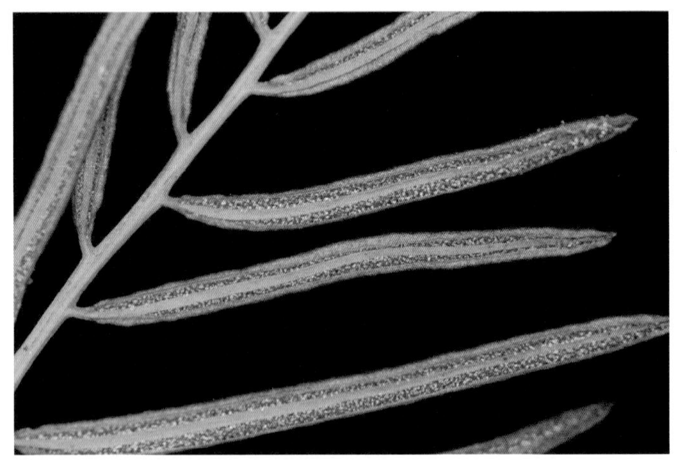

孢子葉羽片邊緣反捲，孢子囊全面著生於葉遠軸面。

根莖直立，葉簇生。

常見於中海拔霧林帶

基部羽片突縮成耳狀

金狗毛蕨科 CIBOTIACEAE

全世界僅1屬，約11種，分布於亞洲、馬來植物區系、夏威夷與中美洲。本科成員與桫欏科同樣為樹蕨類植物，具有明顯的根莖，橫走或直立，部分物種之直立莖可達6公尺，根莖頂部與葉柄基部被黃色軟毛。葉大型，可達4公尺長，二至三回羽狀複葉，葉脈游離。孢子囊群位於脈之末端，孢膜兩瓣狀似蚌殼，孢子四面體球形。

金狗毛蕨屬 CIBOTIUM

特徵同科。

金狗毛蕨

屬名　金狗毛蕨屬

學名　*Cibotium barometz* (L.) J.Sm.

根莖粗大匍匐狀，密被卵狀三角形金褐色鱗片與金色絨毛。葉橢圓披針形，三回羽狀深裂，羽片基部下側大多僅1小羽片缺失或無缺失；末裂片線形。蚌殼狀孢子囊群1～5對。

在台灣分布集中於南投山區，生長於山麓溝邊及林緣土坡；亦偶見於南部山區。

羽軸具狹翼

蚌殼狀孢子囊群1～5對，葉緣生。

小羽片具短柄，羽狀深裂，末裂片鋸齒緣。

羽片基部下側小羽片無缺失或僅缺1枚

常生長於半開闊之坡地

葉大型下垂，三回羽狀深裂。

台灣金狗毛蕨 特有種

屬名　金狗毛蕨屬

學名　*Cibotium taiwanense* C.M.Kuo

形態上與金狗毛蕨（*C. barometz*，見第 179 頁）相似，但羽片基部下側常有多枚小羽片缺失；末裂片通常僅具蚌殼狀孢子囊群 1 ～ 2 對。部分文獻將本種處理為 *C. cumingii* 之異名。

在台灣全島分布，生長於山麓溝邊及林下遮蔭處。

羽軸具狹翼

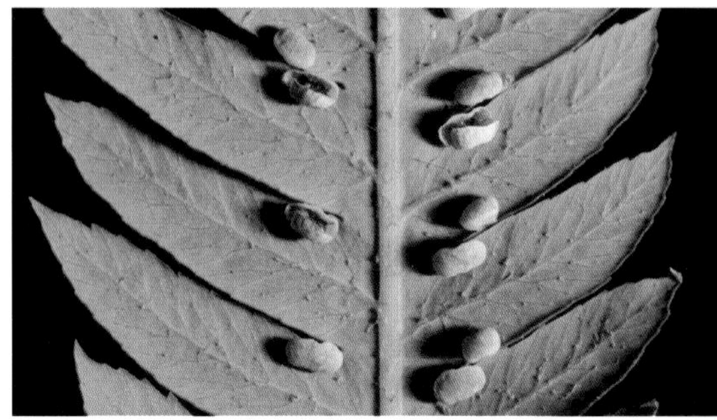

蚌殼狀孢子囊群 1 ～ 2 對，葉緣生。

開裂孢膜，呈蚌殼狀。

羽片基部下側缺多枚小羽片

根莖及葉柄密被金色絨毛

桫欏科 CYATHEACEAE

全世界約 3 屬，超過 600 種，化石證據顯示本科最早出現於侏儸紀或白堊紀早期，現生物種則主要分布於泛世界熱帶地區與南半球溫帶地區，是樹蕨類中最主要的成員。桫欏科與其他樹蕨類植物最主要的區別為本科成員於根莖頂部與葉柄基部具有明顯的鱗片，因此俗稱為 scaly tree fern，葉片通常大型可達 5 公尺，一至三回羽狀複葉，極少數物種為單葉。孢子囊群球形，孢膜多樣或無，孢子四面體球形。

特徵

孢子囊群球形，於中肋兩側各一排。（鬼桫欏）

樹幹狀之直立主莖為最大特色之一（南洋桫欏），但須注意並非所有物種都呈樹木狀。

葉柄基部密被鱗片（筆筒樹）

葉大型且多回羽裂（台灣樹蕨）

桫欏屬 ALSOPHILA

葉柄通常黑色，葉柄基部鱗片邊緣具有特化之尖刺狀細胞。

韓氏桫欏

屬名　桫欏屬

學名　*Alsophila denticulata* Baker

不具直立之樹狀主莖，形態上與台灣樹蕨（*A. metteniana*，見第 185 頁）相似，但葉柄基部鱗片單色，葉片分裂較為細緻，且羽軸及小羽軸遠軸面被帽形鱗片。

在台灣分布於北部山區，在陽明山區族群特別龐大，它處較少見，生長於多雲霧潮濕之林下腐質豐富土壤上。

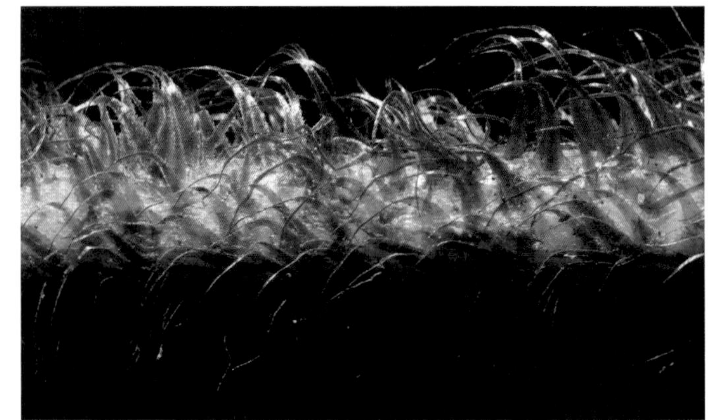

葉柄基部密被金褐色披針形鱗片，單色。

孢子囊群無孢膜，具側絲。

小羽片邊緣鋸齒狀

小型個體葉較狹長，二回羽裂。

小型樹蕨，外觀略似雙蓋蕨或鱗毛蕨屬。

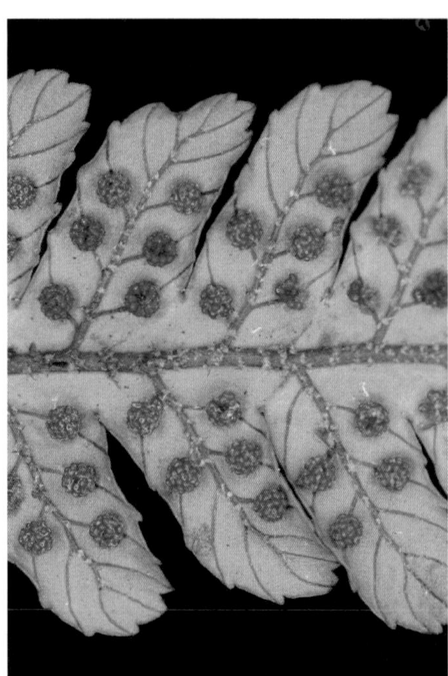

羽軸及小羽軸遠軸面被帽形鱗片

蘭嶼桫欏

屬名　桫欏屬

學名　*Alsophila fenicis* (Copel.) C.Chr.

樹蕨，直立莖先端密被棕色披針形鱗片，葉柄紫色具尖銳疣突，葉片長橢圓形三回羽狀深裂。孢子囊群球形，著生在裂片中脈兩側各一排。

在台灣僅見於離島蘭嶼，生長在林下遮蔭之潮濕環境。

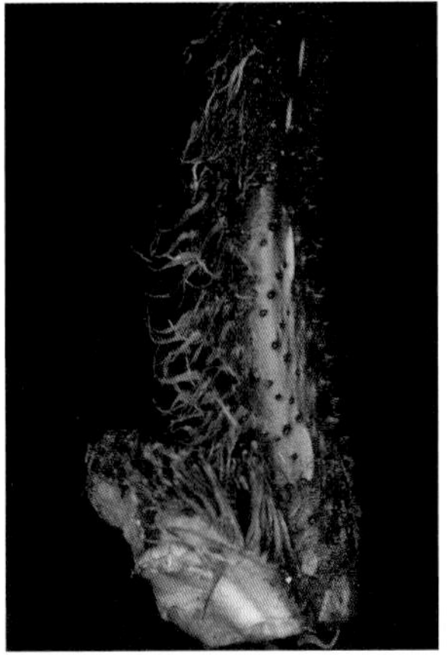

葉柄基部紫黑色，具尖銳疣突且密被棕色披針形鱗片。

小羽片邊緣鈍齒狀，先端鈍圓。

孢子囊群著生於小脈分岔處

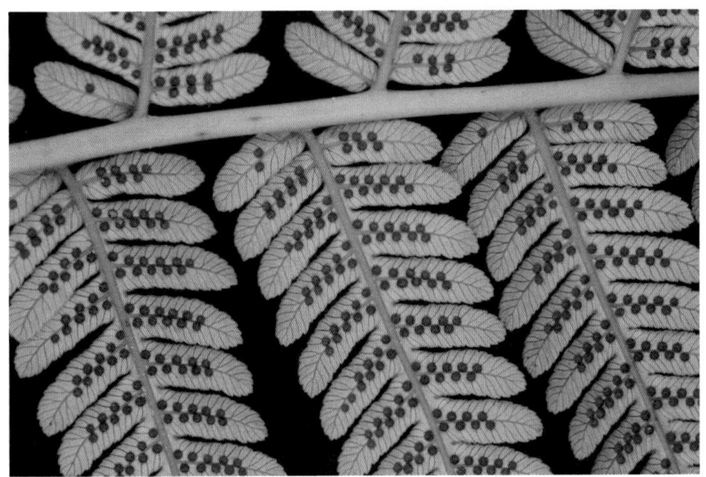

葉軸及羽軸幾乎光滑無鱗片；孢膜鱗片狀，早落。

高大直立呈喬木狀，葉柄基部宿存於莖上不脫落。

南洋桫欏

屬名　桫欏屬

學名　*Alsophila loheri* (Christ) R.M.Tryon

樹蕨，直立莖先端密被淺褐色披針形鱗片。葉片長橢圓形，三回羽狀深裂，老葉脫落後在樹幹留下橢圓形葉痕，羽片遠軸面被淺色泡狀鱗片。孢子囊群球形，著生在裂片中脈兩側各一排。

在台灣局限分布於中央山脈南段、海岸山脈及花蓮光復林道海拔 900 ～ 1,600 公尺霧林環境，生長於林間稍透空處。

嫩葉密被鱗片，老葉常脫落而僅存最基部之鱗片。

老葉脫落後在樹幹留下橢圓形葉痕

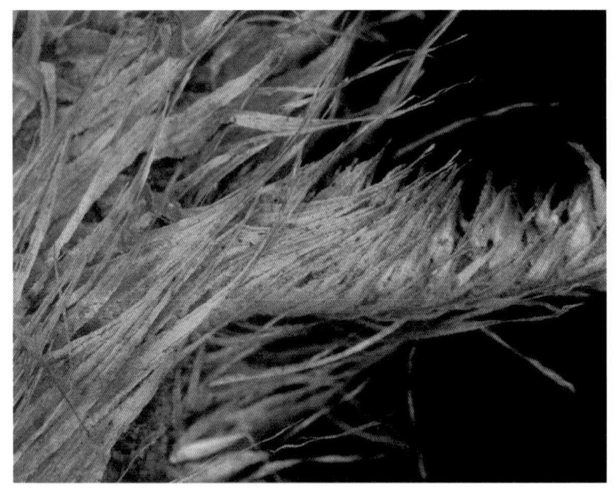

葉柄鱗片長披針形，淡褐色。

葉軸、羽軸及小羽軸皆密被淺褐色小形鱗片以及披針形鱗片；孢膜於頂端開裂而形成杯狀。

為台灣東部及南部熱帶霧林環境代表性物種之一

台灣樹蕨

屬名　桫欏屬

學名　*Alsophila metteniana* Hance

莖短而斜生，密生褐色線形鱗片，葉片寬卵狀角形，三至四回羽狀分裂，孢子囊群球形，著生在小脈中部。

喜好終年有雨，酸性土壤之暖濕森林環境，因此台灣在北部、南投及東南部低海拔地區族群特別龐大，其餘各地類似環境亦零星可見。

葉軸及羽軸上密被多細胞毛且中上段具寬翼。

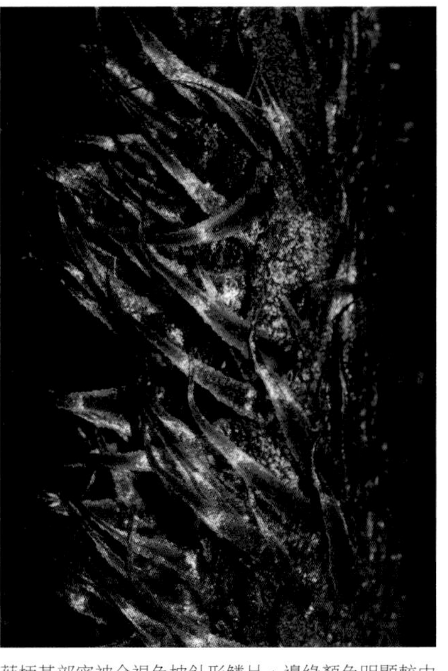
葉柄基部密被金褐色披針形鱗片，邊緣顏色明顯較中央淺。

小羽片邊緣細圓齒狀

葉軸及羽軸遠軸面僅具披針形鱗片;孢子囊群無孢膜，具側絲。

小型成熟個體有時葉片較狹長且基部羽片漸縮

葉片寬卵狀角形，三至四回羽狀分裂。

鬼桫欏

屬名　桫欏屬

學名　*Alsophila podophylla* Hook.

樹蕨，直立莖先端密被棕色披針形鱗片。葉片長橢圓形，二回羽狀複葉。孢子囊群球形，不具孢膜。

在台灣之分布與生育環境與台灣樹蕨（*A. metteniana*，見第 185 頁）非常接近，二種亦時常混生，但本種常生於平坦之森林底層，而台灣樹蕨較偏好土坡或溪溝兩側斜面。

小羽片邊緣齒裂或全緣，表面光澤。

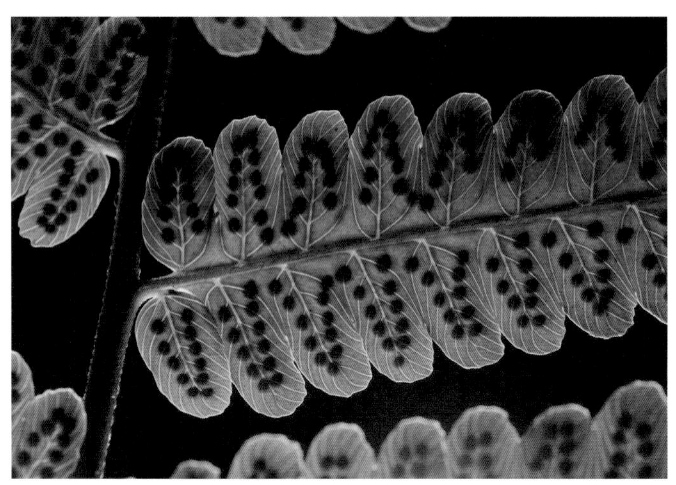

裂片邊緣鋸齒不顯著

孢子囊群球形，不具孢膜，長在脈上。

直立莖明顯呈小喬木狀

葉柄基部密被棕色披針形鱗片，中央顏色淡，兩側明顯深色。

台灣桫欏

屬名　桫欏屬

學名　*Alsophila spinulosa* (Wall. *ex* Hook.) R.M.Tryon

樹蕨，直立莖先端密被深棕色披針形鱗片。葉柄紫色，具尖銳短刺，葉片長橢圓形三回羽狀深裂，老葉常下垂。

在台灣生長於中低海拔林下遮蔭之潮濕環境，馬祖亦有少數族群。

側脈常二岔，孢子囊群生於分岔處。

小羽片邊緣鈍齒狀，先端突尖。

葉柄紫色，下部具尖銳短刺，密被深棕色披針形鱗片。

葉軸及羽軸疏被鱗片；孢膜球狀，不規則脫落。

高大直立呈喬木狀，老葉宿存於莖上不脫落。

白桫欏屬 SPHAEROPTERIS

葉柄通常顏色較淺，葉柄基部鱗片邊緣不具特化之細胞。

葉軸、羽軸及小羽軸淡黃色。

筆筒樹

屬名　白桫欏屬

學名　*Sphaeropteris lepifera* (J.Sm. *ex* Hook.) R.M.Tryon

樹蕨，直立莖先端密被褐色鱗片。葉片長橢圓形，三回羽狀深裂，老葉脫落後在樹幹留下橢圓形葉痕。孢子囊群球形，著生在裂片中脈兩側各一排。

在台灣生長於本島、蘭嶼及馬祖低至中海拔開闊之潮濕環境。

小羽軸及中肋基部遠軸面被淡色鱗片

孢子囊群球形，著生在裂片中脈兩側各一排。

高大直立呈喬木狀，老葉脫落後在樹幹留下橢圓形葉痕。

葉柄基部膨大，密被亮褐色鱗片。

鱗始蕨科 LINDSAEACEAE

全世界 7 個屬，約 200 個種，主要分布於熱帶地區。早期鱗始蕨科被認為與碗蕨科具有相近之親緣關係，部分分類學者更將鱗始蕨科併入碗蕨科中，然而分子親緣關係研究結果根據單系群之概念，支持將其處理為兩個獨立的科，除此之外，分子證據也顯示相較於碗蕨科，鱗始蕨科蕨科與馬來植物區系特有之 Cystodiaceae 與僅產於美洲之 Lonchitidaceae 更為近緣。本科成員主要為地生，偶有岩生或附生，根莖短至長橫走並被鱗片或毛。葉多光滑，葉脈游離，若網狀則網眼中不具游離小脈。孢子囊群邊緣或亞邊緣生，具孢膜，開口朝外；孢子球形或豆形。

特徵

羽片通常質地較厚（達邊蕨）

葉身光滑無毛（箭葉鱗始蕨）

根莖及葉柄基部被毛狀鱗片（烏蕨）

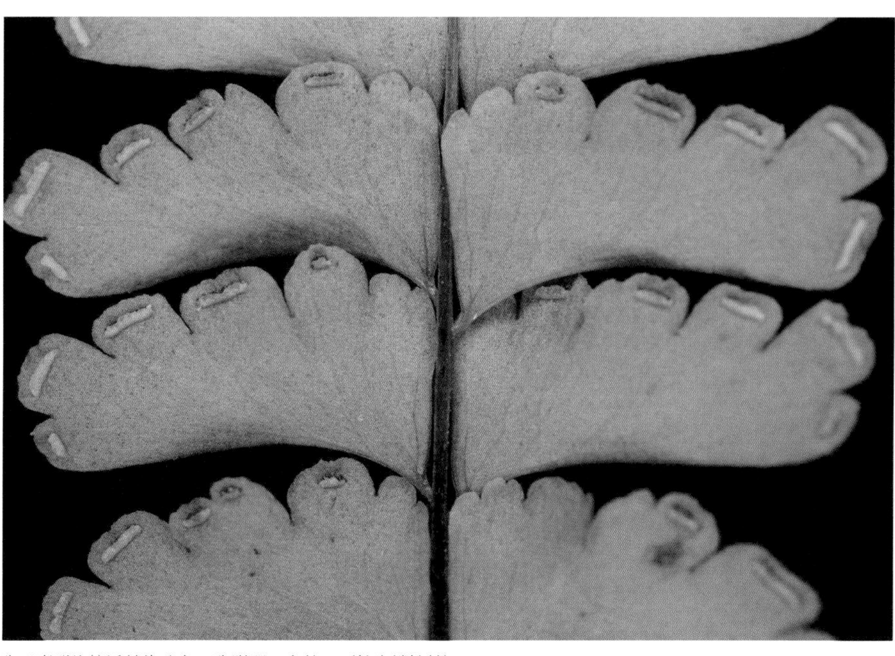
孢子囊群均接近葉緣分布，孢膜開口向外。（鈍齒鱗始蕨）

鱗始蕨屬 LINDSAEA

一至三回羽狀複葉（僅限台灣類群）。孢子囊群與多條脈相連，孢子三溝孔球形。

孢子囊群沿葉緣著生，連續或為缺刻所截，孢膜開口朝外。

海島鱗始蕨

屬名　鱗始蕨屬

學名　*Lindsaea bonii* Christ

形態上與錢氏鱗始蕨（*L. chienii*，見下頁）相似，但羽片末端具單一之頂羽片，且小羽片多為半圓形至扇形。*L. commixta* 為本種異名。

在台灣廣泛分布於全島中低海拔地區，多見於次生環境，常與錢氏鱗始蕨共域生長。在台灣，本種與錢氏鱗始蕨、爪哇鱗始蕨（*L. javanensis*，見第 195 頁）、細葉鱗始蕨（*L. kawabatae*，見第 196 頁）及圓葉鱗始蕨（*L. orbiculata*，見第 199 頁）等類群，可能存在複雜的網狀演化歷史，而導致部分物種間連續的形態變化。因此並非所有個體均能準確鑑別，而本書亦僅就較符合各類群模式標本形態之個體加以描述。

形態變化大，風衝岩縫之小型成熟個體僅為一回羽狀複葉。

地生植株常為二回羽狀複葉

羽片先端具明顯頂羽片，箏形。

錢氏鱗始蕨

屬名　鱗始蕨屬

學名　*Lindsaea chienii* Ching

根莖短橫走，葉近生；葉片三角形，二回羽狀複葉，羽片末端漸縮，不具明顯之頂羽片；小羽片多為歪斜之菱形。

在台灣分布於全島中低海拔地區，常可見於風衝之稜線環境。

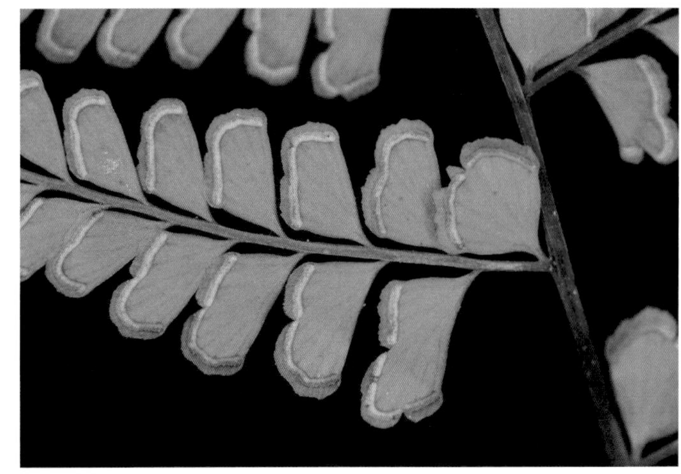

孢子囊群沿葉緣著生，連續或為缺刻所截，孢膜開口朝外。

葉片三角形，二回羽狀複葉，中上部常為一回。

羽片末端漸縮，不具明顯頂羽片；裂片窄扇形。

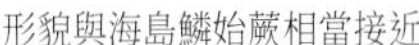

形貌與海島鱗始蕨相當接近

葉脈游離

網脈鱗始蕨

屬名　鱗始蕨屬

學名　*Lindsaea cultrata* (Willd.) Sw.

葉片為二回羽狀複葉，側羽片僅 1 ～ 2 對而呈三出或掌狀；葉脈有時相接形成網眼；葉緣鈍齒狀，孢膜不連續。

在台灣僅見於離島蘭嶼，生長於濕潤闊葉林下。

孢子囊群沿葉緣著生，不連續，孢膜開口朝外。

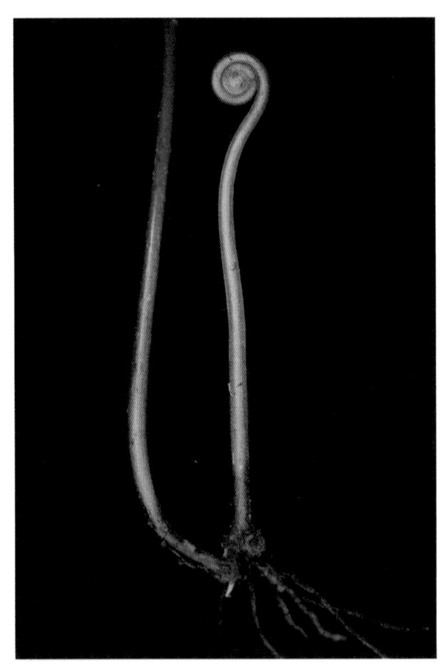
根莖短，匍匐，被棕色窄鱗片。

裂片扁扇形

二回羽狀複葉，因羽軸較短而略呈掌狀。

小脈交會形成長圓形網眼

箭葉鱗始蕨

屬名　鱗始蕨屬

學名　*Lindsaea ensifolia* Sw.

葉片為一回羽狀複葉，偶單葉，頂羽片與側羽片形態接近；側羽片 1 ～ 4 對，線狀披針形，基部楔形；具網狀脈。孢子囊群線形，連續。

在台灣零星分布於本島及綠島、蘭嶼、金門低海拔開闊草生地、灌叢或較通風之林下及林緣環境。

側羽片對數少

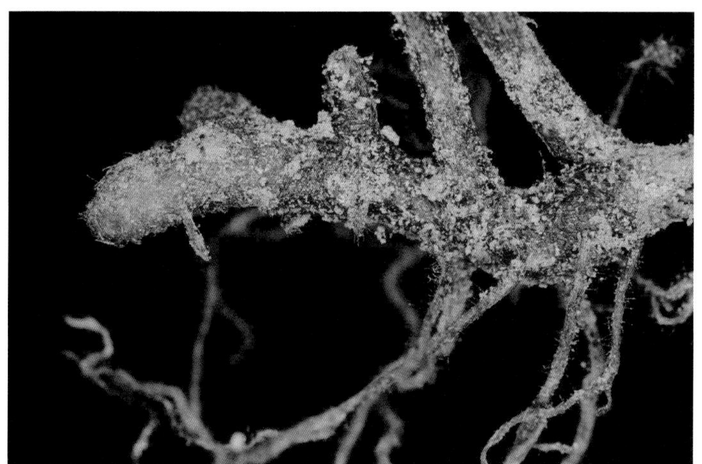

根莖短橫走，被毛狀鱗片。

常生長於半開闊環境

一回羽狀複葉，具頂羽片，羽片長披針形，基部楔形。

孢子囊群沿葉緣著生，連續，孢膜開口朝外。

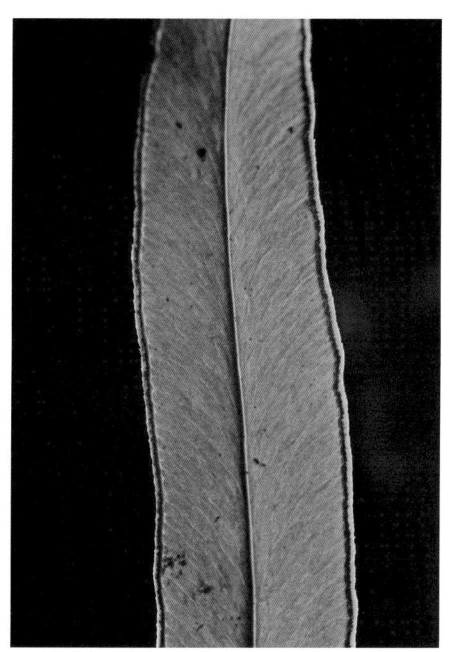

中脈兩側具一至二排網眼

異葉鱗始蕨

屬名　鱗始蕨屬

學名　*Lindsaea heterophylla* Dryand.

形態上較接近箭葉鱗始蕨（*L. ensifolia*，見第 193 頁），可能是以該種為親本的雜交起源類群。一至二回羽狀複葉，羽片常為披針形，但在葉片最先端及部分側羽片基部常不規則辦裂或羽裂而形成多對圓扇形之裂片或小羽片；側脈常沿中肋形成一排網眼。孢子囊群大致連續。

在台灣零星分布於全島各地草坡、林緣或疏林下，亦紀錄於綠島及馬祖，常與箭葉鱗始蕨共域而生。

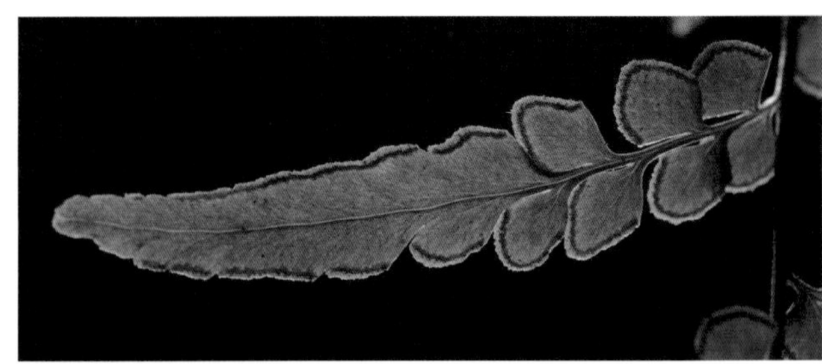

側脈沿中肋形成一排網眼

孢子囊群沿葉緣連續不中斷

上部羽片長菱形，不裂。

下部羽片基部具數個扇形裂片

長於開闊草生處

爪哇鱗始蕨

屬名　鱗始蕨屬

學名　*Lindsaea javanensis* Blume

形態上與錢氏鱗始蕨（*L. chienii*，見第 191 頁）相似，但羽片末端具長菱形之頂羽片。

在台灣分布全島低海拔通風林下。

營養葉具複齒緣

側羽片往葉片先端突縮

羽片末端具長菱形之頂羽片

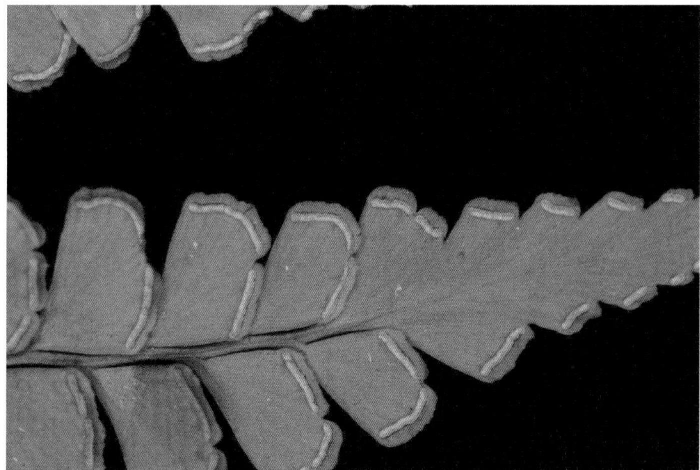

孢子囊群沿葉緣著生，不連續，孢膜開口朝外。

一至二回羽狀複葉

細葉鱗始蕨

屬名　鱗始蕨屬

學名　*Lindsaea kawabatae* Sa.Kurata

葉片三角形，三回羽狀複葉，末裂片細小，窄扇形。

在台灣僅見於恆春半島通風林下環境。

羽片先端縮成細尾狀，末裂片細小，窄扇形。

葉片三角形，三回羽狀複葉。

孢子囊群大多與 1 ～ 2 條脈相連

生長於濕潤而通風之林下

方柄鱗始蕨

屬名　鱗始蕨屬

學名　*Lindsaea lucida* Blume

根莖短橫走。葉片近叢生，細長線形，一回羽狀複葉；小羽片 25 ～ 60 對，除最基部與最先端外均近等大，扇形，長 5 ～ 15 公釐，寬 3 ～ 6 公釐。孢子囊群不連續。

在台灣局限分布於恆春半島，生長於濕潤闊葉林下溝谷兩側之土坡上。

根莖短橫走，葉近叢生。

葉片細長線形，一回羽狀複葉。

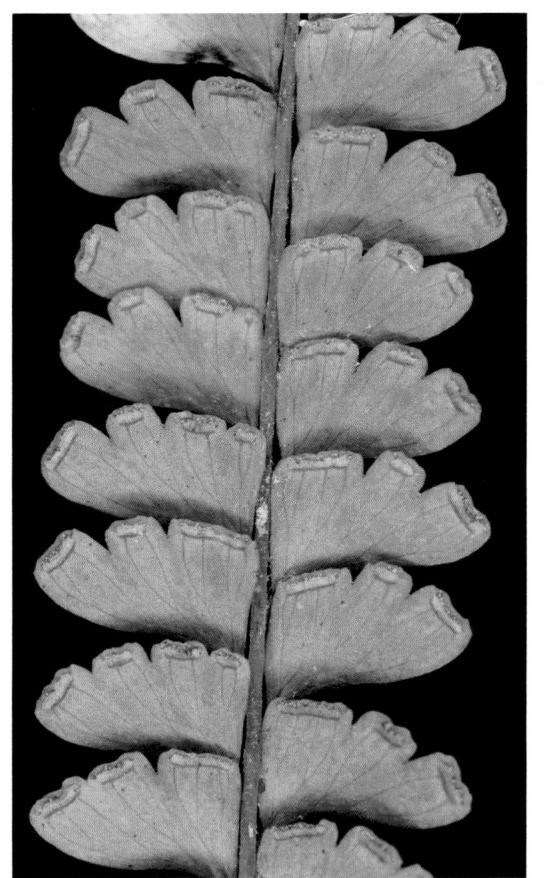

孢子囊群沿葉緣著生，不連續，孢膜開口朝外。

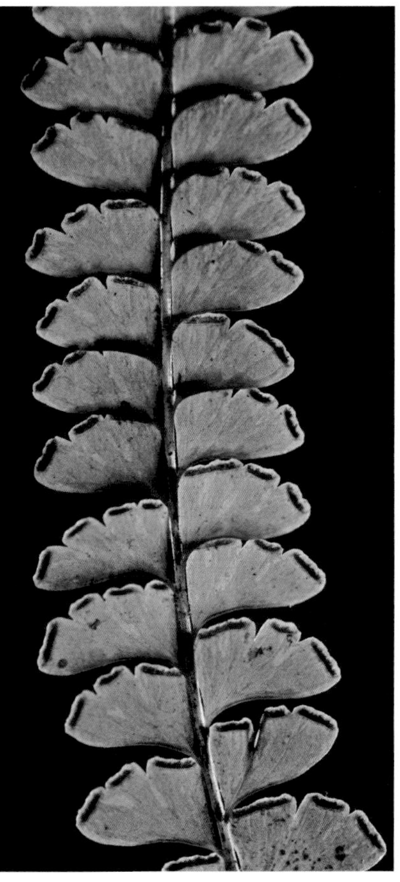

具游離脈

羽片扇形，表面具光澤。

鈍齒鱗始蕨

屬名　鱗始蕨屬

學名　*Lindsaea obtusa* Hook.

形態上與網脈鱗始蕨（*L. cultrata*，見第 192 頁）相近，葉片常為三出狀且具網狀脈，但羽片外側邊緣平截狀；此外葉柄及葉軸通常為紫褐色。

在台灣分布於北部、東部至恆春半島之低海拔溪谷環境。

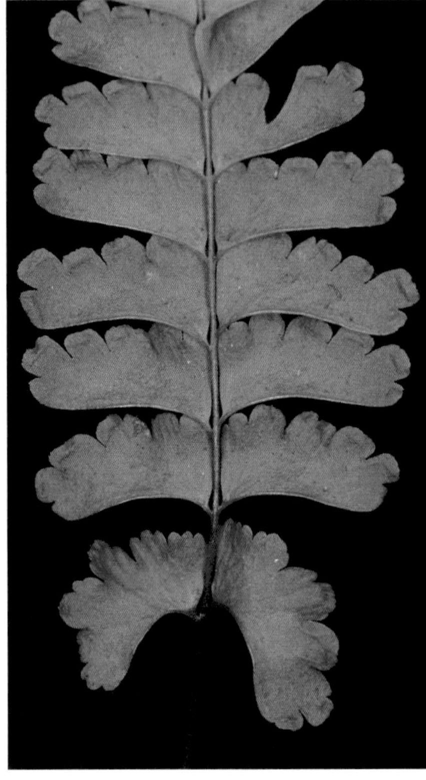

基部羽片向下歪斜

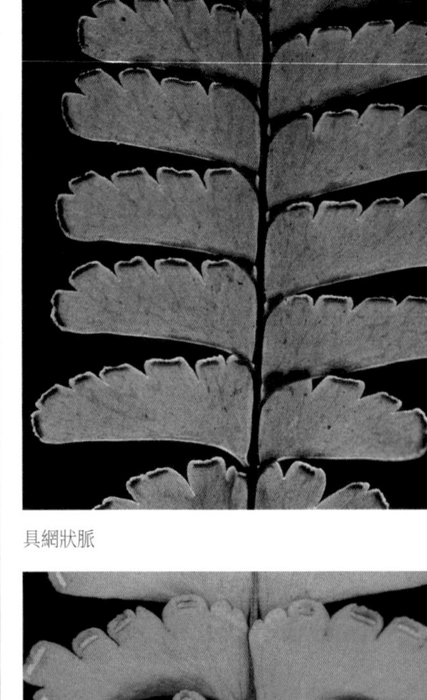

具網狀脈

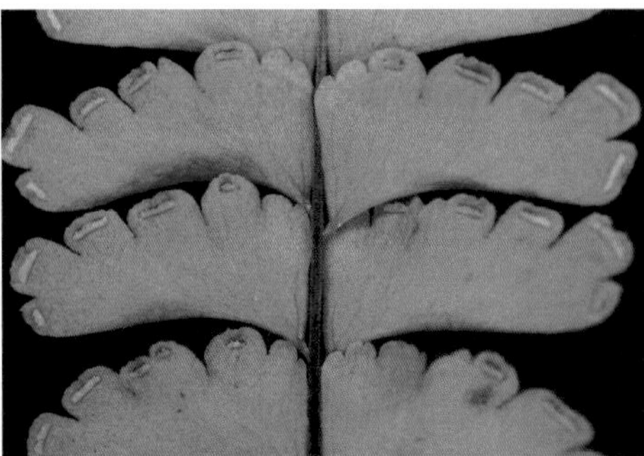

孢子囊群沿葉緣著生，不連續，孢膜開口朝外。

較小個體為一回羽狀複葉

較大個體為二回羽狀複葉，側羽片大多 1 ～ 2 對。

圓葉鱗始蕨

屬名　鱗始蕨屬

學名　*Lindsaea orbiculata* (Lam.) Mett. *ex* Kuhn

葉片線形至線狀披針形，一至二回羽狀複葉，若為二回通常僅在近基部有數對二回羽片，其上均為一回羽狀複葉，小羽片圓扇形。孢子囊群連續，葉脈游離。

在台灣分布於全島低海拔稜線通風處、林緣及次生環境，金門、馬祖亦有分布。

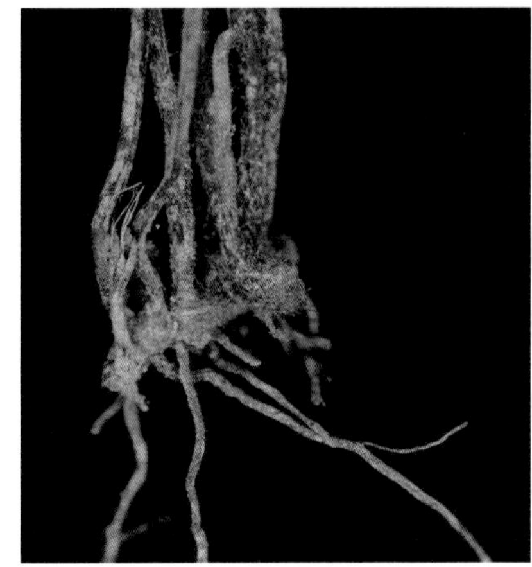

根莖短，匍匐，被棕色窄鱗片。

僅下部呈二回羽狀複葉，羽片末端具菱形之頂羽片，先端鈍，無長尾。

常見於低海拔次生林內

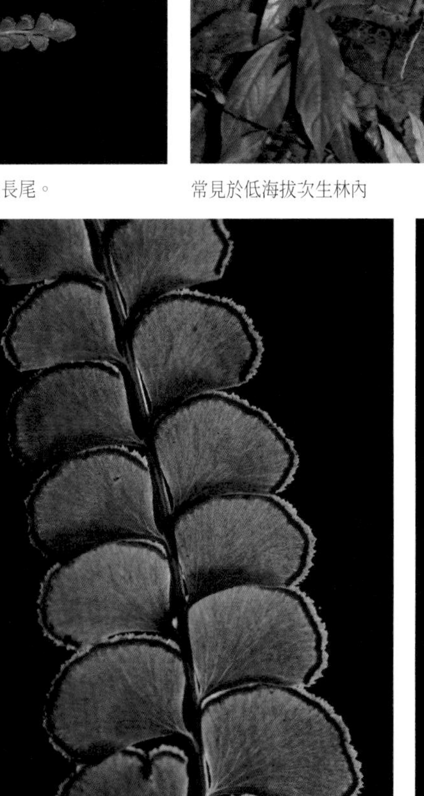

孢子囊群沿葉緣著生，連續，孢膜開口朝外。

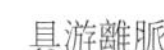

具游離脈

羽片圓扇形，羽片邊緣不規則齒狀。

攀緣鱗始蕨

屬名　鱗始蕨屬

學名　*Lindsaea yaeyamensis* Tagawa

根莖長橫走，攀緣於樹幹中下部或岩石上，一回羽狀複葉，葉脈游離。

在台灣於恆春半島東側及蘭嶼的濕潤闊葉林內較為常見，另偶見於北部及東部低海拔地區。

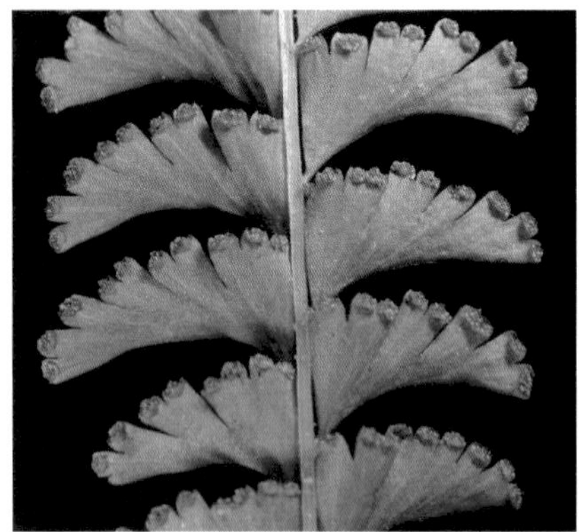

偶見羽片深裂之個體

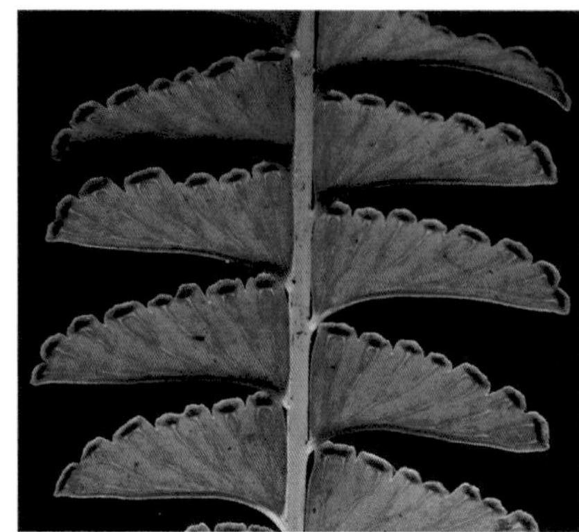

葉脈游離

孢子囊群沿葉緣著生，不連續，孢膜開口朝外。

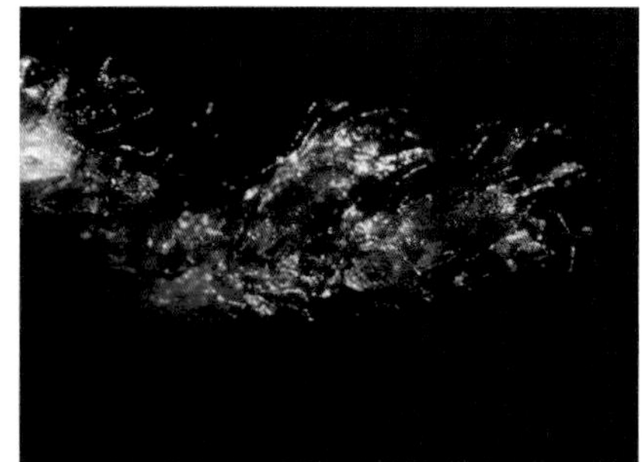

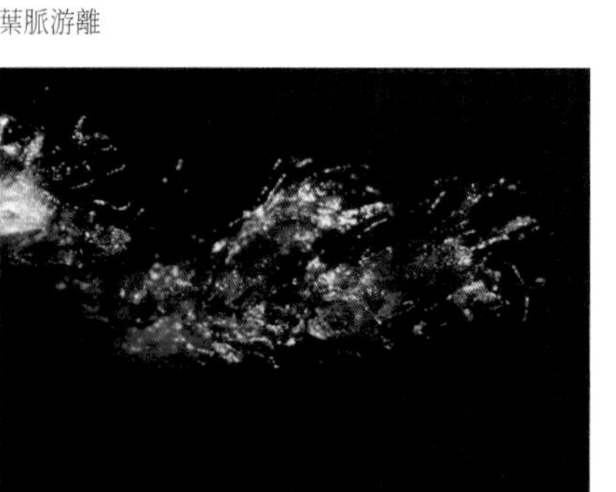

根莖被披針形鱗片

一回羽狀複葉，羽片呈扁扇形。

基部羽片漸縮，向下反折。

根莖長橫走，攀援於樹上。

烏蕨屬 ODONTOSORIA

葉三回至四回羽狀複葉，末裂片楔形，孢子囊群與一至三條脈相連。

闊片烏蕨

屬名　烏蕨屬

學名　*Odontosoria biflora* (Kaulf.) C.Chr.

形態上與烏蕨（*O. chinensis*，見第 203 頁）相似，但葉片三角形至卵形，基部羽片較長，質地較厚；小羽片通常較寬，末裂片常含 2 個以上之孢子囊群。

在台灣常分布於本島及各離島海岸向陽環境。

二回至三回羽狀複葉

葉質地厚，末裂片寬楔形。

孢子囊群位於末裂片邊緣，孢膜長於近葉緣處，著生處輕微隆起，看似陷入葉肉中。

葉三角形至卵形，基部羽片最長。

根莖短匍匐，被深褐色窄鱗片。

闊片烏蕨×烏蕨

屬名　烏蕨屬

學名　*Odontosoria biflora* × *O. chinensis*

推測為闊片烏蕨（*O. biflora*，見第201頁）與烏蕨（*O. chinensis*，見下頁）雜交起源之類群，通常與烏蕨混生，但葉片質地稍厚，表面更為光亮。此類群可能與描述自琉球群島之 *O. intermedia* 同種，但仍待細胞學及遺傳學之研究確認。

在台灣偶見於低海拔地區。

末裂片具1～3個孢子囊群

葉達四回羽狀複葉

葉稍肉質

葉面略較烏蕨光亮

生長於半開闊環境

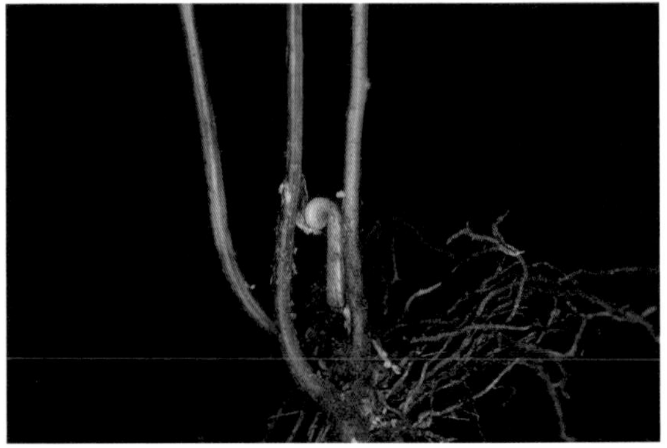

根莖短橫走，葉近生。

烏蕨

屬名　烏蕨屬

學名　*Odontosoria chinensis* (L.) J.Sm.

根莖短匍匐，密被紅褐色鱗片。葉近生，披針形至卵圓形，三至四回羽狀複葉，基部羽片略短；末裂片楔形，具 1 ～ 2 個孢子囊群。

在台灣廣泛分布於本島及離島中低海拔地區開闊環境。

葉質地薄，末裂片呈楔形。

根莖短橫走，密被紅褐色毛狀鱗片。

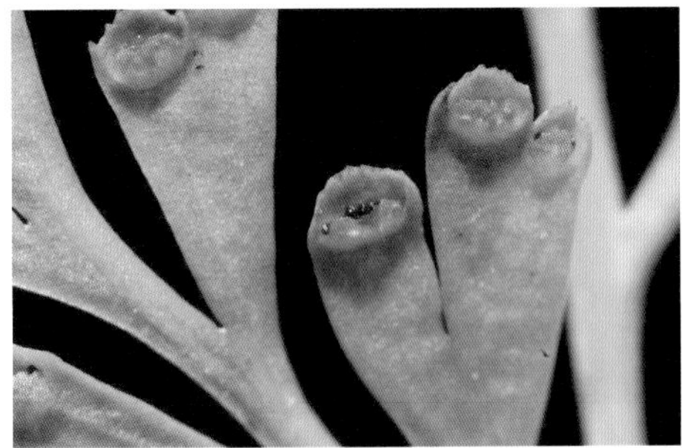
孢子囊群位於末裂片邊緣，孢膜長於近葉緣處。

葉披針形至卵圓形，三至四回羽狀複葉。

末裂片先端具不規則銳齒

孢子囊群與 1 ～ 2 條脈相連

烏蕨 × 小烏蕨

屬名　烏蕨屬

學名　*Odontosoria chinensis* × *O. gracilis*

推測為烏蕨（*O. chinensis*，見第 203 頁）與小烏蕨（*O. gracilis*，見下頁）之天然雜交種，通常與小烏蕨混生，但植物體顯著較大，葉長 15 公分以上；與烏蕨之區別為具較長之橫走根莖，葉片具顯著間距，且為溪生植物。此類群形態接近描述自琉球群島的 *O. yaeyamensis*，但仍有待細胞學及遺傳學之比對。

在台灣偶見於二親本共域生長之處。

孢子囊群與 1 ～ 2 條脈相連

根莖橫走，葉片具明顯間距。

末裂片形態與兩親本難以區分

三至四回羽狀複葉

與小烏蕨混生於溪畔石上，但植物體顯著較大。

小烏蕨

屬名　烏蕨屬

學名　*Odontosoria gracilis* (Tagawa) Ralf Knapp

長橫走之根莖與較小之葉片為本種重要區別特徵。

在台灣僅分布於台北盆地周邊淺山之林間溪谷環境，為典型的溪生植物，生長於流水噴濺範圍內之岩石上，常與日本香鱗始蕨（*Osmolindsaea japonica*，見第 207 頁）混生。

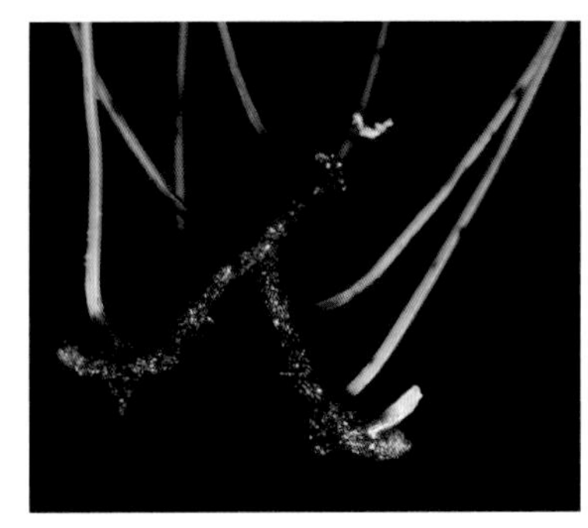

根莖橫走，葉遠生。

孢子囊群與 1 ～ 2 條脈相接

孢子囊群位於末裂片邊緣，孢膜長於近葉緣處。

生於溪畔石上

二至三回羽狀複葉

末裂片窄楔形，先端圓鈍。（張智翔攝）

烏蕨屬未定種

屬名　烏蕨屬

學名　*Odontosoria* sp.

形態與生長環境皆與小烏蕨（*O. gracilis*，見第 205 頁）十分接近，但小羽片較寬闊，呈倒三角形，先端近截形；孢膜亦較寬，大多與 2 條小脈相接。

在台灣偶見於台北近郊之低海拔溪流環境。

末裂片先端近截形

葉小型，二至三回羽狀複葉。

孢子囊群常與 2 條脈相連，較少與 1 條脈相連。

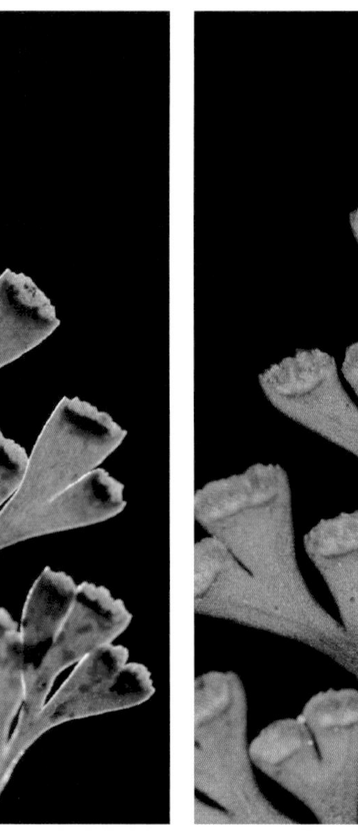

孢子囊群較小烏蕨寬

與日本香鱗始蕨混生於溪流石塊（張智翔攝）

香鱗始蕨屬 OSMOLINDSAEA

一回羽狀複葉，羽片扇形；孢子囊群與多條脈相連，孢子單溝孔豆形。植物體乾燥後常散發香氣。

日本香鱗始蕨

屬名　香鱗始蕨屬

學名　*Osmolindsaea japonica* (Baker) Lehtonen & Christenh.

形態上與香鱗始蕨（*O. odorata*，見第 208 頁）相近，但植物體一般較小，根莖鱗片短於 1 公釐，葉片先端常有與側羽片形態相近之頂羽片，且孢子囊群大多連續而形成單一線狀。

在台灣分布於北部、南投及恆春半島低海拔林間溪谷，為典型之溪生植物，僅生長於流水噴濺範圍內之大石塊上。

植株小，常成片而生。

與小烏蕨混生於溪中石頭上（張智翔攝）

上部羽片倒三角形，孢子囊群連續。

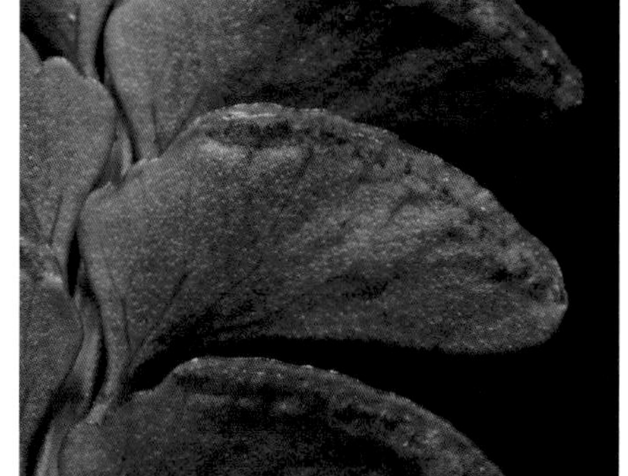

中段羽片扇形

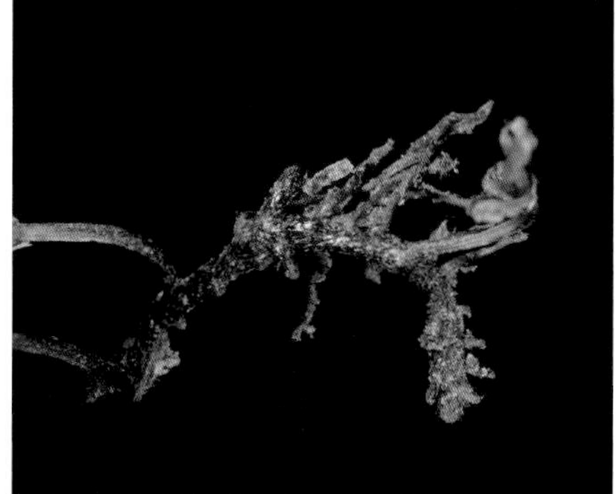

根莖橫走，鱗片明顯較鱗始蕨短而細。

一回羽狀複葉，具頂羽片。

基羽片常不具孢子囊群，圓齒緣。

香鱗始蕨

屬名　香鱗始蕨屬

學名　*Osmolindsaea odorata* (Roxb.) Lehtonen & Christenh.

根莖長橫走，密被長 2 ～ 3 公釐之鱗片。葉近或遠生，一回羽狀複葉，先端常漸縮為尾狀；羽片 7 ～ 30。孢子囊群多枚，生於羽片上緣。

在台灣廣泛布於全島中海拔及北部低海拔潮濕岩壁。在本種與日本香鱗始蕨（*O. japonica*，見第 207 頁）共域分布的場所可能發現二種之雜交種，稱為屋久香鱗始蕨（*O.* × *yakushimensis*）。依據原始描述，其外觀與棲地較近日本香鱗始蕨，但具間斷之孢子囊群，且為孢子不孕之五倍體。部分文獻已報導此雜交種分布在台灣，但其引證標本依本書作者之觀察均僅為香鱗始蕨或日本香鱗始蕨較極端的個體，實際狀態仍有待確認。

羽片往葉先端漸縮，無顯著之頂羽片。

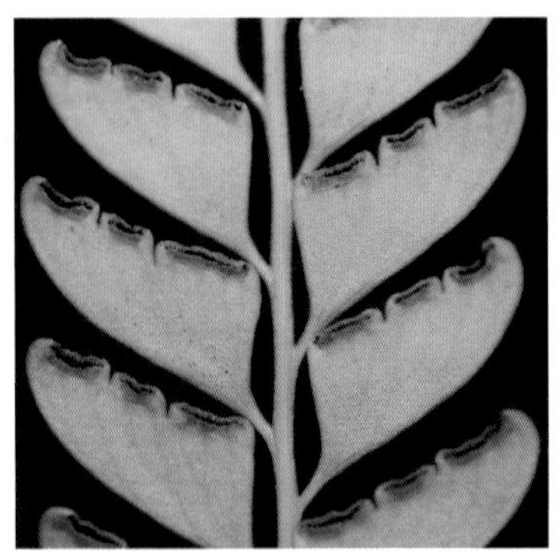

孢子囊群位於葉緣，不連續。

小型個體可能與日本香鱗始蕨混淆，但仍可藉細部形態及生態棲位區辨。

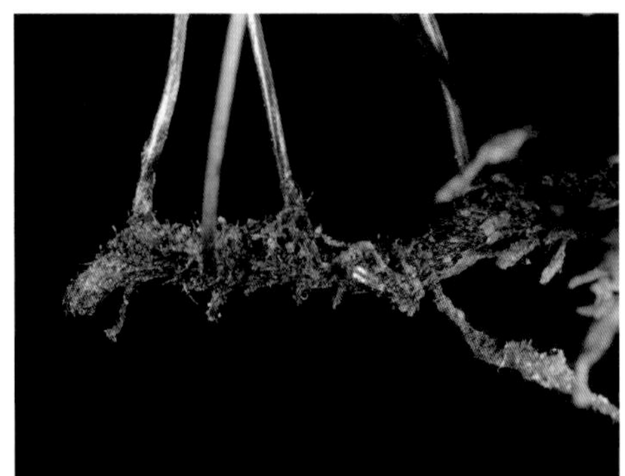

根莖橫走，覆紅棕色鱗片。

一回羽狀複葉，羽片倒三角形，先端平截，具 2 ～ 3 個淺裂。

於中海拔潮濕岩壁可見

達邊蕨屬 TAPEINIDIUM

葉一回至二回羽狀複葉，羽片或小羽片線形，孢子囊群僅與一條脈相連。除本書介紹物種外，部分文獻曾記載台灣有細葉達邊蕨（*T. gracile*），惟本書作者無論是野地或標本均未觀察到此物種存在的跡象。

二羽達邊蕨

屬名　達邊蕨屬

學名　*Tapeinidium biserratum* (Blume) Alderw.

形態上與達邊蕨（*T. pinnatum*，見第 210 頁）相似，但葉片不規則二回羽狀深裂。

在台灣僅分布於恆春半島及蘭嶼，生於林下遮蔭處山溝邊。

孢子囊群著生於近葉緣處，孢膜杯狀，開口朝外。

孢子囊群與一條脈相接

葉片不規則二回羽狀深裂

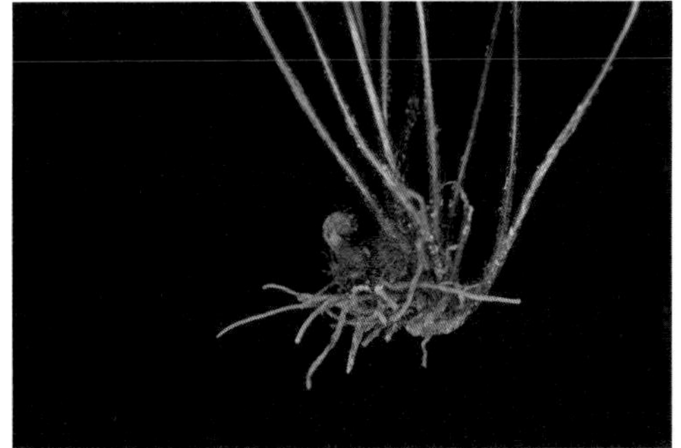
根莖短橫走，密被褐色鱗片。

生於林下遮蔭處山溝邊

達邊蕨

屬名　達邊蕨屬

學名　*Tapeinidium pinnatum* (Cav.) C.Chr.

根莖短匍匐狀，密被褐色鱗片。葉近生，葉片長橢圓披針形，一回羽狀複葉，葉軸具突起之稜脊，葉脈游離。孢子囊群著生於側脈先端，孢膜杯形，兩側基部與葉面癒合。

在台灣僅分布於恆春半島、綠島及蘭嶼，生長於濕潤林下。

一回羽狀複葉，葉軸具突起之稜脊；羽片線形，邊緣鋸齒。

生於林下遮蔭處

孢子囊群著生於近葉緣處，孢膜杯狀，開口朝外。

孢子囊群僅與一條脈相連

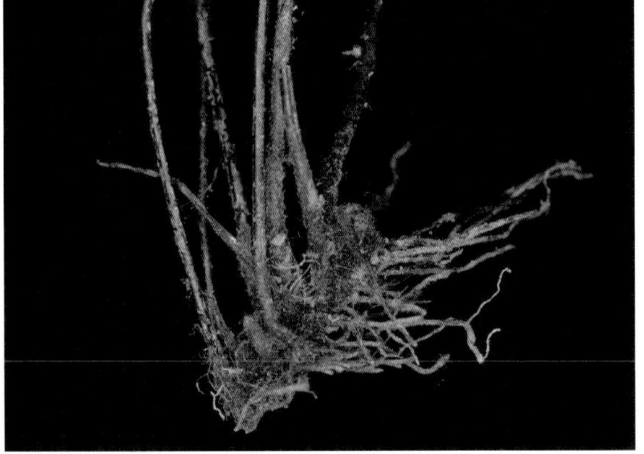

根莖短匍匐狀，密被褐色鱗片。

鳳尾蕨科 PTERIDACEAE

全世界大約50個屬，超過950個種，泛世界分布。鳳尾蕨科其下包含五個亞科，分別為珠蕨亞科（Cryptogrammoideae）、水蕨亞科（Parkerioideae）、鳳尾蕨亞科（Pteridoideae）、粉背蕨亞科（Cheilanthoideae）以及書帶蕨亞科（Vittarioideae）。本科成員從地生、岩生到附生皆有，大多數物種分布於熱帶地區。除了生活型的多樣性之外，本科成員在外觀形態上也存在高度的多樣性，根莖從長橫走、短橫走、斜生、亞直立到直立，大多具有鱗片被覆。葉片同型至明顯兩型，單葉、掌狀分裂至多回羽狀複葉；葉脈游離或網狀。孢子囊群位於葉緣，沒有真正的孢膜，而是由葉緣反捲而成的假孢膜所覆蓋，部分成員之孢子囊群沿脈生長，或全面覆蓋於葉遠軸面；孢子球型、豆型或四面體型，孢子表面紋飾多樣。

特徵

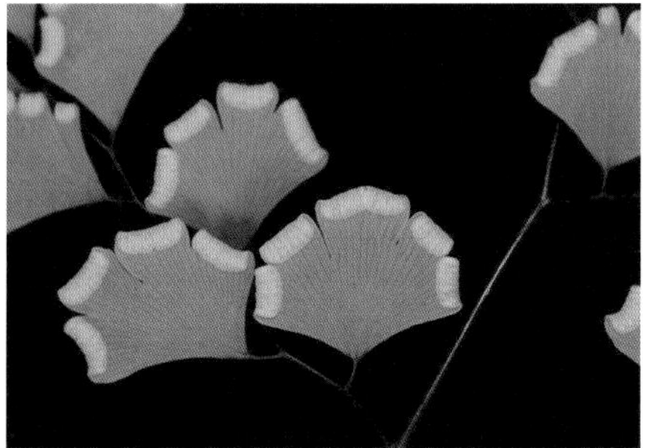

葉緣不連續反捲形成近長方形之假孢膜（鐵線蕨）

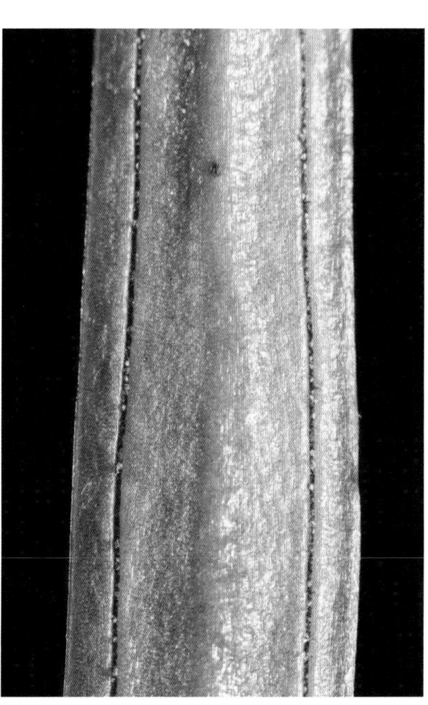

孢子囊群生長於近葉緣的溝槽中（異葉書帶蕨）

孢子囊群於葉遠軸面全面覆蓋（鹵蕨）

葉緣連續反捲形成線形假孢膜（長柄鳳尾蕨）

孢子囊沿中脈生長（連孢針葉蕨）

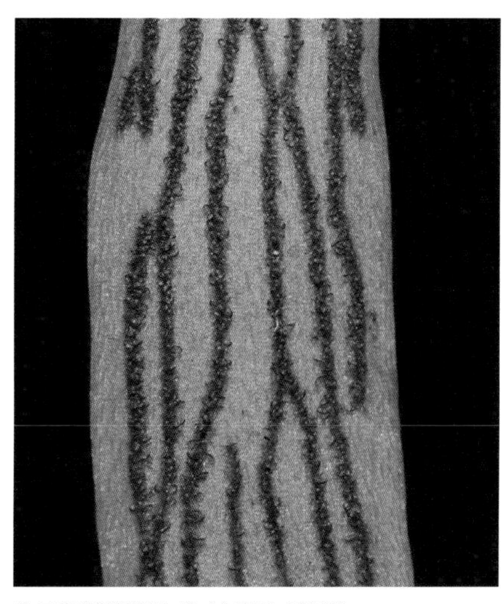

孢子囊群沿側脈生長（亨利氏車前蕨）

鹵蕨屬 ACROSTICHUM

植株叢生。一回羽狀複葉，厚革質，網狀脈。孢子囊全面著生於頂部羽片。

鹵蕨

屬名　鹵蕨屬

學名　*Acrostichum aureum* L.

具粗大肉質根，根狀莖直立。葉叢生，一回羽狀複葉，羽片長橢圓形，葉厚革質，網狀脈，光滑無毛。孢子囊群集生於先端數對羽片，散沙狀滿布整個羽片葉遠軸面。

在台灣生長於半鹹水之沼澤地。早年曾於淡水河口有過紀錄，現生族群散生於恆春半島東側海岸滲水坡地及小溪流出海處，與花東縱谷之泥火山區。在其他國家，本種多為紅樹林伴生植物。

葉叢生，一回羽狀複葉。

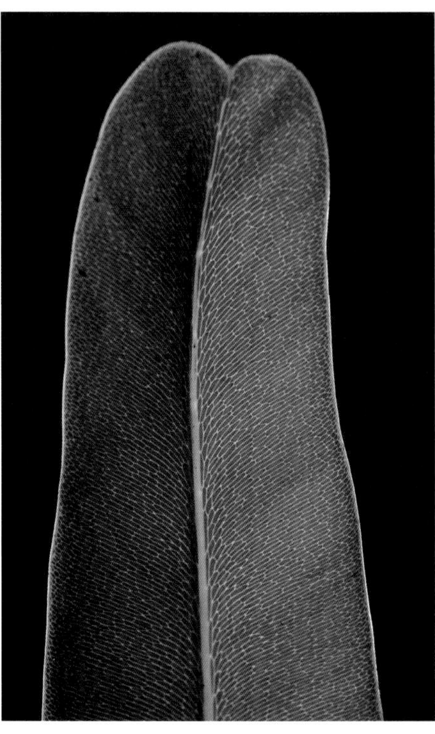

羽片長橢圓形，頂端下凹，網狀脈。

孢子羽片位於繁殖葉先端，壽命較短。

嫩葉帶紅暈，可食用。

群生於海岸灌叢間滲水環境

孢子囊群散沙狀布滿整個羽片遠軸面

鐵線蕨屬 ADIANTUM

葉柄與葉軸纖細，黑色，具光澤。孢子囊群生長於葉緣反捲之假孢膜上。

團羽鐵線蕨

屬名　鐵線蕨屬

學名　*Adiantum capillus-junonis* Rupr.

冬季休眠蕨類，短直立莖。葉叢生，葉軸光滑無毛，基部被黑色披針形鱗片，葉軸頂部延伸為鞭狀，頂端著地生根發芽，行無性繁殖。

在台灣生長於低海拔向陽面溪邊岩壁縫隙，或含薄土的岩壁表面之乾燥環境。

孢子葉扇形，具1至3個缺刻。

根莖短而直立

假孢膜由葉緣反捲呈長條狀

葉脈游離

一回羽狀複葉

植株生長於岩壁表面之乾燥環境

鐵線蕨

屬名　鐵線蕨屬

學名　*Adiantum capillus-veneris* L.

根莖匍匐，密被棕色披針形鱗片。二至三回羽狀複葉，偶為一回羽狀複葉，薄紙質，小羽片具短柄，扇形，基部寬楔形，極罕為心形，具鈍齒緣，有時淺至深裂，兩面均無毛；每一羽片有多枚孢子囊群。

在台灣常生於低至中海拔溪邊含石灰質或滴水岩壁，及遮蔭環境老舊水泥建物之壁面，為鈣質土的指標性蕨類。亦分布於金門及馬祖。

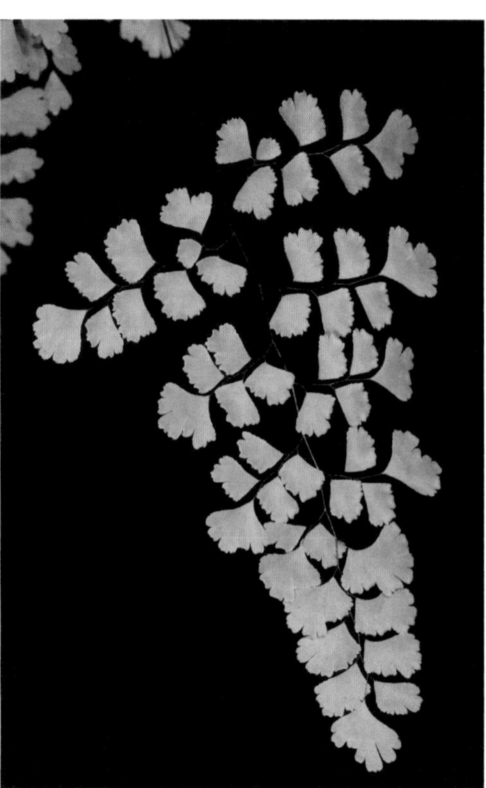

發育良好的個體為二至三回羽狀複葉

生長於海岸的小型個體近似蘭嶼鐵線蕨，但羽片較薄且葉脈於近軸面較不顯著。

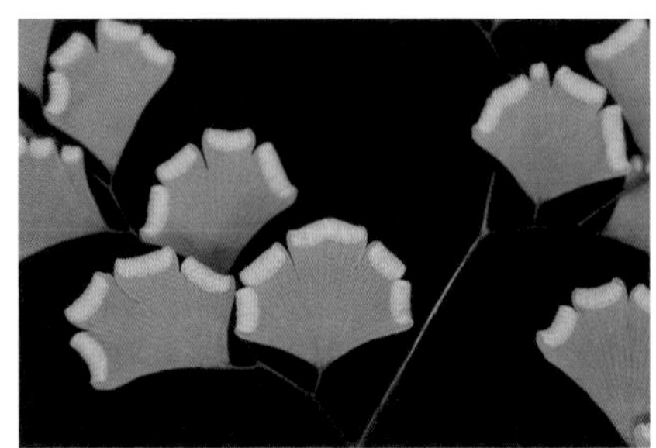

孢子囊群位於末回裂片邊緣，由數個葉緣反捲的假孢膜覆蓋，長方形。

小羽片扇形，具短柄。

根莖及葉柄基部覆有淡褐色長披針形鱗片

群生於半遮蔭之滴水岩壁。

葉脈游離

蘭嶼鐵線蕨

屬名　鐵線蕨屬

學名　*Adiantum capillus-veneris* f. *lanyuanum* W.C.Shieh

與鐵線蕨（*A. capillus-veneris*，見前頁）之區別為葉常為一回羽狀複葉，偶達二回羽狀複葉，基羽片基部常為心形，裂片厚紙質，葉脈於近軸面較為顯明。此類群在形態、棲地選擇及分子證據上與鐵線蕨均有區隔，因此本書獨立介紹，其分類地位仍待重新評估。

主要分布蘭嶼及綠島，於恆春半島東岸亦有少量族群，生長於臨海濕潤岩縫中。

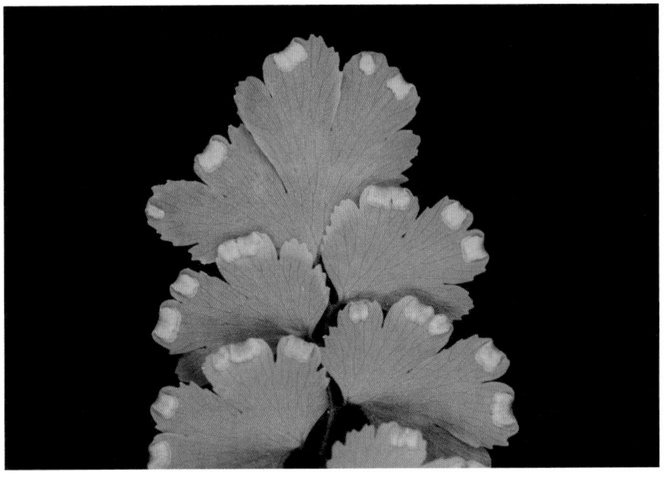

孢子囊群位於葉緣，由葉緣反捲的假孢膜覆蓋，長方形。

大多為一回羽狀複葉，近軸面葉脈顯明。

根莖短橫走，密被深褐色披針形鱗片。

群生於濕潤岩壁

基羽片基部常為心形

鞭葉鐵線蕨

屬名 鐵線蕨屬

學名 *Adiantum caudatum* L.

根莖短而直立，被栗色披針形鱗片。葉叢生，一回羽狀複葉，基部羽片反折下斜，羽片幾乎無柄，兩面均疏被長硬毛及密被短柔毛。本種先端常延長鞭狀，能著地生根，藉此行無性繁殖。

在台灣生於林下或林緣半遮陰環境土坡上，於南部較常見；亦分布金門。

羽片淺裂至深裂

羽片三角形至長方形，近無柄，兩面均被毛。

不具頂羽片，葉先端延長成鞭狀，長有不定芽。

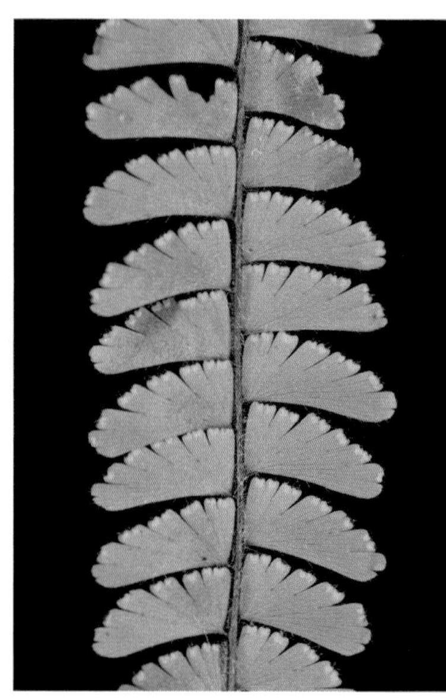

孢子囊群位於葉緣，由葉緣反捲的假孢膜覆蓋，圓腎形，被毛。

生於林下或林緣半遮陰環境土坡上

葉叢生，葉柄密被紅棕色剛毛。

長尾鐵線蕨

屬名　鐵線蕨屬

學名　*Adiantum diaphanum* Blume

根狀莖短而直立，被褐色披針形鱗片。葉叢生，常為三出羽狀複葉，中央羽片較長而側枝較短；較小個體為一回羽狀複葉；小羽片具短柄，兩面疏披針狀剛毛，頂生羽片與側生小羽片近同型而略小。孢子囊群多枚，假孢膜圓腎形。

在台灣生於林下遮蔭之岩石或土坡，溪谷或瀑布邊岩石也可發現。

嫩葉被狹披針形鱗片

生於林下遮蔭環境

假孢膜圓腎形，亦被剛毛。

孢子囊群多枚

葉兩面疏被剛毛

三出羽狀複葉

愛氏鐵線蕨

屬名　鐵線蕨屬
學名　*Adiantum edgeworthii* Hook.

根狀莖短而直立，被黑棕色披針形鱗片。葉叢生，一回羽狀複葉，羽片互生，紙質，兩面光滑無毛。葉軸深棕色光滑，先端常延伸成鞭狀，著地發育新植株。

在台灣生於中海拔林緣半遮蔭環境之岩壁上。

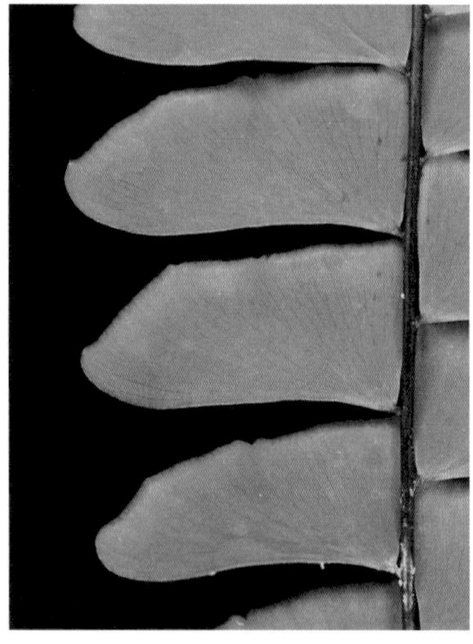
羽片長方形，光滑無毛。

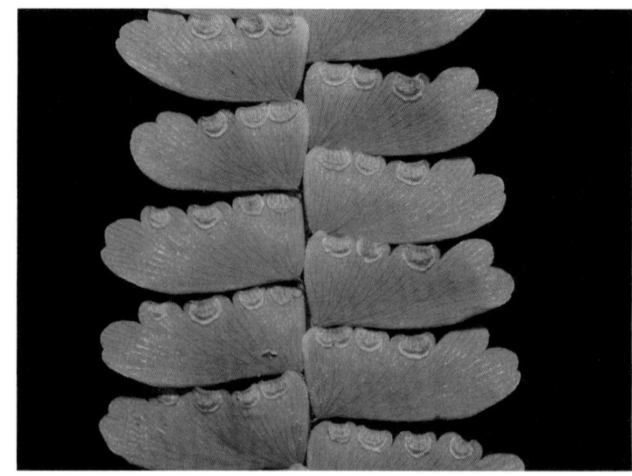
羽片頂端圓齒，以遠軸面觀察，羽片多少覆蓋葉軸。

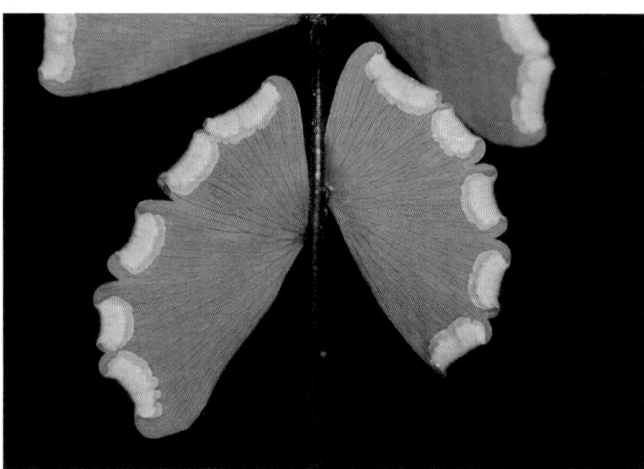
基部羽片向下反折

根狀莖短而直立，被黑棕色披針形鱗片。

葉緣反捲形成假孢膜，長方形。

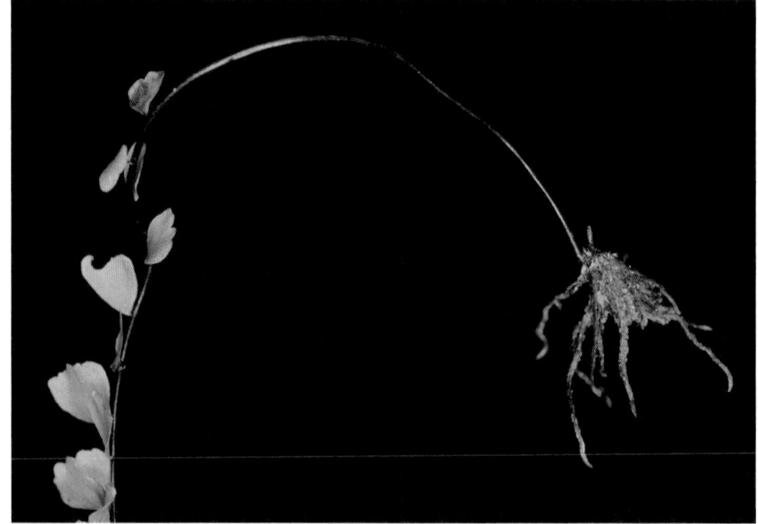
葉軸先端常延伸成鞭狀，著地發育新植株。

生於中海拔林緣半遮蔭環境之山壁上

扇葉鐵線蕨

屬名　鐵線蕨屬

學名　*Adiantum flabellulatum* L.

根狀莖短而直立，密被披針形鱗片。葉叢生，柄紫黑色具光澤。葉扇形二至三回不對稱二岔分支，形成掌狀複葉之外形；小羽片具短柄，兩面均無毛。

在台灣常見於本島、金門及馬祖低海拔次生環境，生於林下遮陰環境邊坡環境。

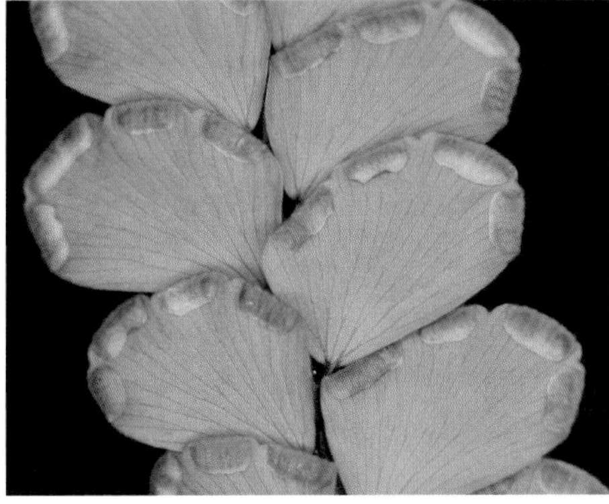

孢子囊群多枚，假孢膜長方形至半圓形。

根狀莖短而直立，密被披針形鱗片。

不育小羽片為細鋸齒緣

嫩葉稍帶紅暈

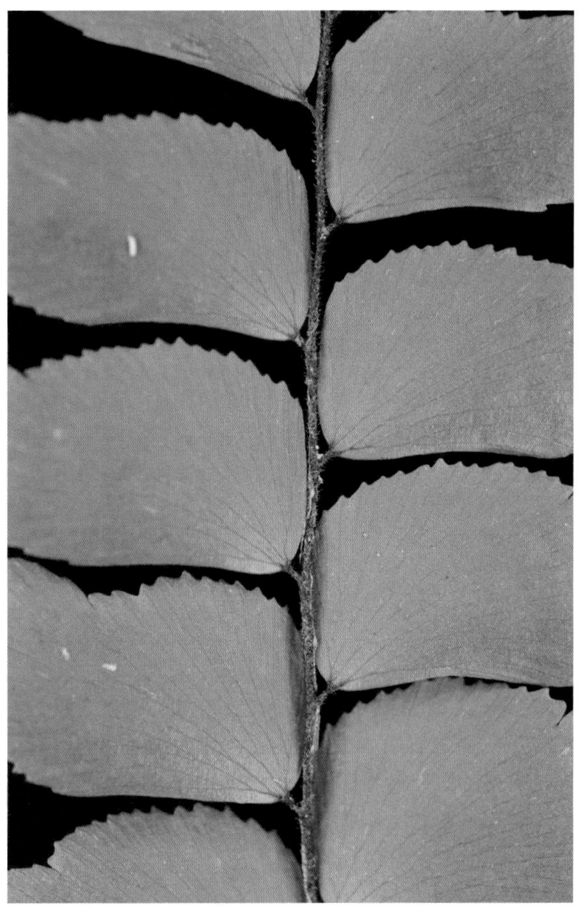

羽軸被毛，小羽片光滑。

葉扇形，二至三回不對稱二岔分支，形成掌狀複葉之外形。

深山鐵線蕨 特有種

屬名　鐵線蕨屬

學名　*Adiantum formosanum* Tagawa

根莖短匍匐狀，密被深棕色披針形鱗片。葉近生，二至三回奇數羽狀複葉，末回羽片互生，有短柄，斜扇形，通常具2～4枚假孢膜。

特有種，生於高海拔向陽開闊地或通風良好的溪邊岩隙中。

二至三回羽狀複葉，小羽片互生，具短柄。

不育小羽片具半圓形之裂片

較小個體之小羽片具2～4枚孢子囊群

小羽片常二至四裂，全緣。

較大個體小羽片多具2枚孢子囊群，假孢膜略呈新月形。

生長於高海拔濕潤山壁

根莖短匍匐狀，密被深棕色披針形鱗片。

毛葉鐵線蕨

屬名　鐵線蕨屬

學名　*Adiantum hispidulum* Sw.

莖短而直立，密被紫黑色披針形鱗片。葉叢生，葉柄深栗色有光澤，密被棕色長柔毛，老時易脫落；葉片卵圓形，二至三回二岔分支，中央羽片最長，羽片奇數一回羽狀複葉。

在台灣零星分布於低至中海拔山區，生長於略乾燥之林緣半遮陰土坡。

假孢膜圓腎形，上具長毛。

葉脈游離

二至三回二岔分支

小羽片扇形至斜方形

莖短而直立，密被紫黑色披針形鱗片。

生長於林緣半遮陰的岩石坡面

葉軸及羽軸上密被棕色剛毛

馬來鐵線蕨

屬名　鐵線蕨屬

學名　*Adiantum malesianum* J.Ghatak

根莖短而直立，密被黑褐色披針形鱗片。葉叢生，一回羽狀複葉，披針形，全株被多細孢長毛，基部羽片反折向下近團扇形，無柄。葉先端通常延伸為鞭狀並著地生根行無性繁殖。

在台灣生長於林緣之土坡或岩壁，於南部較常見。

全株被多細孢長毛，與鞭葉鐵線蕨的短毛不同。

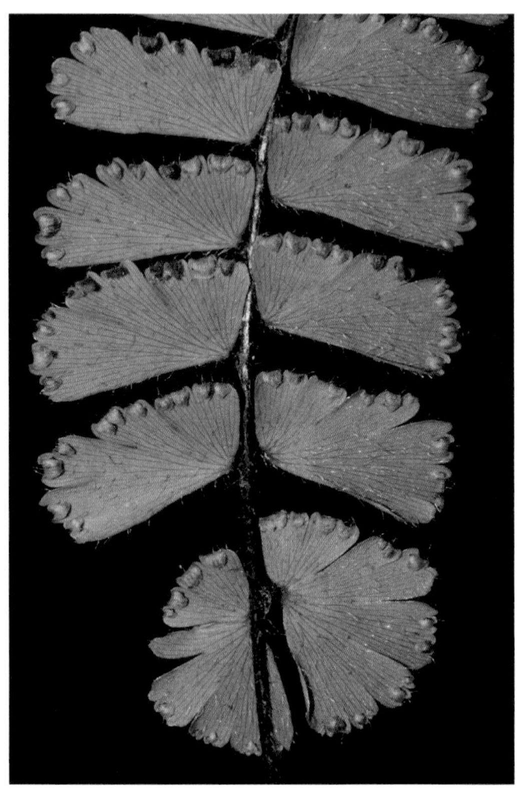

羽片三角形至長方形，基部羽片反折向下近團扇形。

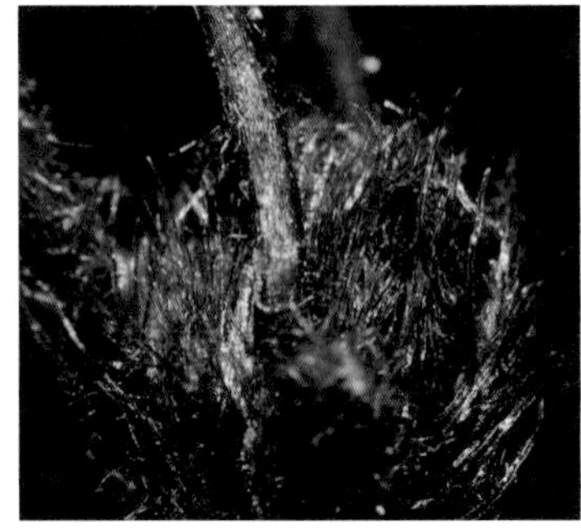

根莖短而直立，密被黑褐色披針形鱗片。

孢子囊群位於葉緣，由葉緣反捲的假孢膜覆蓋，圓腎形，被毛。

生於林下或林緣半遮陰環境土坡上

梅山口鐵線蕨

屬名　鐵線蕨屬

學名　*Adiantum* × *meishanianum* F.S.Hsu *ex* Yea C.Liu & W.L.Chiou

根莖直立，被披針形雙色鱗片。葉叢生，狹長，一回羽狀複葉，先端偶有延伸為鞭狀，頂端著地生根，行無性繁殖；葉軸具極稀疏之毛被，小羽片兩面光滑，具短柄。本種是馬來鐵線蕨（*A. malesianum*，見前頁）和孟連鐵線蕨（*A. menglianense*，見第224頁）之天然雜交種，形態介於二者之間。

在台灣目前僅紀錄於高雄梅山口一帶，生長於開闊林緣稍遮陰環境之岩壁及土坡。

假孢膜半圓形

基部羽片向下反折成半圓形

葉軸稀被毛，葉兩面光滑，羽片斜三角形至斜長方形，具柄。

葉片近光滑，一回羽狀複葉。

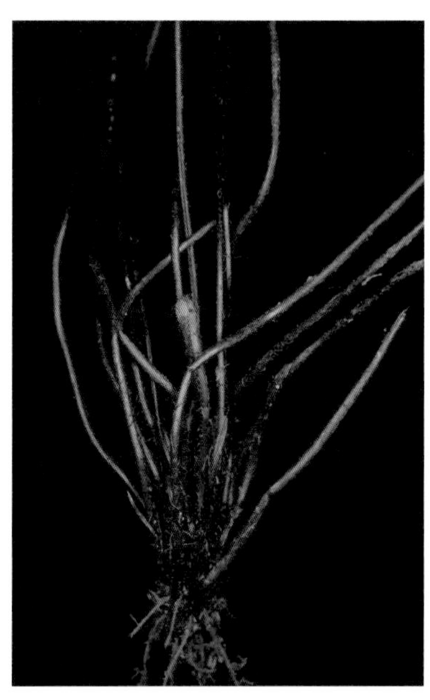

根莖直立，覆披針形雙色鱗片。

羽片先端常延展且具不定芽，因此能以無性繁殖形成大群落。

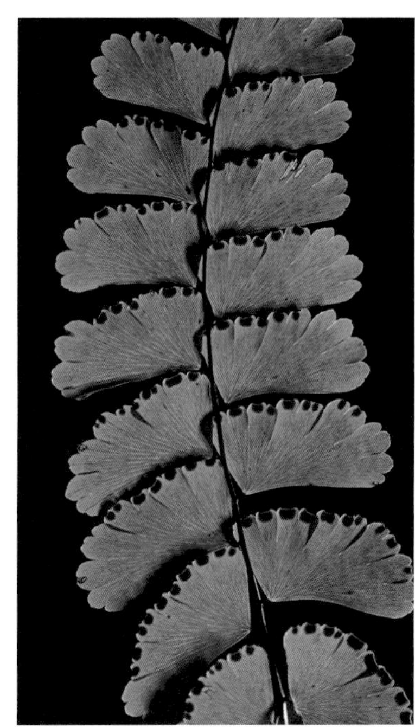

葉脈游離

孟連鐵線蕨

屬名 鐵線蕨屬

學名 *Adiantum menglianense* Y.Y.Qian

形態與半月形鐵線蕨（*A. philippense*，見第 227 頁）非常接近，主要區別在於本種為二倍體，孢子囊內有 64 顆孢子。形態上，本種不育羽片深裂達三分之一至三分之二長度，能育羽片分裂約三分之一至二分之一長度，假孢膜寬 2 ～ 6 公釐。

在台灣偶見於中、南部海拔 1000 公尺以下山區，多與半月形鐵線蕨共域而生。

葉軸及羽片均光滑無毛

不育羽片常中至深裂而呈手掌形

假孢膜相較半月形鐵線蕨通常較窄，約 2 ～ 6 公釐。

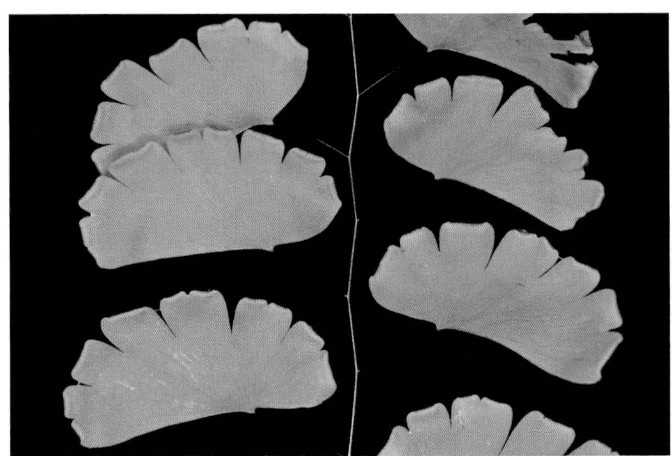

能育羽片淺至中裂

長於中南部林下遮蔭岩壁上

根狀莖短而直立

石長生

屬名 鐵線蕨屬

學名 *Adiantum monochlamys* D.C.Eaton

根莖短匍匐狀，被紫色有光澤的狹長披針形鱗片。葉近生，狹長卵狀三角形，三回羽狀複葉；小羽片互生，倒三角形或倒卵形，常略為歪斜，兩面均無毛，上緣淺鋸齒狀。孢子囊群 1 枚，生於小羽片先端凹刻處，假孢膜腎形。

在台灣僅零星紀錄於新竹、苗栗及花蓮海拔 700～1500 公尺山區，生長於溪流周邊半遮蔭之濕潤石壁。

能育小羽片倒卵形至倒三角形，前端具齒緣。

生於林緣半遮蔭環境之滴水岩壁

每一小羽片僅著生一枚假孢膜，圓腎形。

根莖橫走

初生葉密被白色長柔毛

三回羽狀複葉，葉身柔軟懸垂。

不育小羽片倒卵形，亦具齒緣。

灰背鐵線蕨

屬名　鐵線蕨屬

學名　*Adiantum myriosorum* Baker

葉片闊扇形，掌狀分裂，二岔分支，每一分支側生一回羽狀複葉之羽片，光滑無毛。

在台灣生長於中海拔雲霧地帶山區之滴水岩壁或濕潤土壁上。

葉柄紫黑色，具光澤。

根莖短而直立，密被黑褐色披針形鱗片。

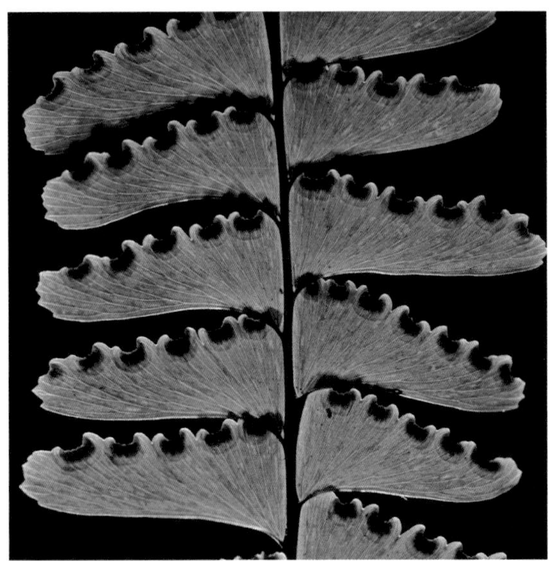

葉脈游離

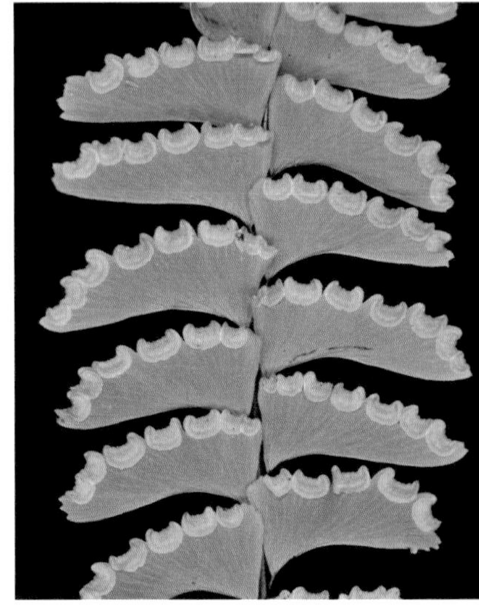

羽片成斜長三角形，具數枚假孢膜，圓腎形，著生假孢膜處葉緣明顯下凹。

生長於滴水岩壁或濕潤土壁上

半月形鐵線蕨

屬名　鐵線蕨屬
學名　*Adiantum philippense* L.

根狀莖短。葉叢生，一回羽狀複葉，光滑無毛，羽片具柄，對開式的半月形，大多淺裂至約三分之一長度；葉軸頂部偶有延伸為鞭狀，頂端著地生根之不定芽。孢子囊群多枚，假孢膜寬 2 ～ 12 公釐，孢子囊內有 32 顆孢子。

在台灣生於林緣半遮陰環境土壁石隙溪溝邊酸性土上，以南部較常見。

根狀莖短而直立

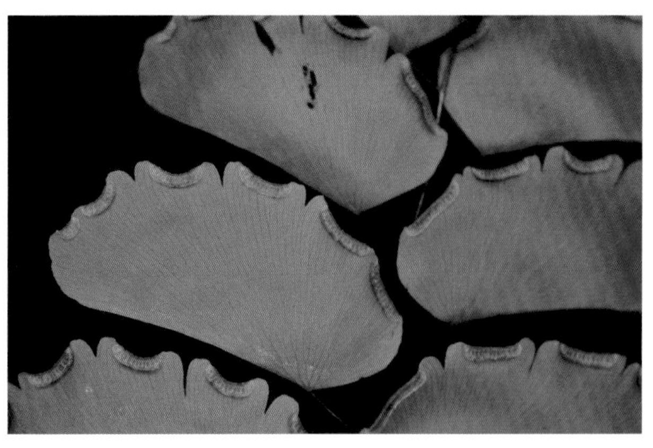
羽片具數個 2 ～ 12 公釐的長線形假孢膜

側脈游離

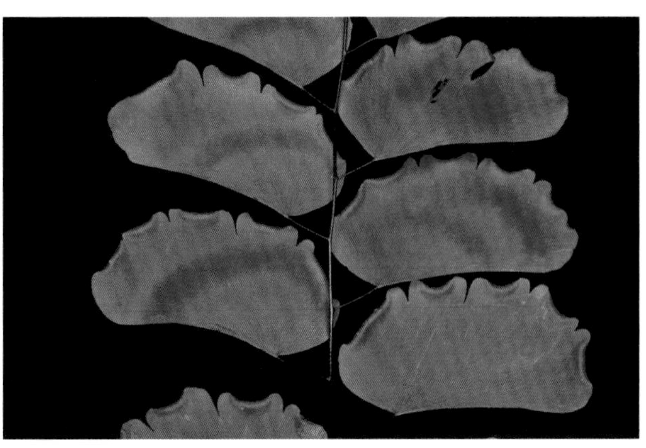
羽片上部邊緣淺裂，具長柄，對開式的半月形。

葉軸頂部延伸為鞭狀，頂端著地生不定芽。

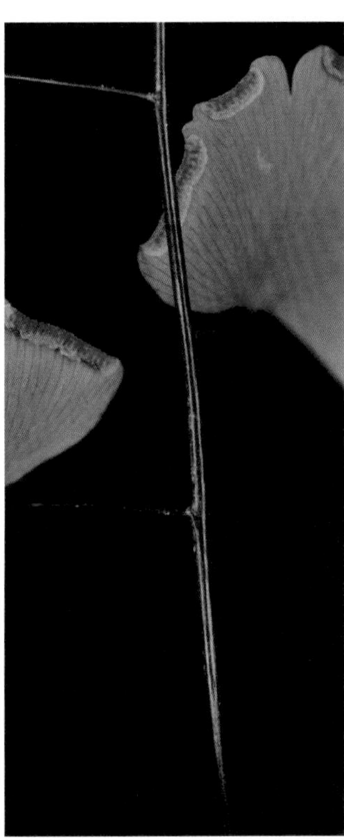
葉軸光滑，黑色具光澤。

生於林下遮陰環境土壁石隙溪溝

細葉美葉鐵線蕨

屬名　鐵線蕨屬

學名　*Adiantum raddianum* C.Presl

根莖短橫走，覆紅棕色鱗片。葉三至四回羽狀複葉，光滑；小羽片扇形，基部楔形，先端 2 ～ 4 缺刻或淺裂。每一小羽片上之孢子囊群 1 ～ 4 枚，假孢膜圓腎形。

原產南美，引進作為園藝植物，偶逸出歸化於台北近郊淺山。

除本種外，另一園藝種脆鐵線蕨（*A. tenerum*）亦偶見逸出，其形態較接近鐵線蕨（*A. capillus-veneris*，見第 214 頁），特徵為小羽片柄與小羽片交接處膨大為圓盤狀。

根莖短橫走，覆紅棕色鱗片。

每一小羽片上之孢子囊群 1 ～ 4 枚，假孢膜圓腎形。

小羽片扇形，基部楔形，先端 2 ～ 4 缺刻或淺裂。

嫩葉微帶紅暈

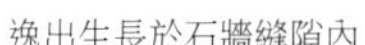

逸出生長於石牆縫隙內

葉三至四回羽狀複葉

翅柄鐵線蕨

屬名　鐵線蕨屬

學名　*Adiantum soboliferum* Wall. *ex* Hook.

根狀莖短而直立。葉叢生，柄具關節；葉線形，狹長，無毛，葉柄栗黑色有光澤，一回羽狀複葉，羽柄兩側各具一條膜質的狹翅。葉軸頂部偶有延伸為鞭狀，頂端著地生根發芽，行無性繁殖。

在台灣分布於台南以南至恆春半島西側乾濕季分明之淺山丘陵環境，生長於林緣或疏林下土坡。

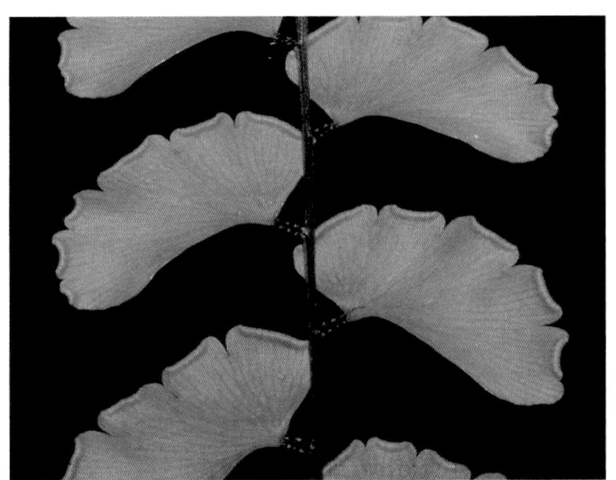

羽片上部邊緣淺裂，長方形至扁扇形，具柄。

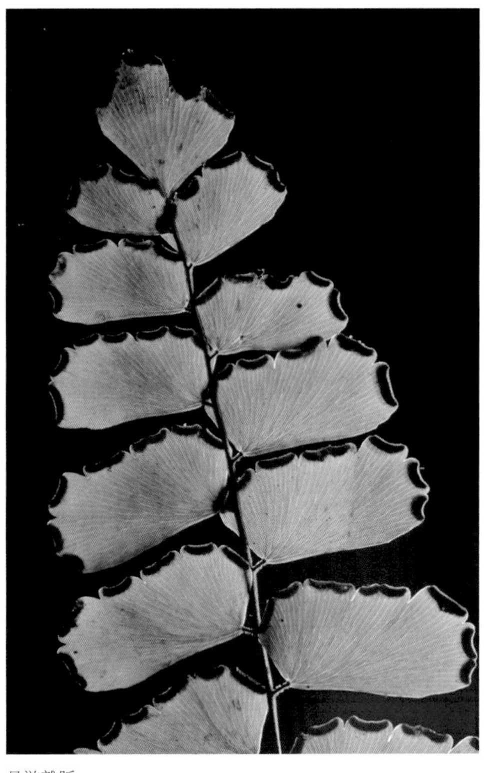

具游離脈

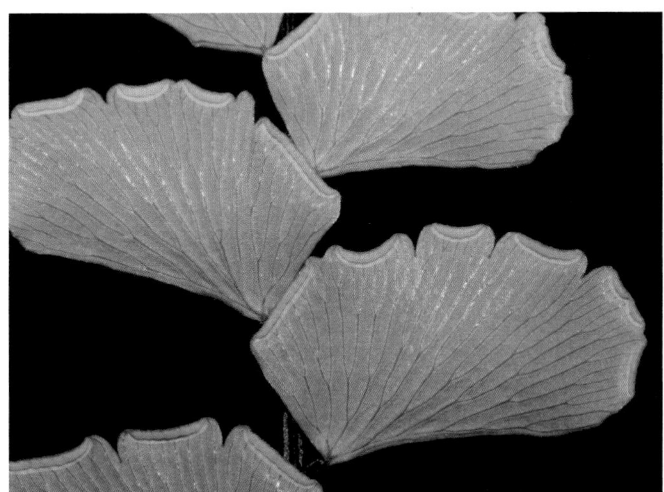

假孢膜長線形

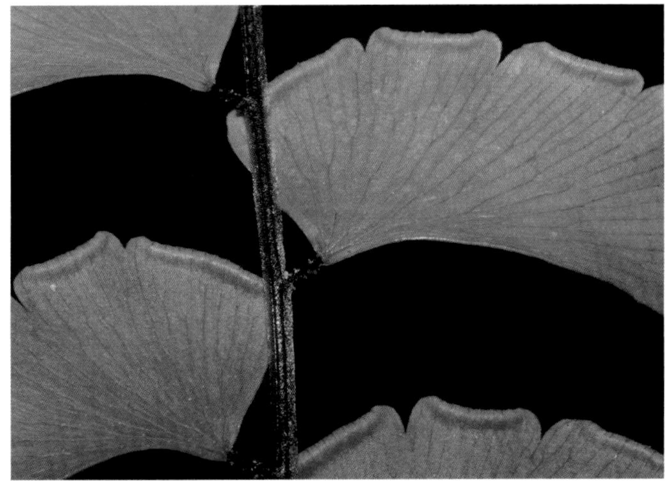

葉軸及羽片柄具薄膜狀翅

生長於溫暖且乾濕季分明之森林環境

台灣鐵線蕨 特有種

屬名　鐵線蕨屬

學名　*Adiantum taiwanianum* Tagawa

根莖短橫走，被黑褐色鱗片。

根莖短而直立，被黑褐色鱗片。葉叢生，二至三回羽狀複葉，小羽片互生，具短柄，倒卵形至倒三角形，革質，兩側邊緣多少向下反捲，兩面均無毛；不育小羽片上緣具不明顯鋸齒緣，能育小羽片全緣。每一小羽片大多僅有1枚孢子囊群，，偶為2枚，囊群寬度常大於小羽片寬度之二分之一。部分研究將本類群處理為隴南鐵線蕨之變種，學名為 *A. roborowskii* var. *taiwanianum*。

特有種，生長於中高海拔地區遮蔭稍濕潤的岩縫中。

絕大多數小羽片具單枚孢子囊群，偶為 2 枚。

生於高海拔岩壁遮陰處（張智翔攝）

無孢子囊群之小羽片先端具不明顯鋸齒緣

小羽片邊緣反捲，使外觀呈倒三角形。

二至三回羽狀複葉

鐵線蕨屬未定種

屬名　鐵線蕨屬

學名　*Adiantum* sp.

形態接近台灣鐵線蕨（*A. taiwanianum*，見前頁），但小羽片上緣鋸齒較明顯，且能育小羽片較寬，邊緣不反捲，孢子囊群寬度一般少於二分之一小羽片寬度。此類群形態接近分布於中國西南之腎蓋鐵線蕨（*A. roborowskii* var. *robustum*）。

生長在台灣中部海拔 2500 公尺左右溪谷周邊之垂直岩壁縫隙。

不育小羽片具淺鋸齒緣

能育小羽片邊緣具不明顯鈍齒緣

根莖短橫走，密被鱗片。

每一小羽片上之孢子囊群大多 1 枚，偶 2 或 3 枚。

群生於溪谷兩側之濕潤岩壁

三回羽狀複葉，小羽片邊緣反捲，使外觀呈倒三角形。

粉背蕨屬 ALEURITOPTERIS

葉遠軸面白色或黃色，葉脈游離。孢子囊群位在葉緣，被反捲之假孢膜覆蓋。本屬之分類困難，台灣產類群之數目及命名仍待深入釐清。

深山粉背蕨 特有種

屬名　粉背蕨屬

學名　*Aleuritopteris agetae* Saiki

形態上與克氏粉背蕨（*A. krameri*，見第236頁）相似，羽片通常分裂較淺，且遠軸面為乳白色為區別之特徵。

特有種，零星分布於中南部中海拔岩壁環境。

假孢膜位於葉緣呈波浪狀，連續生長。

葉遠軸面覆有乳白色蠟粉

葉柄被褐色鱗片，單色。

葉片長三角形，二回羽裂。

分布於中南部中海拔岩壁環境

長柄粉背蕨

屬名　粉背蕨屬

學名　*Aleuritopteris argentea* (S.G.Gmel.) Fée

葉片五角形，二回羽裂，葉軸具狹翼，葉遠軸面被乳白色粉末。

在台灣零星分布於全島中海拔地區，常生於岩壁上。

葉片五角形，二回羽裂。

生於中海拔岩壁上

基部羽片與下一對羽片以延伸之翅相連。

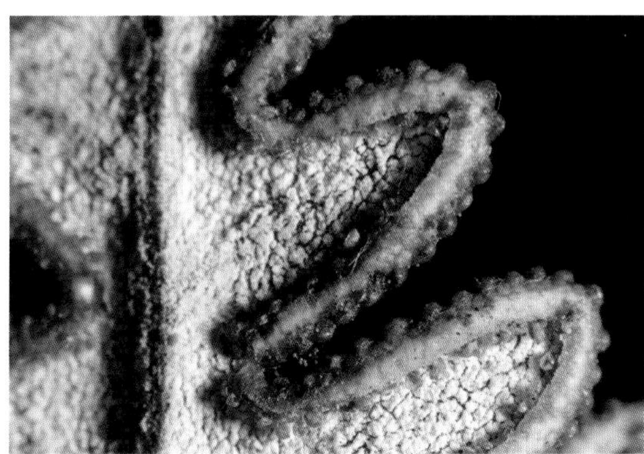

假孢膜位於葉緣，連續生長。

葉遠軸面覆有乳白色粉末

台灣粉背蕨

屬名　粉背蕨屬

學名　*Aleuritopteris formosana* (Hayata) Tagawa

形態上與克氏粉背蕨（*A. krameri*，見第 236 頁）相似，但植株通常較小，葉片長橢圓形，基部羽片與第二對羽片約略等長。

在台灣零星分布於中南部中海拔岩壁環境。

葉片長橢圓形，基部羽片不明顯較長。

秋季葉片轉黃

葉緣圓齒狀

葉遠軸面覆有白色蠟粉，假孢膜不連續。

分布於中南部中海拔岩壁環境

葉柄基部被深褐色鱗片，雙色。

亨氏擬旱蕨

屬名　粉背蕨屬

學名　*Aleuritopteris henryi comb. ined.*

葉片五角形至長卵形，二回羽狀深裂（基羽片基下側達三回深裂），革質，假孢膜連續。本種過往被置於碎米蕨屬（*Cheilanthes henryi*），但分子證據支持其歸入粉背蕨屬。

在台灣分布於中南部中低海拔向陽環境。

二回羽狀深裂，裂片先端尖。

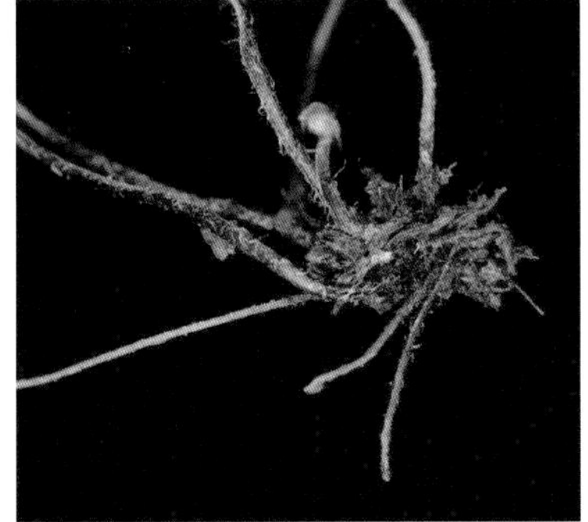

根莖短，被黑褐色鱗片。

假孢膜位於裂片邊緣，連續。

裂片近全緣

分布於中南部中低海拔向陽環境

克氏粉背蕨

屬名　粉背蕨屬

學名　*Aleuritopteris krameri* (Franch. & Sav.) Ching

根莖短而直立，被淡褐色披針形鱗片，葉叢生，葉片卵狀披針形，三回羽裂，葉背面被白色粉末。

在台灣零星分布於中南部中海拔岩壁環境。

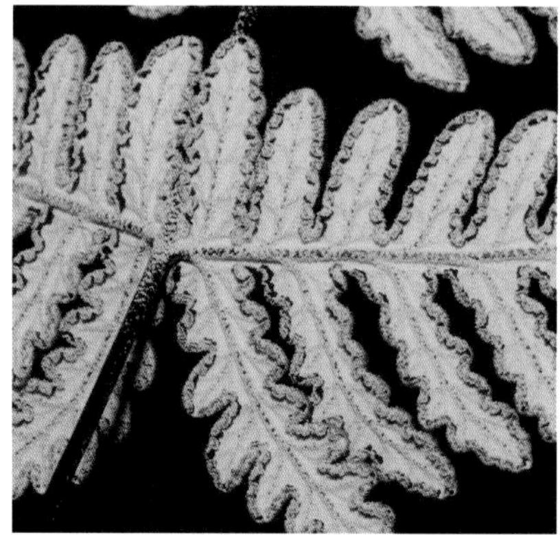
葉遠軸面覆有白色蠟粉

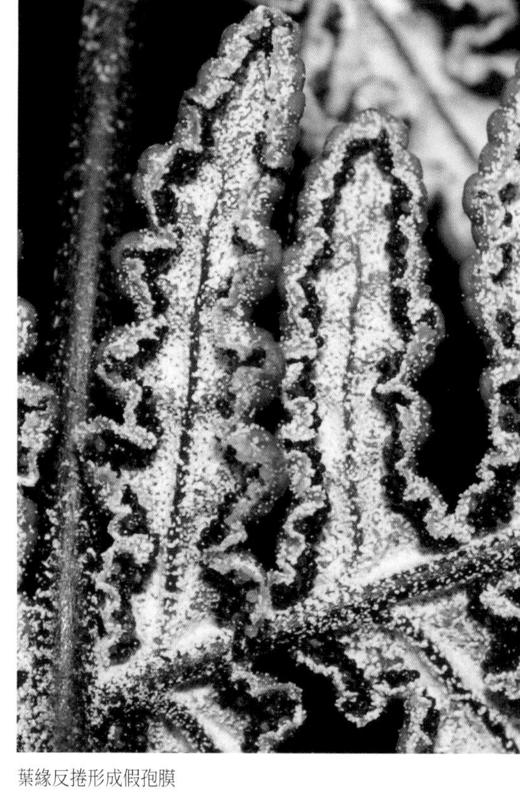
葉緣反捲形成假孢膜

葉柄基部被淡褐色披針形鱗片

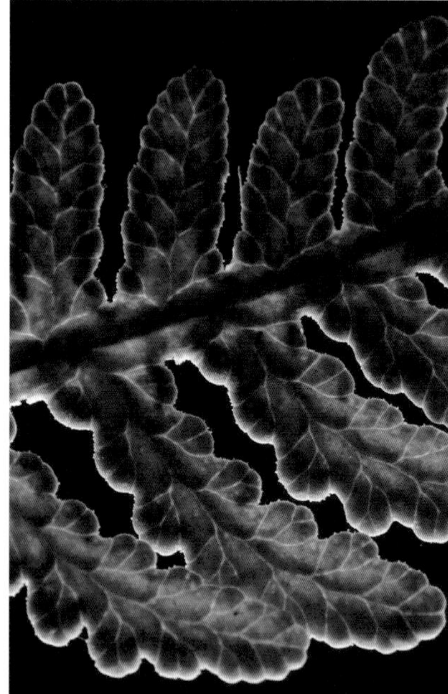
葉緣圓齒狀

葉近軸面脈上亦有少許白色附屬物

葉片長三角形，三回羽裂。

擬長柄粉背蕨

屬名　粉背蕨屬

學名　*Aleuritopteris subargentea* Ching

形態上與長柄粉背蕨（*A. argentea*，見第 233 頁）極為相似，但本種之葉片基部具有 1 ～ 2 對獨立羽片，亦即葉軸在基部 2 ～ 3 對羽片之間無相連之狹翼。然而，本種是否為一獨立類群仍有爭議。

在台灣零星分布於中南部中海拔山區。

葉遠軸面覆有白色蠟粉，假孢膜連續。

葉片基部具有 1 ～ 2 對的獨立羽片

裂片具細圓齒緣

零星分布於中南部中海拔山區岩壁上

翠蕨屬 ANOGRAMMA

植株小。葉叢生，二至三回羽狀複葉。孢子囊群不具孢膜。

翠蕨

屬名　翠蕨屬

學名　*Anogramma leptophylla* (L.) Link

根莖短。葉叢生，葉片卵狀披針形，二回羽狀複葉，基部一對羽片較大，向上漸縮，末回小羽片倒三角形。孢子囊群沿小脈著生，靠近裂片邊緣。

在台灣生長於中部中至高海拔地區林緣潮濕處，為一年生植物，生長季大約在 6 ～ 10 月間。

根莖短，葉叢生。

孢子囊聚生於小脈上，無孢膜。

成片生長於中海拔林緣土坡

葉片卵狀披針形，二回羽狀複葉。

車前蕨屬 ANTROPHYUM

根莖短橫走。葉單生，革質，葉脈網狀。孢子囊群沿脈生長。

美葉車前蕨

屬名　車前蕨屬

學名　*Antrophyum callifolium* Blume

根莖短匍匐狀，先端密被鱗片。葉近生，革質，兩面光滑，葉片倒卵狀披針形，基部下延至葉柄，中肋於葉背僅在基部可見，葉脈網狀。孢子囊群沿網脈著生，側絲線狀螺旋扭曲。

在台灣僅見於恆春半島，生長在遮蔭林下環境溪溝岩石上。

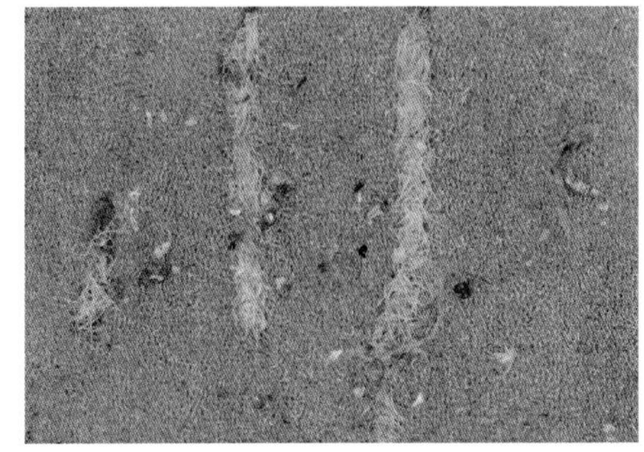

孢子囊群具絲狀側絲

植株常附生於潮濕溪谷岩石上

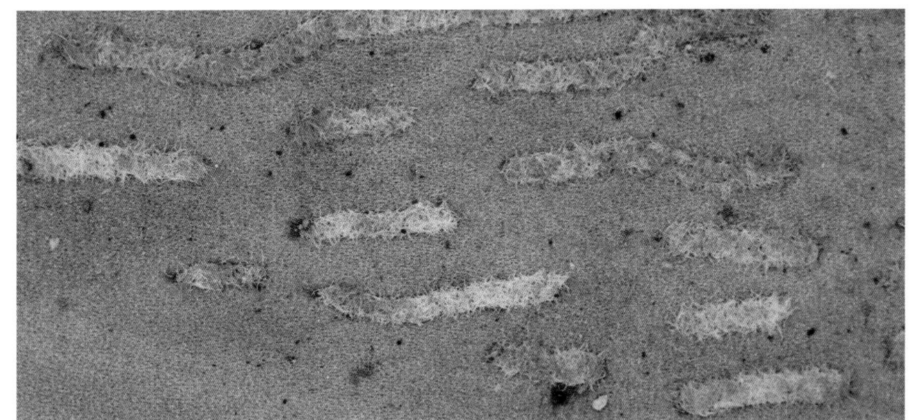

孢子囊群線形，沿葉脈生長。

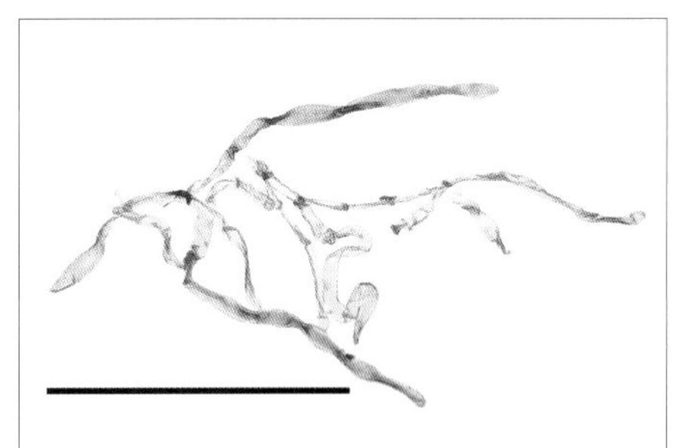

顯微鏡下的孢子囊群側絲，比例尺為 0.5 公釐。

葉匙形，近軸面脈稍浮起。

葉遠軸面基部可見明顯的中肋

栗色車前蕨 特有種

屬名　車前蕨屬

學名　*Antrophyum castaneum* H.Ito

形態上與車前蕨（*A. obovatum*，見第 243 頁）相似，但葉片倒披針形，最寬處更近葉片末端；且根莖上鱗片邊緣鋸齒較不明顯。

特有種，分布於中海拔山區，生於林下樹幹或岩石上。

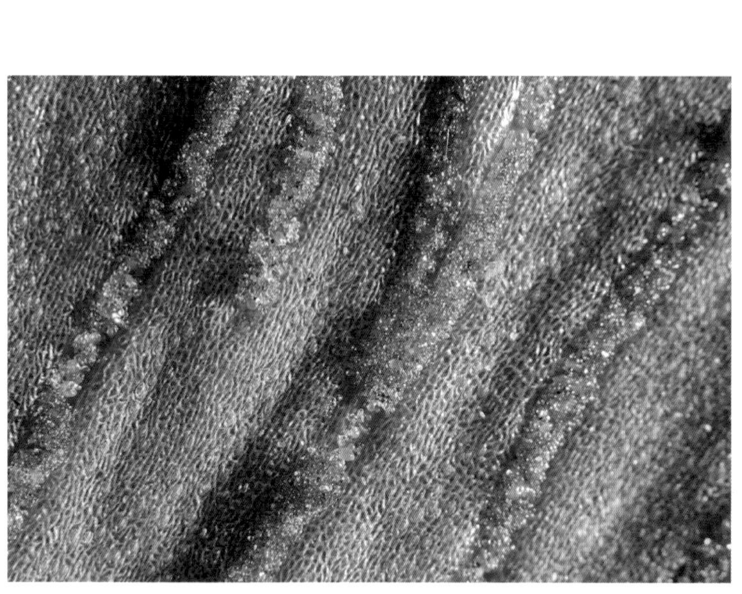

孢子囊群具頭狀側絲

葉倒披針形，最寬處位於近末端。

孢子囊群線形，沿葉脈生長。

根莖鱗片接近全緣

顯微鏡下的頭狀側絲，比例尺為 0.1 公釐。

台灣車前蕨

屬名　車前蕨屬

學名　*Antrophyum formosanum* Hieron.

莖短而匍匐狀。葉片倒披針形，有時為倒卵形至長橢圓形，最寬處近葉片末端。孢子囊群沿網脈著生，側絲棕褐色，帶狀，螺旋扭曲。

在台灣生長於遮蔭林下環境溪溝岩石上。

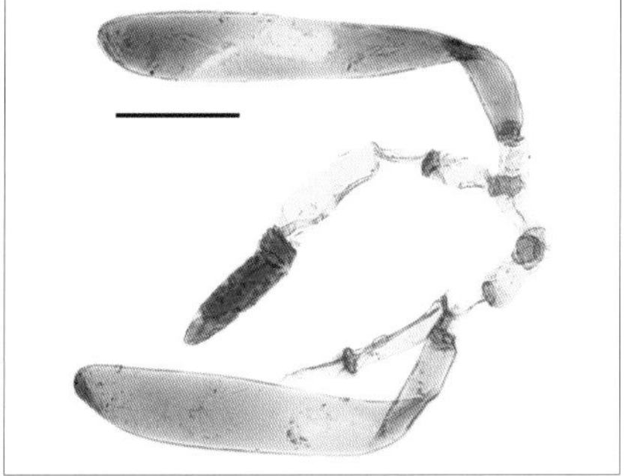

顯微鏡下的帶狀孢子囊群側絲，比例尺為 0.1 公釐。

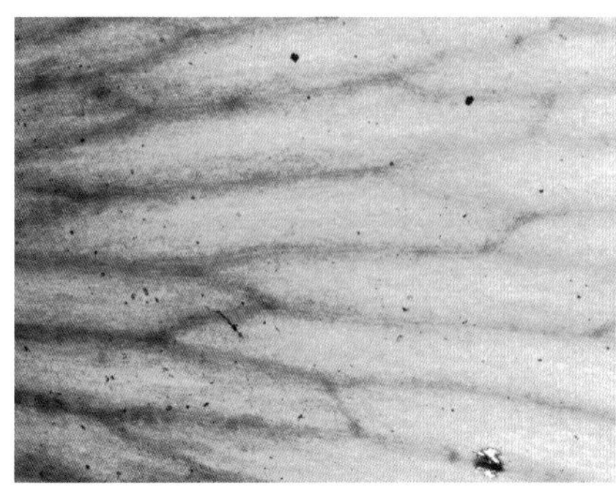

葉脈網狀，網眼中不具游離小脈。

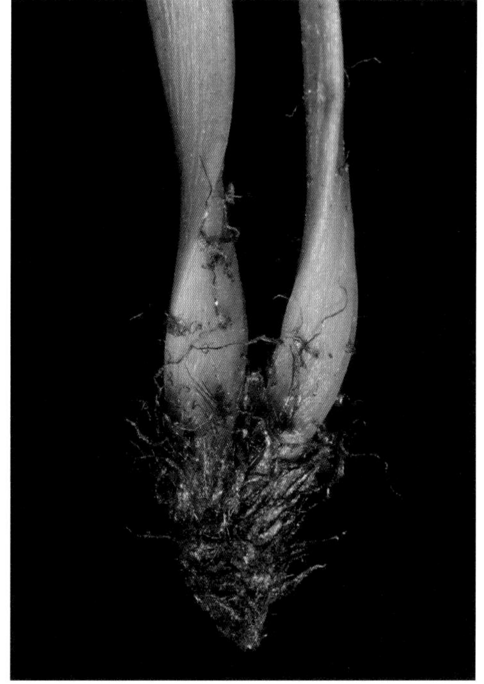

葉基中肋不顯著

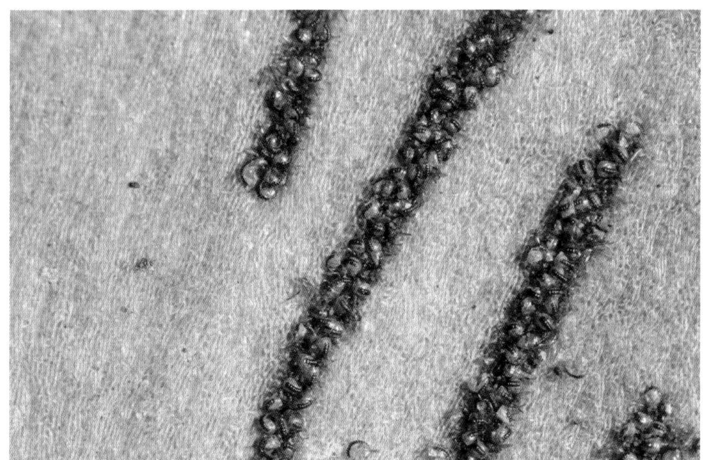

孢子囊群線形，具帶狀側絲。

根莖鱗片邊緣具齒

葉基中肋不顯著

亨利氏車前蕨

屬名　車前蕨屬

學名　*Antrophyum henryi* Hieron.

形態上與台灣車前蕨（*A. formosanum*，見第 241 頁）相似，但植株較小且葉片明顯較窄，接近帶狀。

在台灣偶見於低至中海拔溪谷石上。

與台灣車前蕨（最右植株）共生，可見本種植物體較小且葉片狹窄。

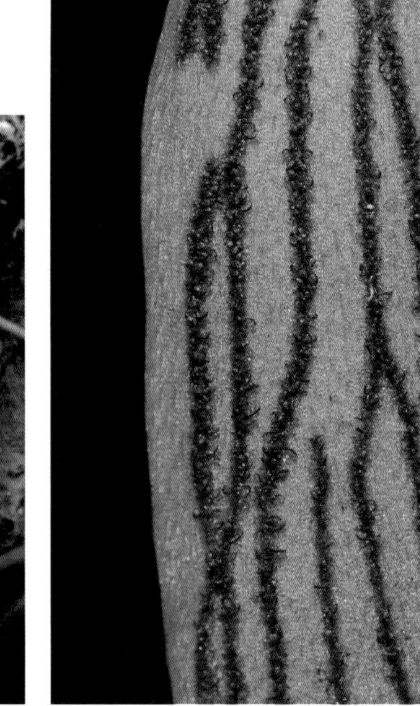

孢子囊群線形，沿葉脈生長。

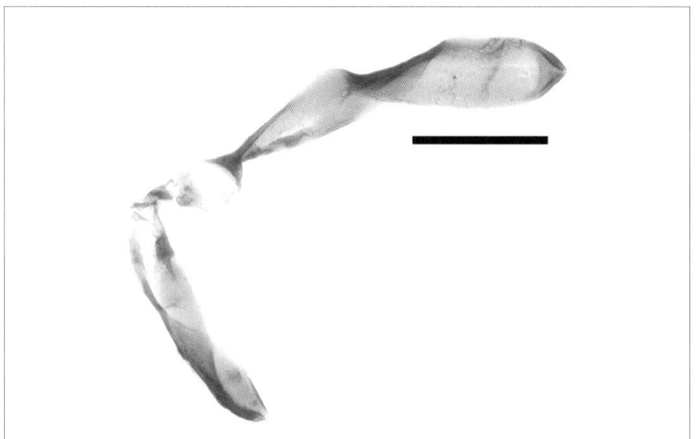

顯微鏡下的帶狀孢子囊群測絲，比例尺為 0.1 公釐。

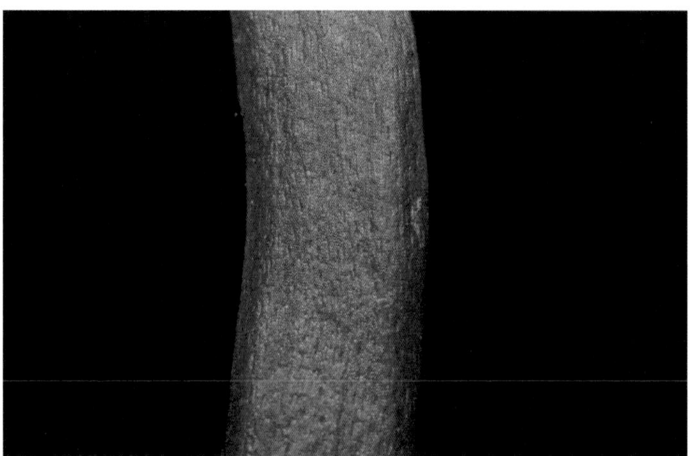

葉革質，近軸面脈通常不顯明。

植株附生於岩石上，葉片狹長披針形。

車前蕨

屬名　車前蕨屬

學名　*Antrophyum obovatum* Baker

根莖短而匍匐狀，先端密被披針形黑褐色鱗片，邊緣疏鋸齒纖毛狀。葉片倒卵狀披針形，先端尾狀。孢子囊群側絲頂端具膨大頭狀細胞。

在台灣生長在低至中海拔遮蔭林下環境岩石上。

孢子囊群線形，具頭狀側絲。

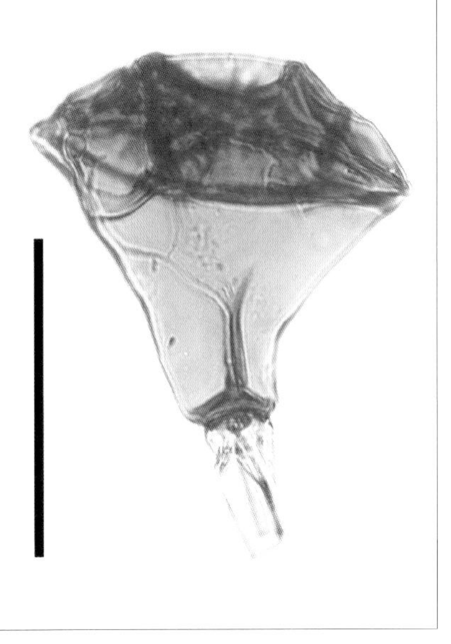

顯微鏡下的頭狀孢子囊群側絲，比例尺為 0.1 公釐。

根莖鱗片邊緣具齒狀突起

植株附生於岩石上

與台灣車前蕨混生於林下岩石壁

葉基部漸縮為長柄狀

小車前蕨

屬名　車前蕨屬

學名　*Antrophyum parvulum* Blume

莖短而匍匐狀。葉片倒披針形，最寬處近葉片中間稍上方處，孢子囊群長線形，沿葉脈延伸下陷於淺溝中，側絲頂端細胞膨大呈頭狀。

在台灣生長於低至中海拔遮蔭林下環境，大多為岩生，偶附生於樹幹上。

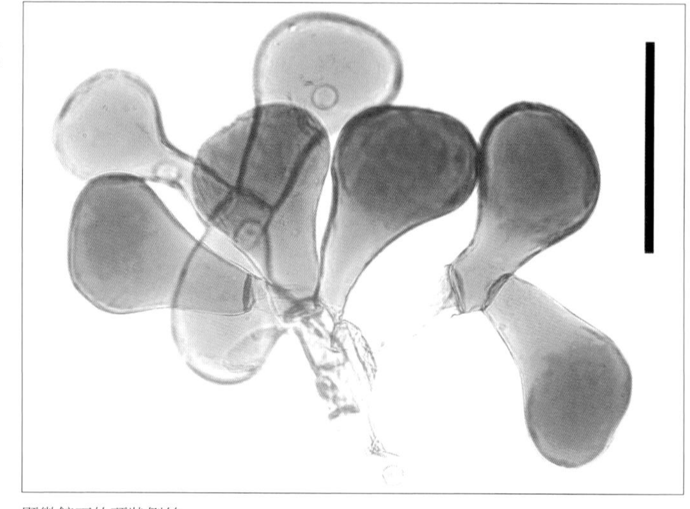

顯微鏡下的頭狀側絲

較大個體有時葉基呈柄狀，但葉身仍狹窄且先端漸尖。

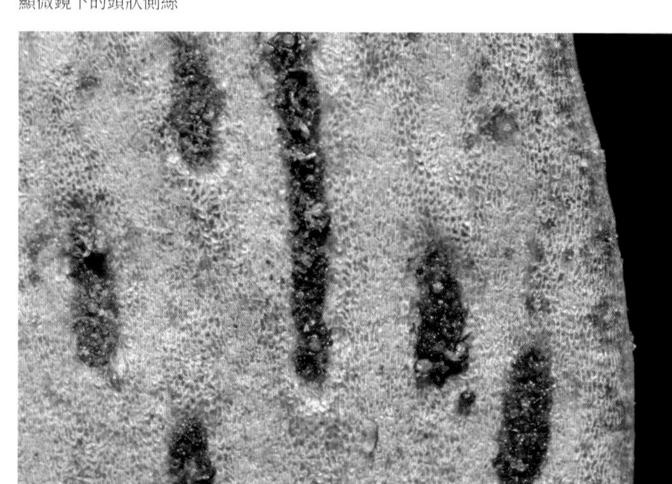

孢子囊群線形，具頭狀側絲。

生於林下岩石上

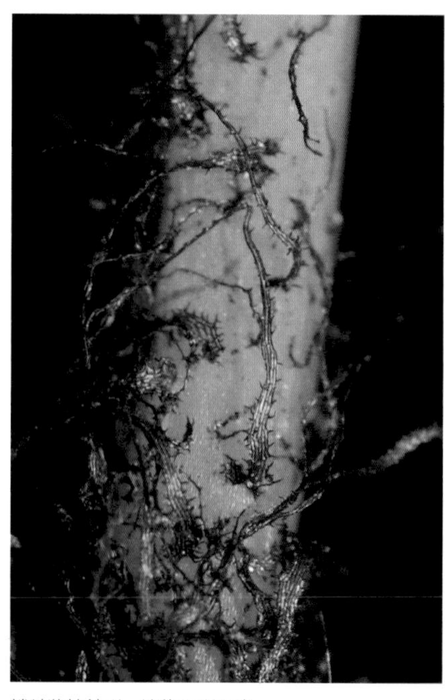

鱗片狹披針形，邊緣明顯具齒。

蘭嶼車前蕨

屬名　車前蕨屬

學名　*Antrophyum sessilifolium* (Cav.) Spreng.

莖短而匍匐狀。葉片帶狀長披針形，中肋在葉遠軸面可見。孢子囊群沿網脈著生，線狀側絲略螺旋扭曲。

在台灣僅分布於離島蘭嶼，多生長於溪流兩岸岩石上及樹幹基部。

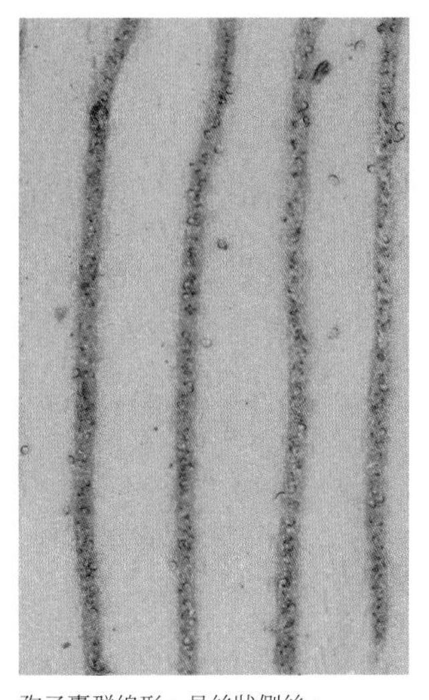

孢子囊群線形，具絲狀側絲。

孢子囊群顯微鏡下的絲狀孢子囊群側絲，比例尺為0.1公釐。

葉遠軸面基部具明顯中肋

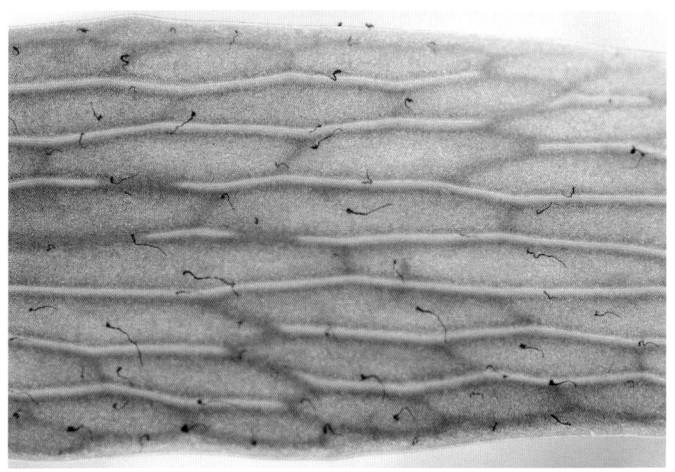

葉脈網狀，網眼長，不具游離小脈。

植株附生於溪谷岩石上，葉片帶狀。

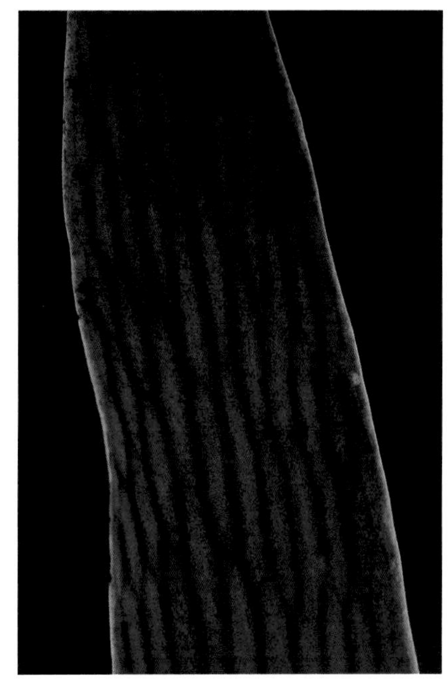

葉脈網狀

水蕨屬 CERATOPTERIS

水生蕨類，根莖不顯著。葉簇生，肉質，多回羽裂，裂片間凹處常生有不定芽，葉柄中空。營養葉及孢子葉明顯二型化；孢子羽片線形，具葉緣反捲之假孢膜。亞洲的水蕨屬植物為一複雜的種群，本書依據 Masuyama & Watano（2010）之研究將台灣物種區分為二個類群。此外，文獻曾記載粗梗水蕨（*C. pteridoides*）歸化於野地，但本書作者尚未能觀察到任何野外族群。粗梗水蕨常為漂浮生長，營養葉具寬大裂片，且葉柄基部膨大，與孢子葉均呈卵形至卵狀三角形。

北方水蕨

屬名　水蕨屬

學名　*Ceratopteris gaudichaudii* Brongn. var. *vulgaris* Masuyama & Watano

大多為挺水植物，偶沉水生長。葉叢生，早生之營養葉常平展至斜出，晚生之營養葉及孢子葉斜出至近直立，葉柄通常遠短於葉身；葉片常為卵狀三角形至披針形，羽片間距較小，大型個體達四回羽裂。

在台灣生長於淡水濕地及水田或緩流溝渠內，以北部及東部較為常見。

葉大多斜出，葉柄明顯短於葉身。

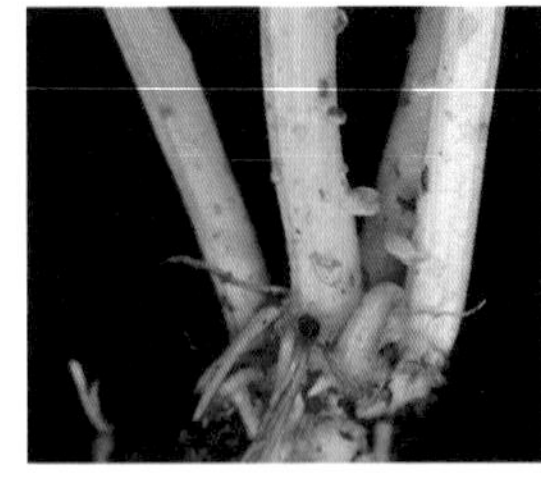

葉柄肉質，基部疏被卵圓形半透明鱗片。

繁殖葉裂片線形，囊群完全由反捲之葉緣包覆。

葉具網狀脈，裂片間腋處常有芽孢。

發育良好之營養葉可達四回羽裂，羽片及裂片稍密集。

大多生長於淺水濕地

孢子葉達四回羽裂，裂片常斜出。

水蕨

屬名　水蕨屬

學名　*Ceratopteris thalictroides* (L.) Brongn.

大多為挺水植物，偶沉水生長。葉叢生，通常所有葉片均接近直立生長，中、小型個體葉柄通常與葉身近等長，大型個體葉柄短於葉身；葉片多為長披針形，下部羽片間距較大，大型個體葉片達四至五回羽裂。

　　在台灣可見於全島及蘭嶼低海拔淡水濕地中。

生長於開闊之淺水濕地

發育良好之孢子葉末裂片常直立伸展

葉柄及嫩葉疏被半透明鱗片

營養葉通常不發達，羽片及裂片較疏。

中小型個體葉柄常稍短至稍長於葉身

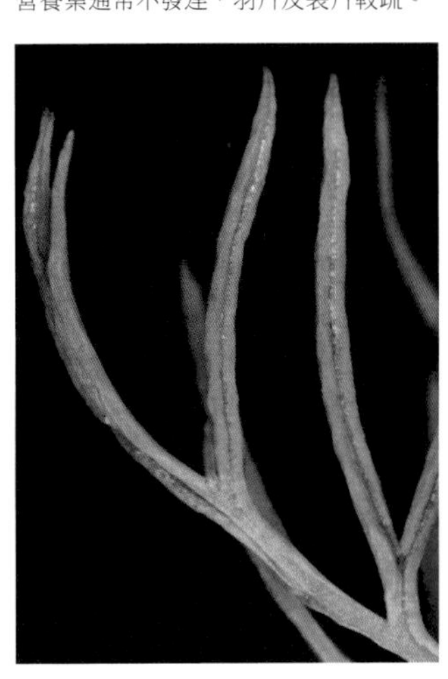

繁殖葉葉緣反捲形成假孢膜，腋處有時具芽胞。

葉片均接近直立生長

碎米蕨屬 CHEILANTHES

根莖短直立。葉片小，遠軸面不具蠟粉，游離脈。孢子囊群位在葉緣，由葉緣反捲之假孢膜覆蓋，不連續。

假孢膜長於小羽片邊緣，不連續。

細葉碎米蕨

屬名　碎米蕨屬

學名　*Cheilanthes chusana* Hook.

葉片長卵圓形，三回羽裂，基羽片略短縮，光滑無毛。

在台灣分布於本島及金門低至中海拔山區，中南部較常見區；常生於乾濕季明顯區域之岩壁或林緣土坡上。

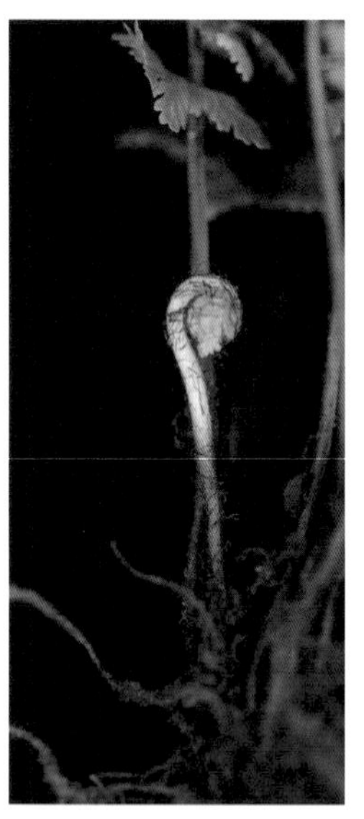
葉柄被褐色窄鱗片

常生於乾燥岩壁環境

二回羽狀複葉，小羽片先端鈍。

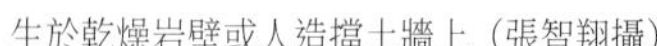
生於乾燥岩壁或人造擋土牆上（張智翔攝）

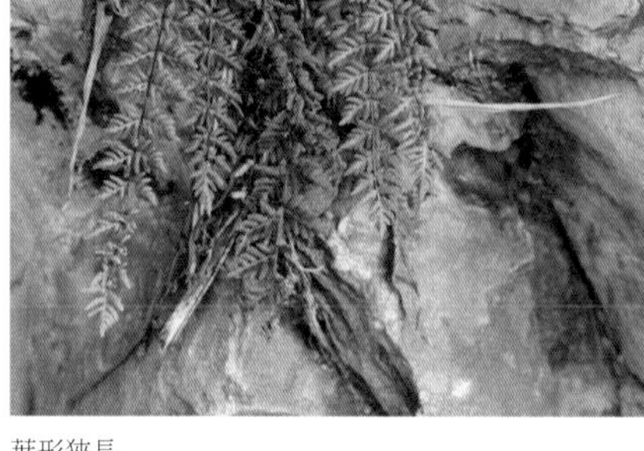
葉形狹長

末裂片橢圓形

毛碎米蕨

屬名　碎米蕨屬

學名　*Cheilanthes nudiuscula* (R.Br.) T.Moore

形態上與細葉碎米蕨（*C. chusana*，見前頁）較為相近，但葉片分裂程度較低，兩面明顯被長柔毛。

在台灣分布於本島中南部及金門之低海拔季節性乾燥岩壁，亦偶見於年代較久之人工建物縫隙間。

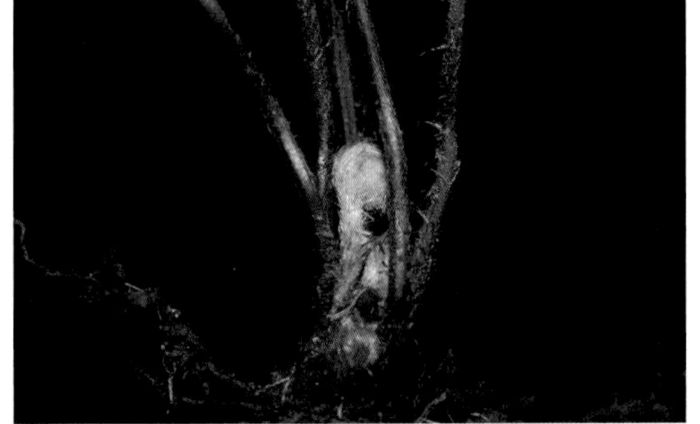

葉叢生，葉柄基部被褐色鱗片。

自生於古厝屋頂之族群

孢膜位於小羽片邊緣，連續。

分布於中南部低海拔乾燥環境

生於裸露岩縫，乾季時葉片捲曲。

二回羽狀複葉，葉片兩面被毛。

薄葉碎米蕨

屬名　碎米蕨屬

學名　*Cheilanthes tenuifolia* (Burm.f.) Sw.

葉五角狀卵形，三至四回羽裂，疏被短柔毛。

在台灣零星分布於苗栗以南之低海拔山區，亦可見於金門，生長於季節性乾燥之林緣土坡、山壁、灌叢或草生環境。

葉緣反捲形成假孢膜

裂片倒卵形至近菱形

葉近軸面疏被短柔毛

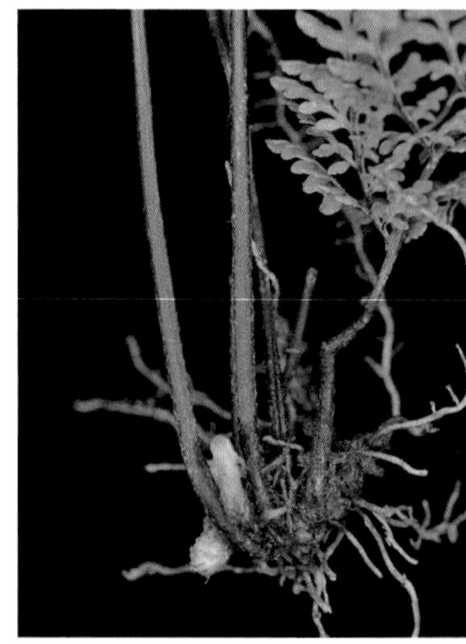

葉叢生，葉柄基部被黃褐色鱗片。

生長於季節性乾燥之土坡

葉五角狀卵形，三至四回羽裂。

鳳丫蕨屬 CONIOGRAMME

根莖長橫走。葉一至二回葉羽狀複葉，革質，葉脈游離或網狀。孢子囊沿脈生長。

全緣鳳丫蕨

屬名　鳳丫蕨屬

學名　*Coniogramme fraxinea* (D.Don) Fée *ex* Diels

全緣的羽片為本種重要之區別特徵。

在台灣主要分布於中南部中海拔潮濕森林。

脈游離，偶爾匯合成網眼。

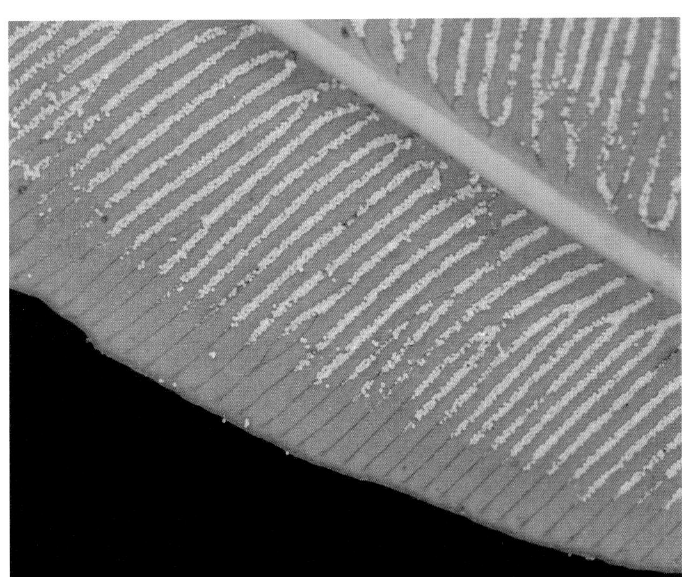

葉全緣；孢子囊沿脈生長。

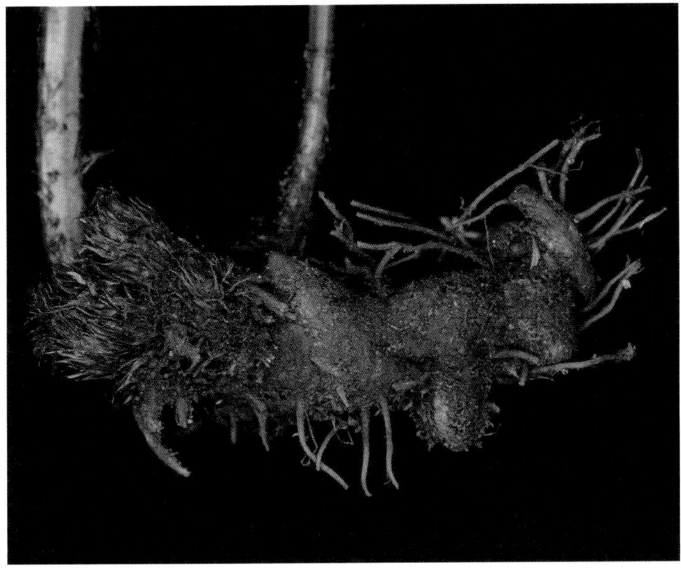

根莖匍匐，被深褐色鱗片。

二回羽狀複葉，羽片排列鬆散。

華鳳丫蕨

屬名　鳳丫蕨屬

學名　*Coniogramme intermedia* Hieron.

羽片邊緣明顯鋸齒，葉脈游離可與其他同屬物種區別。

在台灣廣泛分布於全島中至高海拔山區森林內。

羽片鋸齒緣

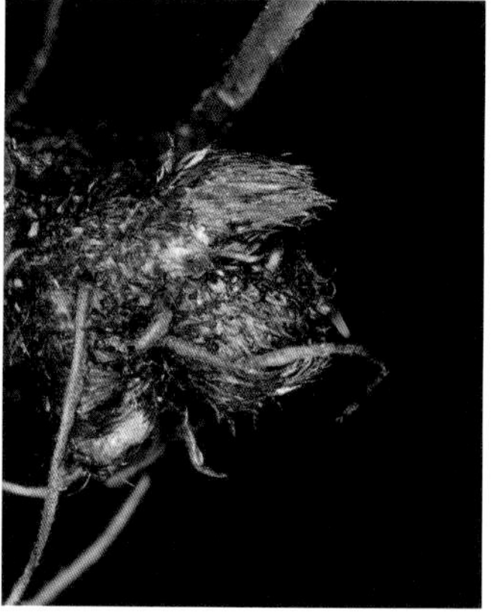

根莖匍匐，被褐色鱗片。

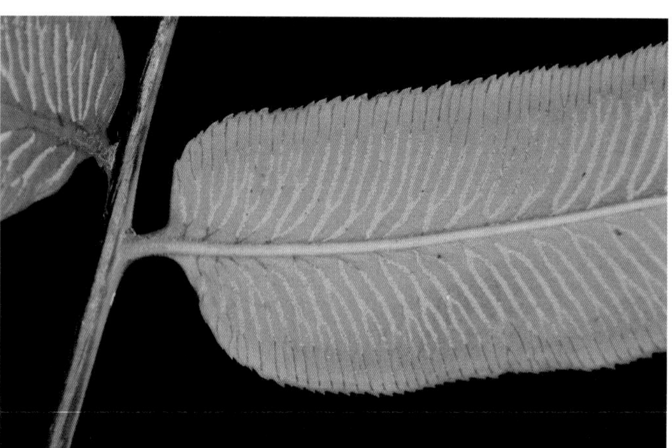

孢子囊沿脈生長，無孢膜。

葉脈游離

廣泛分布於中海拔森林

日本鳳丫蕨

屬名　鳳丫蕨屬

學名　*Coniogramme japonica* (Thunb.) Diels

葉脈網狀，在羽軸兩側形成二至三行狹長的網眼為本種之鑑別特徵。

　　在台灣分布於中海拔山區濕潤林下。

零星分布於中海拔山區

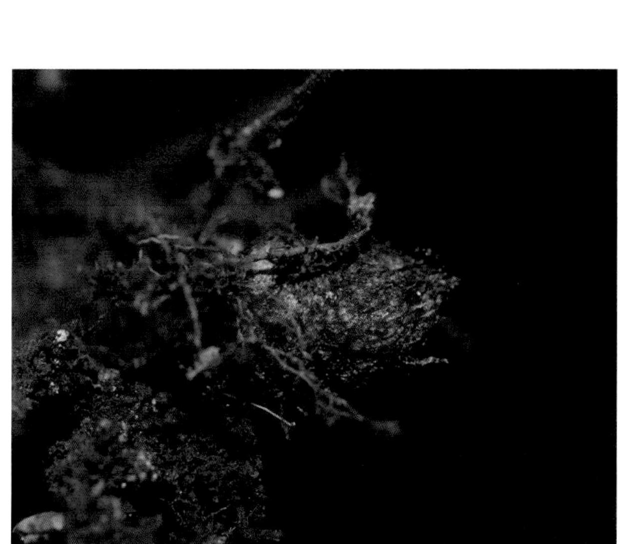

根莖匍匐，被淺褐色鱗片。

葉脈網狀，在羽軸兩側形成二至三行狹長的網眼。

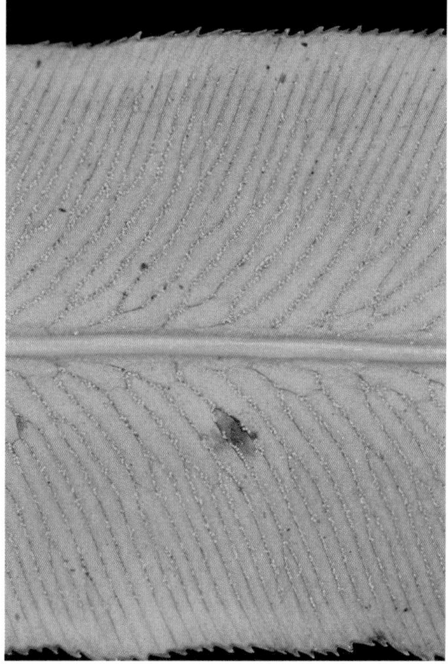

孢子囊沿脈生長

二回羽狀複葉

高山鳳丫蕨

屬名　鳳丫蕨屬

學名　*Coniogramme procera* Wall. *ex* Fée

本種特徵在於一回羽片及基部羽片之二回小羽片對數均遠多在台灣其它同屬物種，常可達 10 對以上；且羽片、小羽片常近垂直於葉軸、羽軸。

在台灣零星分布於宜蘭至花蓮及嘉義至高雄一帶之中海拔霧林環境，生長於濕潤林下及林緣。

葉脈游離，邊緣鈍鋸齒。

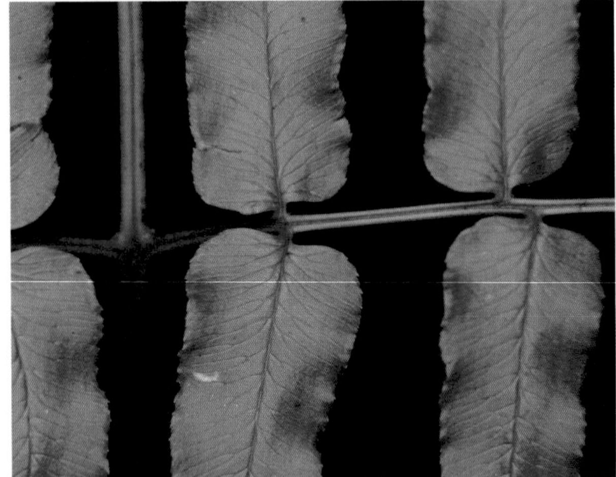

小羽片具短柄，基部平截至心形。

根莖匍匐狀

基羽片具多對小羽片

珠蕨屬 CRYPTOGRAMMA

根莖短植立。葉小，羽狀複葉，明顯葉二型，葉脈游離。孢子囊群為葉緣反捲之假孢膜覆蓋。

高山珠蕨

屬名　珠蕨屬

學名　*Cryptogramma brunoniana* Wall. *ex* Hook. & Grev.

根莖短直立，葉叢生，三回羽狀複葉，孢子葉直立。

在台灣分布於海拔 3000 公尺以上高山灌叢或亂石區，生長於半開闊之岩隙間。

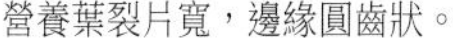

營養葉裂片寬，邊緣圓齒狀。

三回羽狀複葉

孢子葉直立且具長柄

葉叢生，長於高海拔岩縫處。（張智翔攝）

葉緣反捲形成假孢膜

疏葉珠蕨

屬名　珠蕨屬

學名　*Cryptogramma stelleri* (S.G.Gmel.) Prantl

根莖橫走，葉遠生，一至二回羽狀複葉。孢子葉近平展。

在台灣分布於海拔 3000 公尺以上高山環境，多生長於遮蔽良好之岩縫內。

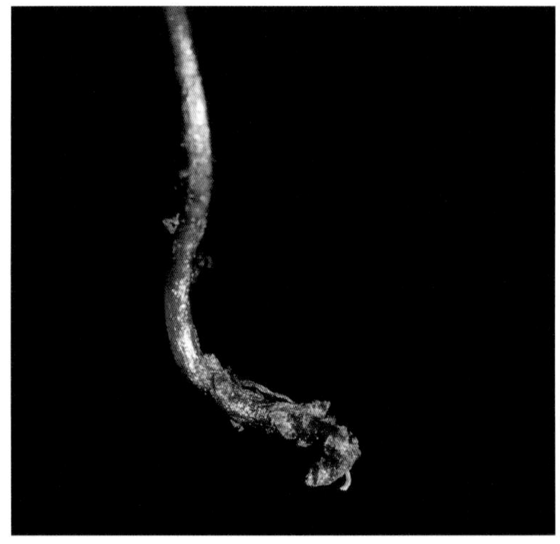

葉基被褐色鱗片

一至二回羽狀複葉，葉身平展。

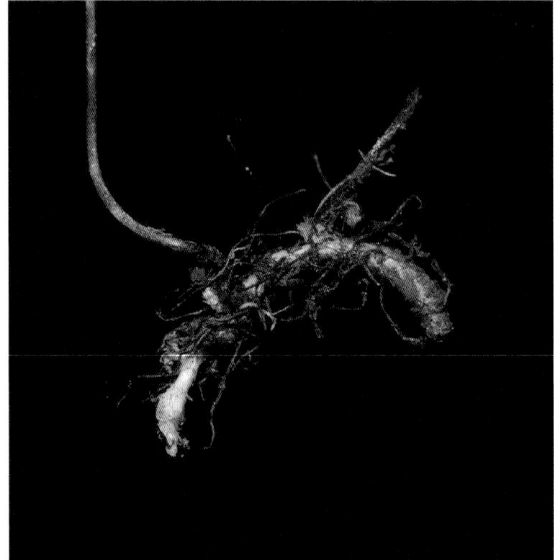

根莖橫走

生長於遮蔽良好之岩縫內

孢子囊群隱蔽於反捲之假孢膜內

黑心蕨屬 DORYOPTERIS

葉柄、葉軸及羽軸皆為亮黑色，葉片五角形。孢子囊群為葉緣反捲之假孢膜覆蓋。

黑心蕨

屬名　黑心蕨屬

學名　*Doryopteris concolor* (Langsd. & Fisch.) Kuhn

根莖短直立，密被黑色披針形鱗片。葉叢生，葉片五角形，二回深羽裂，葉軸、羽軸及小羽軸均呈亮黑色。

在台灣零星分布於中南部中低海拔季節性乾燥環境。

葉軸、羽軸、小羽軸均成明顯亮黑色；孢子囊群線形，沿葉緣生長，連續。

裂片先端尖

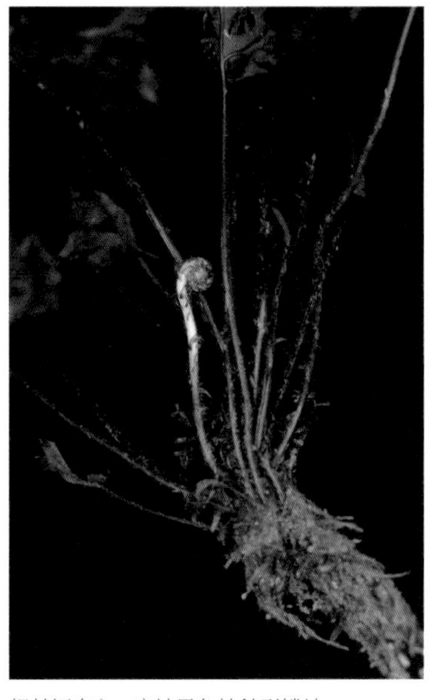

根莖短直立，密被黑色披針形鱗片。

零星分布於中南部中低海拔乾燥環境

書帶蕨屬 HAPLOPTERIS

根莖短橫走。葉片單葉，線形。孢子囊群線形，靠近葉緣。除本書介紹物種外，台灣北部低海拔山區尚存在小葉書帶蕨（*H. capillaris*），其孢子體形態近似一條線蕨，但葉先端孢子囊群生長處略增寬，孢子囊群具單側發育之假孢膜；台灣目前尚未有該種孢子體之觀察報導，僅有獨立配子體之紀錄。

葉近軸面中肋略隆起

姬書帶蕨

屬名　書帶蕨屬

學名　*Haplopteris anguste-elongata* (Hayata) E.H.Crane

根莖匍匐。葉片長線形，中肋在葉近軸面略隆起，在葉遠軸面不明顯。孢子囊群線形，位於葉緣的雙唇狀夾縫中。

在台灣生於林下環境岩壁上或樹幹上。

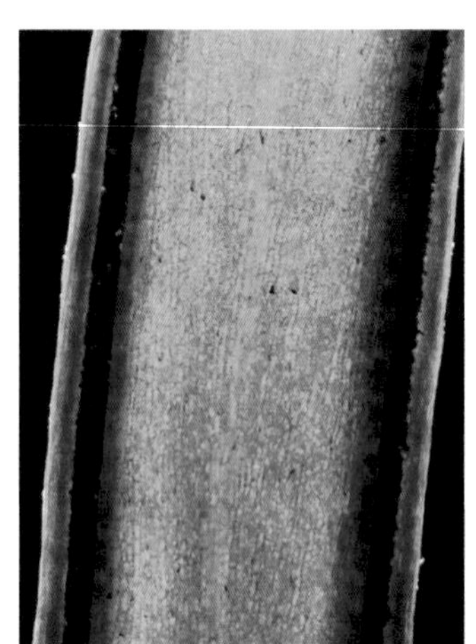

葉脈網狀但不明顯

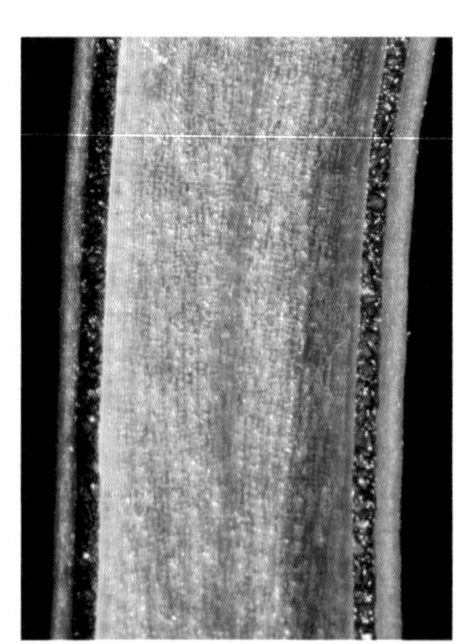

孢子囊群線形，位於葉緣的夾縫中。

植株附生於樹幹上，與苔蘚混生。

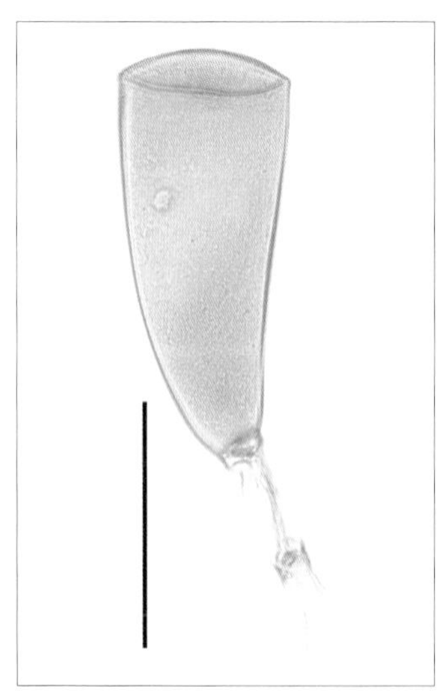

顯微鏡下的孢子囊群側絲，比例尺為 0.1 公釐。

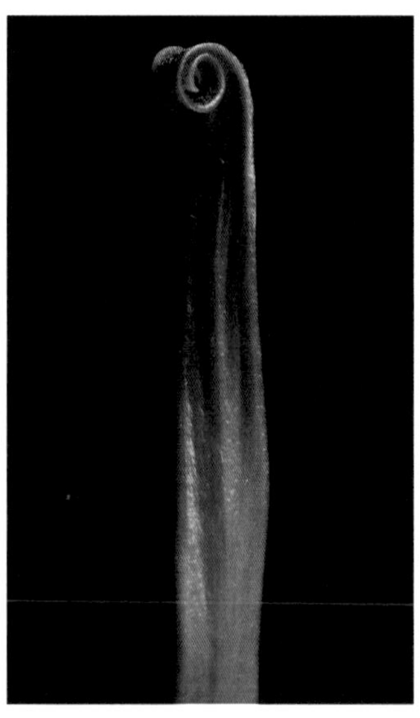

捲旋幼葉紅色

垂葉書帶蕨

屬名　書帶蕨屬

學名　*Haplopteris elongata* (Sw.) E.H.Crane

根莖匍匐，密被黑褐色披針形鱗片。葉遠生，葉片長帶狀。孢子囊群線形，位於葉緣的雙唇狀夾縫中。

在台灣生長於低海拔成熟林內，常著生於山蘇或崖薑蕨等大型著生蕨類基部。

孢子囊群線形，陷於葉緣的溝槽中。

葉脈網狀，於中肋兩側各具一排斜生網眼。

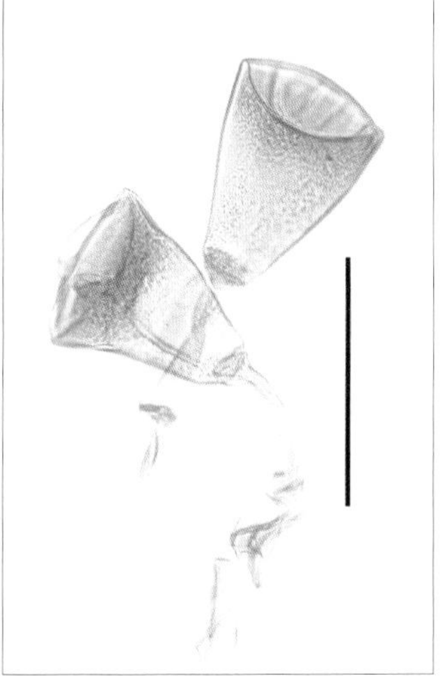

顯微鏡下的孢子囊群側絲，比例尺為 0.1 公釐。

葉近軸面平，不具溝或稜。

根莖短橫走，被窗格狀鱗片。

植株附生於樹幹上

劍葉書帶蕨

屬名　書帶蕨屬

學名　*Haplopteris ensiformis* (Sw.) E.H.Crane

形態上與姬書帶蕨（*H. anguste-elongata*，見第 258 頁）相似，但葉質地近革質，葉近軸面中肋不明顯。

在台灣生長於恆春半島東側低海拔闊葉林或檳榔園樹幹上。

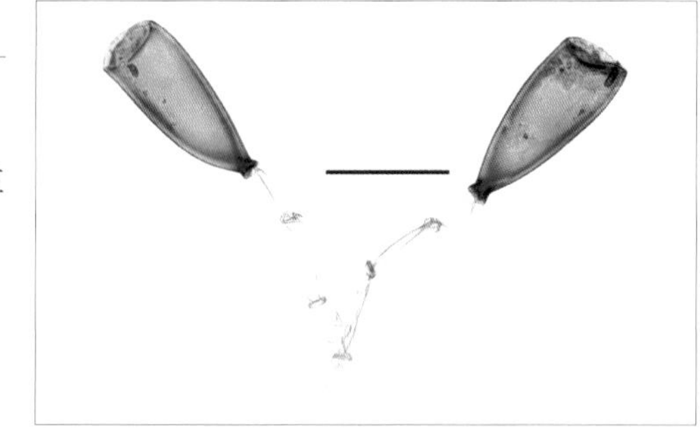

顯微鏡下孢子囊群側絲，比例尺為 0.1 公釐。

捲旋幼葉紅色

捲旋幼葉與根莖

根莖被窗格狀鱗片

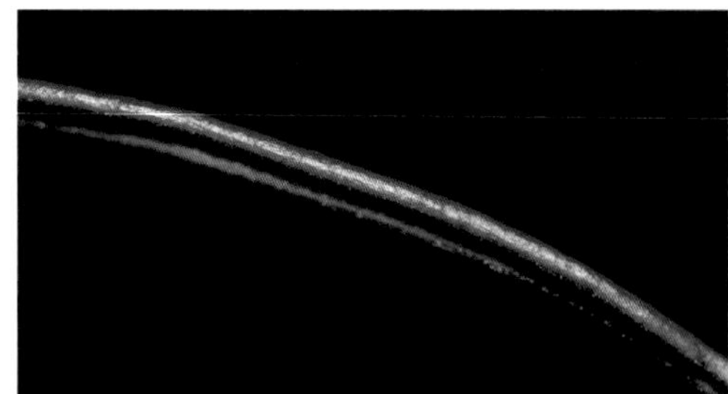

葉片兩側輕微向下彎，以致葉表呈弧面狀。（張智翔攝）

附生於樹幹基部之族群

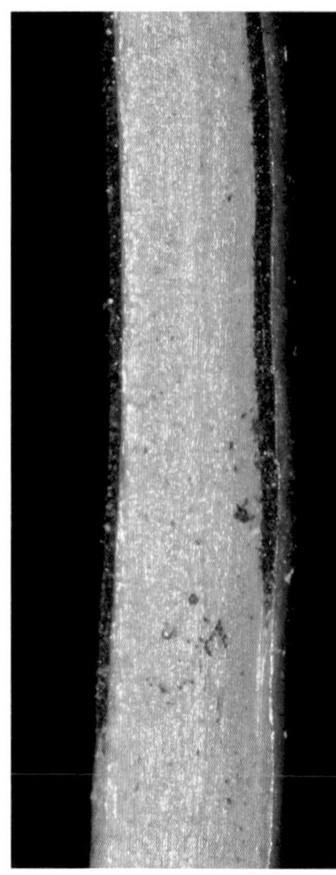

孢子囊群線形，陷於葉緣溝槽中。

書帶蕨

屬名　書帶蕨屬

學名　*Haplopteris flexuosa* (Fée) E.H.Crane

根莖匍匐狀，密被披針形鱗片。葉片長線形，中肋於近軸面具一狹縫，於遠軸面隆起，葉邊緣反捲部分包圍孢子囊群。

在台灣生於中低海拔林下環境岩壁上或樹幹上。

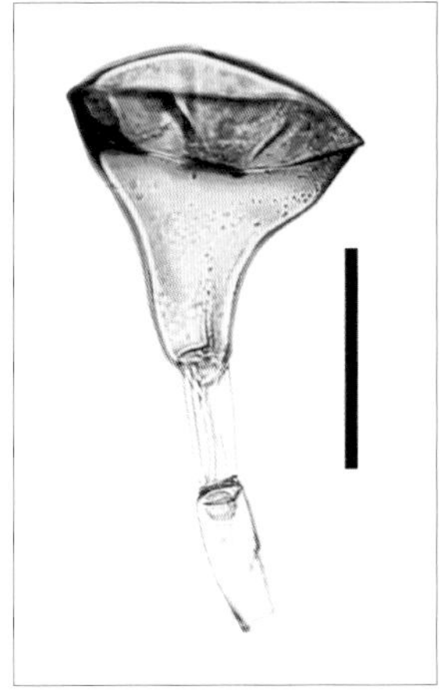

顯微鏡下的孢子囊群測絲，比例尺為 0.1 公釐。

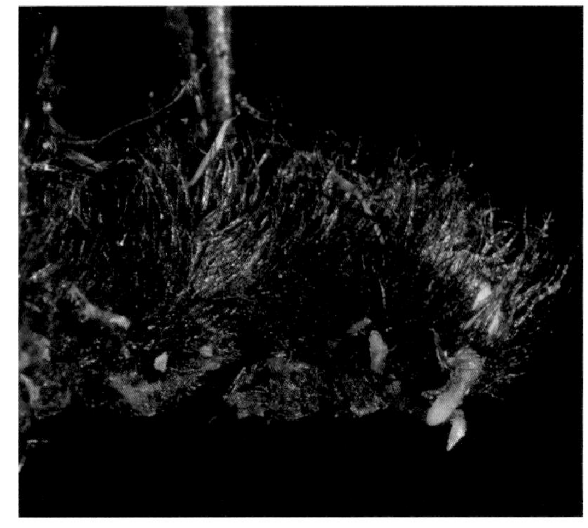

短橫走根莖密被鱗片

孢子囊位於增厚之內緣及反捲之外緣形成之溝槽內。

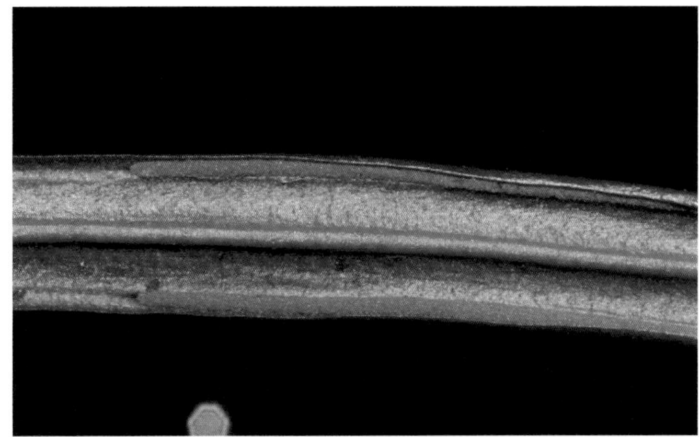

葉遠軸面中肋顯著隆起

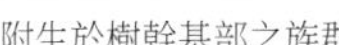

附生於樹幹基部之族群

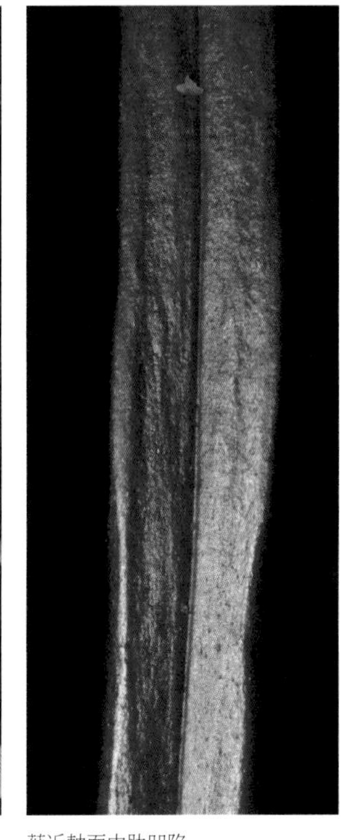

葉近軸面中肋凹陷

異葉書帶蕨

屬名 書帶蕨屬

學名 *Haplopteris heterophylla* C.W.Chen, Y.H.Chang & Yea C.Liu

根莖匍匐，密被黑褐色披針形鱗片。葉片厚革質線形。孢子囊群線形，生於近葉緣的深陷溝槽中。

在台灣生長在台北近郊低海拔地區的山坡岩石上。

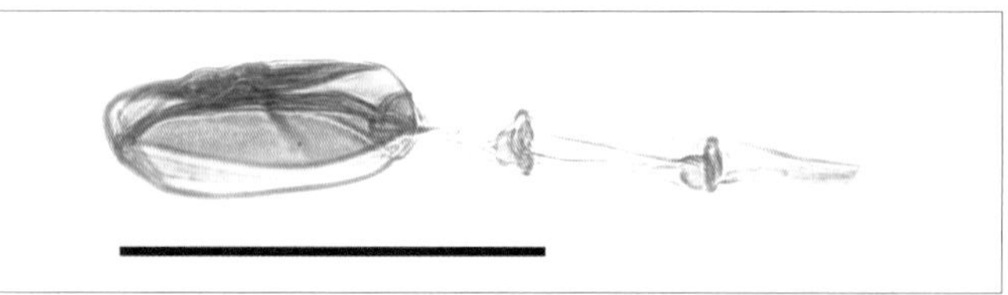

顯微鏡下的孢子囊群側絲，比例尺為 0.1 公釐。

營養葉匙形，孢子葉線形。

捲旋幼葉紅色

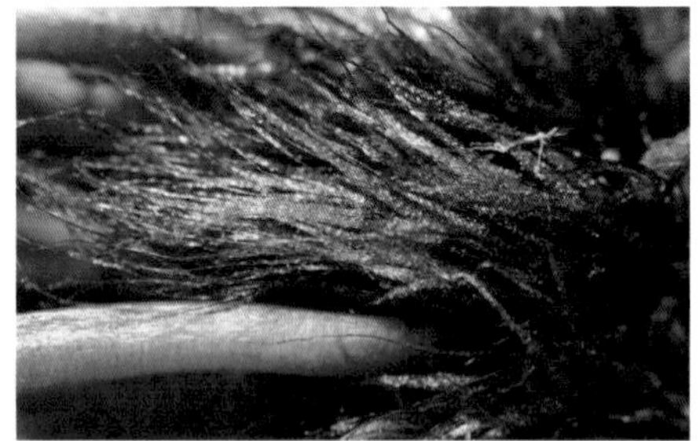

根莖鱗片褐色，窗格狀。

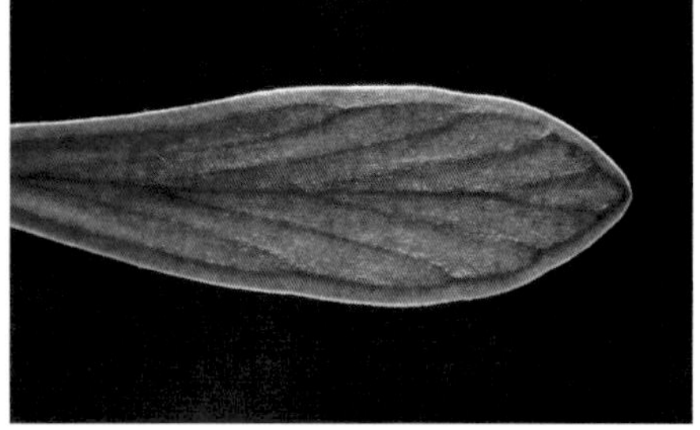

葉脈網狀，於中肋兩側各形成一排網眼。

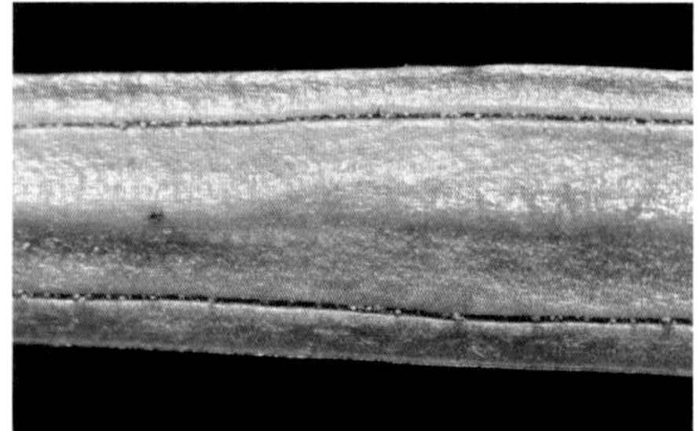

孢子囊群線形，深陷於葉中肋與邊緣間的溝槽中。

群生於布滿苔蘚的岩壁遮蔭處（張智翔攝）

植株生長於岩壁上

中孢書帶蕨

屬名　書帶蕨屬

學名　*Haplopteris mediosora* (Hayata) X.C.Zhang

根莖匍匐，密被披針形鱗片。葉片長線形。孢子囊群線形，位於中肋與葉緣中間，常填滿中肋和葉緣之間的空間。

在台灣分布於玉山及阿里山山脈周邊之檜木林帶環境，常著生在大鐵杉的樹幹上。

根莖密被窗格狀鱗片

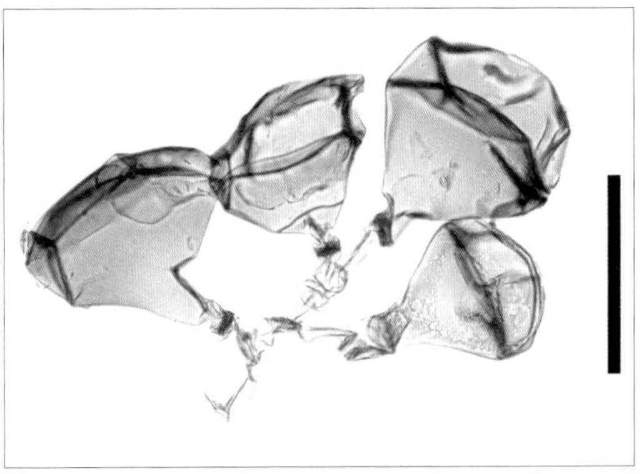

顯微鏡下的孢子囊群側絲，比例尺為 0.1 公釐。

有時葉緣稍反捲，使孢子囊狀似填滿中肋與葉緣間的空間。

孢子囊群表面生，位於中肋與葉緣之間。

在台灣偶見於檜木林帶環境，常高位著生於樹幹上。

葉片長線形，寬度僅 2 ～ 3 公釐。

廣葉書帶蕨

屬名　書帶蕨屬

學名　*Haplopteris taeniophylla* (Copel.) E.H.Crane

形態上書帶蕨（*H. flexuosa*，見第 261 頁）相似，但葉略寬，孢子囊群位於葉遠軸面與葉緣平行，靠近葉緣但仍保持一段距離。

在台灣可見於中海拔檜木林帶，可中、低位著生，岩生或坡生。

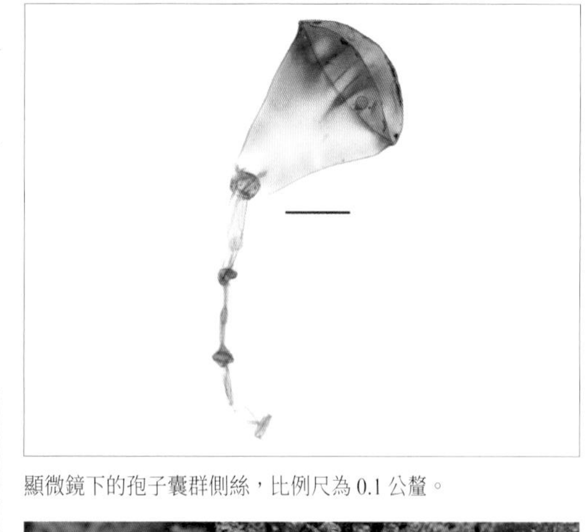

顯微鏡下的孢子囊群側絲，比例尺為 0.1 公釐。

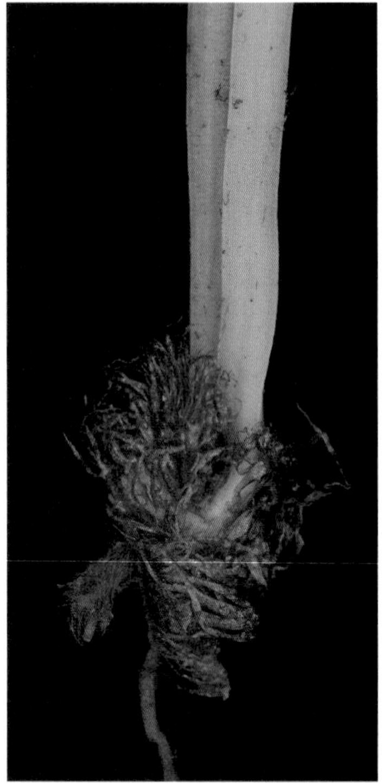

葉無明顯葉柄

葉偶有分岔

根莖鱗片淺褐色，窗格狀。

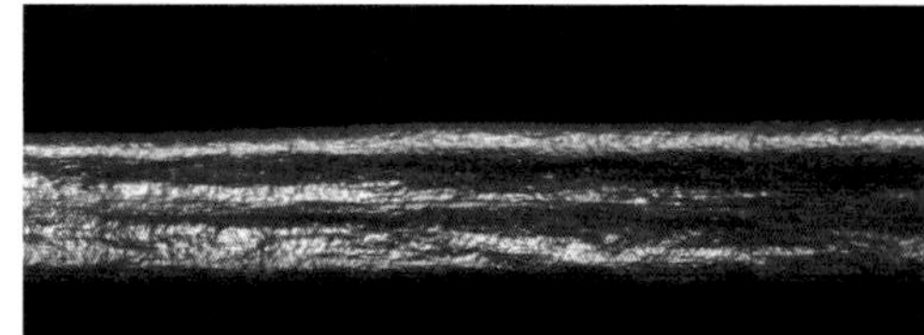

葉近軸面平，不具溝或稜。

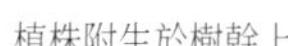

植株附生於樹幹上

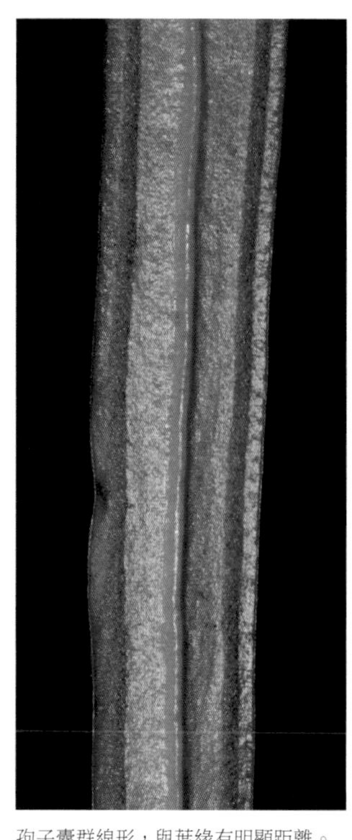

孢子囊群線形，與葉緣有明顯距離。

屋久書帶蕨

屬名　書帶蕨屬

學名　*Haplopteris yakushimensis* C.W.Chen & Ebihara

本種葉片斜出，線狀倒披針形，明顯較台灣其它物種寬闊，質地亦較薄，易於分辨。孢子囊群生於近葉緣但與邊緣有明顯間隔。

在台灣僅發現於東北部山區，生長於低海拔濕潤森林內，多為獨立配子體，孢子體及繁殖葉極少見。

葉遠軸面基部中肋具有明顯的稜

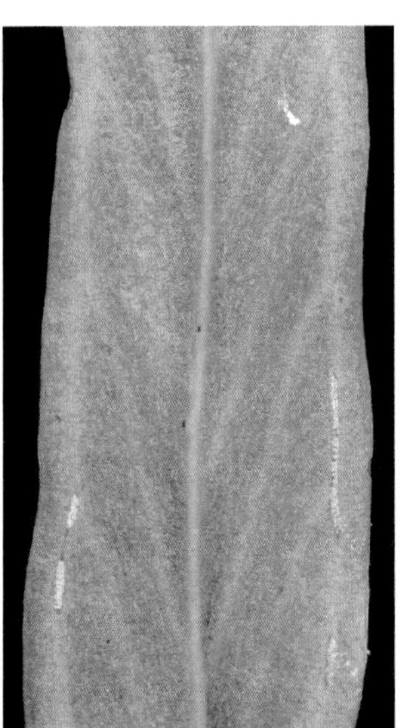

孢子囊群線形，與葉緣有明顯距離。

配子體邊緣生成許多芽孢，可獨立散播。

孢子體附生於樹幹基部

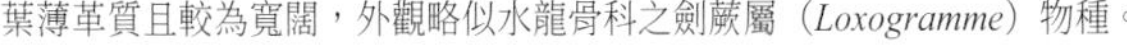

葉薄革質且較為寬闊，外觀略似水龍骨科之劍蕨屬（*Loxogramme*）物種。

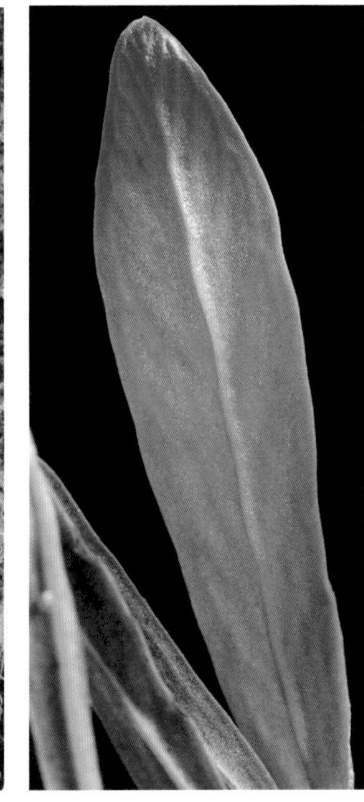

幼葉紅色

金粉蕨屬 ONYCHIUM

根莖橫走，密被鱗片。葉三回羽狀複葉，葉脈游離，末裂片狹窄。孢子囊群在葉脈兩側，被假孢膜所覆蓋。

日本金粉蕨

屬名　金粉蕨屬

學名　*Onychium japonicum* (Thunb.) Kunze

葉柄基部黑色，孢子囊群之假孢膜約 5 公釐長。

在台灣廣泛分布於本島、金門及馬祖低海拔岩壁或乾燥土坡環境。

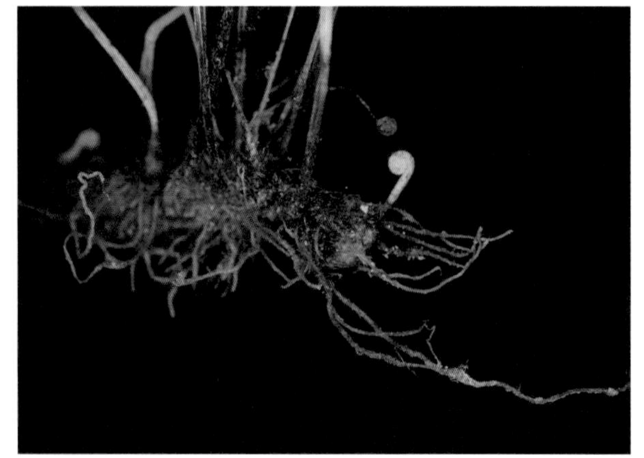

根莖長匍匐，被棕色鱗片，葉柄基部黑色。

葉片光滑無毛

三至四回羽狀複葉，末裂片細長。

假孢膜幾乎占滿整個末裂片，約 5 公釐長，開口朝內。

分布於全島低海拔岩壁或乾燥土坡環境

高山金粉蕨

屬名　金粉蕨屬

學名　*Onychium lucidum* (D.Don) Spreng.

葉柄基部深草桿色，孢子囊群之假孢膜約 3 公釐長。

在台灣零星分布於全島中海拔針闊葉混合林環境。

能育裂片稍短於近緣類群

假孢膜幾乎占滿整個末裂片，約 3 公釐長，開口朝內。

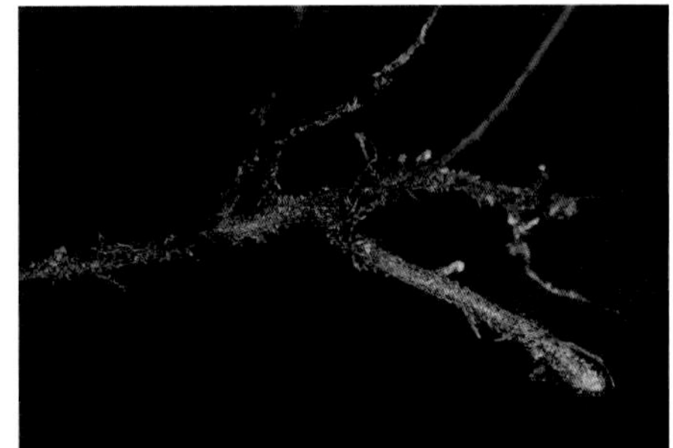

具長橫走根莖

末裂片細長，先端尖。

三至四回羽狀複葉，零星分布於中海拔針闊葉混合林環境。

金粉蕨

屬名　金粉蕨屬

學名　*Onychium siliculosum* (Desv.) C.Chr.

孢子葉遠軸面具黃色蠟質粉末，假孢膜長 1 ～ 2 公分為本種之主要區別特徵。

在台灣零星分布於中南部低海拔乾燥環境。

營養葉分裂較細，末裂片短小。

葉背滿布孢子囊群

孢子葉末裂片狹橢圓形

根莖短，被淡褐色鱗片。

裂片疏散，頂端末裂片較其他種細長。

金毛裸蕨屬 PARAGYMNOPTERIS

根莖短橫走。葉一至二回羽狀複葉，密被柔毛。孢子囊散生於葉遠軸面。

金毛裸蕨

屬名　金毛裸蕨屬

學名　*Paragymnopteris vestita* (Hook.) K.H.Shing

根莖短而匍匐狀，密被黃色披針形鱗片。一回羽狀複葉，大型個體基羽片偶有二回裂片；羽片各處均被淡褐色貼伏之長柔毛，遠軸面毛被極密而近軸面較疏。孢子囊群沿網脈生長，為毛被所覆，成熟時約略可見。

在台灣生長於中部中海拔地區林緣土壁上或灌木叢石縫中。

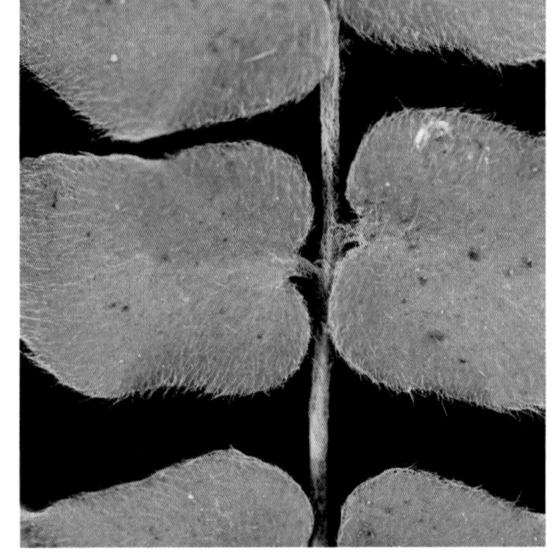

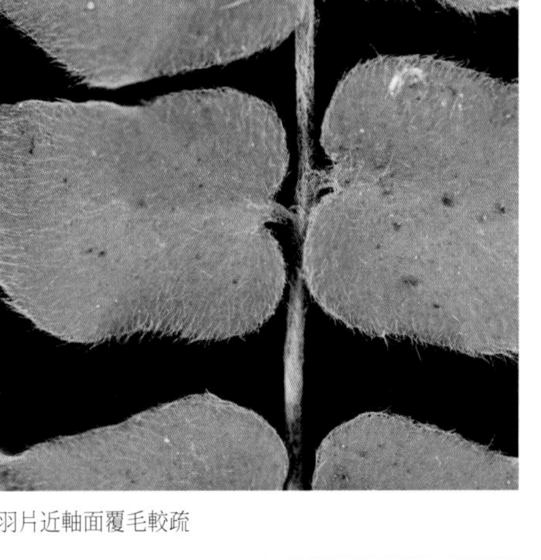

羽片近軸面覆毛較疏

生長於中海拔季節性乾燥之岩壁或土坡

孢子囊群沿網脈生長，被鱗片覆蓋住，成熟時約略可見。

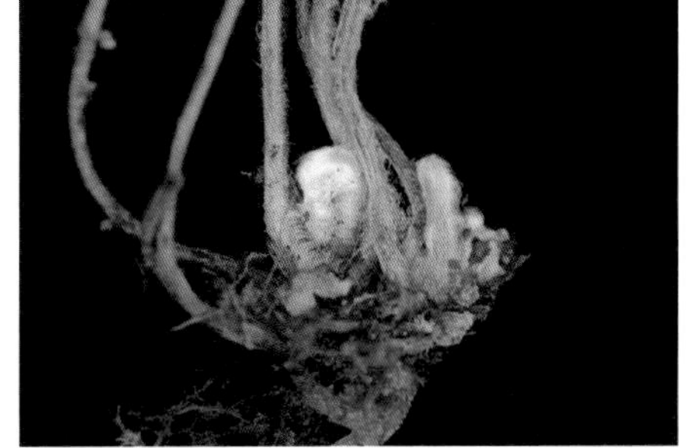

根莖短而匍匐狀，密被黃色披針形鱗片。

大型個體基部羽片三角狀心形且偶有二回分裂

多為一回羽狀複葉，具獨立頂羽片。

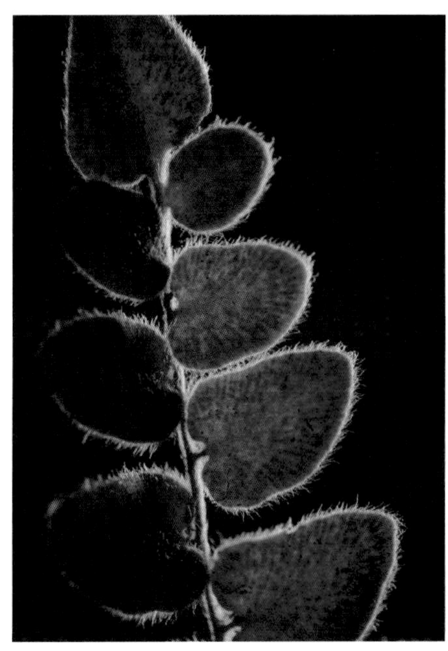

葉片各處被淡金色伏毛

澤瀉蕨屬 PARAHEMIONITIS

葉單生，心形，全緣，營養葉與孢子葉明顯兩型。此屬及屬下唯一的物種澤瀉蕨因相關學名發表過程的缺失而產生許多命名學上的爭議，至今仍未有定論；本書則暫沿襲近代文獻中較常用的學名。

澤瀉蕨

屬名　澤瀉蕨屬

學名　*Parahemionitis cordata* (Roxb. *ex* Hook. & Grev.) Fraser-Jenk.

根狀莖短，直立，頂端被狹披針形小鱗片。葉叢生，心形，葉稍二型，孢子葉葉柄較營養葉長，網狀脈，孢子囊群沿網脈著生。根先端偶有高芽產生出地表面形成新植株。

在台灣分布於南部低海拔季節性乾燥環境，生長於林緣半遮蔭土坡上。部分研究者認定本種正確學名為 *Mickelopteris cordata*。

生長於季節性乾燥之林緣土坡

營養葉平展；孢子葉直立，具長柄。

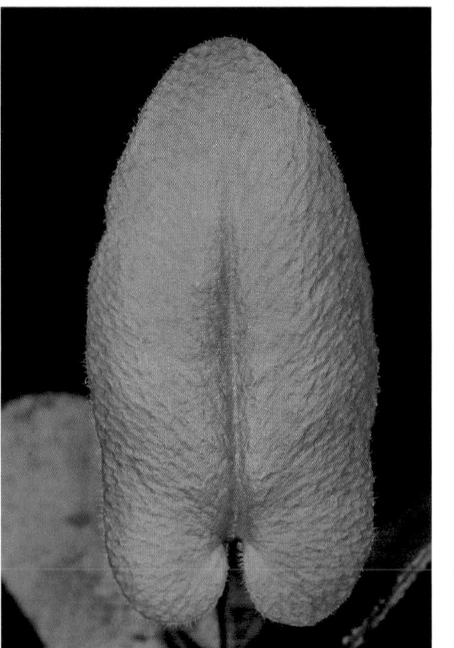

葉長橢圓形，基部心形。

孢子囊沿網脈著生，無孢膜。

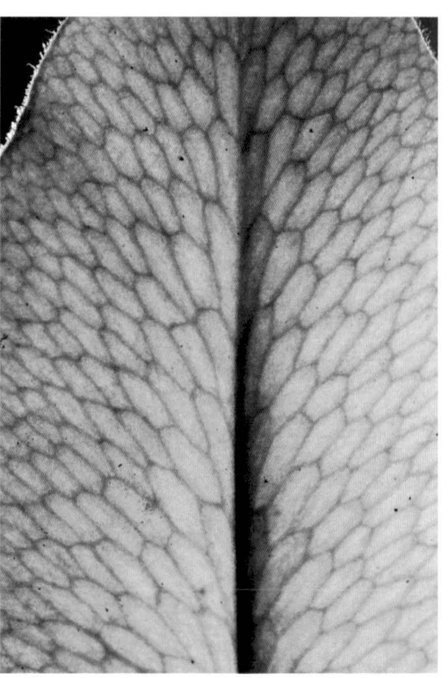

葉脈網狀，網眼中無游離小脈。

粉葉蕨屬 PITYROGRAMMA

根莖短直立，葉二至三回羽狀複葉，營養葉與孢子葉同型，葉遠軸面具白色蠟粉。

粉葉蕨

屬名　粉葉蕨屬

學名　*Pityrogramma calomelanos* (L.) Link

根莖短而直立。葉叢生，葉片狹長圓狀披針形，三回羽裂，遠軸面具白色蠟粉。

歸化種，廣泛分布於全島低至中海拔山區，常見於溪谷、崩壁等開闊環境。

葉叢生，基部被褐色鱗片。

葉遠軸面覆有乳白色蠟粉，孢子囊群沿脈生長，不具孢膜。

小羽片菱形，邊緣鋸齒，先端尖。

常見於開闊溪谷或乾燥邊坡環境

鳳尾蕨屬 PTERIS

根莖短直立或短橫走，葉片叢生，大多光滑或近乎光滑，多為一至二回羽狀複葉，基羽片基部下側常各有一或多枚發育如羽片狀之小羽片或裂片，使葉基呈鳳尾狀；有時此裂片格外發達，使整體葉形呈掌狀或鳥足狀。孢子葉與營養葉同型或稍有分化，孢子囊群為羽片或裂片邊緣反捲形成連續的假孢膜所覆蓋。

成熟個體之營養葉形態，以及小脈在羽軸或小羽軸附近交會之形式為此屬許多類群之重要鑑別依據，觀察時需特別留意。

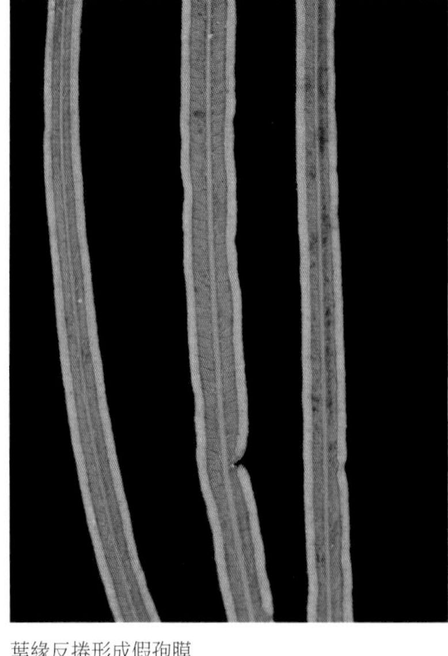
葉緣反捲形成假孢膜

細葉鳳尾蕨 特有種

屬名　鳳尾蕨屬
學名　*Pteris angustipinna* Tagawa

一回羽狀複葉，側羽片大多僅 1 對而呈三出狀，偶具 2 對羽片，或於側羽片基下側有一枚短裂片；羽片長線形，不育部分鋸齒緣；側脈間有少量假脈。

特有種，僅見於南投中海拔山區潮濕岩壁環境。

營養葉邊緣鋸齒狀

頂羽片具柄；側羽片斜出。

根莖短橫走，被深色鱗片。

側羽片基下側偶具額外之短裂片

葉大多呈三出狀

生長於潮濕岩壁縫隙間

阿里山鳳尾蕨

屬名　鳳尾蕨屬

學名　*Pteris arisanensis* Tagawa

葉二回深裂，基羽片基下側各有一枚羽片狀裂片；裂片第一對小脈於裂片間缺口處交會，形成三角形網眼，或有時接於缺口微上方處，而不形成網眼。

在台灣分布於中、南部中低海拔濕潤林下或林緣。

二回羽狀深裂，基羽片基下側有一枚羽片狀裂片。

葉柄基部被長披針形鱗片

小脈在羽軸兩側形成三角形網眼

基部小脈有時連接於缺刻處稍上方邊緣，不形成網眼。

多見於中南部山區

完全發育之能育裂片常為披針形

長柄鳳尾蕨

屬名 鳳尾蕨屬

學名 *Pteris bella* Tagawa

葉柄及葉軸黑褐色，表面光亮；葉二回深裂，橢圓形，基羽片基下側各有一枚羽片狀裂片；羽片深裂幾達羽軸，裂片長橢圓形，先端圓，全緣。

在台灣主要分布於北部、東部及東南部低至中海拔終年有雨之區域，生長於濕潤森林底層。

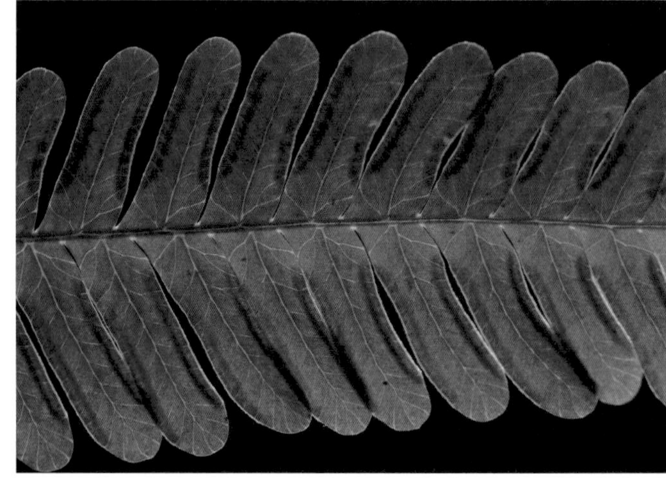

側脈單一或二岔，不形成網眼。

裂片幾乎深裂至羽軸，全緣，先端圓鈍。

側羽片幾乎無柄

分布於全島潮濕闊葉林下

葉柄黑色，基部被褐色鱗片。

弧脈鳳尾蕨

屬名　鳳尾蕨屬

學名　*Pteris biaurita* L.

形態上與阿里山鳳尾蕨（*P. arisanensis*，見第 273 頁）相似，但羽軸兩側網眼邊緣為弧形，弧頂與裂片間缺刻處仍有一段距離，通常有 2 條小脈與裂片缺刻相連。

在台灣主要分布於中、南部中低海拔闊葉林下，常生於略為乾燥之環境。

於高雄、屏東一帶低海拔山區可見部分族群（*P.* aff. *biaurita*），其羽片分裂較深，網眼邊緣與裂片缺刻接近，而扁平弧狀之網眼亦能與阿里山鳳尾蕨之三角形網眼區辨，分類地位仍待確認。

葉柄基部黑色，被深褐色雙色鱗片。

基羽片基下側有 1 枚羽片狀裂片

羽軸兩側網眼為弧形，弧頂常有 2 條小脈連接至裂片缺刻處。

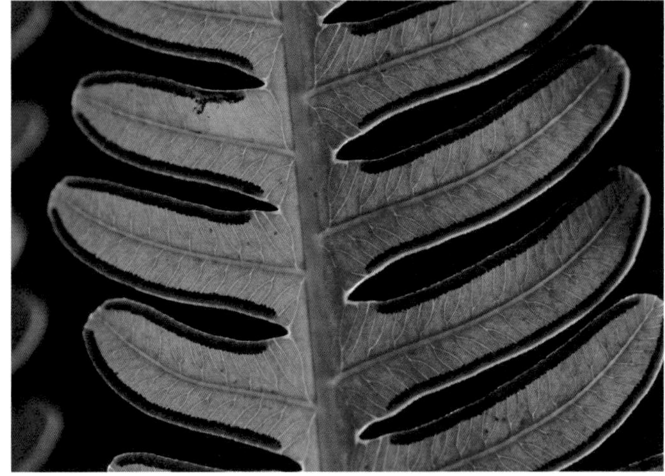

P. aff. *biaurita* 羽軸兩側網眼上緣與裂片缺刻接近

分布於中低海拔闊葉林下

P. aff. *biaurita* 羽片分裂較深

卡氏鳳尾蕨

屬名　鳳尾蕨屬

學名　*Pteris cadieri* Christ

根莖短而直立，先端被黑褐色鱗片，葉叢生。本種為卡氏鳳尾蕨複合群（*P. cadieri* complex）中，葉片分裂最簡單的物種之一，營養葉及孢子葉均為一回羽狀複葉，基羽片之基下側具延長之裂片，側羽片大多1～2對。營養葉偶有不規則生長之二回裂片，孢子葉羽片邊緣常為淺圓齒狀且稍有波狀起伏；小脈之間有長而密集之假脈，高倍放大時葉肉呈條紋狀。

在台灣分布於全島低海拔山區，但僅於台北、宜蘭、南投及恆春半島東側等局部區域內有較普遍之族群，生長於多雨的闊葉林內，常與種群內之其他物種混生。

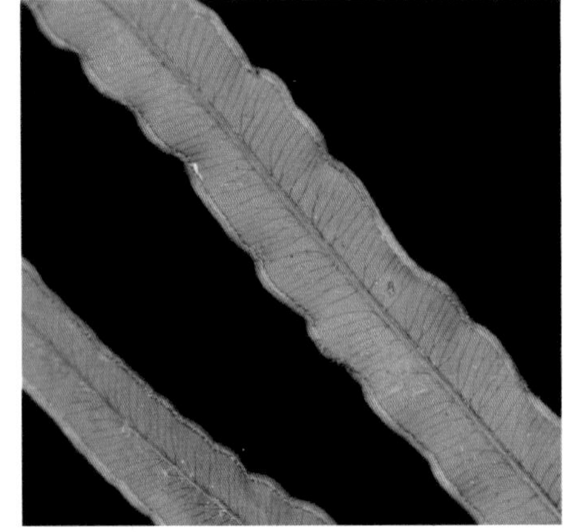

孢子葉緣淺圓齒狀，假孢膜連續。

分布於全島低海拔山區

葉緣圓齒狀，頂端具小刺。

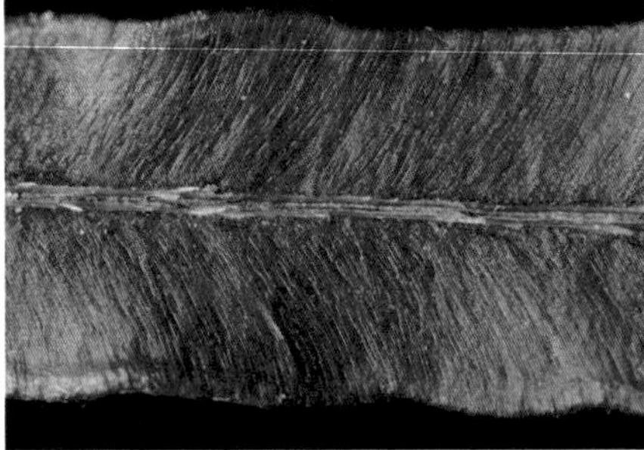

假脈形成之長刻紋在葉近軸面密集分布

羽片間之葉軸上具連接的狹翅

根莖短而直立，先端被黑褐色鱗片。

基羽片之基下側具延長之裂片

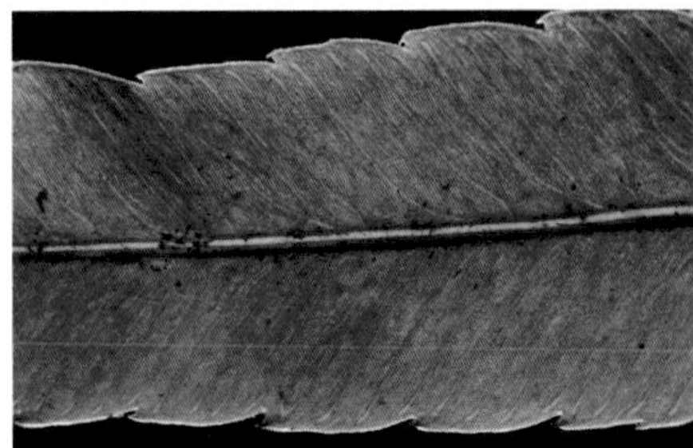

側脈間具長而密集的假脈

大葉鳳尾蕨

屬名　鳳尾蕨屬

學名　*Pteris cretica* L.

根莖短直立，被黑褐色鱗片。葉叢生，一回羽狀複葉，常有 2 ～ 5 對側羽片，基羽片基下側常有額外發育之裂片。營養葉與孢子葉二型，營養葉羽片寬 2 公分左右，葉緣具軟骨質邊及銳鋸齒；孢子葉具長柄且羽片明顯較窄。葉緣明顯波狀起伏，且具不規則尖刺的族群有時被視為一個不同的亞種，稱為粗糙鳳尾蕨（*P. cretica* subsp. *laeta*）；由於目前定義之「大葉鳳尾蕨」實際上涵蓋一極複雜之種群，種群內之分類仍待深入研究，因此本書暫不細分。

在台灣廣泛分布於全島中海拔潮濕林下。

營養葉線狀橢圓形

孢子葉較細，葉緣反捲形成假孢膜。

葉緣芒齒狀且波狀起伏之族群曾被稱為「粗糙鳳尾蕨」

葉二型，孢子葉具長柄。

羽片具軟骨邊，側脈間無假脈。

掌鳳尾蕨

屬名　鳳尾蕨屬

學名　*Pteris dactylina* Hook.

一回羽狀複葉，側羽片大多僅一對，且基下側各具一枚幾與羽片等長之裂片，而狀似掌狀複葉；但亦偶有二對側羽片及延伸之羽軸；羽片線形，不育處具疏鋸齒緣，側脈間無假脈。

在台灣零星分布於中高海拔山區岩壁環境。

葉柄深棕色，基部被黑褐色鱗片。

葉緣反捲形成假孢膜

葉片多狀似掌狀複葉

葉緣具軟骨質邊

偶有二對側羽片及延長之羽軸

中南部高海拔山區岩壁環境

岩鳳尾蕨

屬名　鳳尾蕨屬

學名　*Pteris deltodon* Baker

根莖短橫走，先端被黑褐色鱗片。葉叢生，葉片闊卵形，奇數一回羽狀複葉，側羽片1～2對，通常短於頂羽片；偶為單葉。營養葉與孢子葉同型，不育部分具鋸齒緣。

在台灣零星分布於北部及東部石灰岩壁環境。

葉緣反捲形成假孢膜

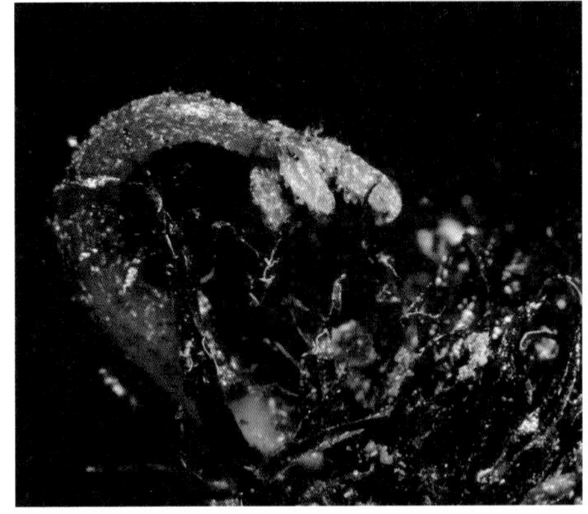
葉柄深棕色，基部被黑褐色鱗片。

較大個體具2對側羽片

較小個體為單葉或三出狀

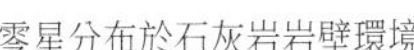
零星分布於石灰岩岩壁環境

葉片闊卵形，三出複葉。

二型鳳尾蕨

屬名　鳳尾蕨屬

學名　*Pteris dimorpha* Copel. var. *dimorpha*

與其他卡氏鳳尾蕨複合群（*P. cadieri* complex）之成員主要的區別為營養葉為大致規律之二回羽裂，且基羽片不明顯彎曲；孢子葉具不規則發育及分布的二回裂片，通常在同一個體內即可見顯著的變化；側脈間假脈不明顯，或甚短而稀疏分布。

在台灣分布於北部及東北部低海拔山區。

葉緣反捲形成假孢膜

孢子葉一回羽狀複葉，多少有不規則之裂片。

營養葉二回羽裂，基羽片不明顯彎曲。

葉叢生，孢子葉具長柄。

個體間或個體內之葉片分裂形式均頗有差異

假脈形成之短刻紋在葉近軸面僅稀疏分布

側脈間假脈不明顯或短而稀疏

擬翅柄鳳尾蕨

屬名　鳳尾蕨屬

學名　*Pteris dimorpha* Copel. var. *metagrevilleana* Y.S.Chao, H.Y.Liu & W.L.Chiou

與承名變種（二型鳳尾蕨，見前頁）之主要區別為孢子葉為規律之二回深羽裂。其外觀亦多少近似翅柄鳳尾蕨（*P. grevilleana*，見第 290 頁），主要區別為孢子葉裂片排列較為鬆散，且側脈間假脈不顯著。

在台灣分布於東北部近海之淺山森林內，甚為罕見。

生長於低海拔次生林內

營養葉二回羽裂

葉近軸面具極少假脈形成之短刻紋

側脈間假脈不明顯或短而稀疏

孢子葉為規律之二回羽裂

孢子葉裂片間有較大空隙

側羽片 1～3 對

尾葉鳳尾蕨

屬名　鳳尾蕨屬

學名　*Pteris dimorpha* Copel. var. *prolongata* Y.S.Chao, H.Y.Liu & W.L.Chiou

與承名變種（二型鳳尾蕨，見第 280 頁）之主要區別為營養葉存在二回羽裂至一回羽狀複葉之變化；孢子葉則為一回羽狀複葉，極罕有少量二回裂片，且頂羽片明顯延長。部分個體外觀可能近似卡氏鳳尾蕨（*P. cadieri*，見第 276 頁），但本變種側脈間僅有極少的假脈，可明確區辨。

在台灣分布於北部及東部低海拔山區林下。

根莖及葉柄基部被褐色披針形鱗片

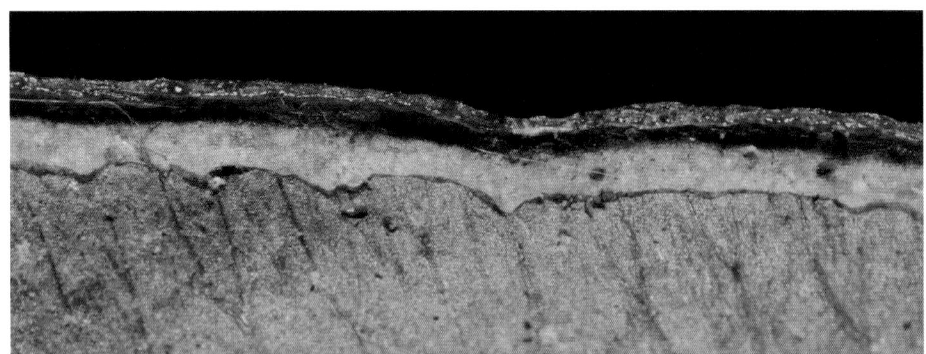

葉緣反捲形成假孢膜

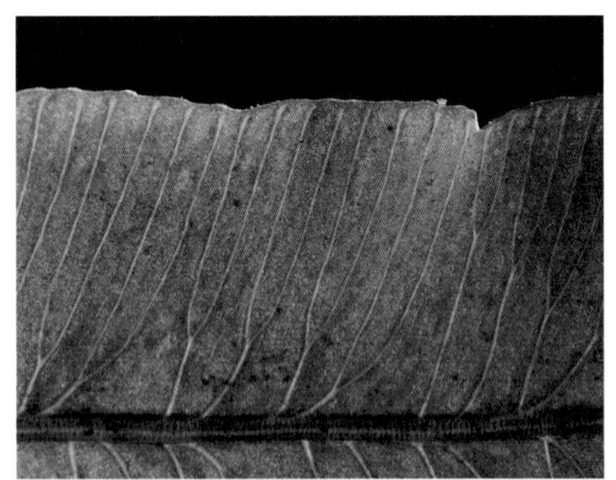

側脈間僅有極少的假脈

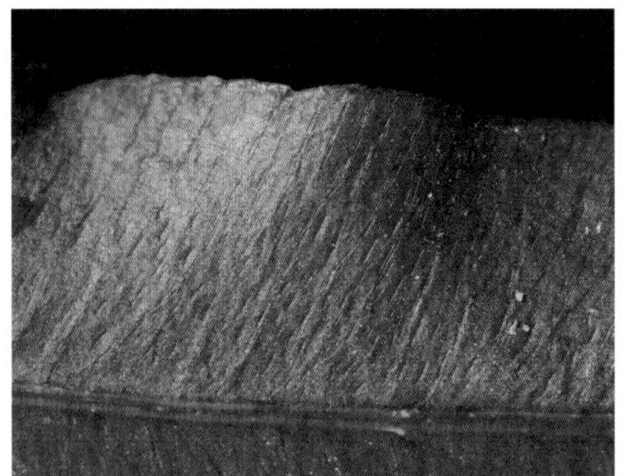

假脈形成之短刻紋在葉近軸面稀疏分布

營養葉偶具二回裂片

孢子葉一回羽狀複葉，偶有不規則裂片。

葉片闊卵形

天草鳳尾蕨

屬名　鳳尾蕨屬

學名　*Pteris dispar* Kunze

形態上與半邊羽裂鳳尾蕨（*P. semipinnata*，見第 304 頁）相近，但本種植物體通常較纖弱，羽片上側常有不規則裂片，且裂片不育部分為銳鋸齒緣。

在台灣廣泛分布於全島低海拔山區。本種與半邊羽裂鳳尾蕨之學名存在長期爭議，但於 2017 年國際植物學大會表決後已分別重新確認為本書採用之學名。

廣泛分布全島低海拔

側脈幾達葉緣

葉柄基部被長鬃狀棕色鱗片

不育裂片具顯著鋸齒緣

葉緣反捲形成假孢膜

能育裂片最先端常有齒狀之不育部分

側羽片通常顯著不對稱

耶氏鳳尾蕨

屬名　鳳尾蕨屬

學名　*Pteris edanyoi* Copel.

近似瓦氏鳳尾蕨（*P. wallichiana*，見第310頁）及三腳鳳尾蕨（*P. tripartita*，見第308頁），但小羽片明顯較寬，發育良好之裂片長達3～6公分，裂片中下部中肋兩側具有網眼。

偶見於恆春半島東側林間之開闊溪床，1913年亦曾於台東有一次紀錄。

營養葉裂片較寬，具淺齒緣。

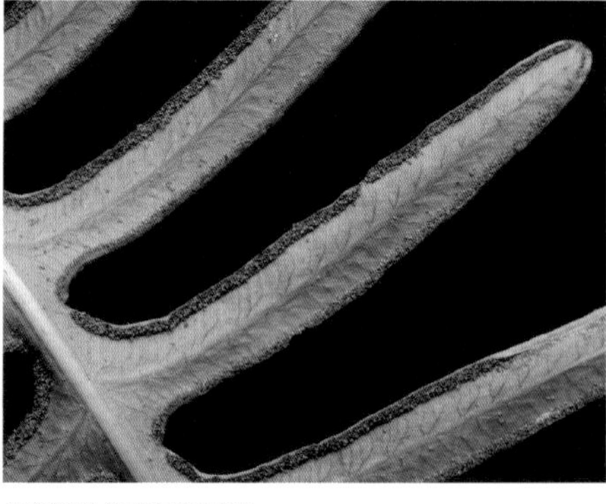

能育裂片線狀長橢圓形

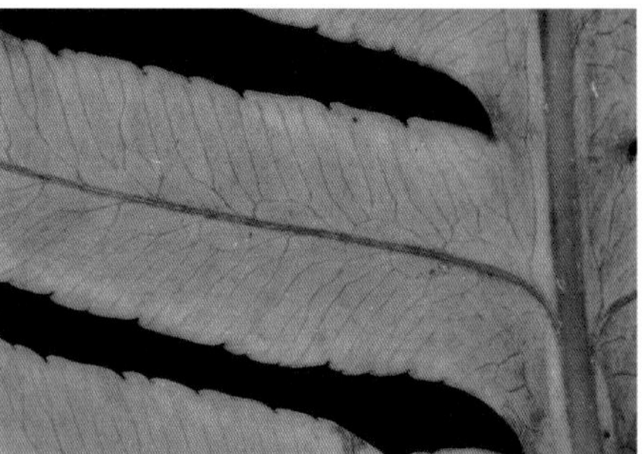

裂片下部中肋兩側各有一排網眼

能育裂片長達3～6公分

羽軸兩側或中肋基部偶出現第二排網眼

葉片鳥足狀分裂

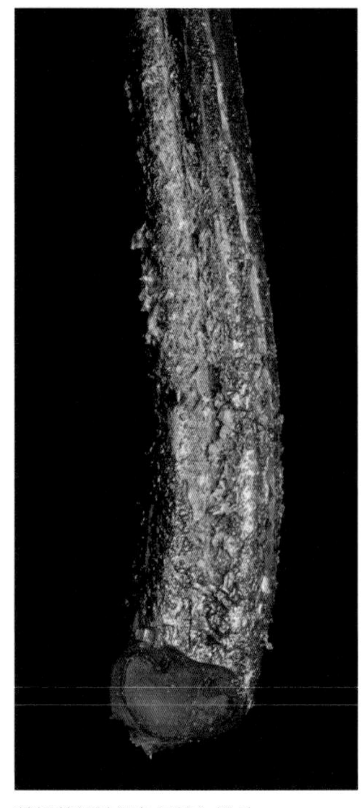

葉柄基部被褐色早落之鱗片

箭葉鳳尾蕨

屬名　鳳尾蕨屬
學名　*Pteris ensiformis* Burm.f.

根莖斜生，被黑褐色鱗片，葉叢生，明顯二型。孢子葉葉軸無翼，下部側羽片常羽裂且上下兩側均有裂片。

在台灣廣泛分布於全島低海拔地區，亦常見於人工環境。

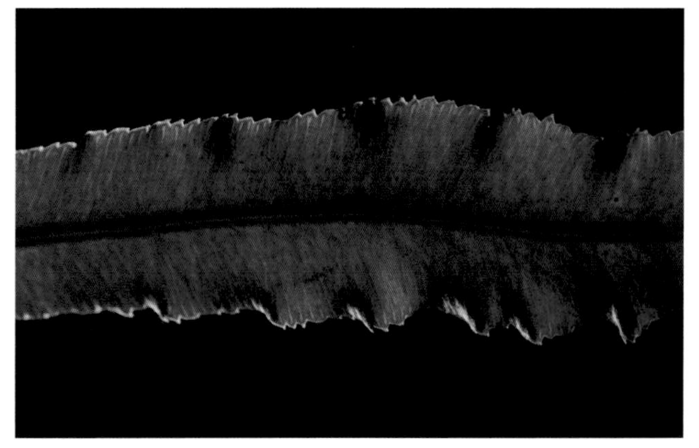

不育裂片為鋸齒緣

半育之葉片，不育裂片為橢圓形，能育裂片為線形。（張智翔攝）

孢子葉狹長，羽片基部具向上突起的裂片，葉軸上不具翅。

營養葉緣鋸齒，中下部葉軸無翅。

下部羽片的兩側均有裂片（張智翔攝）

葉多為兩型，常見於路旁草地。（張智翔攝）

箭葉鳳尾蕨×琉球鳳尾蕨

屬名　鳳尾蕨屬

學名　*Pteris ensiformis* × *P. ryukyuensis*

形態介於箭葉鳳尾蕨（*P. ensiformis*，見前頁）與琉球鳳尾蕨（*P. ryukyuensis*，見第 302 頁）之間，可能為二類群之天然雜交種。

偶見於二親本混生之處。

孢子葉裂片長線形

側羽片常 2 或 3 岔

側脈間無假脈

不育裂片下部近全緣或不規則齒緣，上部鋸齒緣。

營養葉具延長之頂羽片，側羽片僅 1 ～ 2 對。

營養葉具延長之頂羽片，側羽片僅 1 ～ 2 對。

形態介於箭葉鳳尾蕨與琉球鳳尾蕨之間

傅氏鳳尾蕨

屬名　鳳尾蕨屬

學名　*Pteris fauriei* Hieron. var. *fauriei*

根莖先端連同葉柄基部密被狹長披針形鱗片，鱗片深褐色含極窄之淡褐邊。葉柄草稈色；葉片卵狀三角形，二回羽狀深裂，較大個體基羽片下側通常具多對羽片狀之裂片；羽片基部寬楔形，具短柄，深裂幾達羽軸；裂片厚革質，表面光亮，全緣，先端圓鈍，葉脈游離。

典型之傅氏鳳尾蕨大多生長於近海之半開闊環境，且為三倍體。在各地中低海拔山區往昔鑑定為傅氏鳳尾蕨的類群則包含部分隱蔽種及近緣種間雜交起源之類群，形成一複雜之種群，尚待研究解析。

葉厚革質，表面光亮。

基羽片基下側固定僅有1枚羽片狀裂片的類群，可見於全島山區森林環境，分類地位待確認。

基羽片基下側常有多枚羽片狀裂片

側脈游離，不形成網眼。

羽片基部寬楔形，具短柄。

裂片長橢圓形，全緣，先端圓。

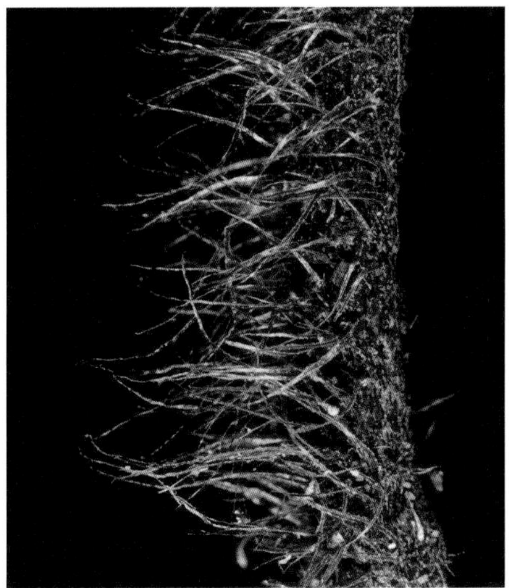

葉柄基部鱗片暗褐色，狹長披針形。

葉片質地薄，表面光澤微弱的近緣類群，可見於恆春半島。

小傅氏鳳尾蕨

屬名　鳳尾蕨屬

學名　*Pteris fauriei* Hieron. var. *minor* Hieron.

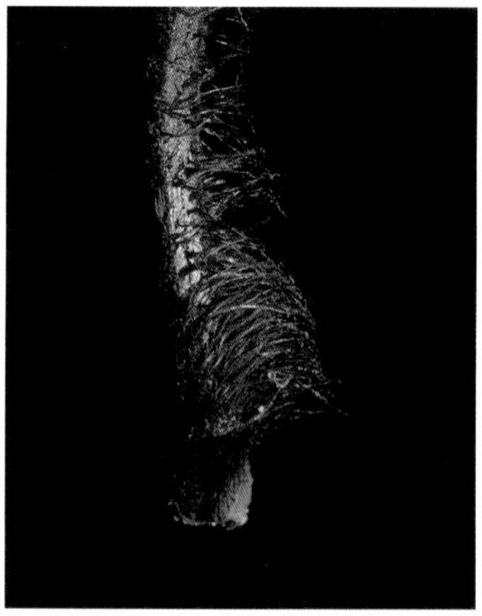

此變種為二倍體，形態上與承名變種（傅氏鳳尾蕨，見前頁）之差別為植物體一般較小，葉片緊縮，羽片對數較少。

在台灣多生於開闊海岸岩縫間。

羽片對數較少

葉柄基部被棕色鱗片

葉片厚革質

植株較小，長於海岸邊。

台灣鳳尾蕨

屬名　鳳尾蕨屬

學名　*Pteris formosana* Baker

根莖短匍匐，被褐色鱗片。葉近生，葉片卵狀披針形，二回深羽裂，側羽片 5～8 對，羽片上下兩側不對稱羽裂。

在台灣零星分布於全島暖溫帶闊葉林，常生長於林間滲水岩壁環境。

葉脈游離

羽片上下兩側極不對稱羽裂，裂片末端漸狹成尾狀。

羽片及裂片基下側具下延之翼

極小型之成熟個體為一回羽狀複葉

葉片卵狀披針形，二回深羽裂。

翅柄鳳尾蕨

屬名　鳳尾蕨屬

學名　*Pteris grevilleana* Wall. *ex* J.Agardh

本種為卡式鳳尾蕨複合群（*P. cadieri* complex）之成員，主要區別特徵為營養葉與孢子葉皆為規律之二回羽裂；葉柄及葉軸暗紅褐色，表面光亮；側脈間有長而密之假脈。部分個體在羽軸周圍有灰白色帶，稱為白斑翅柄鳳尾蕨（*P. grevilleana* f. *ornata*）。

在台灣分布於全島低海拔山區，生境與卡氏鳳尾蕨（*P. cadieri*，見第 276 頁）接近。

側羽片常多少歪斜呈鐮形

假脈形成之長刻紋在葉近軸面密集分布

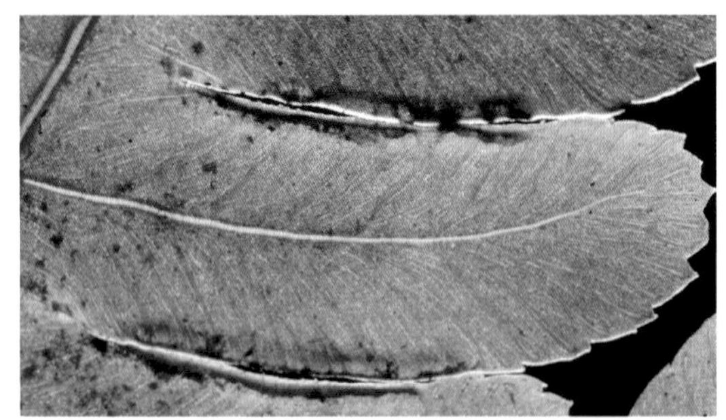

側脈間具長而密之假脈

葉柄基部被棕色雙色鱗片

葉緣反捲形成假孢膜

營養葉與孢子葉皆為規則羽裂

偶見具白斑之個體

彎羽鳳尾蕨 特有種

屬名　鳳尾蕨屬

學名　*Pteris incurvata* Y.S.Chao, H.Y.Liu & W.L.Chiou

本種為卡式鳳尾蕨複合群（*P. cadieri* complex）之成員，為三倍體，在形態上與二型鳳尾蕨（*P. dimorpha* var. *dimorpha*，見第 280 頁）最為相似，主要區別特徵為本種葉片大多呈五角形，營養葉基羽片常明顯朝先端彎曲，邊緣常與頂羽片多少重疊；此外側脈間有長而密之假脈。

特有種，偶見於北部低海拔山區，生長於濕潤闊葉林內。

營養葉之基羽片常明顯朝先端彎曲，邊緣常與頂羽片多少重疊。

晚生之孢子葉近一回羽裂，不規則疏生二回裂片。

假脈形成之長刻紋在葉近軸面密集分布

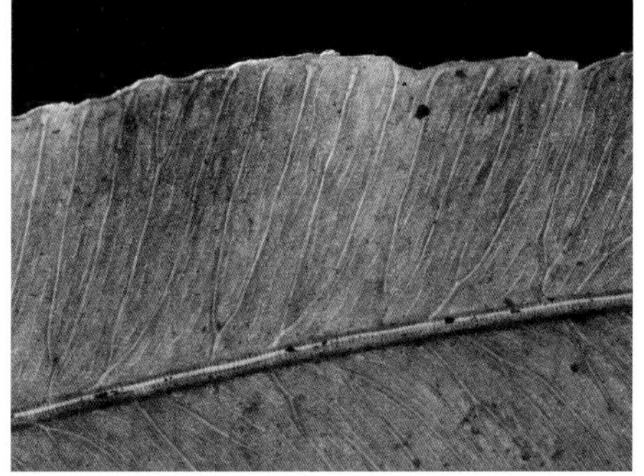

側脈間具長假脈

葉緣反捲形成假孢膜

初生孢子葉不規則二回深裂，側羽片 1 對。

生長於濕潤闊葉林內

無柄鳳尾蕨

屬名　鳳尾蕨屬

學名　*Pteris kawabatae* Sa.Kurata

與其餘台灣產二回深裂之鳳尾蕨屬物種最主要之區別為本種羽片不具柄，基部淺心形，羽軸向葉先端彎曲，裂片薄紙質，基下側小脈接於中肋基部附近，不具網眼，能育裂片先端圓，稍擴大為杵狀。

在台灣偶見於北部中低海拔潮濕森林下。本種與近緣類群如傅氏鳳尾蕨（*P. fauriei*，見第287頁）有複雜的網狀演化關係。

根莖被黃棕色鱗片

葉緣反捲形成假孢膜，先端三分之一處無著生。

裂片緊密靠攏，先端圓鈍。

側羽片無柄，基部淺心形，稍與葉軸交疊。

非典型個體之一例，具有較寬闊而平直之側羽片。

典型個體具狹長彎曲之側羽片，且裂片先端稍呈杵狀。

城戶氏鳳尾蕨

屬名　鳳尾蕨屬

學名　*Pteris kidoi* Sa.Kurata

本種中、大型個體形態上與鳳尾蕨（*P. multifida*，見第 297 頁）相似，小型個體則略近於琉球鳳尾蕨（*P. ryukyuensis*，見第 302 頁），但本種羽片側脈間有密集之假脈，可與近緣類群明確區分。

在台灣主要分布於東部低至中海拔山區，於花蓮泛太魯閣之石灰岩區域最為普遍，生長於岩縫或土坡；新北、南投等地亦有少量族群。

葉叢生，基部被深黑色鱗片。

葉緣反捲形成假孢膜

羽片不具柄，基部羽片縮小。

頂羽片延長，分布於石灰岩環境。

外觀略似鳳尾蕨

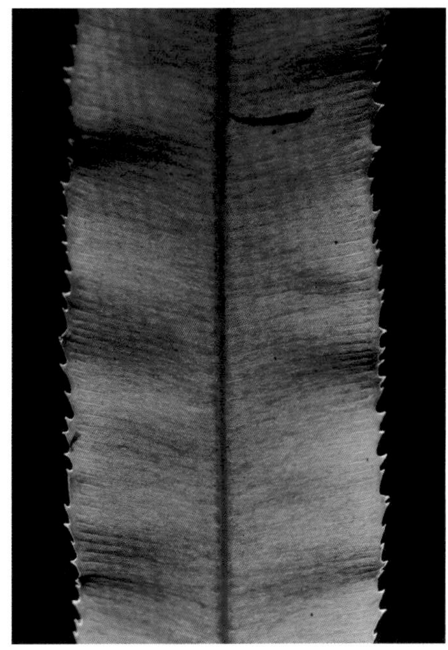

葉脈間具有假脈

寬羽鳳尾蕨 特有種

屬名　鳳尾蕨屬

學名　*Pteris latipinna* Y.S.Chao & W.L.Chiou

本種與其它二回羽裂類群之區別為：葉卵狀三角形，長寬比接近 1，側羽片 2 ～ 4 對，厚紙質，寬達 3 ～ 7 公分，基部略窄縮，最寬處位於中段；頂羽片略寬於上部側羽片；側羽片基上側之第一裂片為三角形。

特有種，局限分布於新竹、苗栗一帶海拔 1,000 公尺以下山區森林內。

葉卵狀三角形，長寬近相等。（趙怡姍攝）

裂片全緣，側脈游離。

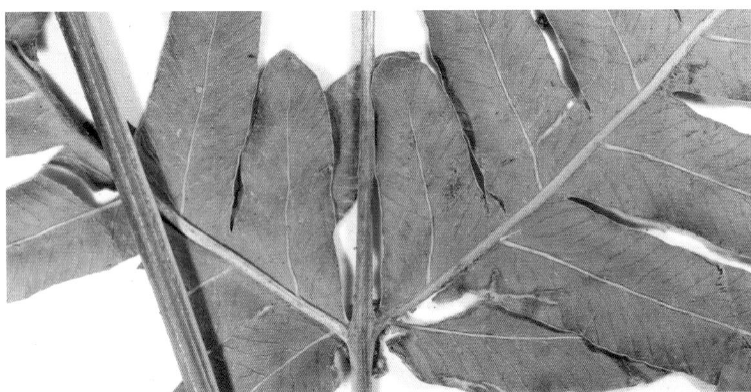

羽片基上側裂片三角形

頂羽片略寬於上部側羽片

羽片在近緣種間最為寬闊（趙怡姍攝）

蓬萊鳳尾蕨

屬名　鳳尾蕨屬

學名　*Pteris longipes* D.Don

葉三等分，側邊二分支與中央分支形狀相同但略短；各分支二回羽狀深裂，軸上有長肉刺，葉脈游離。

在台灣分布於中、南部低海拔季節性乾燥區域之林緣及疏林內。

葉片三岔狀

葉叢生，基部被褐色鱗片。

羽軸近軸面具長肉刺

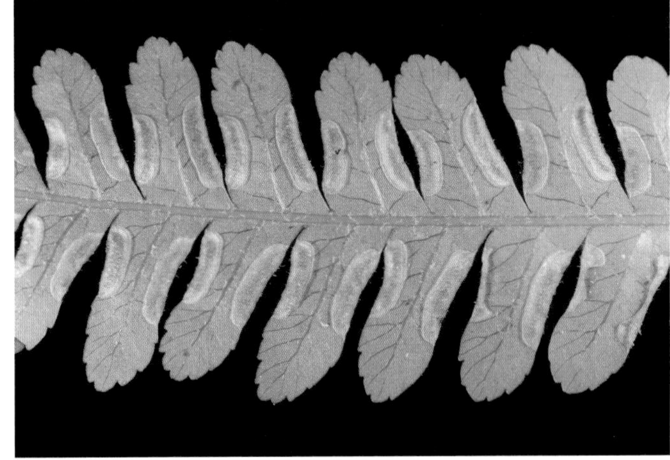

葉緣反捲形成假孢膜

裂片邊緣圓齒狀，假孢膜僅著生於裂片下部。

分布於中南部低海拔乾燥林下

長葉鳳尾蕨

屬名　鳳尾蕨屬

學名　*Pteris longipinna* Hayata

根莖短斜生。葉同型，卵形，一回羽狀複葉，葉軸先端具狹翼，側羽片 1～4 對，對生，基羽片有時於近基部二至四裂；羽片狹線形，質地硬且易脆，全緣。假孢膜邊緣流蘇狀。

在台灣分布於全島中低海拔山區，北部較少見，生長於略乾燥之遮蔭岩壁。

基羽片有時自近基部分裂為數枚裂片

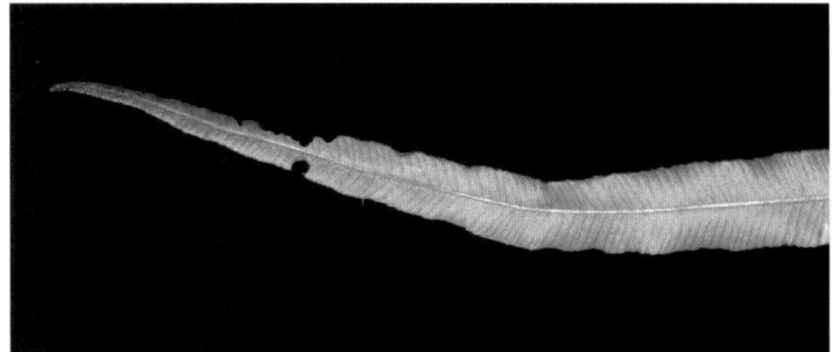

羽片先端漸尖

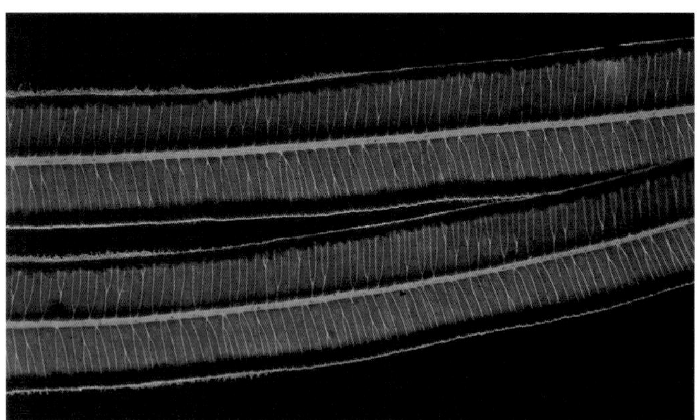

側脈游離，無假脈。

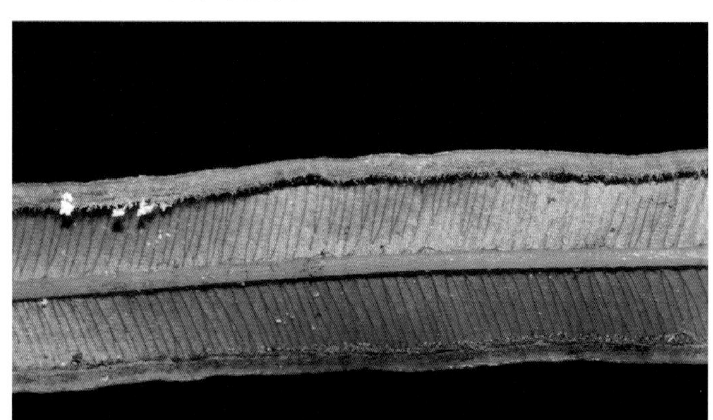

假孢膜邊緣毛狀

一回羽狀複葉，頂生羽片二至三岔，羽片狹長。

葉柄基部黑色，披紅棕色鱗片。

鳳尾蕨

屬名　鳳尾蕨屬
學名　*Pteris multifida* Poir.

根莖短直立，被黑褐色鱗片。葉叢生，二型；營養葉卵圓形，一回羽狀，羽片通常 3 對，頂生三岔羽片基部明顯下延，在葉軸兩側形成狹翅。

普遍分布於低海拔地區，亦常見於人工環境，生長於岩壁、土坡或牆角。

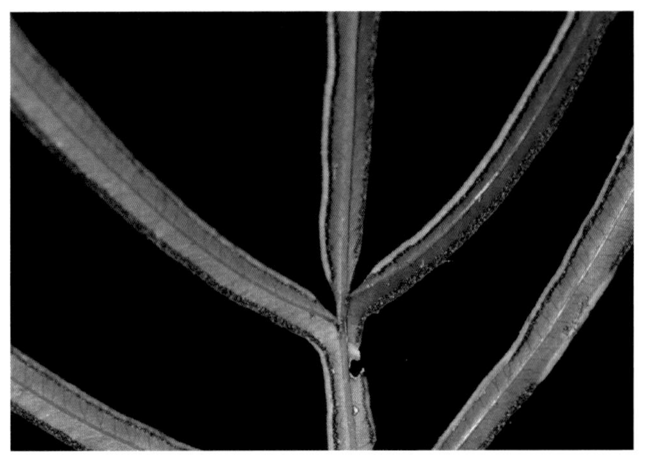

葉緣反捲形成假孢膜

營養葉一回羽狀，羽片間之葉軸上具翅。

不育裂片具鋸齒緣（張智翔攝）

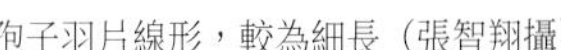

孢子羽片線形，較為細長（張智翔攝）

常長於潮濕牆壁上

行方氏鳳尾蕨

屬名　鳳尾蕨屬

學名　*Pteris* × *namegatae* Sa.Kurata

本種為鳳尾蕨（*P. multifida*，見前頁）與琉球鳳尾蕨（*P. ryukyuensis*，見第 302 頁）之天然雜交種，形態亦介於二者之間。

在台灣可見於二親本共域生長之處。

羽軸遠軸面具黑色細長鱗片

葉厚紙質，羽片向先端彎曲及裂片先端不為長尾狀狀似琉球鳳尾蕨。

葉軸上具翅以及側羽片兩對以上狀似鳳尾蕨

能育裂片線形

生長於人工石牆之縫隙間

孢子葉常有 2 對側羽片

日本鳳尾蕨

屬名　鳳尾蕨屬

學名　*Pteris nipponica* W.C.Shieh

形態接近大葉鳳尾蕨（*P. cretica*，見第 277 頁），主要區別為葉裂片沿中肋兩側為白色。其分類地位仍有爭議，部分研究認為與一園藝品系白玉鳳尾蕨（*P. parkeri*）為相同類群。

在台灣野生族群僅紀錄於南投溪頭，可能為栽培逸出者。

孢子葉羽片較狹，具反捲假孢膜。

葉近軸面具白色條紋

多長於水泥牆縫隙中

長於人工堆砌的石牆上（張智翔攝）

爪哇鳳尾蕨

屬名　鳳尾蕨屬

學名　*Pteris pellucida* C.Presl

根莖短而直立，被褐色鱗片。葉叢生，一回羽狀複葉，側羽片 3 ～ 6 對，頂羽片單一，羽片長。部分文獻認為本種學名為 *P. venusta*。

在台灣分布於中南部暖溫帶乾燥闊葉林下。

根莖短而直立，被褐色鱗片。

羽片全緣

葉緣反捲形成假孢膜

葉緣有顯著之軟骨質鑲邊

頂羽片與側羽片同型

一回羽狀複葉，羽片 4 ～ 6 對，葉墨綠色。

變葉鳳尾蕨

屬名　鳳尾蕨屬

學名　*Pteris perplexa* Y.S.Chao, H.Y.Liu & W.L.Chiou

本種為卡式鳳尾蕨複合群（*P. cadieri* complex）之成員，為三倍體，在形態上與彎羽鳳尾蕨（*P. incurvata*，見第 291 頁）最為相似，主要區別特徵為本種之營養葉分裂形式變異較大，從一回複葉至不規則二回裂葉皆有。此外，營養葉基羽片明顯上彎，及側脈間有多數假脈，可與二型鳳尾蕨（*P. dimorpha* var. *dimorpha*，見第 280 頁）區分。

在台灣偶見於北部低海拔山區，生長於濕潤闊葉林內。

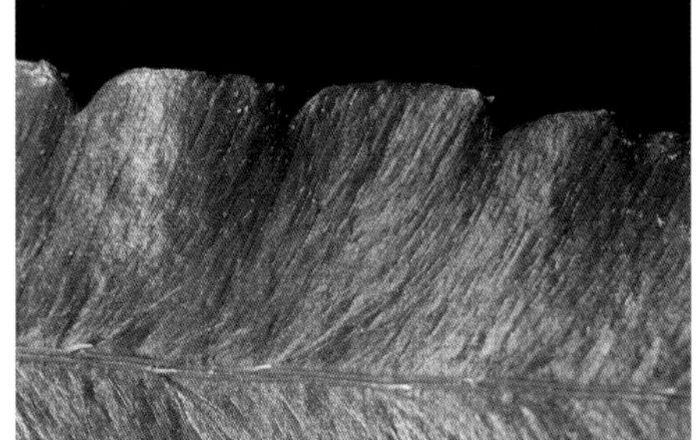

假脈形成之長刻紋在葉近軸面密集分布

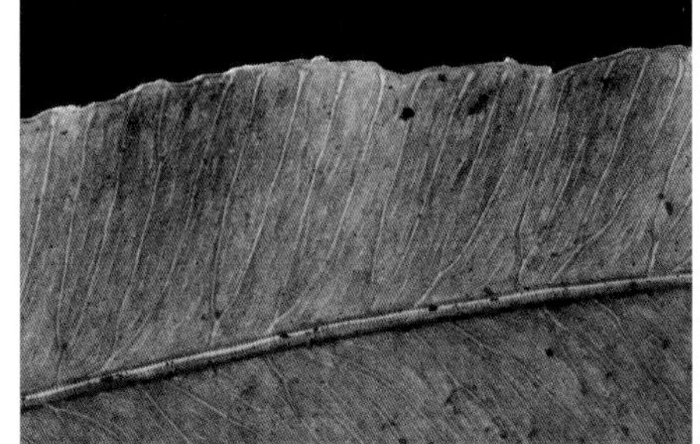

側脈間具長假脈

葉緣反捲形成假孢膜

孢子葉常近一回羽裂，或帶有不規則二回裂片。

營養葉有時近一回分裂而帶有不規則二回裂片

營養葉側羽片向上彎曲

生長於多雨之低海拔森林內

琉球鳳尾蕨

屬名　鳳尾蕨屬

學名　*Pteris ryukyuensis* Tagawa

形態上與鳳尾蕨（*P. multifida*，見第 297 頁）相近，但本種之葉片為硬紙質，營養葉三出或掌狀分裂，孢子葉具 1～2 對側羽片，羽軸上不具翅。

在台灣僅見於北部低海拔岩壁環境，大多生長於人工構造物上。

僅見於北部低海拔岩壁環境

孢子葉具 1～2 對側羽片，葉軸幾乎無翅。

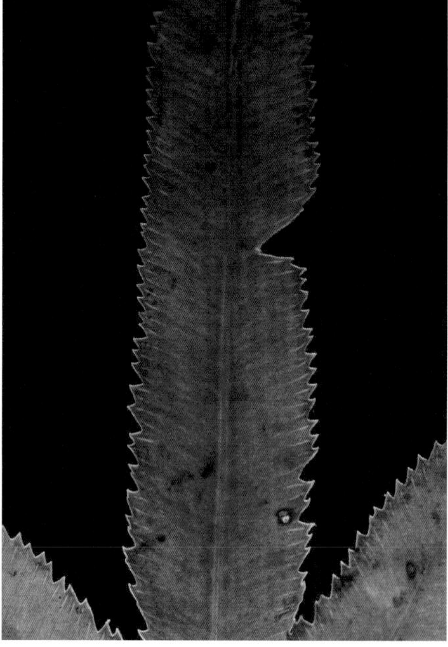

營養葉羽片為鋸齒緣

葉緣反捲形成假孢膜

營養葉呈三出或掌狀，側羽片無柄。（張智翔攝）

葉片二型化，孢子葉具長柄。

紅柄鳳尾蕨

屬名　鳳尾蕨屬

學名　*Pteris scabristipes* Tagawa

葉二回深裂，基羽片基下側各有一枚羽片狀裂片，極少超過一枚；葉軸及羽軸常為紫紅色，羽片基部常具有不規則淺色斑塊；羽片深裂至近羽軸，裂片全緣，先端銳尖。

在台灣分布於中海拔暖溫帶闊葉林下。部分研究認為本種為 *P. aspericaulis* 之異名。

羽軸近軸面有紅色肉刺

葉緣反捲形成假孢膜

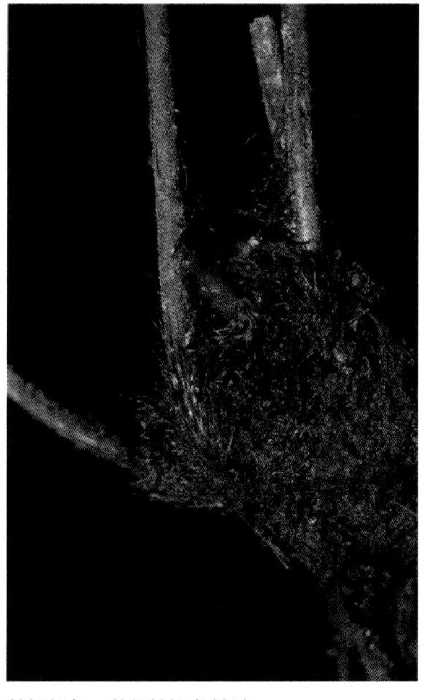

葉柄紅色，基部披褐色鱗片。

裂片先端銳頭

偶見葉柄及葉軸不帶紅暈之個體

羽片基部有不規則淺色斑塊

分布於中南部暖溫帶闊葉林下

半邊羽裂鳳尾蕨

屬名　鳳尾蕨屬

學名　*Pteris semipinnata* L.

側羽片多僅於下側具有篦齒狀之裂片為本種最主要之鑑別特徵。

在台灣廣泛分布於全島郊野及低海拔山區。

羽片極度不對稱，僅下側羽裂。

側脈達近葉緣處

葉緣反捲形成假孢膜

相較於天草鳳尾蕨，裂片間較疏散，先端尖縮成尾狀延長。

常見於各地平野

有刺鳳尾蕨

屬名　鳳尾蕨屬

學名　*Pteris setulosocostulata* Hayata

形態上與紅柄鳳尾蕨（*P. scabristipes*，見第 303 頁）相近，但本種基羽片基下側常有超過一枚羽片狀裂片，且裂片末端圓鈍。

在台灣分布於全島中海拔濕潤林下。

嫩葉紅色

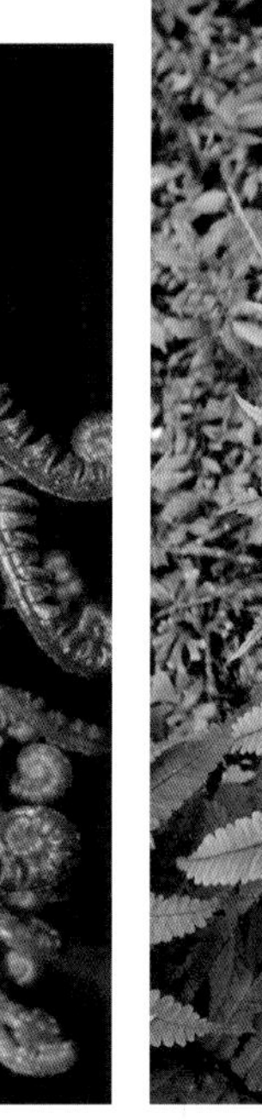

基部羽片基下側各具一對以上羽片狀裂片

葉柄基部被棕色雙色鱗片

羽軸近軸面具肉刺

側脈游離，不形成網眼。

葉柄及葉軸常為紅褐色

裂片先端圓鈍

溪鳳尾蕨

屬名　鳳尾蕨屬

學名　*Pteris terminalis* Wall. *ex* J.Agardh

根莖短直立，黑褐色鱗片。葉叢生；葉片闊三角形，二回深羽裂，側羽片 5～10 對，篦齒狀深羽裂幾達羽軸；裂片披針形，先端漸尖，不育部分具鈍齒緣。

在台灣零星分布於全島中低海拔潮濕闊葉林下。

孢子葉裂片稍窄於營養葉

根莖短直立，被褐色鱗片。

羽軸近軸面具短刺狀肉刺

分布於全島中低海拔潮濕闊葉林下

裂片先端尖

葉深裂幾達羽軸，側脈游離。

鈴木氏鳳尾蕨

屬名　鳳尾蕨屬

學名　*Pteris tokioi* Masam.

本種與其它二回深羽裂類群之主要之鑑別特徵包含營養葉裂片及孢子葉裂片不育部分具齒緣，且常多少波狀起伏，先端鈍或圓；葉脈游離。部分研究認為此種為 *P. amoena* 之異名。

在台灣分布於全島低至中海拔山區濕潤林下。

嫩葉被紅褐色鱗片

裂片不育部分具鈍齒緣

側脈游離

羽軸近軸面具肉刺

下部羽片基下側具一枚羽片狀裂片

營養葉裂片多少波狀起伏

三腳鳳尾蕨

屬名　鳳尾蕨屬

學名　*Pteris tripartita* Sw.

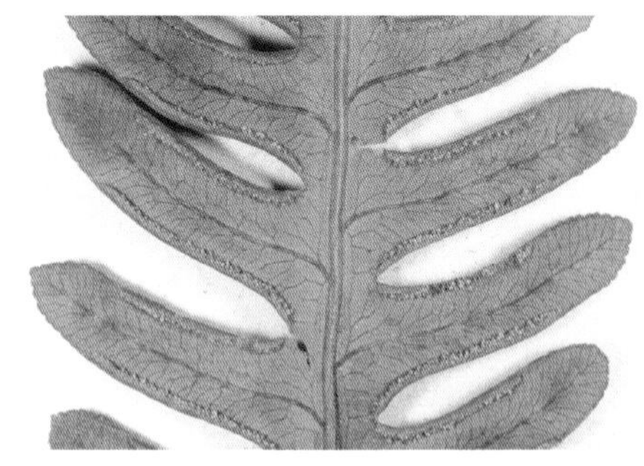
小羽軸及裂片中肋兩側均有網眼

外觀與瓦氏鳳尾蕨（*P. wallichiana*，見第 310 頁）幾乎相同，主要鑑別特徵為本種除羽軸兩側之網眼，裂片側脈亦沿中肋兩側各形成一排拱形網眼。

在台灣，本種曾於 1906 及 1907 年紀錄於台東平野，已超過百年無可靠報導。本書提供之彩色照片為菲律賓之個體。

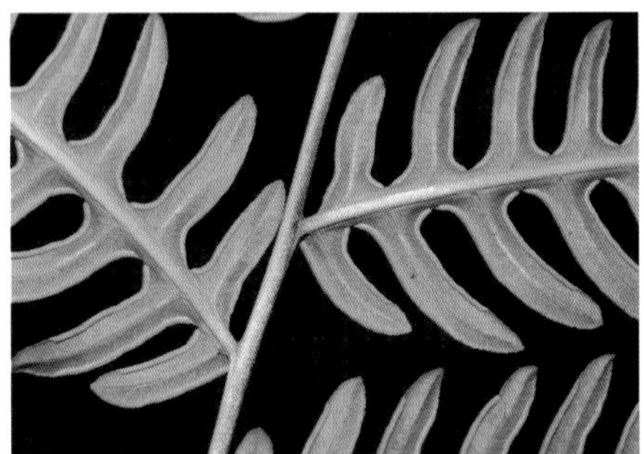
孢子葉裂片間有較大間隙

營養葉裂片具鈍齒緣

葉片分支可達 9 個

在菲律賓可見本種自生於校園內庭院積水處。

鱗蓋鳳尾蕨

屬名　鳳尾蕨屬

學名　*Pteris vittata* L.

葉叢生，長橢圓披針狀，一回羽狀複葉，頂羽片與側生羽片同型，側羽片可達 40 對，通常向基部逐漸短縮，線形。

在台灣為都市及平野地帶常見之蕨類植物，常生長於建築物縫隙或岩壁上。

葉軸及羽軸遠軸面被淺色鱗片

側脈游離

側羽片狹線形，基部平截至心形。

常見於建物縫隙間

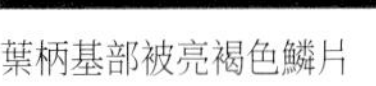

葉柄基部被亮褐色鱗片

瓦氏鳳尾蕨

屬名　鳳尾蕨屬

學名　*Pteris wallichiana* J.Agardh

根莖短直立，被深褐色鱗片。葉叢生；葉大型，呈鳥足狀分支，各分支二回深羽裂。側脈於小羽軸兩側各形成一排狹長之網眼，除此之外幾乎游離。本種形態存在些許變異，部分族群裂片排列較疏，且有少數不規則羽裂之裂片，曾被視為一個不同的物種 *P. taiwanensis*，但其分類地位仍待釐清。

在台灣廣泛分布於全島低至高海拔山區，生長於濕潤之溪床、邊坡、林緣或林隙間。

葉柄基部被深褐色鱗片

裂片不育部分具齒緣

孢子囊群具有側絲

羽軸兩側具網眼，中肋兩側無網眼。

葉大型，鳥足狀分支。

常見於崩塌開闊處

羽片較疏，偶不規則分裂之族群曾被歸於 *P taiwanensis*。

烏來鳳尾蕨

屬名　鳳尾蕨屬

學名　*Pteris wulaiensis* C.M.Kuo

葉片二回羽狀深裂，葉柄及葉軸草稈色，具 3 ～ 7 對羽片，基羽片之基下側各有一枚羽片狀之裂片，羽片寬約 1.8 ～ 2.5 公分，裂片斜出，全緣，在營養葉及半育孢子葉上大多緊密貼合或稍重疊，僅最基部有空隙；完全發育之孢子葉裂片間則有狹窄空隙，側脈不形成網眼。

在台灣偶見於新北烏來一帶低海拔闊葉林或竹林下。

羽片基部楔形

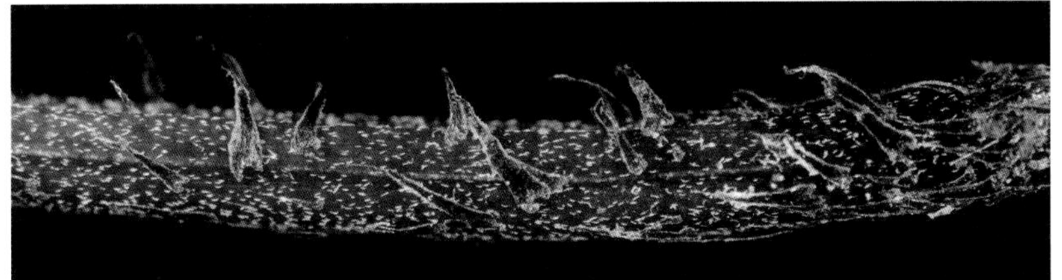

葉柄具雙色之披針形鱗片

營養葉裂片常緊貼或稍交疊；裂片上側最基部側脈有時形成網眼。

完全發育之能育裂片具稍大間隙

羽片較狹窄為本種特徵

生於低海拔次生林林緣

營養葉卵形，具 2 ～ 4 對側羽片。

鳳尾蕨屬未定種 1

屬名 鳳尾蕨屬

學名 *Pteris* sp. 1

營養葉側羽片 1 ～ 3 對，僅大型個體基羽片基部下側有額外之裂片發育；羽片線狀披針形，質地硬脆且多少波狀摺皺，寬 1.5 ～ 2.5 公分，先端長漸尖，下部近全緣或不規則鈍齒緣，上部銳鋸齒緣；孢子葉側羽片可達 5 對，葉面亦有波狀摺皺。

分布於南投至嘉義一帶中海拔山區，大多生於林下之岩石環境。

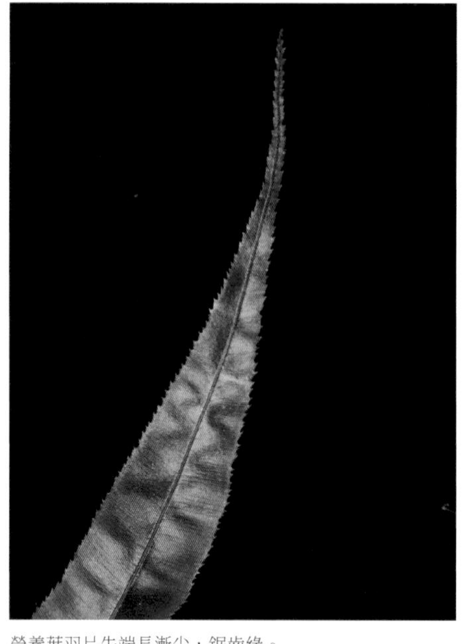

營養葉羽片先端長漸尖，鋸齒緣。

葉面明顯摺皺狀

基羽片基下側有時具額外裂片

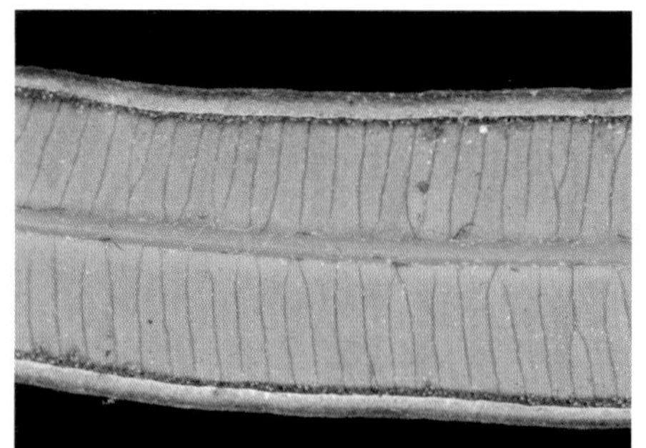

葉緣反捲形成假孢膜

根莖及葉柄基部被暗紅褐色狹披針形鱗片

常生長於多岩石環境

孢子葉具長柄，羽片線形。

鳳尾蕨屬未定種 2

屬名　鳳尾蕨屬

學名　*Pteris* sp. 2

營養葉側羽片常 2 ～ 3 對，基羽片基部下側大多具一枚裂片；羽片狹橢圓形，寬 2.5 ～ 4 公分，先端突縮為尾狀，基部近全緣，向末端逐漸轉為規則之銳鋸齒緣，稍許波狀起伏；側脈達到葉緣，與軟骨質邊相接；孢子葉側羽片可達 4 ～ 5 對。本種形態接近分布於中國南部至越南北部的 *P. esquirolii*。

偶見於東部及東南部低至中海拔山區，生長於林下土坡。

營養葉羽片基部近全緣

營養葉羽片狹橢圓形

孢子葉羽片線形

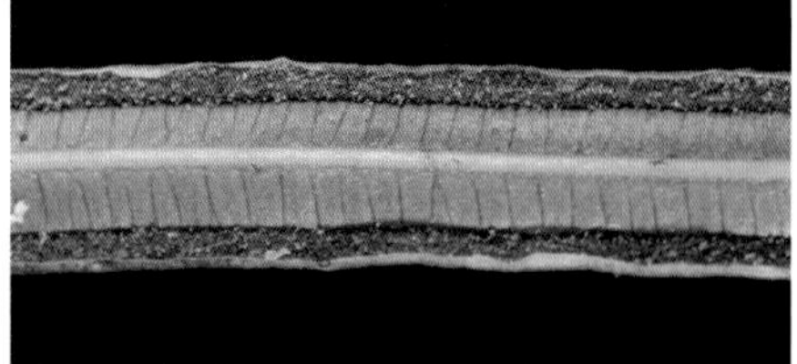

成熟孢子囊露出於假孢膜之外

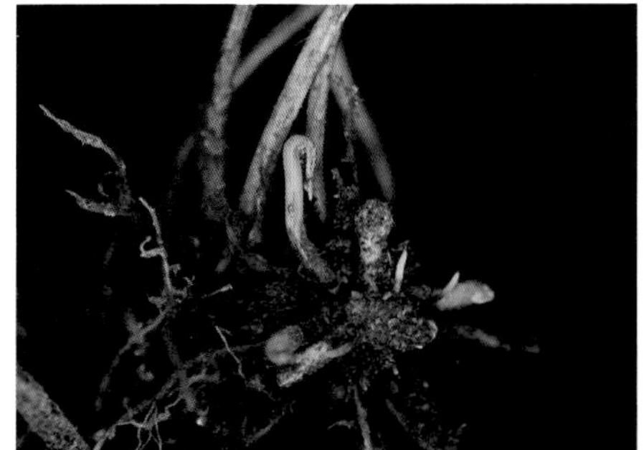

根莖短橫走，被褐色鱗片。

側脈先端與葉緣相接

營養葉葉緣通常波狀起伏

生長於闊葉林下土坡

鳳尾蕨屬未定種 3

屬名　鳳尾蕨屬
學名　*Pteris* sp. 3

營養葉側羽片常 4 ～ 6 對，基羽片基部下側大多具一枚裂片；羽片長橢圓形，寬 3 ～ 5 公分，除最先端外均近全緣，稍許波狀起伏，先端突縮為尾狀；側脈中止於近葉緣處，不與軟骨質邊緣相接；孢子葉通常高於營養葉，側羽片可達 7 對。此類群過往常被鑑定為 "*P. pellucidifolia*" ，然而此學名因發表要件不完備，應視為不合法名，而須重新定名。

分布於全島中海拔山區，但在花東地區較為普遍，生長於多岩石區域之林下及林緣。

成熟孢子囊群甚寬，假孢膜未完全包覆。

側脈先端與葉緣不相接

營養羽片先端突縮為尾狀，銳鋸齒緣。

營養羽片寬度 2 公分以上，中下部近全緣。

孢子葉裂片線形

植物體大型，可高 1 公尺以上

鳳尾蕨屬未定種 4

屬名　鳳尾蕨屬

學名　*Pteris* sp. 4 (*P.* aff. *semipinnata*)

同時具有二型鳳尾蕨（*P. dimorpha* var. *dimorpha*，見第 280 頁）及半邊羽裂鳳尾蕨（*P. semipinnata*，見第 304 頁）之部分特徵，可能為二類群參與之雜交起源物種。

發現於新北山區，與半邊羽裂鳳尾蕨及數種卡氏鳳尾蕨複合群之成員混生。

側脈游離，二至三岔。

營養葉近似二型鳳尾蕨，但側羽片極端不對稱。

側羽片下側不規則羽裂，上側淺圓齒狀或偶有短裂片。

葉面不見假脈之紋路

營養葉具鈍鋸齒緣

生長於低海拔次生林內

鳳尾蕨屬未定種 5

屬名　鳳尾蕨屬
學名　*Pteris* sp. 5

此類群過往常被歸於烏來鳳尾蕨（*P. wulaiensis*，見第 311 頁），但其羽片寬 3 公分以上，裂片間空隙較大，與羽軸夾角亦稍大。與傅氏鳳尾蕨（*P. fauriei* var. *fauriei*，見第 287 頁）相較，此類群根莖及葉柄基部鱗片之黃色鑲邊較寬，呈雙色狀，葉片質地明顯較薄，羽片排列略疏，長寬比較小，且基羽片基下側僅有 1 枚羽片狀裂片。

零星分布於全島低海拔林下。

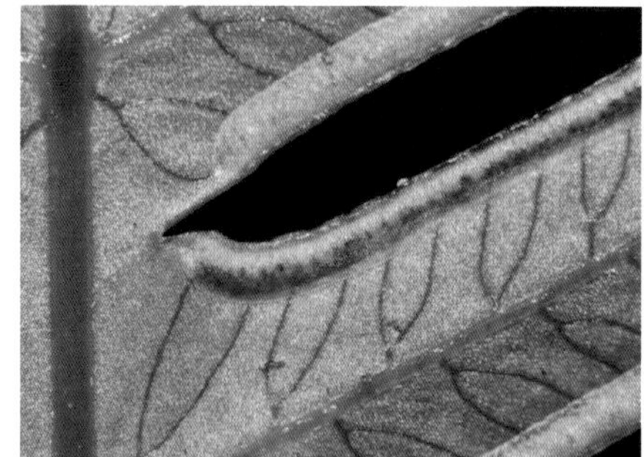

葉緣反捲形成假孢膜

葉柄基部有長披針形之雙色鱗片

裂片間有較大空隙

側脈游離，不形成網眼。

羽片寬度亦較烏來鳳尾蕨寬

相較於烏來鳳尾蕨，羽片較平展。

鳳尾蕨屬未定種 6

屬名　鳳尾蕨屬

學名　*Pteris* sp. 6

本種為卡式鳳尾蕨複合群（*P. cadieri* complex）之成員，特徵為葉色深綠，營養葉常為披針形，具 1 ～ 2 對上彎之側羽片；孢子葉卵形至卵狀披針形，具 2 ～ 3 對上彎之側羽片；羽裂形式較為規律，多於羽片中段有二回裂片，基部及頂端不分裂，不裂部分邊緣平直，無淺緣齒緣也無波狀起伏；側脈間有密集之假脈。

偶見於新北汐止至基隆一帶低海拔森林內，生育環境與複合群之其它成員相同。

營養葉二回羽裂

葉面較為平坦，羽片通常中段羽裂而兩端不裂。

葉緣反捲形成膜質假孢膜

葉肉透光時亦可見假脈形成之紋路

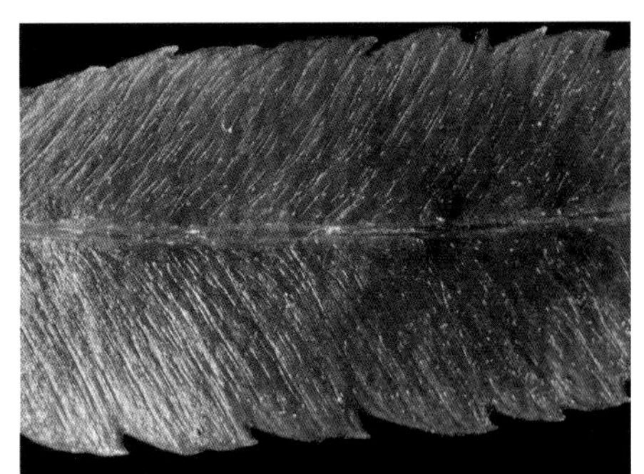

假脈於葉面形成稍密集之紋路

生長於陰暗林下土坡

較小之營養葉具一對線形羽片

針葉蕨屬 VAGINULARIA

植株微小，根莖橫走。葉片細長線形。孢子囊群線形，位於葉片中肋。

連孢針葉蕨

屬名　針葉蕨屬

學名　*Vaginularia junghuhnii* Mett.

小型禾草狀蕨類，根莖橫走，密被披針形鱗片，葉纖細線形，孢子囊群生於葉遠軸面中肋的溝槽中，不間斷，側絲多分節，頂端細胞不膨大。

在台灣生長於海拔 700 ～ 1500 公尺闊葉林內潮濕環境的桫欏科植物莖幹上，極少為岩生，於東部及東南部族群較大。

孢子囊群沿中肋生長，不中斷。

植株幾乎僅生長於樹蕨莖幹上

根莖短橫走，被窗格狀鱗片。

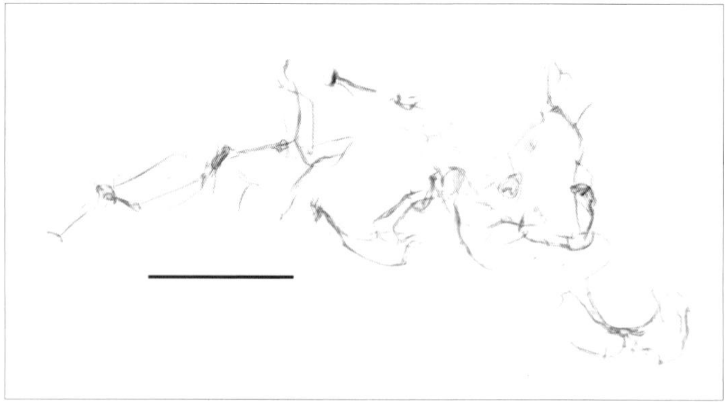

顯微鏡下的孢子囊群側絲，比例尺為 0.1 公釐。

葉為狹窄之帶狀，近軸面中肋處稍凹陷。

孢子囊生於中肋兩側隆起形成之凹溝內

大多生長於樹蕨之主幹上

針葉蕨

屬名　針葉蕨屬

學名　*Vaginularia trichoidea* Fée

形態上與連孢針葉蕨（*V. junghuhnii*，見前頁）相似，但葉片更為纖細，於孢子囊群處則稍增寬。孢子囊群 1 ～ 3 枚，短線形，位於側脈上，成熟時填滿由隆起的中肋及側脈形成之溝槽。

在台灣偶見於東部低海拔山區，生長於原始林內溪溝兩側岩石上。

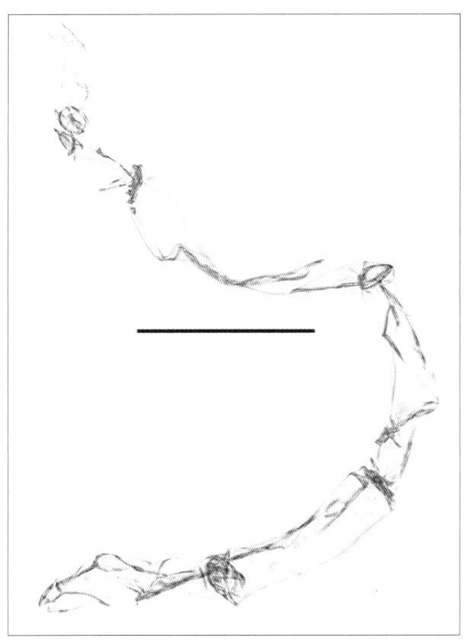

顯微鏡下的孢子囊群側絲，比例尺為 0.1 公釐。

葉片纖細如髮絲

根莖短橫走，被窗格狀鱗片。

孢子囊群短線形，兩側由隆起之中肋及側脈形成槽狀。

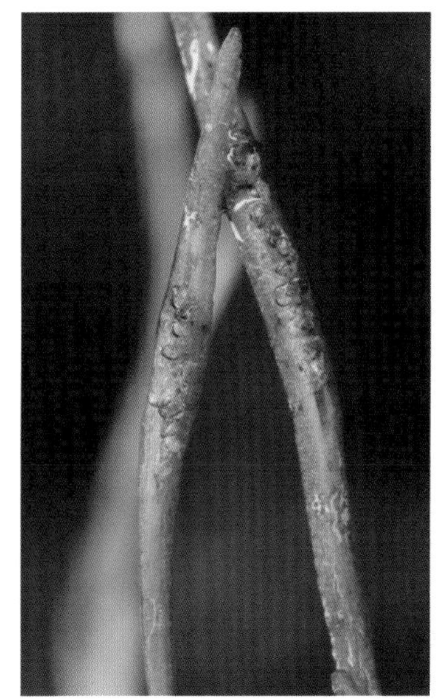

葉身於孢子囊群處稍增寬

生於溪溝周邊遮蔭石壁

碗蕨科 DENNSTAEDTIACEAE

全世界大約 11 個屬，約 170 個種，泛世界分布。由於缺乏形態上清楚的鑑別特徵，碗蕨科成員具有非常複雜的屬間系統分類，超過 90 個屬曾經被放在碗蕨科之中，然而一般被多數分類學者所接受的屬不超過 18 個。碗蕨科傳統上被認為與鱗始蕨科（Lindsaeaceae）非常近緣，然而近年來分子親緣關係研究結果顯示，根據單系群之概念，這兩群植物應該被處理為兩個獨立的科；另一方面，稀子蕨科（Monachosoraceae）則應與碗蕨科合併。本科成員主要為地生，少數物種攀緣，根莖多長橫走並被毛；葉常大型，二回羽狀複葉或更複雜；孢子囊群邊緣或亞邊緣生，具有球形或杯狀孢膜，或由葉緣反捲之假孢膜覆蓋；孢子球形或豆形。

特徵

葉片光滑且具不定芽，為稀子蕨屬特徵。（稀子蕨）

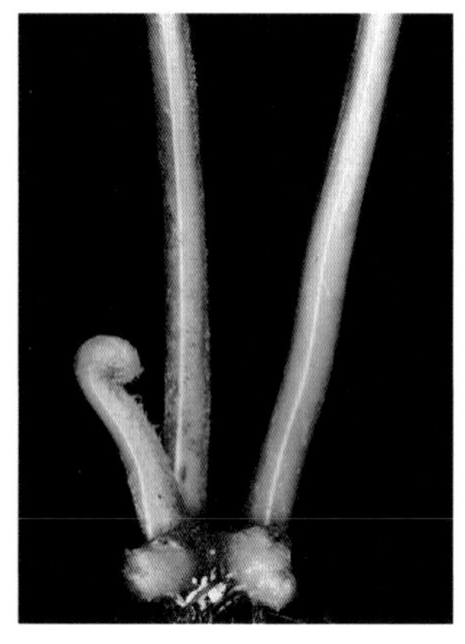

葉柄光滑或被毛，不具鱗片。（熱帶鱗蓋蕨）

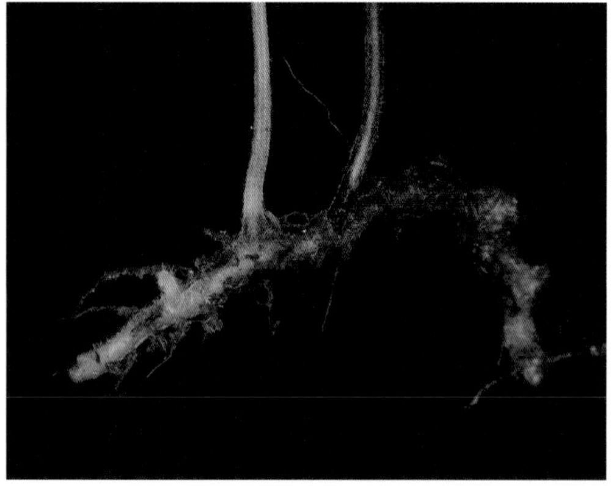

台灣類群除稀子蕨屬外根莖均為橫走且被毛（嫩鱗蓋蕨）

囊群由碗狀或杯狀孢膜包覆，可見於碗蕨屬及鱗蓋蕨屬。（司氏碗蕨）

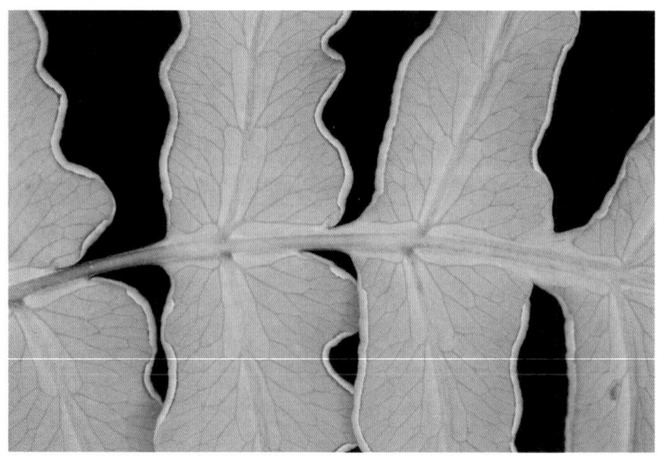

囊群線形，由葉緣反捲之假孢膜包覆，可見於栗蕨屬、蕨屬及曲軸蕨屬。（栗蕨）

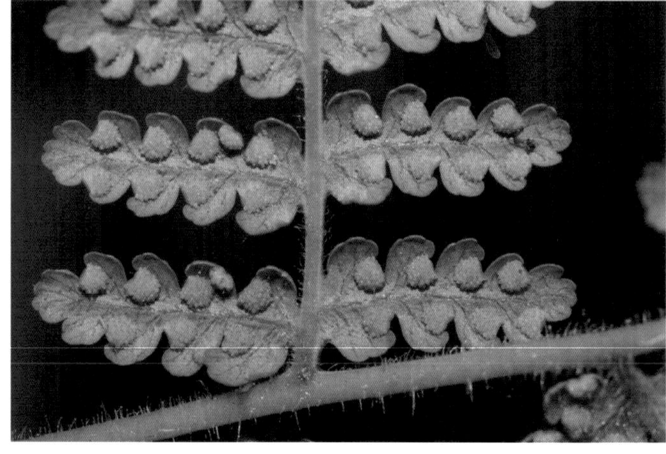

囊群裸露或稍由反捲葉緣包覆，可見於姬蕨屬及稀子蕨屬。（台灣姬蕨）

碗蕨屬 DENNSTAEDTIA

根莖橫走，被毛，葉常大型，多回羽狀複葉，葉脈游離。孢子囊群邊緣生，孢膜杯狀或碗形。分子證據顯示本屬在傳統定義下並非單系群，且與鱗蓋蕨屬（*Microlepia*）關係密切，因此二屬之系統分類將來仍有必要待重新檢討。

細毛碗蕨

屬名　碗蕨屬

學名　*Dennstaedtia hirsuta* (Sw.) Mett. *ex* Miq.

根莖短橫走，密被長毛。葉近生，葉片長橢圓形，二回羽狀裂葉，葉片及葉軸均被長毛。孢膜碗狀，生於裂片缺刻處。

在台灣生於中海拔林緣略乾燥之岩壁環境。

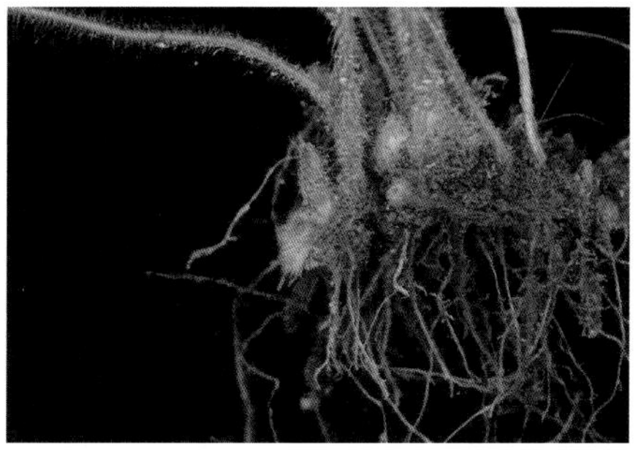

根莖短橫走，被毛。

孢膜碗狀，著生於裂片缺刻處，被長毛。

葉片兩面均被長毛

生於中海拔岩壁環境

碗蕨

屬名　碗蕨屬

學名　*Dennstaedtia scabra* (Wall. *ex* Hook.) T.Moore

根莖長橫走，密被毛。葉疏生，三角狀披針形，三至四回羽狀深裂，葉脈羽狀分岔。孢子囊群位於小脈頂端，孢膜碗形。

在台灣廣泛分布於低至高海拔濕潤之林緣環境。

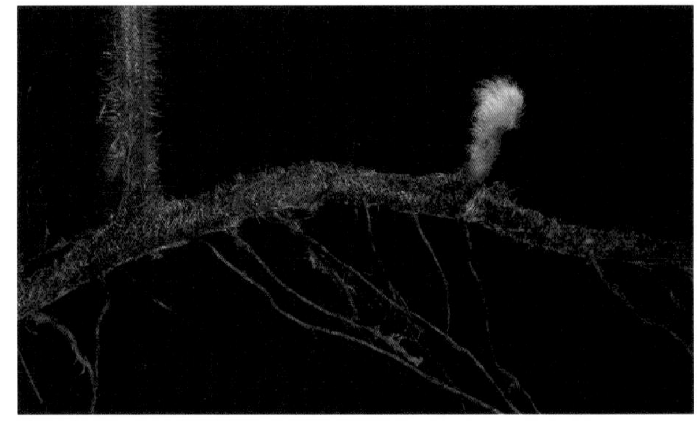

根莖長橫走，密被毛。

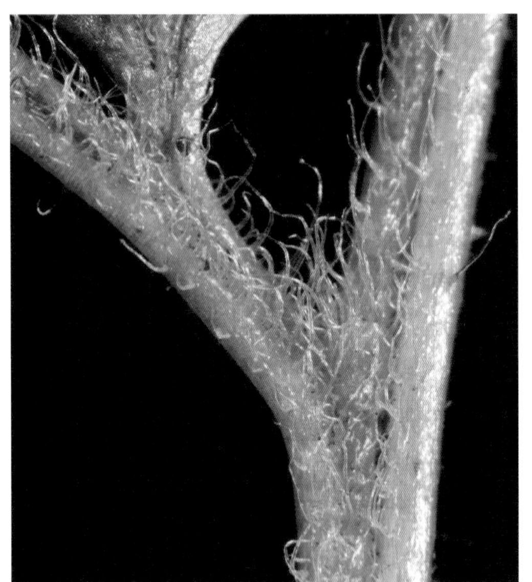

葉軸及羽軸密被長腺毛

孢子囊群位於小脈頂端，孢膜碗形。

葉片明顯被毛

葉三角狀披針形，三至四回羽狀深裂。

刺柄碗蕨

屬名　碗蕨屬

學名　*Dennstaedtia scandens* (Blume) T.Moore

植株攀緣而懸垂。具有無限生長的葉片，葉柄、葉軸、羽軸之遠軸面具彎鉤狀短刺，葉片三回羽狀深裂。孢膜碗形生於裂片缺刻處。

在台灣生長於中低海拔林緣開闊環境。

葉柄、葉軸及羽軸之遠軸面具彎鉤狀短刺。

羽片基部有苞片狀之短裂片，類似裏白科植物。

末裂片先端圓

植株攀緣而懸垂，生長於中低海拔林緣開闊環境。

具無限生長的葉軸

司氏碗蕨

屬名　碗蕨屬

學名　*Dennstaedtia smithii* (Hook.) T.Moore

根莖橫走粗壯，植株大型可達2公尺以上。葉片闊卵形，三回羽狀深裂。孢膜碗狀，生於裂片基部。

在台灣生長於中低海拔濕潤環境之林緣半開闊處。

裂片先端鋸齒

嫩葉被早落之蛛絲狀毛

孢膜碗狀，生於裂片基部。

葉軸及羽軸均被細毛

植株大，葉片闊卵形，生長於中低海拔林緣開闊環境。

栗蕨屬 HISTIOPTERIS

根莖長橫走。葉大型，羽片及小羽片對生且不具柄，葉軸兩側之基部小羽片蝶形。

栗蕨

屬名　栗蕨屬

學名　*Histiopteris incisa* (Thunb.) J.Sm.

根莖匍匐狀，密被栗褐色披針形鱗片。葉疏生，二至三回羽狀複葉，羽片對生，基部托葉由四片小羽片連合成蝴蝶狀，葉遠軸面粉白，網狀脈。孢子囊群沿葉緣生長，由葉緣反捲而成之假孢膜保護。

在台灣生長於酸性土質之林緣與開闊地，常大片繁生。

生長於林緣與開闊地

葉緣反捲成假孢膜，孢子囊群著生其內。

葉脈網狀，網眼內無游離小脈。

常大片繁生於開闊環境

基部托葉由四片小羽片連合成蝴蝶狀

姬蕨屬 HYPOLEPIS

根莖長橫走，被毛。葉二回羽狀複葉以上，葉脈游離，孢子囊群在小脈末端，被反折的葉緣覆蓋或無。

台灣姬蕨

屬名　姬蕨屬

學名　*Hypolepis alpina* (Blume) Hook.

形態上與姬蕨（*H. punctata*，見第329頁）相似，但其裂片邊緣稍微反捲包覆部分孢子囊群。

在台灣生長於中低海拔林緣開闊處。

葉軸及羽軸密被長腺毛

裂片邊緣圓齒，先端圓。

根莖長而橫走，密被棕色節狀長毛。

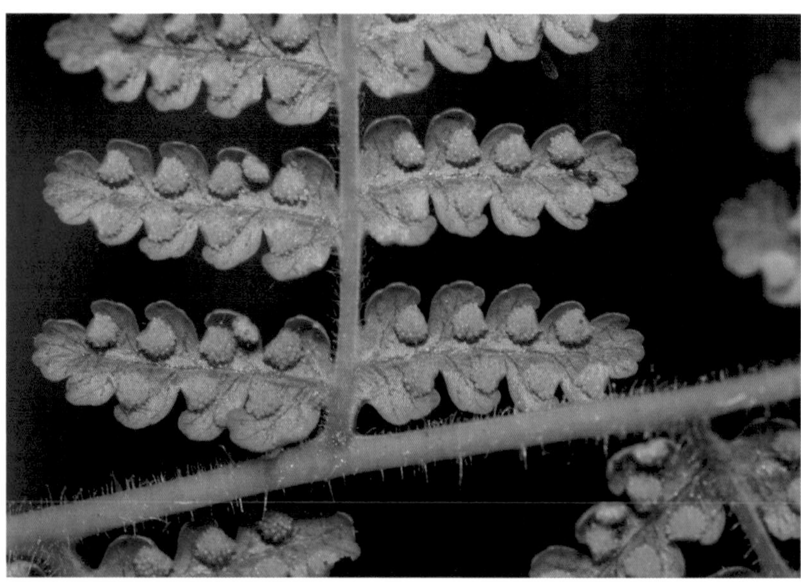

裂片邊緣稍微反捲包覆孢子囊群

葉片長三角形，三至四回羽狀深裂。

灰姬蕨

屬名　姬蕨屬
學名　*Hypolepis pallida* (Blume) Hook.

本種為台灣植株最大型的姬蕨屬植物，植物體常高 1.5 公尺以上，四回羽狀裂葉，孢子囊群明顯由反捲之假孢膜保護，全株疏被非腺毛，有時葉軸及羽軸上可見少量腺毛，但小羽片兩面均無腺毛。

在台灣偶見於中部林緣開闊處。

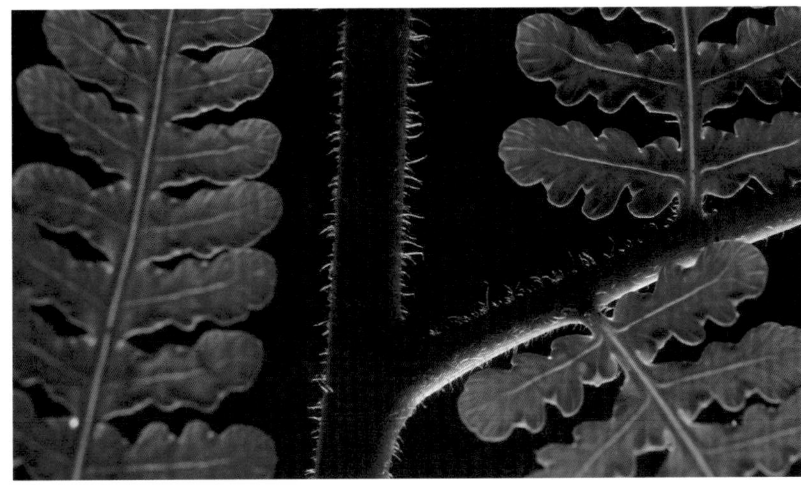

葉軸及羽軸疏被非腺毛，偶有少量長腺毛。

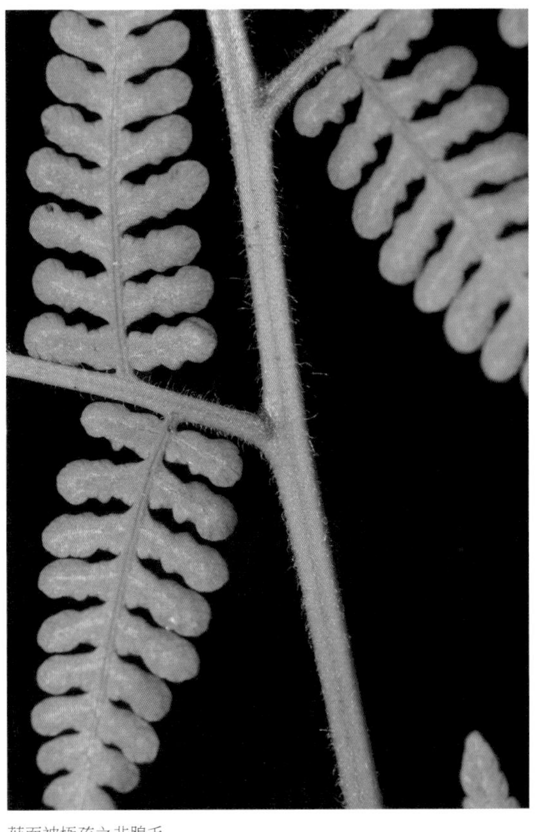

葉面被極疏之非腺毛

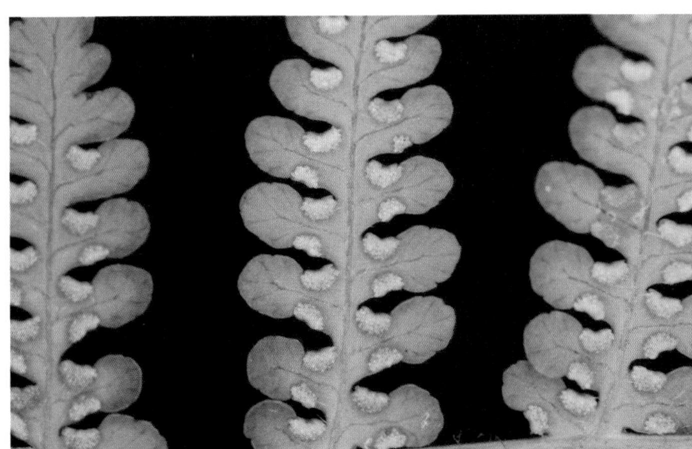

孢子囊群明顯由反捲之假孢膜保護

裂片全緣，偶有缺齒，先端鈍。

葉大型，四回羽裂。

無腺姬蕨

屬名　姬蕨屬

學名　*Hypolepis polypodioides* (Blume) Hook.

形態上與姬蕨（*H. punctata*，見下頁）相似，孢子囊群生於小裂片近缺刻處，不被反捲的裂片邊緣所包覆，但全株不具腺毛。

在台灣生於中、低海拔林緣環境。

葉軸及羽軸密被長毛，無腺毛。

裂片邊緣鋸齒，先端鈍。

裂片邊緣輕微反捲，但不包覆孢子囊群。

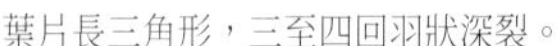

葉片長三角形，三至四回羽狀深裂。

小羽片長橢圓形，先端圓鈍。

姬蕨

屬名　姬蕨屬

學名　*Hypolepis punctata* (Thunb.) Mett. *ex* Kuhn

根莖長而橫走，連同葉柄密被棕色節狀長毛。葉片長三角形，三至四回羽狀深裂，羽片 8～16 對，葉草質，密被透明腺毛。孢子囊群圓形，生於小裂片近缺刻處。

在台灣生長於中低海拔林緣開闊環境，亦分布馬祖。

生長於林緣開闊環境

孢子囊群裸露，周圍葉緣不反捲。

全株密被細毛與腺毛

小羽片卵狀長圓形，中至深羽裂。

葉軸及羽軸密被長腺毛

細葉姬蕨

屬名　姬蕨屬

學名　*Hypolepis tenuifolia* (G.Forst.) Bernh.

與本屬其他種類之主要的差別為孢子囊群明顯由反捲之假孢膜保護，並且全株密生具黏性腺毛。

在台灣可見於低中海拔山地溪床及林緣。

全株密生具黏性腺毛

裂片鋸齒緣，斜向先端彎曲。

孢子囊群明顯由反捲之假孢膜保護

小羽片先端圓鈍

葉大型，四回羽裂。

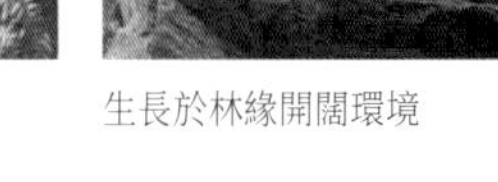

生長於林緣開闊環境

鱗蓋蕨屬 MICROLEPIA

根莖橫走。葉一回至多回羽狀複葉，葉脈游離。孢子囊群頂生於小脈末端，亞邊緣生，孢膜半碗狀或杯狀。分子證據顯示本屬與碗蕨屬（*Dennstaedtia*）之系統關係及分類仍有待重新檢討。

台北鱗蓋蕨

屬名　鱗蓋蕨屬

學名　*Microlepia* × *bipinnata* (Makino) Y.Shimura

形態上與邊緣鱗蓋蕨（*M. marginata*，見第337頁）相似，但本種羽片常中至深裂，發育良好個體下部羽片基部常有一至數枚完全分離之裂片；此外葉遠軸面及孢膜通常被毛較短而疏。此類群在部分研究中被認為是邊緣鱗蓋蕨與粗毛鱗蓋蕨（*M. strigosa*，見第344頁）之雜交後代。

在台灣主要分布於本島北部及馬祖之郊野地帶，其它各地較少見。

葉遠軸面及孢膜被稀疏短毛

大型個體下部羽片基部有獨立之裂片

孢子囊群生於裂片邊緣缺刻處

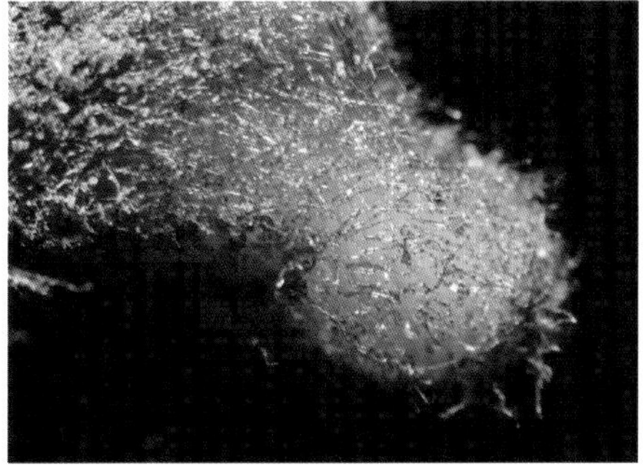

根莖橫走，被毛。

羽片具短柄，基上側有一枚耳狀裂片。

常見於台北近郊次生環境

上部羽片淺裂，下部羽片中至深裂。

光葉鱗蓋蕨

屬名　鱗蓋蕨屬

學名　*Microlepia calvescens* (Wall. *ex* Hook.) C.Presl

葉片二回深裂，中、下部之羽片均明顯具柄；羽片線狀披針形，基上側之耳狀突起不顯著，中段分裂最深而兩端略淺；葉軸、羽軸及中肋遠軸面被短粗毛，其餘近光滑。

在台灣主要分布於中、南部中低海拔略乾燥之闊葉林內。

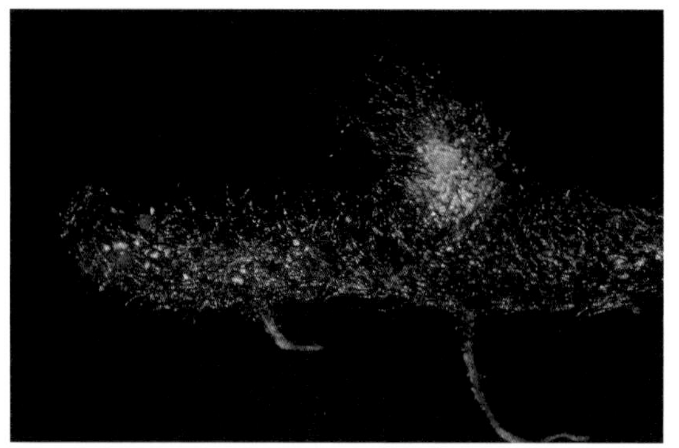

根莖橫走，密被紅棕色毛。

孢膜杯狀，不具毛，孢子囊群靠近葉緣生。

羽片明顯具柄，基部楔形。

羽片中段分裂最深

二回羽狀深裂

光葉鱗蓋蕨×毛囊鱗蓋蕨

屬名　鱗蓋蕨屬

學名　*Microlepia calvescens* × *M. trichosora*

形態介於光葉鱗蓋蕨（*M. calvescens*，見第 332 頁）及毛囊鱗蓋蕨（*M. trichosora*，見第 348 頁）之間，推定為二種之雜交後代。

發現於南投中海拔山區。

葉軸及羽軸近軸面疏被毛，葉面近光滑。

二回羽狀複葉

葉軸及羽軸遠軸面密被貼伏毛

羽片基部楔形，明顯具柄。

孢膜明顯被毛

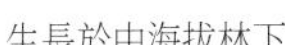

生長於中海拔林下

小羽片淺裂，側脈游離。

虎克氏鱗蓋蕨

屬名　鱗蓋蕨屬

學名　*Microlepia hookeriana* (Wall. *ex* Hook.) C.Presl

一回羽狀複葉，具獨立之頂羽片，側羽片鐮刀狀，基部上下兩側略耳狀突起。

在台灣分布於全島低海拔闊葉林下。

一回羽狀複葉

孢膜杯狀，孢子囊群靠近葉緣生。

羽片基部略耳狀突起

葉先端具頂羽片

葉遠軸面具毛，葉緣鋸齒。

羽裂鱗蓋蕨 特有種

屬名　鱗蓋蕨屬
學名　*Microlepia* × *intramarginalis* (Tagawa) Seriz.

形態上與光葉鱗蓋蕨（*M. calvescens*，見第 332 頁）相近，但本種羽片基部分裂最深且常有一至數枚獨立之裂片；此外小脈及孢膜上也常疏被短毛。此類群在部分研究中被認為是光葉鱗蓋蕨與粗毛鱗蓋蕨（*M. strigosa*，見第 344 頁）之雜交後代。

特有種，零星分布於台灣中、南部低海拔略乾燥之闊葉林內。

小脈及孢膜疏被短毛

一回羽狀深裂幾至羽軸，裂片先端鈍。

羽片明顯具柄，基部常有獨立裂片。

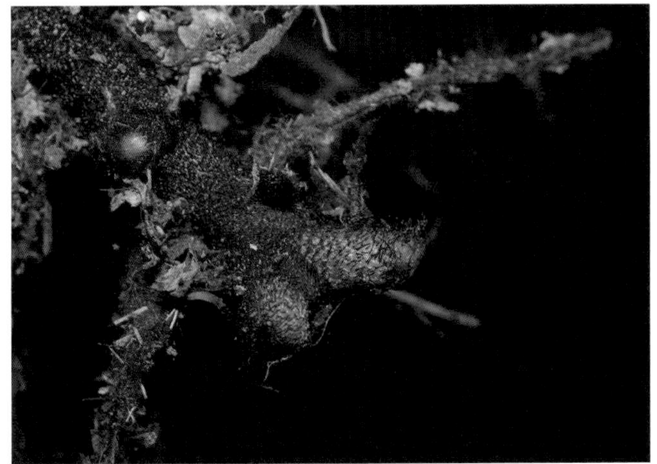

根莖橫走，被紅褐色毛。

生長於溫暖而有季節性降雨之環境

克氏鱗蓋蕨

屬名 鱗蓋蕨屬

學名 *Microlepia krameri* C.M.Kuo

根莖橫走，密被黑褐色針毛。葉遠生，葉片披針形，二回羽狀複葉，羽軸和葉軸近垂直，小羽片具短柄，基部兩側不對稱，邊緣圓鋸齒，葉脈單一或二岔。孢膜杯形，近裂片邊緣生。

在台灣主要分布於北部低海拔山區，常見於次生環境；其餘各地少見。

小羽片具短柄，基部兩側不對稱，邊緣圓鋸齒。

二回羽狀複葉

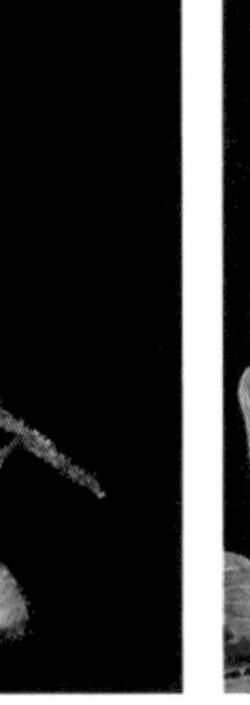

根莖橫走，密被黑褐色針毛。

小羽片先端鈍，大多淺至中裂。

孢膜亞邊緣生，被毛。

分布於北部低海拔闊葉林下

羽軸兩面被粗毛

邊緣鱗蓋蕨

屬名　鱗蓋蕨屬

學名　*Microlepia marginata* (Panz.) C.Chr.

一回羽狀複葉，通常為二回淺至中裂，羽片約 20 ～ 25 對，鐮刀狀，基上側常呈耳狀突起，羽柄極短；葉軸、羽軸兩面以及中肋及小脈遠軸面，常被較長之剛毛。孢膜杯形，亞邊緣生，密被較長之剛毛。

在台灣廣泛分布於本島及馬祖中低海拔林下及林緣。

羽片基部具向上耳狀突起

孢膜杯形，亞邊緣生，具長毛。

葉緣裂至三分之一處，裂片先端尖；葉遠軸面具細毛。

羽片近軸面僅中肋被密毛，其餘近光滑或被疏毛。

一回羽狀複葉，羽片鐮形。

華南鱗蓋蕨

屬名　鱗蓋蕨屬

學名　*Microlepia nepalensis* (Spreng.) Fraser-Jenk., Kandel & Pariyar

葉大型，卵形，三回羽狀複葉，達四回羽狀深裂；葉軸、羽軸及小羽軸近軸面密被短曲毛；其餘各處疏被短伏毛。孢膜半碗形，邊緣大部分與葉肉相連。本種過往多錯誤鑑定為熱帶鱗蓋蕨（*M. speluncae*，見第 343 頁），二種可依葉形、毛被物及孢膜形態區辨。

在台灣常見於本島及金門、馬祖低海拔林緣及開闊地。在台灣南部可見部分族群（*M.* aff. *nepalensis*）羽片分裂程度較低，至多為四回淺裂，且毛被較短而疏，或可區分為另一類群，尚待深入研究。

葉卵形；常見於淺山平野之半開闊環境。

葉片四回深裂

葉軸、羽軸、小羽軸近軸面被短曲毛

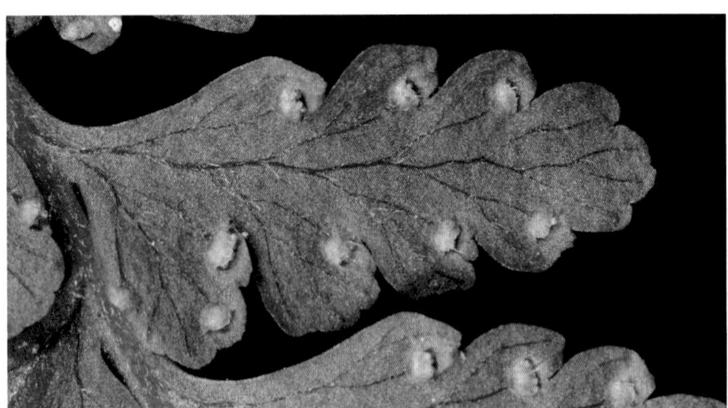

孢膜邊緣大部分與葉肉接合

M. aff. *nepalensis* 孢膜同為半碗形，光滑或偶被毛。

M. aff. *nepalensis* 小羽片毛被較短而疏

M. aff. *nepalensis* 葉片分裂較淺

團羽鱗蓋蕨

屬名　鱗蓋蕨屬

學名　*Microlepia obtusiloba* Hayata

葉片二回羽狀複葉至三回裂葉，羽軸和葉軸斜交，羽片末端圓鈍。孢膜半圓形至杯狀，亞邊緣生。

在台灣廣泛分布於全島亞熱帶闊葉林下潮濕環境。

羽軸及小脈遠軸面被毛

小羽片先端圓鈍

小羽片近軸面被極疏之軟刺毛

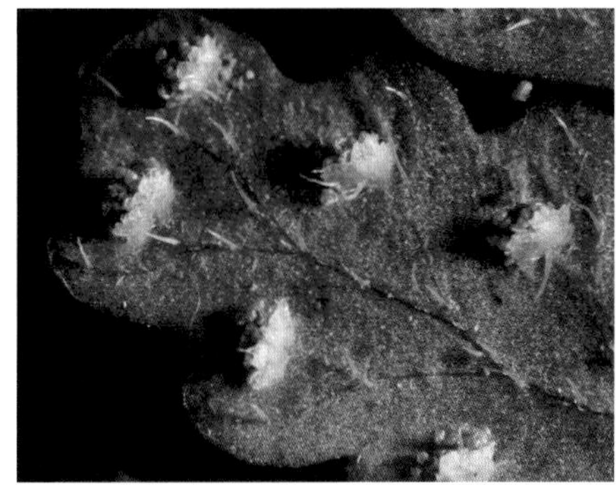

孢膜半圓形至杯狀，亞邊緣生，孢膜具長毛。

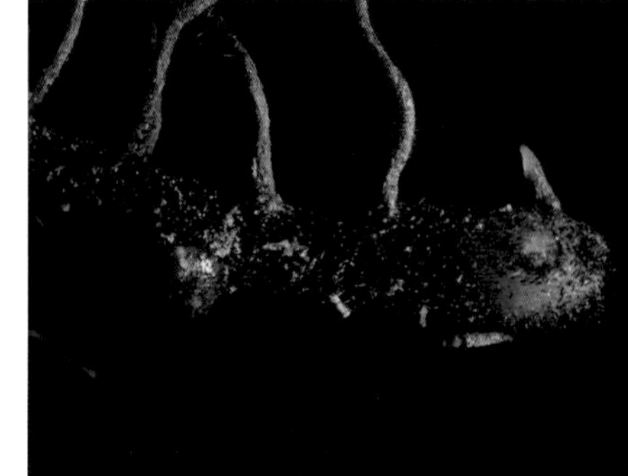

根莖匍匐，被黑色短毛。

分布於全島亞熱帶闊葉林下潮濕環境

闊葉鱗蓋蕨

屬名　鱗蓋蕨屬

學名　*Microlepia platyphylla* (D.Don) J.Sm.

葉大型，可長達 1 ～ 2 公尺，葉片橢圓形，二回羽狀複葉至三回羽狀裂葉，小羽片近鐮刀形，淺裂。

在台灣僅見於阿里山一帶，零散生長於林緣邊坡環境。

二回羽狀複葉，小羽片鐮刀形。

側脈游離

葉柄光滑無毛

根莖粗壯橫走，被褐色多細胞毛。

孢膜寬杯狀，長於近葉緣處。

羽軸及小羽軸近軸面密被粗毛，葉面近光滑。

葉大型，可達 1 ～ 2 公尺。

斜方鱗蓋蕨

屬名　鱗蓋蕨屬

學名　*Microlepia rhomboidea* (Wall. *ex* Kunze) Prantl

葉大型，三回羽狀複葉，羽片約 15 對，小羽片 9 ～ 12 對，末裂片頂端圓鈍。

在台灣零星分布於中南部暖溫帶闊潮濕闊葉林下。

側脈游離

末裂片頂端圓鈍

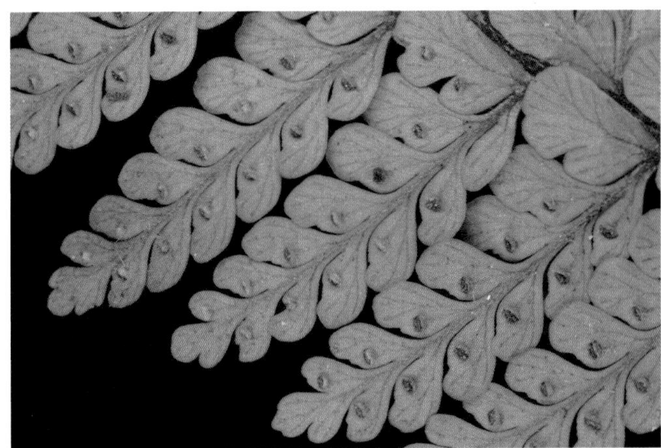

孢膜亞緣生，具長毛。

葉大型，三回羽狀複葉。

根莖橫走，密被棕色毛。

中華鱗蓋蕨

屬名　鱗蓋蕨屬

學名　*Microlepia sinostrigosa* Ching

形態上與粗毛鱗蓋蕨（*M. strigosa*，見第 344 頁）非常相近，主要差別為本種葉片質地較薄，孢膜亞邊緣生，僅以基部著生於葉遠軸面。

在台灣零星分布於全島暖溫帶林下遮陰環境。

小羽片大多淺裂

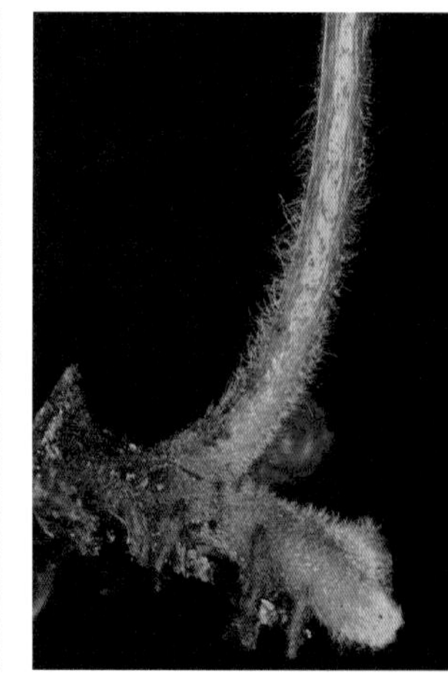

根莖肉質，橫走，密被毛。

孢膜僅基部與葉肉相連，被毛。

葉軸及羽軸遠軸面密被貼伏毛

外觀極似粗毛鱗蓋蕨，但多生長於森林環境。

葉達三回羽裂

熱帶鱗蓋蕨

屬名　鱗蓋蕨屬

學名　*Microlepia speluncae* (L.) T.Moore

葉片卵狀三角形，三回羽狀複葉，達四回羽狀深裂；葉軸、羽軸、小羽軸兩面密被開展之長直毛，其餘各處及孢膜亦被較疏之長直毛。孢膜近碟形，成熟時甚開展，僅基部與葉肉相連。

在台灣分布於中、南、東部溫暖區域之低海拔林緣地帶，常與華南鱗蓋蕨（*M. nepalensis*，見第 338 頁）混生。

葉四回羽狀分裂

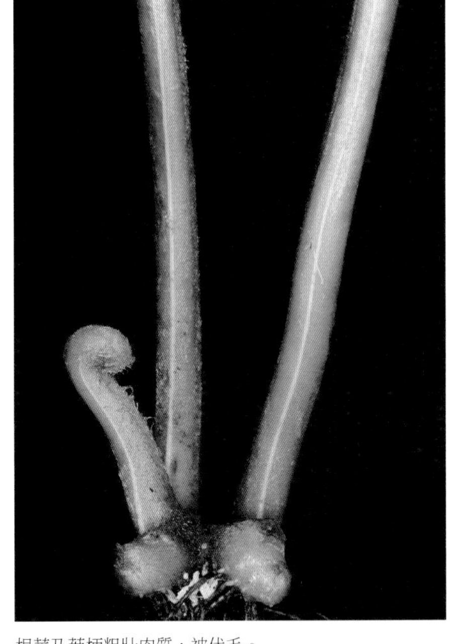

根莖及葉柄粗壯肉質，被伏毛。

葉全面被覆開展之無色長毛

側脈游離

較小型之個體

葉卵狀三角形

孢膜開展，僅基部與葉肉接合，被毛。

粗毛鱗蓋蕨

屬名　鱗蓋蕨屬

學名　*Microlepia strigosa* (Thunb.) C.Presl

根莖長橫走，密被灰棕色針狀毛，葉遠生，葉片橢圓形，二回羽狀複葉至三回裂葉，羽片25～35對。孢膜杯形，緊貼葉緣，疏被毛。

在台灣為低海拔山區開闊環境常見蕨類植物。

葉片橢圓形，二回羽狀複葉至三回裂葉。

囊群稍突起於葉近軸面

葉近軸面近光滑

裂片基部狹窄，頂端漸尖。

孢膜杯形緊貼葉緣，疏被毛。

亞粗毛鱗蓋蕨

屬名　鱗蓋蕨屬

學名　*Microlepia substrigosa* Tagawa

形態上與粗毛鱗蓋蕨（*M. strigosa*，見前頁）非常相似，主要差別為本種之孢膜亞邊緣生，密被毛。

在台灣零星分布於全島中低海拔山區，生長於濕潤森林底層。

小羽片基部具大型耳狀裂片，不規則緣。孢膜杯形，亞緣生，密被毛。

根莖橫走，被棕色毛。

小羽片基部具大型耳狀裂片，不規則緣。

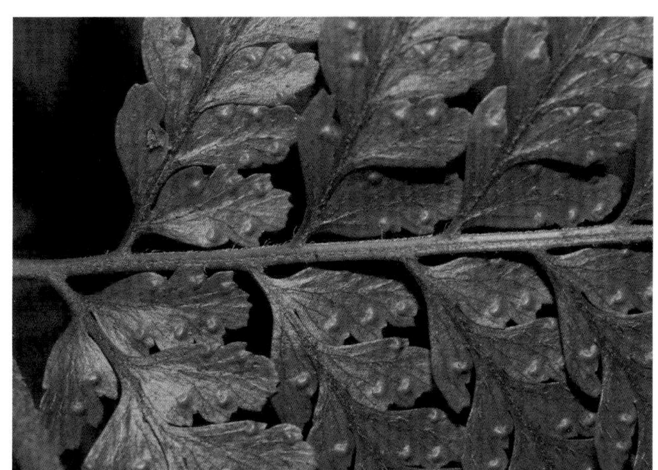

葉軸表面疏被毛

葉片可達三回羽狀裂葉

嫩鱗蓋蕨

屬名　鱗蓋蕨屬

學名　*Microlepia tenera* Christ

本種為台灣產鱗蓋蕨屬植物中唯一具有圓腎形孢膜之物種。

可見於中南部暖溫帶潮濕林下。

末裂片先端鈍

羽片鐮形，先端漸縮成尾狀。

台灣產鱗蓋蕨屬植物中唯一具有圓腎形孢膜之物種

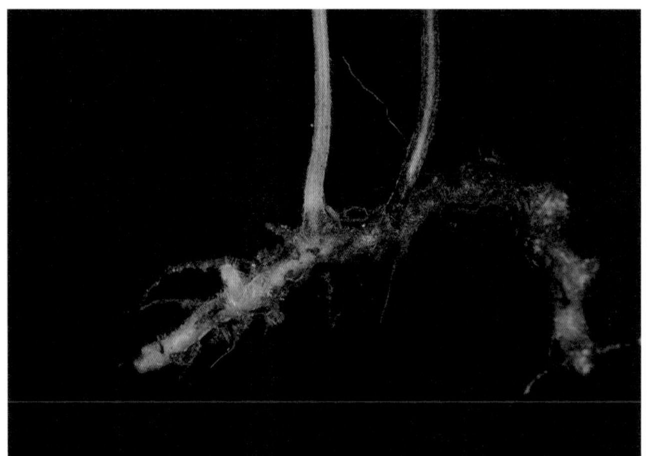

根莖長橫走，被柔毛。

見於中南部暖溫帶潮濕林下

毛果鱗蓋蕨

屬名　鱗蓋蕨屬

學名　*Microlepia trichocarpa* Hayata

根莖橫走，密被紅褐色針毛。葉遠生，長橢圓形，二回羽狀複葉，達三回羽狀深裂，葉柄、葉軸與葉片兩面均密被白色針狀毛，葉脈於葉遠軸面明顯凸起。

在台灣零星分布於全島中海拔森林下潮濕環境，北部較少見。

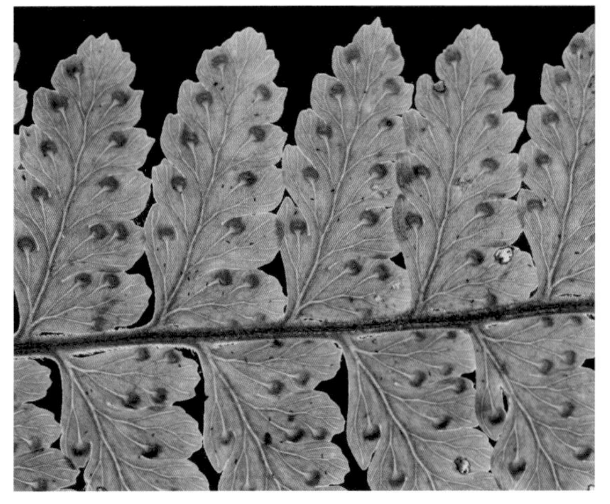

小脈游離

葉軸密被白色長毛（張智翔攝）

羽軸及孢膜均具白色長毛（張智翔攝）

長於潮濕林緣邊坡（張智翔攝）

葉柄密被白色長針狀毛

毛囊鱗蓋蕨

屬名　鱗蓋蕨屬
學名　*Microlepia trichosora* Ching

形態上與毛果鱗蓋蕨（*M. trichocarpa*，見 347 頁）相似，主要差別為本種之葉柄與葉軸不密披針狀毛，葉脈於葉遠軸面也不明顯凸起。

在台灣分布於全島中海拔林下潮濕環境，但在北部較少見。

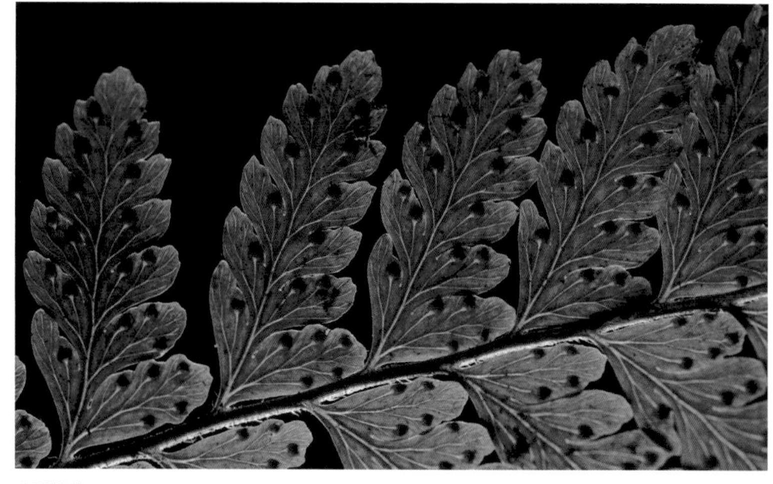

小脈游離

孢膜杯形，亞緣生，具長毛。

葉柄與葉軸不密披針狀毛

二回羽狀複葉

分布於中南部暖溫帶闊葉林下潮濕環境

稀子蕨屬 MONACHOSORUM

根莖短直立，葉薄草質，成熟時通常幾乎光滑，脈游離。孢子囊位於小脈末端，不具孢膜，羽軸上常具不定芽。

稀子蕨

屬名　稀子蕨屬

學名　*Monachosorum henryi* Christ

不定芽一至數個，位於葉軸近軸面。葉片末裂片細小，僅具單一孢子囊群。

在台灣廣泛分布於全島中海拔及北部低海拔潮濕闊葉林下。

不定芽一至數個，位於葉軸近軸面。

孢子囊群球形，無孢膜。

末裂片細小，先端尖。僅具單一孢子囊群。

根莖短直立，葉叢生。

葉卵形至三角形，三至四回羽狀複葉。

岩穴蕨

屬名 稀子蕨屬

學名 *Monachosorum maximowiczii* (Baker) Hayata

一回羽狀複葉，羽片基部具耳形突起。不定芽位於延長之葉軸末端。

在台灣零星分布於中北部中海拔檜木林帶，生長於霧林環境之濕潤林下。

羽片長橢圓狀披針形，基上側有一耳狀突起。

根莖短直立，葉叢生。

孢子囊群圓形，著生小脈頂，不具孢膜。

一回羽狀複葉，葉軸先端延伸，不具頂羽片。

不定芽生於延長之葉軸先端

生長於濕潤林下

曲軸蕨屬 PAESIA

根莖長橫走，葉片二回羽狀複葉以上，葉軸「之」字形彎曲。孢子囊群生於末裂片兩側邊緣，外側由葉緣反捲形成假孢膜，內側另有一層不顯著之孢膜。

曲軸蕨

屬名　曲軸蕨屬

學名　*Paesia luzonica* Christ

根莖長橫走，密被剛毛。葉遠生。三回羽狀複葉，不育部分四回分裂，葉遠軸面疏被毛，葉軸多少「之」字形彎曲；能育裂片卵形至長橢圓狀披針形，先端尖。部分研究認為台灣族群之學名應為 *P. radula*。

在台灣僅零星發現於中央山脈南段山區，生長於海拔 2,000 公尺左右熱帶霧林環境之林緣，林隙或岩壁上。

生長於霧林環境之林隙間半開闊處

葉長橢圓狀卵形

囊群生於能育裂片兩側邊緣

葉柄及葉軸被較密之短腺毛，亦疏被較長之多細胞腺毛。

羽片不育部分達四回分裂，末裂片先端圓。

葉軸之字形彎曲

根莖長橫走，被多細胞毛。

蕨屬 PTERIDIUM

根莖長橫走，被毛。葉三至四回羽狀複葉，多少被毛，葉脈游離。孢子囊群由葉緣反捲之假孢膜覆蓋，內側尚有另一層不顯著之孢膜。

蕨

屬名　蕨屬

學名　*Pteridium latiusculum* (Desv.) Hieron.

根莖長橫走。葉遠生，葉片闊三角形，三回羽狀，光滑無毛或疏被毛。依據近年分子親緣研究結果，台灣族群的學名可能需要更改為 *P. aquilinum* subsp. *japonicum*。

在台灣廣泛分布於全島中低海拔向陽草原環境，亦可見於馬祖。

孢子囊群由葉緣反捲之假孢膜覆蓋

小脈游離

小羽片有時基部羽裂

葉遠軸面被細毛

廣泛分布於全島中低海拔向陽草原環境

巒大蕨

屬名　蕨屬
學名　*Pteridium revolutum* (Blume) Nakai

形態上與蕨（*P. latiusculum*，見前頁）相近，但本種之葉片質地較厚，且明顯密被毛。依據近年分子親緣研究結果，台灣族群的學名可能需要更改為 *P. aquilinum* subsp. *wightianum*。

在台灣分布於中高海拔冷溫帶草原環境。

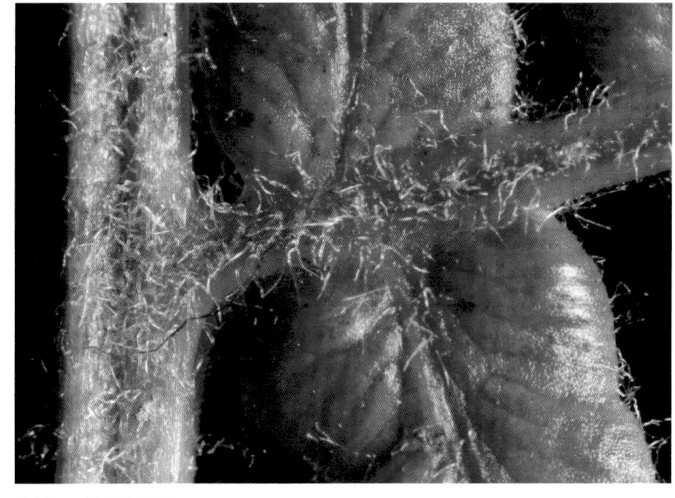

葉軸及羽軸亦密被毛

葉片分段生長，因此基部羽片成熟時先端仍為捲曲嫩芽。

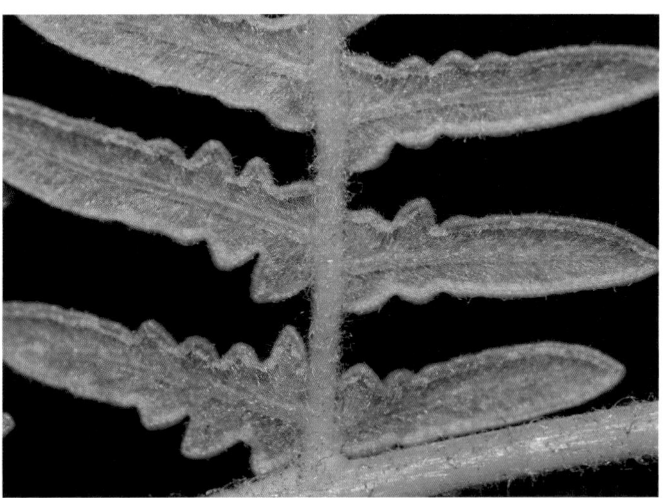

葉明顯密被毛；孢子囊群由葉緣反捲之假孢膜覆蓋。

分布於中高海拔冷溫帶草原環境

小脈游離

冷蕨科 CYSTOPTERIDACEAE

全世界 3 個屬，約 30 種，分別為亮毛蕨屬（*Acystopteris*），冷蕨屬（*Cystopteris*）以及羽節蕨屬（*Gymnocarpium*）。本科成員主要分布於北半球溫帶地區，少數物種泛世界分布；皆為地生，且於冬季落葉休眠。根莖多長橫走，偶有亞直立莖。在亮毛蕨屬與冷蕨屬成員中，孢子囊群圓形，著生於一個加厚的孢子囊托上， 孢膜著生於孢子囊群基部並包捲於孢子囊群之側邊；在羽節蕨屬成員中，孢子囊群圓形或稍微延長，不具有加厚的孢子囊托也不具孢膜，羽片與葉軸相接處具有關節。孢子豆形。

特徵

根莖橫走，葉柄基部具關節，冬季落葉。（冷蕨）

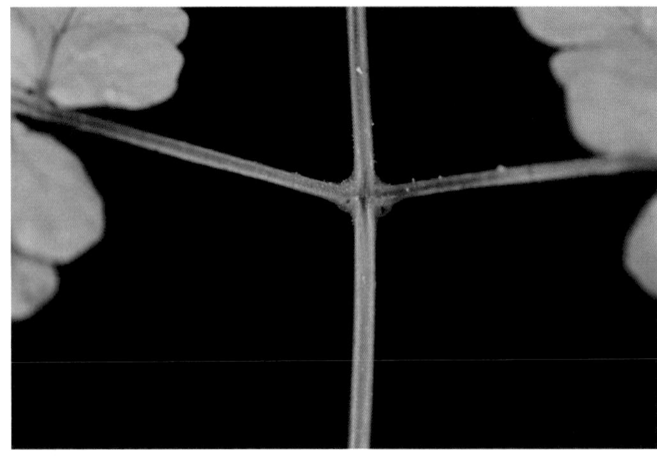

羽節蕨屬羽片基部具關節（細裂羽節蕨）

亮毛蕨屬葉片被毛（台灣亮毛蕨）

羽節蕨屬不具孢膜（羽節蕨）

冷蕨屬及亮毛蕨屬具有基部著生，包覆囊群一側之下位孢膜。（禾桿亮毛蕨）

亮毛蕨屬 ACYSTOPTERIS

根莖橫走，葉柄及葉片被毛，葉闊卵圓形至寬披針形，三回至四回羽狀裂葉。孢子囊群球形，孢膜甚小，有時隱藏於囊群下方，闊卵形。

台灣亮毛蕨

屬名　亮毛蕨屬

學名　*Acystopteris taiwaniana* (Tagawa) Á.Löve & D.Löve

本種形態與禾桿亮毛蕨（*A. tenuisecta*，見第356頁）相似，主要差異為本種之葉柄為褐色，且被毛較稀疏。

在台灣分布於全島中海拔山區，常生長於濕潤之針闊葉混合林下。

小羽片不具柄，末裂片圓鈍；孢子囊群圓形位於脈上。

葉片卵形，三至四回羽狀複葉。

葉軸紫褐色，上覆毛及鱗片。

葉柄基部被毛及大小不等之鱗片

根莖橫走

禾桿亮毛蕨

屬名　亮毛蕨屬

學名　*Acystopteris tenuisecta* (Blume) Tagawa

根莖橫走，疏被淺褐色披針形薄鱗片。葉近生，葉柄淺禾桿色，密被多細胞毛，葉片卵狀披針形，二至三回羽狀複葉，末回羽片羽狀全裂，葉遠軸面及孢子囊群邊緣具黃色腺體。

在台灣生長於全島中海拔及北部低海拔森林底層潮溼環境。

葉片卵狀披針形，二至三回羽狀複葉。

孢膜被短腺毛

葉兩面均被多細胞毛。

葉柄禾桿色，被淡褐色披針形鱗片；初生葉鱗片白色。

葉軸被多細胞毛

冷蕨屬 CYSTOPTERIS

根莖橫走，被褐色披針形鱗片。葉二回羽狀複葉以上，葉脈游離。孢膜卵形或淺杯狀，小型。除本書介紹物種，部分研究推測台灣亦有可能存在皺孢冷蕨（*C. dickieana*），惟目前尚未見確切報導。皺孢冷蕨外觀與冷蕨（*C. fragilis*，見本頁）難以區辨，主要差異在於前者孢子表面皺縮或具瘤突，而後者孢子表面則具有小刺狀突起。

冷蕨

屬名　冷蕨屬

學名　*Cystopteris fragilis* (L.) Bernh.

根莖短橫走。葉叢生，披針形或闊披針形，常為二回羽狀裂葉或複葉，偶為一回或三回羽狀複葉。本種為一多倍體複合群，台灣可能存在二倍體、四倍體及六倍體族群，但彼此外觀難以區分。

在台灣分布於海拔 3,000 公尺以上，生長於潮濕之岩石縫隙間。

生長於高山岩石縫隙間

葉近軸面小脈顯明，稍凹陷。

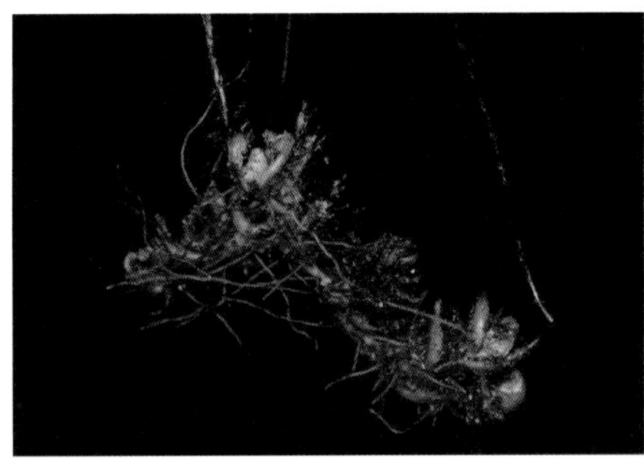

根莖短橫走，葉叢生。

側羽片卵形至卵狀披針形

孢膜卵形，膜質。

葉披針形至闊披針形，常為二回羽狀分裂或複葉。

寬葉冷蕨

屬名　冷蕨屬

學名　*Cystopteris moupinensis* Franch.

根莖長而橫走。葉遠生，葉片卵形至卵狀三角形，常為二至三回羽狀複葉。

在台灣分布於高海拔針葉林下濕潤處。

小脈與葉緣交會處呈缺刻狀

葉片卵形至短狀三角形

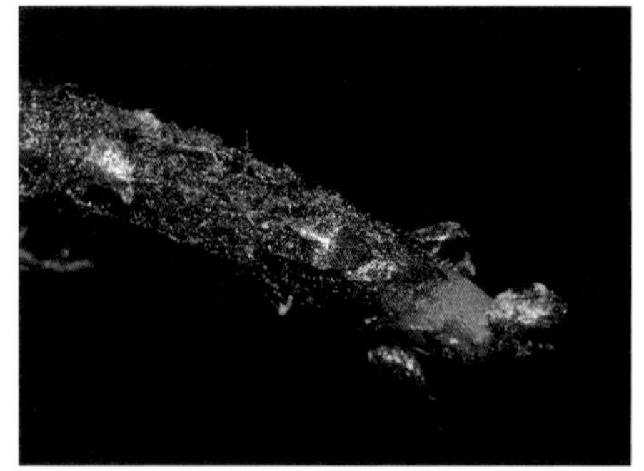

根莖疏被闊卵形鱗片

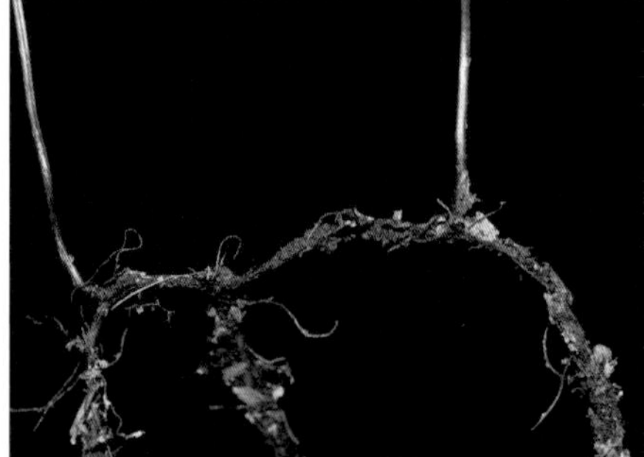

根莖長橫走，葉遠生。

小羽片卵形

生長於高山林下濕潤環境

孢膜淺杯狀，位於囊群基部。

羽節蕨屬 GYMNOCARPIUM

根莖長而橫走，具披針形鱗片。葉卵圓形至五角形。孢子囊群圓形至長橢圓形，不具孢膜。

羽節蕨

屬名　羽節蕨屬

學名　*Gymnocarpium oyamense* (Baker) Ching

根莖長匍匐狀，先端被褐色卵形鱗片。葉遠生，以關節與葉軸相連，葉片卵形，一回羽狀深裂，各對羽以狹翅相連。孢子囊群微彎長橢圓形，位於裂片中脈與葉緣間。

在台灣生長於海拔 2,000 ～ 3,000 公尺針葉林或混合林林下或林緣濕潤岩縫或土坡。

孢子囊群長圓形，無孢膜。

葉片與葉柄交界處具關節

孢子囊群生於小脈中段

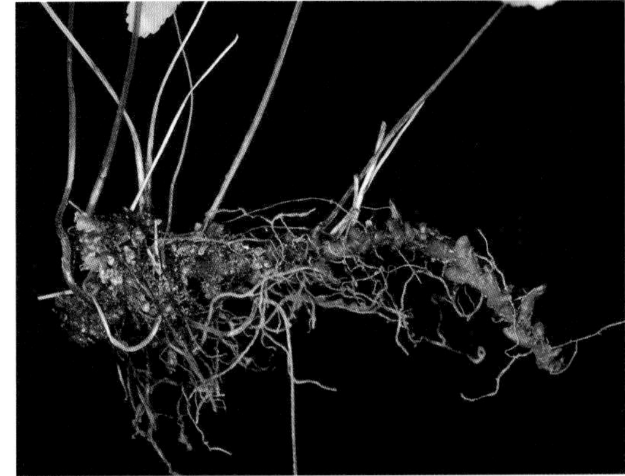

根莖長匍匐狀，先端被褐色卵形鱗片。

生長於中高海拔林下土坡

葉片一回羽狀深裂

細裂羽節蕨

屬名　羽節蕨屬

學名　*Gymnocarpium remotepinnatum* (Hayata) Ching

根莖細長匍匐。葉遠生，三至四回羽狀複葉，葉片與葉柄交接處具關節，葉脈游離。圓形孢子囊群著生於小脈上。

在台灣生長於中高海拔地區針葉林帶林緣岩縫中。

生長於高山林下或林緣之岩石縫隙內

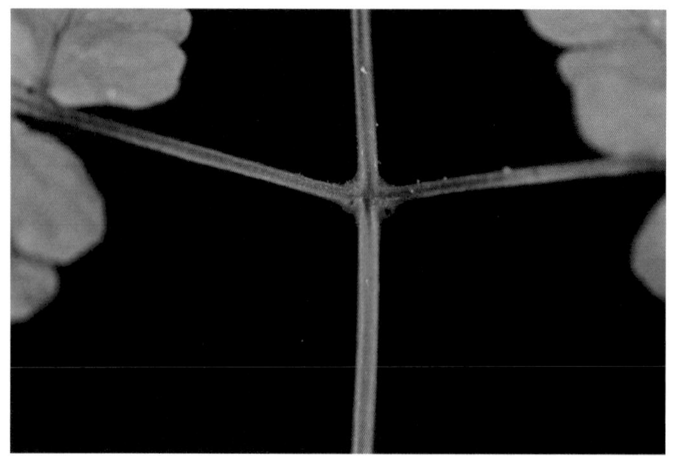

葉片與葉柄交接處具關節

葉軸及羽軸中肋呈黑色（張智翔攝）

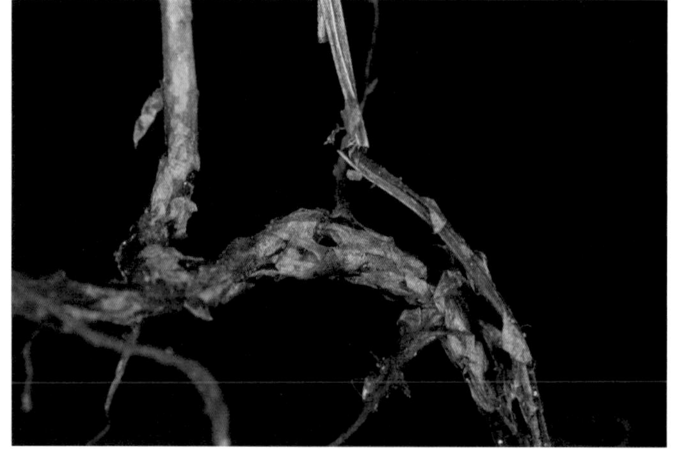

根莖細長匍匐，被褐色鱗片。

圓形孢子囊群著生於小脈上，不具孢膜。

軸果蕨科 RHACHIDOSORACEAE

全世界僅 1 屬，約 7 種，分布於亞洲之熱帶與亞熱帶地區，地生或岩生。根莖粗壯，直立或匍匐。葉片二至三回羽狀分裂，三角形或卵圓形。孢子囊群短線形，有時呈彎月狀，具孢膜；孢子豆形，具瘤狀紋飾。本科成員在形態上與蹄蓋蕨科（Athyriaceae）相似，但可利用根莖具窗格狀鱗片與線形孢子囊群僅位於脈的一側，僅微彎曲且絕不跨越小脈之特徵，與蹄蓋蕨科成員區分。

軸果蕨屬 RHACHIDOSORUS

特徵同科。

軸果蕨

屬名　軸果蕨屬

學名　*Rhachidosorus pulcher* (Tagawa) Ching

根莖直立，密被黃褐色披針形鱗片。葉叢生；葉片卵狀三角形，三回羽狀深裂或近三回羽狀複葉，薄草質。孢子囊群短線形。

在台灣零星分布於中南部及東部中海拔濕潤林下。

葉卵狀三角形，三回羽狀裂葉。

葉末裂片橢圓形， 葉脈游離。

孢子囊群短線形，略彎曲，具相同形狀之孢膜。

葉軸及羽軸近軸面具溝，彼此相通。

生長於濕潤之林緣或林下

葉柄基部具褐色全緣鱗片

腸蕨科 DIPLAZIOPSIDACEAE

全世界僅2屬，共4種，分別為腸蕨屬（*Diplaziopsis*）與同囊蕨屬（*Homalosorus*）。本科成員生長於林下溪邊潮溼環境，地生或附生。根莖直立或匍匐。葉柄具兩條維管束；葉一回羽狀複葉，中肋兩旁葉脈游離，於葉緣形成2～4排的網狀脈，網眼內無小脈，葉脈末端加粗並隆起於葉遠軸面。孢子囊群長線形，具孢膜；孢子豆形。

腸蕨屬 DIPLAZIOPSIS

根莖短直立，被披針形鱗片。葉片一回羽狀複葉，肉質，葉脈沿羽軸兩側各有一或多排網眼。孢子囊群腸形，具孢膜。

腸蕨

屬名　腸蕨屬

學名　*Diplaziopsis javanica* (Blume) C.Chr.

根莖直立，頂端連同葉柄基部被褐色披針形鱗片。葉叢生，一回羽狀複葉，具頂羽片，葉脈網狀。孢子囊群粗線形或臘腸形。

在台灣零星分布於全島暖溫帶潮溼林下環境。

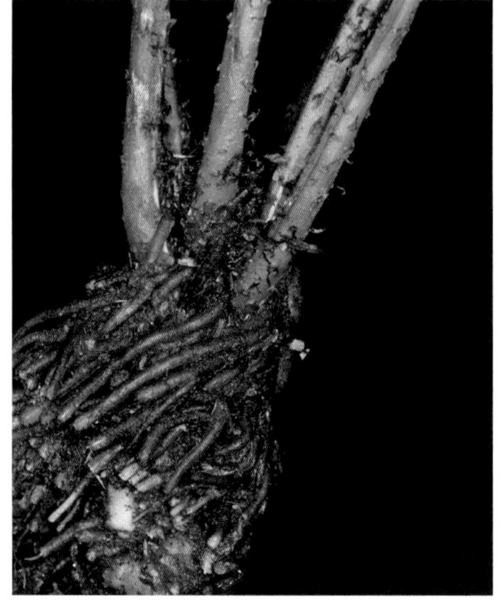
根莖短直立，肉質，被全緣鱗片。

葉脈網狀，具二至三排網眼。

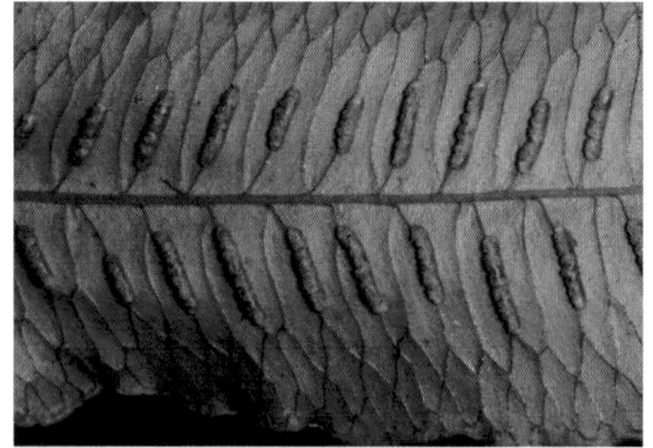
孢子囊群線形，位於側脈兩側的小脈上。

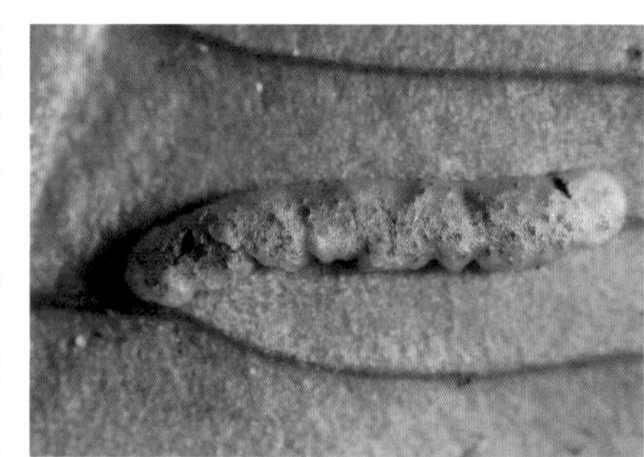
孢膜短腸形，成熟後不規則開裂。

常生於林下小溝周邊濕潤環境

葉一回羽狀複葉，具頂羽片。

鐵角蕨科 ASPLENIACEAE

全世界共 2 屬，約 700 種，分別為鐵角蕨屬（*Asplenium*）與膜葉鐵角蕨屬（*Hymenasplenium*）。本科成員泛世界分布，但熱帶地區具有較高的多樣性，地生、附生到岩生皆有。本科與其他科成員主要區別特徵為孢子囊群線形，且僅生長在脈的一側，具孢膜，只有極少數物種之孢子囊群以背靠背生長在脈的兩側；葉柄基部具有兩條 C 字形維管束，於遠端結合成一條 X 形之維管束；根莖具窗格狀鱗片；孢子囊柄於中段僅一列細胞寬。孢子豆形。

本科包含許多呈現複雜演化關係的種群，因此在種階的分類及命名十分困難，且常因新的研究成果而持續變動。

特徵

鐵角蕨屬，台灣類群均為短直立或短橫走根莖，葉叢生。（北京鐵角蕨）

膜葉鐵角蕨屬具長橫走根莖，葉近或遠生。（剪葉鐵角蕨）

孢膜位於囊群兩側，台灣物種僅見於對開蕨及尖峰嶺膜葉鐵角蕨。（對開蕨）

鐵角蕨屬葉形變化多端，但大多質地較厚且表面光亮。（大蓬萊鐵角蕨）

膜葉鐵角蕨屬均為一回羽狀複葉，羽片膜質至紙質。（單邊鐵角蕨）

囊群線形，絕大多數物種具單側之孢膜。（毛軸鐵角蕨）

鐵角蕨屬 ASPLENIUM

根莖橫走或直立，被窗格狀鱗片。葉單葉至多回羽裂，葉脈主要游離，少數種類脈於葉緣連接。孢子囊群長條形，具孢膜。

深山鐵角蕨

屬名　鐵角蕨屬

學名　*Asplenium adiantum-nigrum* L.

根莖短而直立，先端密被披針形深棕色鱗片。葉叢生，葉柄棕黑色有光澤，二至三回羽狀深裂；葉片長橢圓披針形，末裂片倒卵形或倒披針形，頂端有細長尖銳之鋸齒。

在台灣生長於中部海拔 2,000 ～ 3,000 公尺疏林下或開闊溪谷周邊岩石縫隙中。

小型成熟個體具有較寬之裂片

孢子囊群線形，長於脈的一側，開口面向中肋。

葉柄基部深褐色，密被深棕色鱗片。

裂片具尖齒緣

葉片長橢圓披針形，二至三回羽狀深裂。

山蘇花

屬名　鐵角蕨屬

學名　*Asplenium antiquum* Makino

為巢蕨之一種，具許多大型帶狀單葉螺旋狀叢生於粗大根莖而呈鳥巢狀。本種特徵為線形孢膜之長度大於中肋到葉緣寬度之半，且葉軸遠軸面無稜脊。

在台灣廣泛分布於全島低中海拔較濕潤之森林環境，生於林間或林緣的樹幹上或是岩石上。

主要分布於中海拔闊葉林內

葉光滑無毛，表面蠟質光亮。

孢子囊群占據之寬度大於葉面之半

基部鱗片闊披針形

葉軸遠軸面表面弧狀，無稜脊。

單葉帶狀，全緣。

孢膜長線形

北方生芽鐵角蕨

屬名　鐵角蕨屬

學名　*Asplenium boreale* (Ohwi *ex* Sa.Kurata) Nakaike

本種與生芽鐵角蕨（*A. normale*，見第381頁）外觀極為相似，主要之區別特徵為本種之葉片先端漸縮，絕不產生不定芽；此外其側羽片接近長方形，先端近截形，基上側邊緣常緊貼或與羽軸稍重疊。近年之分子演化研究已顯示，生芽鐵角蕨與本種等近緣類群之演化構成極度複雜，外部形態特徵之異同有時並未能反映實際親緣關係，因此，台灣依形態特徵鑑定為本種之族群，實際之地位亦仍有待進一步確認。

在台灣零星分布於中、北部低中海拔山區森林下。

基羽片略向下反折

葉長寬比通常略小於生芽鐵角蕨

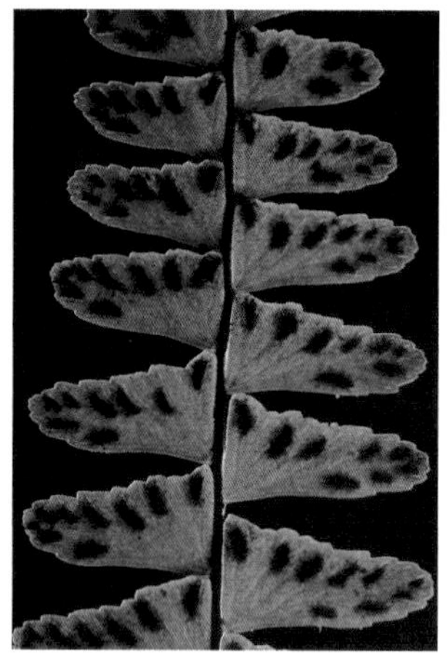

羽片具鈍齒緣

羽片近方形，基上側邊緣與羽軸緊貼或些許重疊。

植物體基部被褐色披針形鱗片

葉先端長漸尖，不產生不定芽。

大鐵角蕨

屬名　鐵角蕨屬

學名　*Asplenium bullatum* Wall. *ex* Mett.

根莖短而直立，先端密被披針形深棕色鱗片。葉叢生，三回羽狀複葉，葉片橢圓形，厚草質，羽片 16 ～ 20 對。孢膜線狀長橢圓形，生於小脈中部，每末回小羽片有 1 ～ 3 枚。

在台灣生於中、南部中海拔針闊葉混合林帶林下土坡及山壁上。

葉大型，厚草質，達四回羽裂。

生於針闊葉混合林帶林下土坡及岩石上

孢膜近橢圓形，生於小脈中部，每末回小羽片有 1 ～ 3 枚。

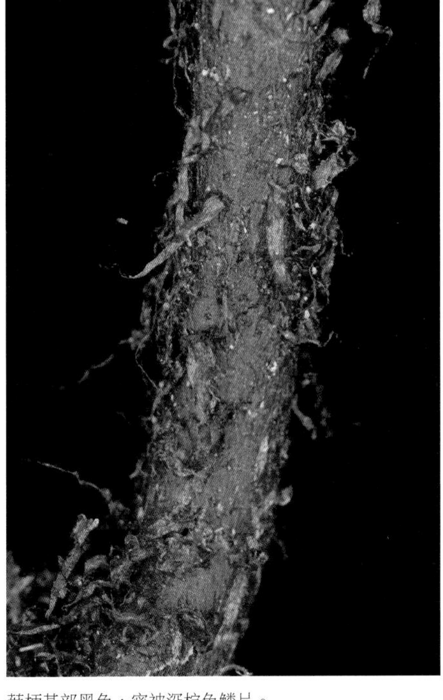

葉柄基部黑色，密被深棕色鱗片。

羽片先端延伸成長尾狀

孢膜著生於脈之一側

裂片先端具銳尖鋸齒

姬鐵角蕨

屬名　鐵角蕨屬

學名　*Asplenium capillipes* Makino

植株極小，根莖短直立，先端密被闊披針形鱗片。葉叢生，二至三回羽狀複葉，末回裂片常 2 ～ 3 裂或不分裂，每個裂片僅具一枚短線形孢膜著生脈上。

在台灣生長於中、高海拔林下及林緣濕潤岩壁縫隙中。

植物體細小，二至三回羽狀複葉。

葉末裂片 2 ～ 3 裂或不分裂

葉裂片先端具小突尖

各裂片僅有一枚短線形囊群著生脈上

生於濕潤岩石縫隙

下部羽片基部偶生不定芽（張智翔攝）

毛軸鐵角蕨

屬名　鐵角蕨屬

學名　*Asplenium crinicaule* Hance

外觀接近大蓬萊鐵角蕨（*A. cuneatiforme*，見第 370 頁）及劍羽鐵角蕨（*A. steerei*，見第 394 頁）；重要區別特徵為本種葉柄與葉軸基部密被多少開展之紅棕色狹披針形鱗片，羽片不分裂，且基部羽片常稍微短縮。

在台灣目前僅發現於南投國姓山區，生於林緣岩石環境。

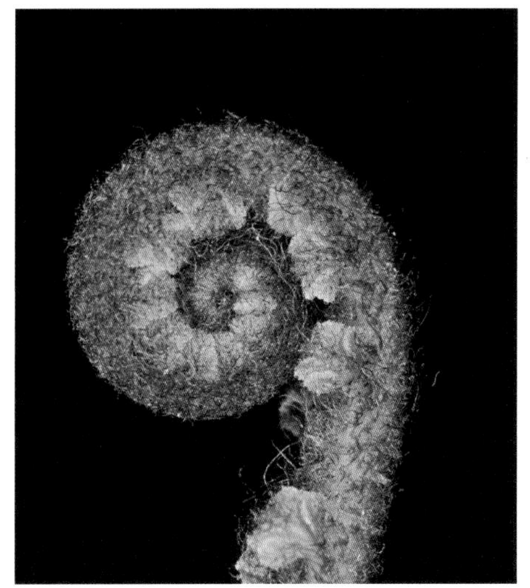

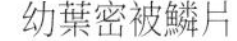

幼葉密被鱗片

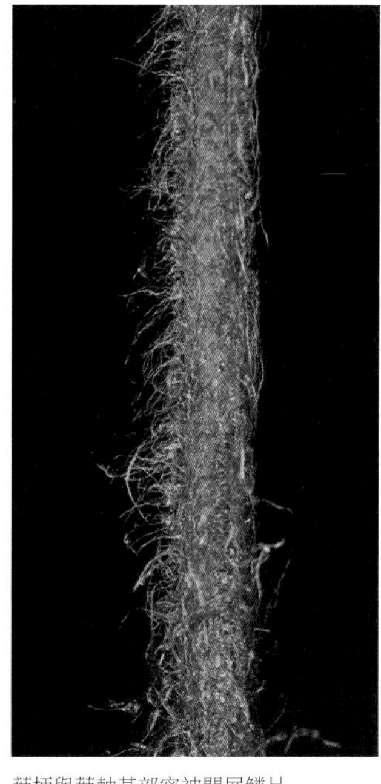

葉柄與葉軸基部密被開展鱗片

葉叢生

羽片鐮狀披針形，不分裂。

生於半開闊岩石環境

基部羽片常稍微短縮

大蓬萊鐵角蕨

屬名　鐵角蕨屬

學名　*Asplenium cuneatiforme* Christ

根莖短直立狀，密被披針形棕色鱗片。葉叢生，葉片披針形，基部不縮，先端漸尖，二回羽狀深裂或複葉，小型個體有時則為一回羽狀複葉；羽片闊披針形呈鐮刀狀，具粗鋸齒，接近葉頂端處常著生不定芽。

在台灣廣泛分布於全島低中海拔山區，生長於林緣或林下腐質豐富之樹幹中下部或岩石上。

生於樹幹基部或岩石上

一回羽狀複葉，通常至少於基部羽片有一對以上深裂或全裂之裂片。

孢膜線形，開口朝內，成熟時略反捲。

大型個體為二回羽狀複葉

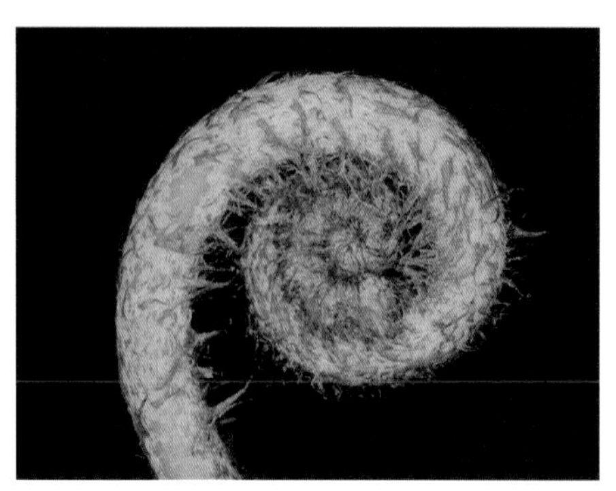

幼葉密被多少貼伏之紅棕色鱗片

根莖密被紅棕色披針形鱗片

葉近先端有時具有不定芽

劍葉鐵角蕨

屬名　鐵角蕨屬

學名　*Asplenium ensiforme* Wall. *ex* Hook. & Grev.

莖短而直立，密被褐色披針形鱗片。葉叢生，單葉，革質，葉片披針形，兩側平行先端漸尖，基部下延至長柄呈狹翅。孢膜長線形著生於側脈上方。

在台灣生長於中海拔林下遮蔭潮濕環境，常附生於岩石或樹幹中下部。

葉不分裂，基部收狹為柄狀。

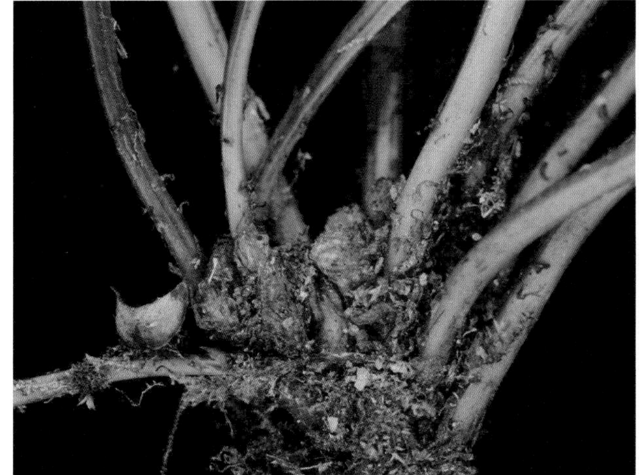

葉柄基部綠色，密被褐色披針形鱗片。

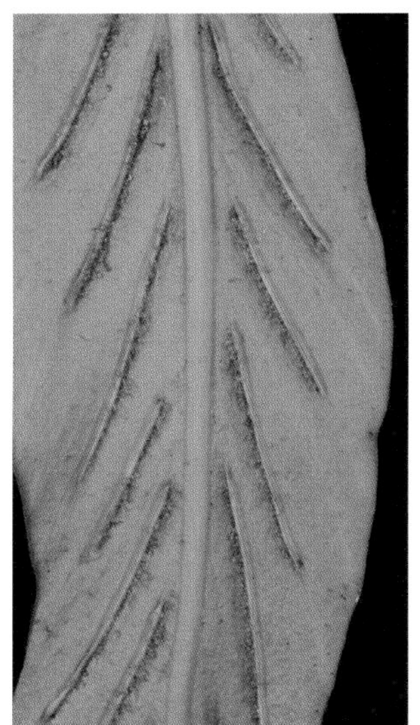

葉遠軸面幾無鱗片

孢膜長線形，著生於側脈上方。

生於密被苔蘚之樹幹或岩壁

革葉鐵角蕨

屬名　鐵角蕨屬

學名　*Asplenium falcatum* Lam.

根莖短而匍匐狀，密被深褐色鱗片。葉叢生，革質，一回羽狀複葉，羽片長菱形或鐮刀狀，頂羽片菱形，略大於側羽片，裂片邊緣鋸齒。孢膜長線形，著生於側脈一側。

在台灣分布於中、南部低中海拔地區及綠島、蘭嶼，生於略乾燥之半開闊岩壁或碎石地上。於南投山區曾發現過本種與大黑柄鐵角蕨（*A. pseudolaserpitiifolium*，見第 386 頁）之偶發性天然雜交種，具有二回羽狀複葉及三角狀披針形之側羽片。

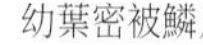
幼葉密被鱗片

側羽片長菱形或鐮形，頂羽片菱形，邊緣鋸齒。

生長於乾燥的岩壁或林緣（張智翔攝）

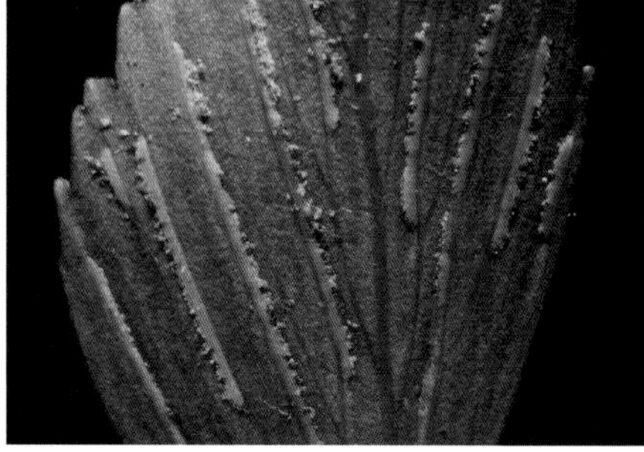
孢膜長線形，著生於側脈一側。

葉基密被深褐色披針形鱗片

葉遠軸面被有褐色鱗片

A. falcatum × *A. pseudolaserpitiifolium* 與二親本混生於岩石環境

南海鐵角蕨

屬名　鐵角蕨屬

學名　*Asplenium formosae* Christ

根莖短而直立，具披針形邊緣鋸齒之褐色鱗片。葉叢生，具長柄，肉質，葉長卵形，一回羽狀複葉（偶見單葉之小型成熟個體），頂羽片與側生羽片同型。孢子囊群線形。

在台灣生長於低中海拔闊葉林下遮蔭潮濕環境，常附著於溪邊岩石上。北部山區偶見部分個體（*A.* aff. *formosae*）頂羽片基部不規則瓣裂或具數枚圓形短裂片，且側羽片排列稍密。此種個體常與典型之南海鐵角蕨混生，分類地位及起源有待後續研究確認。

葉遠軸面粉綠色，孢子囊群線形。

生長闊葉林下遮蔭潮濕環境，常附著於溪邊岩石上。

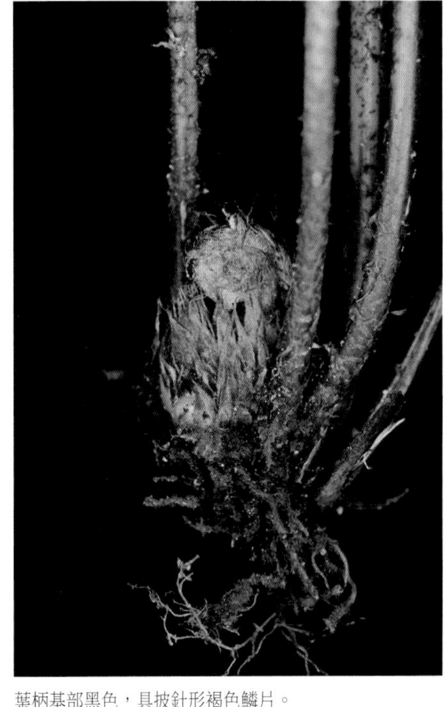

葉柄基部黑色，具披針形褐色鱗片。

羽片近全緣

A. aff. *formosae*（上方植株）與典型的南海鐵角蕨（下方植株）混生於濕潤岩壁上

A. aff. *formosae* 頂羽片基部不規則瓣裂

南海鐵角蕨×叢葉鐵角蕨

屬名　鐵角蕨屬

學名　*Asplenium formosae* × *A. griffithianum*

本種形態介於南海鐵角蕨（*A. formosae*，見第373頁）與叢葉鐵角蕨（*A. griffithianum*，見下頁）之間，且僅發現於二種混生之棲地，因此推定為天然雜交種。較小葉片不分裂，線狀披針形，基部明顯具柄，邊緣常波狀起伏；較大葉片中段常有不規則生長之二回裂片；孢子不孕。

偶見於台灣中北部低海拔闊葉林內溪溝兩側濕潤岩壁。

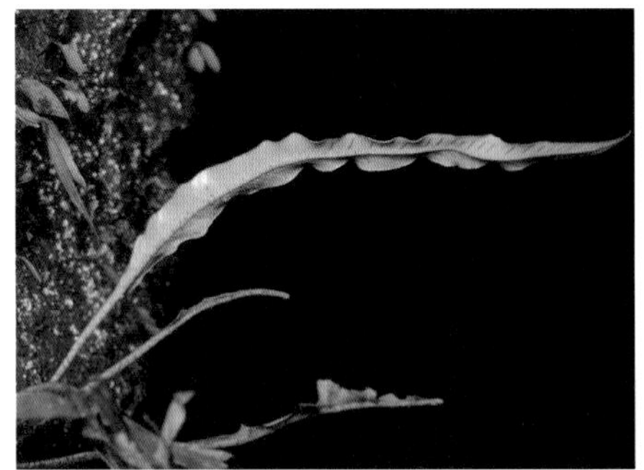
小型個體為單葉不分裂，基部明顯具柄，邊緣波狀起伏。

孢子囊群及孢膜線形

大型個體葉片中段常有不規則二回裂片

葉形變化大，兼具二親本之特徵。

葉柄基部被狹披針形鱗片

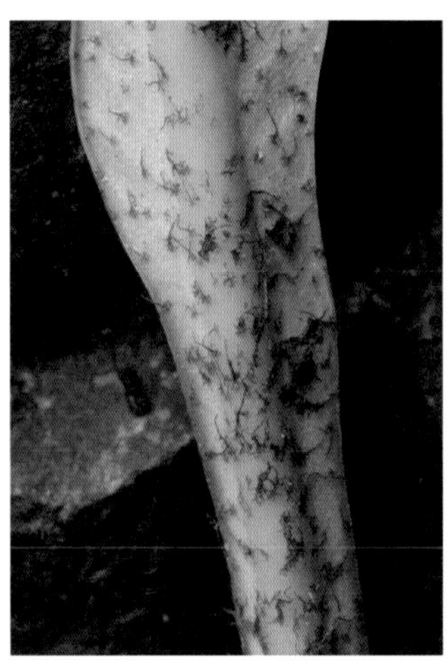
葉遠軸面疏被卵形至披針形鱗片

生長於溪谷周邊陰濕岩壁

叢葉鐵角蕨

屬名　鐵角蕨屬

學名　*Asplenium griffithianum* Hook.

外形與劍葉鐵角蕨（*A. ensiforme*，見第371頁）相似，但葉遠軸面散被褐色小鱗片；此外，本種葉基下延，不具明顯葉柄亦可與時常共域生長之南海鐵角蕨（*A. formosae*，見373頁）小型成熟個體及二種之雜交種（見前頁）區分。

在台灣生長於低中海拔闊葉林下近溪邊潮濕遮蔭環境，常附著於岩石上。

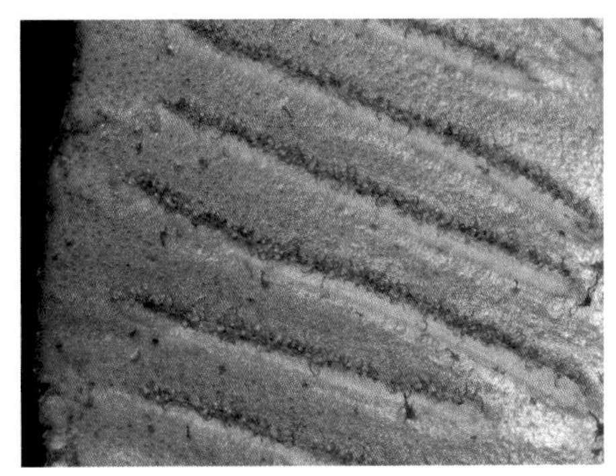

孢膜長線形，著生於脈之一側。

根莖及葉基被披針形鱗片

生長林下遮蔭近溪邊潮濕環境，常附著於岩石上。

葉面光亮，亦疏被鱗片。

葉基下延至近基部，葉柄不明顯。

葉遠軸面疏被三角形至星狀鱗片

縮羽鐵角蕨

屬名　鐵角蕨屬

學名　*Asplenium incisum* Thunb.

根莖短而直立，先端密被黑棕色披針形邊緣有短毛之鱗片。葉叢生，一至二回羽狀複葉，葉披針形，基部漸狹，先端漸尖。孢膜線形，孢子囊群著生於小脈中下部位，緊靠主脈不達葉緣。

在台灣分布於中部中海拔山區，以及台北北投、金門、馬祖之丘陵地帶，生長於林緣較開闊處潮濕岩石縫隙中。

葉軸近軸面呈槽狀

下部羽片漸縮成扇形

孢子囊群線形，著生於小脈上側。

生長於林下遮蔭處多腐植質岩石上

基部羽片漸縮

鱗柄鐵角蕨

屬名　鐵角蕨屬

學名　*Asplenium lacinioides* Fraser-Jenk., Pangtey & Khullar

根莖短而直立，先端密被披針形深棕色鱗片。葉叢生，一回羽狀複葉，葉片線狀披針形，側羽片圓齒緣，近軸面常具 1 ～ 2 個芽胞。部分研究認為本種學名為 *A. gueinzianum*。

在台灣主要分布於中、南部中海拔山區，生長於林下遮蔭處多腐植質岩石上。

羽片邊緣具圓鋸齒，偶延長成指狀。

羽片具多個不定芽

一回羽狀複葉，葉線狀披針形。

孢子囊群短線形，位於側脈上方。

群生於濕潤岩壁遮蔽處

葉柄基部綠色，密被褐色披針形鱗片。

蘭嶼鐵角蕨 特有種

屬名　鐵角蕨屬

學名　*Asplenium matsumurae* Christ

根莖短直立，先端密被披針形棕色鱗片。葉叢生，葉片長橢圓形，基數一回羽狀複葉，頂羽片通常稍窄於側羽片且具粗鋸齒緣；側羽片長披針形，基部狹楔形，先端尾狀漸尖，具鈍齒緣。孢子囊群短線形，孢膜成熟時不反捲。

特有種，僅分布於恆春半島與蘭嶼，然而其形態非常接近菲律賓之 *A. prionurus*，尚待深入比對。生長於海拔 400 ～ 600 公尺濕潤而多雲霧之闊葉林內，附生樹幹或岩石上。

孢膜線形，成熟時不反捲。

一回羽狀複葉，不具不定芽。

羽片具鈍齒緣，先端尾狀。

具獨立頂羽片，但形態常與側羽片稍有差異。

莖被褐色鱗片

生長於多雲霧之原始森林內

黃鱗鐵角蕨

屬名　鐵角蕨屬

學名　*Asplenium neolaserpitiifolium* Tardieu & Ching

本種在形態上與大黑柄鐵角蕨（*A. pseudolaserpitiifolium*，見第 386 頁）相似，主要區別為本種之根莖先端與葉柄基部之鱗片為黃褐色。部分研究認為本種學名為 *A. sublaserpitiifolium*。

在台灣僅分布於恆春半島及蘭嶼，生長於低海拔濕潤闊葉林內，附生於樹幹上。

大型附生蕨類，生於闊葉林枝幹上腐植質堆積處。

葉卵狀三角形，三回羽狀分裂。

末裂片前緣圓齒狀

根莖先端與葉柄基部之鱗片為黃褐色

末裂片扇形至菱形，小脈略浮起。

孢膜線形

台灣山蘇花

屬名　鐵角蕨屬

學名　*Asplenium nidus* L.

為巢蕨之一種，具許多大型帶狀單葉螺旋狀叢生於粗大根莖而呈鳥巢狀。本種特徵為葉中肋遠軸面圓弧狀不具突出稜脊，且長線形孢膜之長度不及中肋至葉緣寬度的一半。

在台灣著生於低中海拔林下或林緣的樹幹上或是岩石上。

孢子囊群線形，長度通常為葉軸到葉緣的一半或更短。

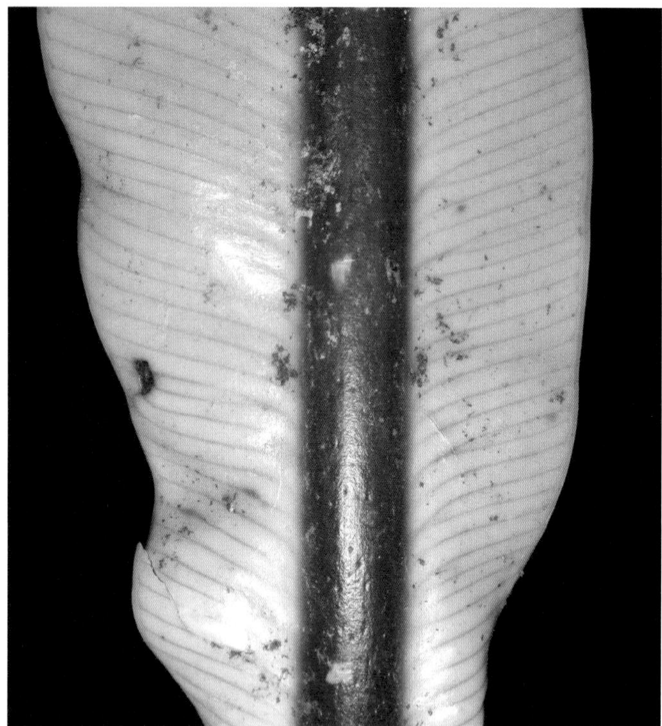

葉中肋遠軸面圓弧狀凸起

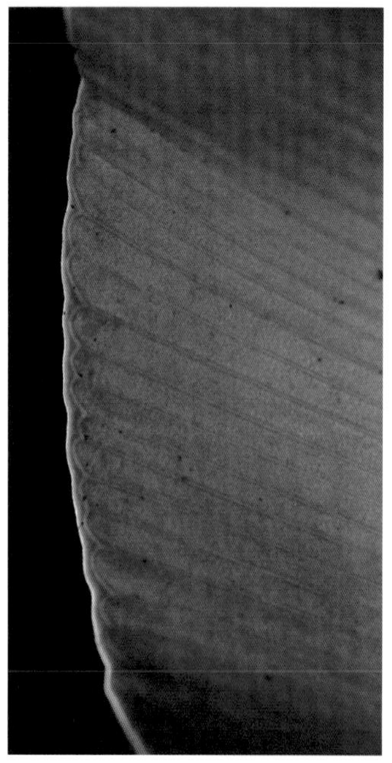

葉脈於葉緣處接合

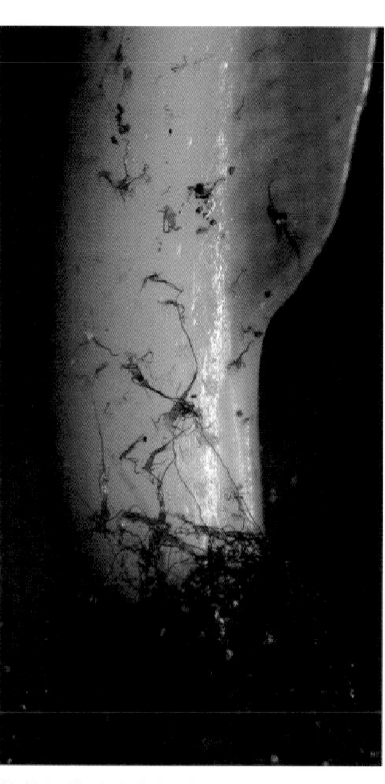

葉基部鱗片為窄披針形，邊緣及先端具細長凸出構造，可與山蘇花區別。

主要分布於低海拔闊葉林內

生芽鐵角蕨

屬名　鐵角蕨屬

學名　*Asplenium normale* D.Don

根莖短，密被黑棕色披針形鱗片。葉叢生，葉柄及葉軸黑褐色，表面光亮，一回羽狀複葉，葉線狀披針形，近頂端處具不定芽並能在母株上生長。

在台灣廣泛分布於全島中海拔及北部低海拔山區，生長於林下遮蔭環境地面或是樹幹基部。

羽片矩形，邊緣鈍齒。

葉近頂端處具不定芽

幼葉覆有淺褐色窗格狀鱗片

葉叢生，葉柄黑色具光澤。

葉軸黑褐色

生長於林下遮蔭環境地面或是樹幹基部

俄氏鐵角蕨

屬名　鐵角蕨屬

學名　*Asplenium oldhamii* Hance

根莖短直立，先端密被披針狀紅棕色鱗片。葉叢生，葉片橢圓披針形，二回至三回羽狀深裂。孢膜線形，著生於小脈中部，不達葉邊。

在台灣生長於低至中海拔林緣岩石壁上。

根莖、葉柄基部及嫩葉被深褐色窗格狀鱗片。

根莖短，葉叢生，葉柄基部紫黑色。

孢膜線形

裂片先端具淺齒緣

葉近軸面通常為暗綠色，具條紋。

較大個體為二回羽狀複葉，達三回深裂。

生於略乾燥岩石環境，較小個體為一回羽狀複葉。

北京鐵角蕨

屬名　鐵角蕨屬
學名　*Asplenium pekinense* Hance

根莖短直立，先端密被深褐色狹披針形鱗片。葉叢生，二回羽狀複葉至三回羽狀分裂，羽片基部楔形，基部一對小羽片分裂，裂片為楔形，頂端具 2 ～ 4 個尖齒。孢子囊群短線形，沿小脈著生。

常生長於略遮蔭潮濕的石灰岩壁上，或駁坎、橋墩等水泥人工構造物之縫隙。台灣族群約略可分為二或三種形態：分布台北陽明山區及基隆低海拔之少數族群具有銳尖之葉緣齒突，及較長之鱗片細胞；其餘族群葉緣則為鈍尖齒狀，鱗片細胞較短。而在鈍尖齒緣之族群中，台北近郊低海拔之族群一般具有較大的植物體及較寬闊的裂片；其餘分布於中、南及東部中海拔山區之族群則一般有較小植物體及較細緻之裂片。不同形態之族群間的親緣關係仍未完全明瞭。

裂片細緻，齒緣較鈍之族群，生長於花蓮中海拔石灰岩縫內。

裂片具銳尖齒緣之族群生長於陽明山區人工石牆上

葉革質，表面光亮，軸上有 2 條縱溝。

裂片楔形，先端具數個尖齒。

葉柄綠色，基部密被褐色披針形之窗格狀鱗片。

囊群短線形，沿脈生長。

裂片寬闊，齒緣較鈍之族群生長於烏來公路邊駁坎。

碧鳳鐵角蕨

屬名　鐵角蕨屬

學名　*Asplenium pifongiae* L.Y.Kuo, F.W.Li & Y.H.Chang

台灣產鐵角蕨屬植物中，本種在形態上最接近生芽鐵角蕨（*A. normale*，見第 381 頁），但本種葉片先端無不定芽，絕大多數羽片僅具單一孢子囊群（偶具 2 枚），孢子囊群多位於羽片下部，且羽片較窄。

僅紀錄於嘉義阿里山地區，常生長於早期砍伐後殘存之紅檜樹頭基部，或偶生於土坡上。

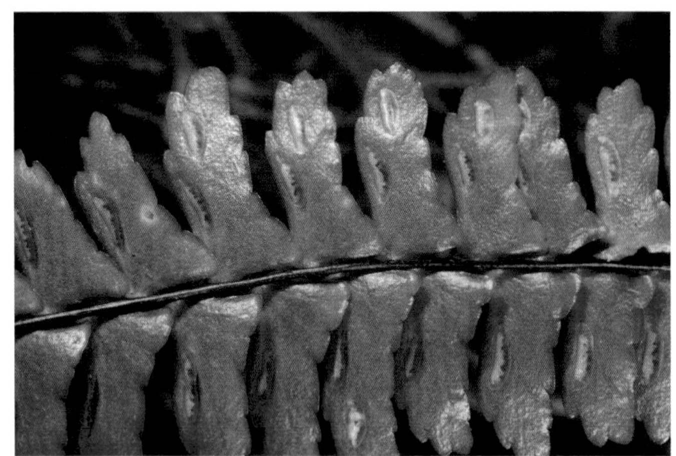

囊群大多 1 或 2 枚，生於羽片下側，與邊緣近平行。

一回羽狀複葉，線狀披針形。

基羽片三角形

葉先端漸尖，不具不定芽。

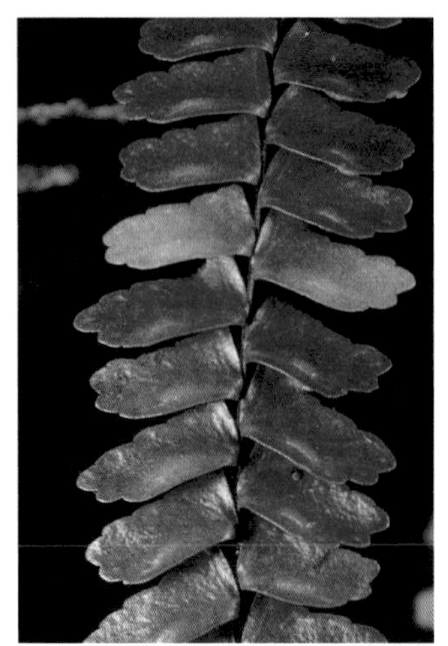

羽片稍肉質，表面帶藍色光澤。

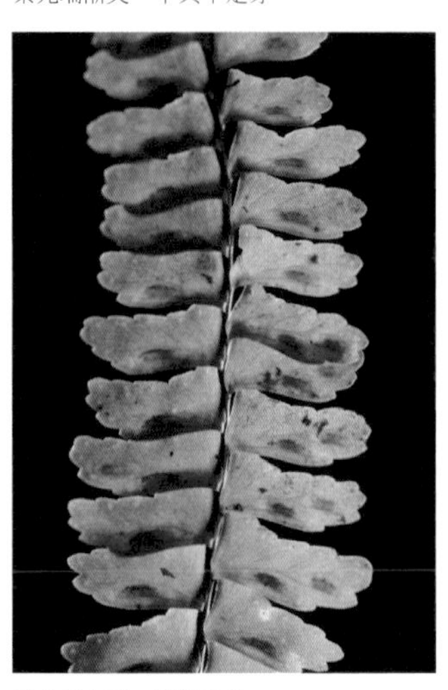

羽片近方形，淺鈍齒緣。

生長於阿里山區殘存之紅檜巨木樹頭基部

長生鐵角蕨

屬名　鐵角蕨屬

學名　*Asplenium prolongatum* Hook.

根莖短而直立，先端密被披針形黑棕色鱗片。葉叢生，二回羽狀深裂，葉片長片狀披針形，近肉質，兩側有狹翅，頂端延伸為鞭狀而具芽孢。

在台灣主要分布於中、南部中海拔山區，生長於林下遮蔭處之岩壁或樹幹上。於中部山區曾發現過推定為此種與叢葉鐵角蕨（*A. griffithianum*，見第 375 頁）之偶發性天然雜交種，為一回羽狀複葉，先端具芽孢，羽片匙形。

二回羽狀深裂

葉軸頂端延長，並長有不定芽。

孢膜線形，長於末裂片脈上。

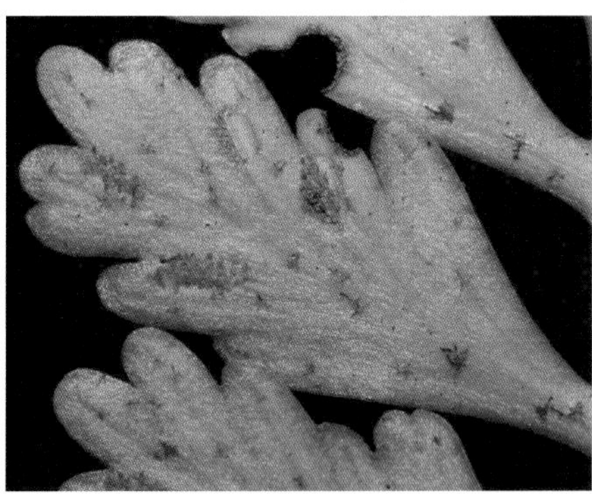

疑似本種與叢葉鐵角蕨雜交個體，小羽片倒卵形，遠軸面疏被鱗片。

生長於林下遮蔭處之岩壁或樹幹上

疑似本種與叢葉鐵角蕨雜交個體，具一回羽狀複葉。

大黑柄鐵角蕨

屬名　鐵角蕨屬

學名　*Asplenium pseudolaserpitiifolium* Ching *ex* Tardieu & Ching

根莖短直立狀，先端密被披針形深紅褐色鱗片。葉叢生，葉片橢圓形，三至四回羽狀複葉，末裂片扇形。

在台灣分布於本島恆春半島以外之低至中海拔山區，生長於林下腐質豐富之樹幹或岩石上。

孢膜線形，長於脈之一側。

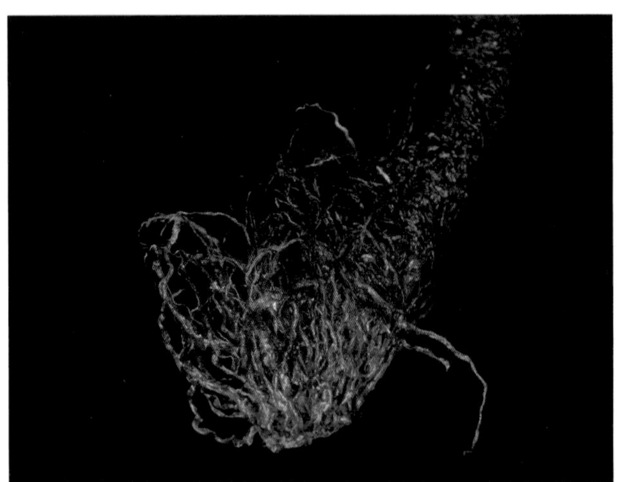

葉柄基部密被狹披針形深紅褐色鱗片

小羽片先端漸狹，邊緣細鋸齒。

生長於林下腐質豐富之樹幹或岩石上

鱗片強烈扭曲

細葉鐵角蕨

屬名　鐵角蕨屬

學名　*Asplenium pulcherrimum* (Baker) Ching

根莖短而直立，先端密被狹披針形黑色鱗片。葉叢生，葉柄黑色，光亮，葉片革質，三至四回羽狀複葉，披針形至三角狀披針形，側生羽片深裂成 2 ～ 3 個細裂片，末裂片狹線形，僅具一枚孢子囊群。

在台灣僅分布於宜蘭南部至花蓮北部一帶石灰岩區域之低中海拔山區，生長於遮蔭之岩縫間。

葉片長三角形（張智翔攝）

群生於石灰岩壁縫隙

孢膜線形，長於脈之一側。

不育裂片先端圓鈍且較寬（張智翔攝）

葉軸下部黑色

葉片分裂細緻

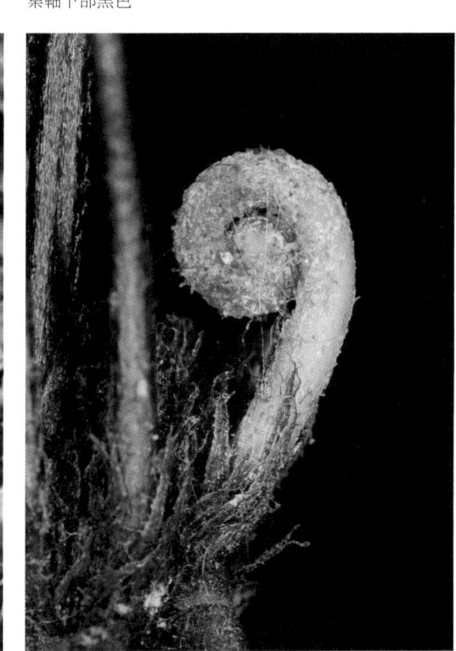

根莖被狹披針形雙色鱗片

尖葉鐵角蕨

屬名　鐵角蕨屬

學名　*Asplenium ritoense* Hayata

莖短而直立，先端密被披針形深棕色鱗片。葉叢生，葉片卵形至三角形，三至四回羽狀分裂。孢子囊群長橢圓形至線形，每裂片大多僅具一枚。

在台灣分布於低中海拔山區，生長於林下遮蔭岩壁。

根莖短，葉基密被披針形深棕色鱗片。

孢子囊群長橢圓形至線形，每裂片大多一枚，偶二枚。

葉末裂片小，僅有單一或分岔之小脈通過。

葉三至四回羽狀複葉，羽片先端漸尖成魚骨狀。

生長於林下遮蔭岩壁或腐植質豐富處

銀杏葉鐵角蕨

屬名　鐵角蕨屬
學名　*Asplenium ruta-muraria* L.

根莖短而直立，密被黑褐色之線形鱗片。葉叢生，二回羽狀複葉，側羽片三出狀，小羽片菱形或半扇形。

在台灣生於中北部高海拔山區，以及東部中海拔石灰岩環境，常生於開闊亂石堆之縫隙間。

葉柄最基部黑褐色，其餘綠色。

裂片扇形至菱形

葉闊卵形，羽狀複葉。

長於開闊石灰岩岩縫處

孢膜線形，邊緣絲狀，著生於脈之一側。

對開蕨

屬名　鐵角蕨屬

學名　*Asplenium scolopendrium* L.

根狀莖粗短。葉片闊披針形，基部深心形，兩側圓耳狀下延。孢子囊群分布於葉片中部以上，孢膜線形，對向開裂。

偶見於中部合歡及奇萊山系周邊海拔 2,000 ～ 3,100 公尺區域，生於針葉林或混合林間溪谷兩側濕潤坡地或岩縫。

生於高海拔針葉林林緣邊山溝旁

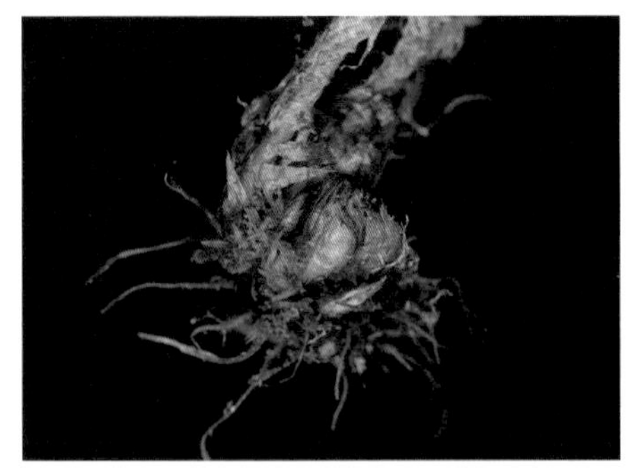

莖短直立，葉基被褐色闊披針形鱗片。

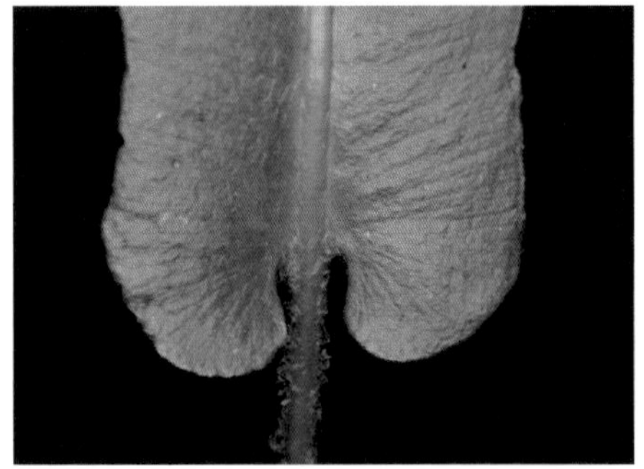

基葉深心形，兩側圓耳狀下垂。

孢膜線形，對向開裂。

生長於溪谷二側山壁遮蔭處

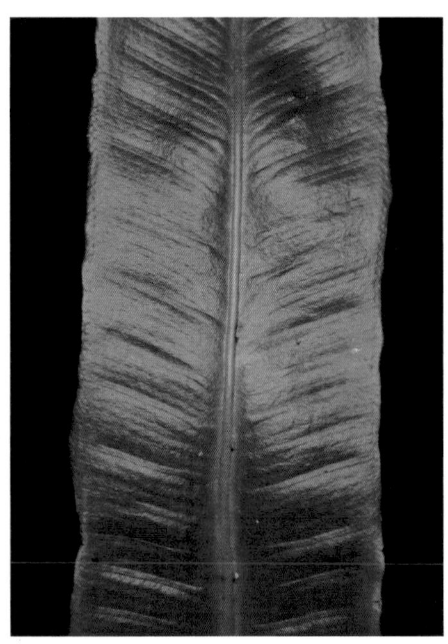

葉表光滑具光澤

線葉鐵角蕨

屬名　鐵角蕨屬
學名　*Asplenium septentrionale* (L.) Hoffm.

外形似禾草之小型蕨類。葉叢生，線形，有時二至三岔，先端撕裂狀。孢膜線形，與主軸平行生長，孢子囊群滿布裂片。

在台灣主要生長於高山林緣或灌叢間開闊環境石縫中，但亦偶見於中海拔山區半開闊岩壁。

葉線形，常有分岔。

葉叢生，葉柄基部褐色。

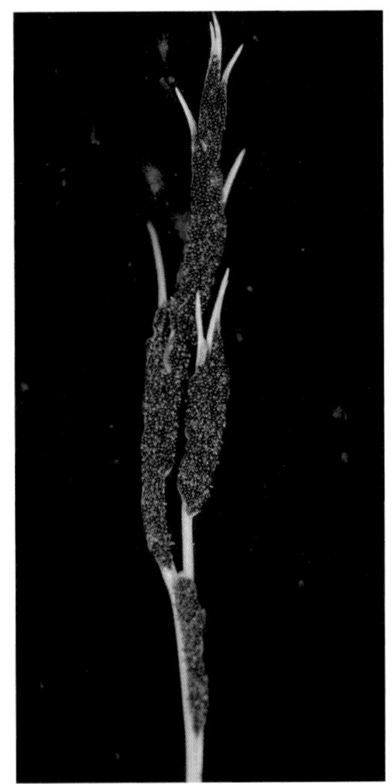

孢子囊群滿布裂片

孢膜長線形，貼近葉軸。

生長於高山開闊岩石縫隙

葉先端疏生數個細尖裂片（張智翔攝）

東洋山蘇花

屬名　鐵角蕨屬

學名　*Asplenium setoi* N.Murak. & Seriz

為巢蕨之一種，具許多大型帶狀單葉螺旋狀叢生於粗大根莖而呈鳥巢狀。本種特徵為葉中肋遠軸面具有隆起之稜脊，且長線形孢膜貼近葉軸，長度不及中肋至葉緣寬度的一半。此種過往均歸屬於南洋山蘇花 (*A. australasicum*)，然而分子證據顯示該類群僅分布於南太平洋地區，台灣族群也因此須重新定名。

在台灣主要分布於北部、東部至恆春半島，及東部離島（龜山島、綠島、蘭嶼），生於低海拔潮濕闊葉林下或林緣樹幹及岩石上。因嫩葉可食用，近年亦廣泛栽培於淺山地帶。

主要分布於低海拔闊葉林內

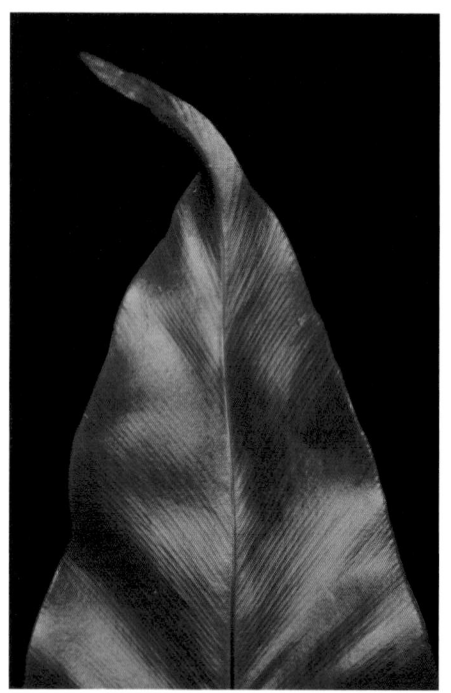
葉先端尾狀

中肋遠軸面具有隆起之稜脊

葉基部鱗片為長披針形

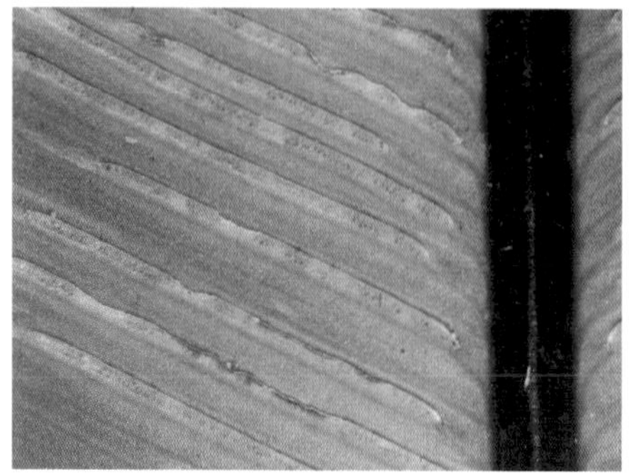
孢膜線形

葉緣常波狀起伏

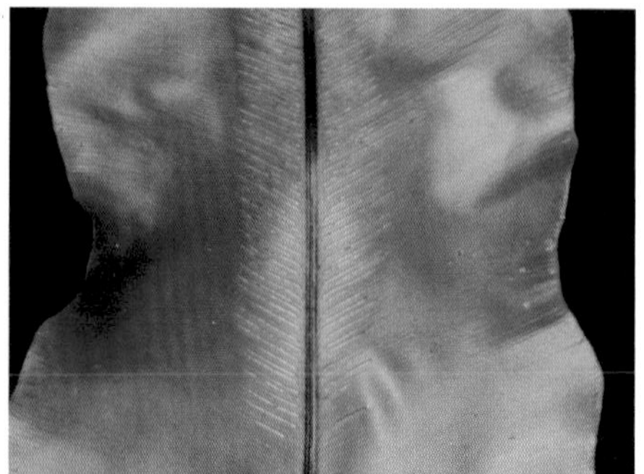
孢子囊群占據寬度不及葉面之半

四國鐵角蕨

屬名　鐵角蕨屬

學名　*Asplenium* × *shikokianum* Makino

為尖葉鐵角蕨（*A. ritoense*，見第 388 頁）與萊氏鐵角蕨（*A. wrightii*，見第 404 頁）之天然雜交種，形態介於二者之間。葉片二至三回羽狀分裂，側羽片披針形，小羽片及裂片卵形、橢圓形或倒短形。

在台灣僅偶見於兩親本共域生長之環境。

囊群短線形

裂片深鋸齒緣

與親本共域生長於濕潤之山壁

葉柄基部被深褐色披針形鱗片

葉二至三回羽狀分裂

劍羽鐵角蕨

屬名　鐵角蕨屬

學名　*Asplenium steerei* Harr.

形態接近大蓬萊鐵角蕨（*A. cuneatiforme*，見第370頁），但本種羽片不分裂或僅在最基部有一枚耳狀裂片；基部羽片常略短縮，且稍微上揚。

在台灣零星分布於南部及東部中海拔山區，生長於雲霧盛行之原始森林內樹幹中下部或岩石上。

羽片除基上側耳狀部分外無其它裂片

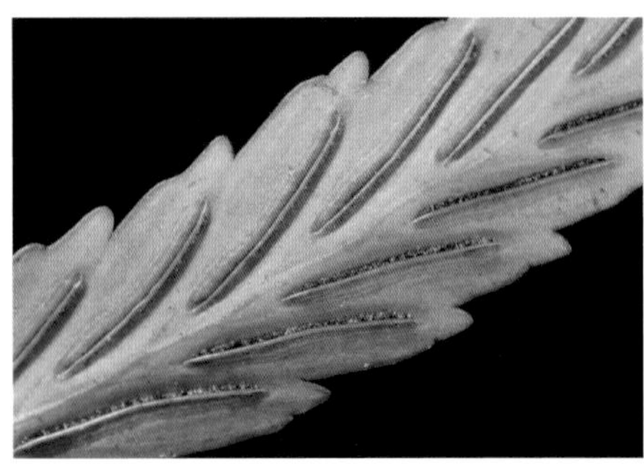

囊群線形，孢膜成熟時邊緣反捲。

有時具不定芽生於羽軸近先端

一回羽狀複葉

根莖及葉柄基部密被紅褐色狹披針形鱗片

基羽片有時略短縮

東部山區可見本種（右下）與大蓬萊鐵角蕨（左上）共域生長於濕潤森林內

鈍齒鐵角蕨

屬名　鐵角蕨屬
學名　*Asplenium tenerum* G.Forst.

根莖短直立，密被披針形棕色鱗片。葉叢生，一回羽狀複葉，葉片披針形，羽片邊緣為規律之圓齒狀。孢膜線形，著生於羽片側脈上側，開口朝向羽軸。台灣之族群可約略分為二種形態：第一型具有披針形之頂羽片，不具不定芽，植物體通常略大；第二型葉先端為魚骨狀，不具明顯之頂羽片，常生有一至多個不定芽，植物體通常略小。

在台灣分布於新北、南投、花蓮、台東及屏東恆春半島低海拔山區，生於高濕度之闊葉林下樹幹中低處或溝邊石壁上。

生於陰暗山溝環境樹幹上與岩石上

部分族群葉軸近先端具不定芽

具不定芽之族群，植物體通常略小。

無不定芽之個體，具獨立之頂羽片。

根莖短，葉叢生。

具不定芽之個體，葉先端漸縮成魚骨狀，無明顯頂羽片。

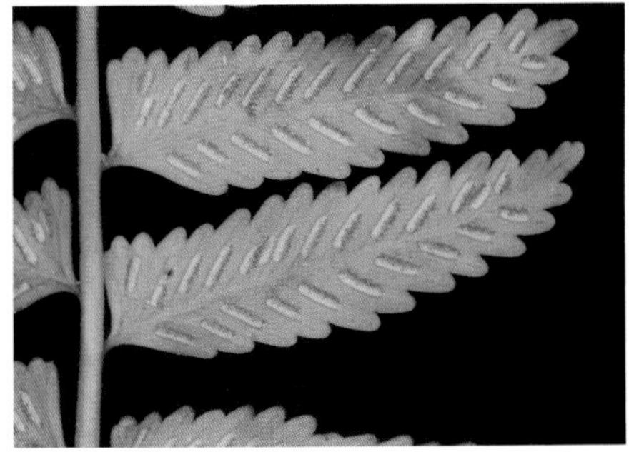
孢膜線形，著生於羽片側脈上側，開口朝向羽軸。

小葉鐵角蕨

屬名　鐵角蕨屬

學名　*Asplenium tenuicaule* Hayata

根莖短直立，先端密被披針形深棕色鱗片。葉叢生，葉柄綠色，葉片披針形，二回羽狀複葉，末回裂片常四裂以上。孢膜短線形，著生於葉脈上。

在台灣生於開闊潮濕環境的林緣邊、土壁或岩壁縫隙。中、南部中海拔山區可見部分族群（*A.* aff. *varians*）具有顯著較大的植物體及裂片，葉形偏向卵狀披針形，質地稍厚，形態近似撕裂鐵角蕨（*A. laciniatum*）或變異鐵角蕨（*A. varians*）；然而，綜觀整體變異範圍卻仍與典型之小葉鐵角蕨難以明確區隔，因此台灣各族群間之親緣演化仍有待深入研究釐清。

囊群短線形，生於脈上。

生於開闊潮濕環境的林緣邊、土壁或岩壁縫隙。

小脈先端具狹長泌水孔

植物體基部被褐色披針形鱗片

葉披針形，二回羽狀複葉。

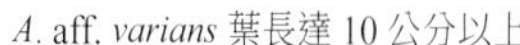

A. aff. *varians* 葉長達 10 公分以上

A. aff. *varians* 羽片卵狀披針形

薄葉鐵角蕨

屬名 鐵角蕨屬

學名 *Asplenium tenuifolium* D.Don

根狀莖短而直立，先端密被披針形紅棕色鱗片。葉叢生，三至四回羽狀複葉，葉片長橢圓形至闊披針形，側羽片鐮狀披針形，末回裂片常一至三裂。孢膜長橢圓形，透明，全緣，著生於小脈近基部。

在台灣生長於中海拔林下遮蔭處腐植土豐富的岩石上。

葉片達四回羽狀複葉

有時具不定芽生於小羽片脈上

孢膜長橢圓形，透明，全緣，著生於小脈近基部。

側羽片鐮狀披針形，裂片長橢圓形，先端尖。

生長於林下遮蔭處，腐植土豐富的岩石上。

根莖及葉柄基部被紅褐色鱗片

鐵角蕨

屬名　鐵角蕨屬

學名　*Asplenium trichomanes* L.

羽片橢圓形，葉緣鈍齒；孢子囊群線形，著生於脈之上側，開向中脈。

形態與三翅鐵角蕨（*A. tripteropus*，見下頁）相似，但葉柄及葉軸僅兩側具有膜質狹翅。本種為一全球性分布的類群，並且存在外觀幾乎相同但具不同倍體性之細胞型，有部分研究依此細分為數個種階或種下分類群。然而，因台灣族群之遺傳組成至今仍未有完整之研究，因此本書仍繼續沿用廣義的觀點。

在台灣生長於高海拔林緣或開闊環境。

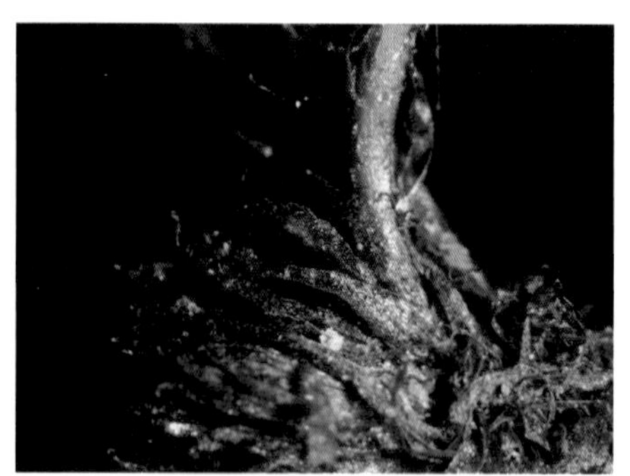
根莖密被雙色披針形鱗片

根莖短，葉叢生。

生長於高海拔林緣或開闊環境

僅葉柄兩旁具有膜質狹翅

三翅鐵角蕨

屬名　鐵角蕨屬

學名　*Asplenium tripteropus* Nakai

根狀莖短而直立，先端密被深棕色披針形鱗片。葉叢生，葉片長線形，一回羽狀複葉，葉柄及葉軸橫截面三角形，兩側及遠軸面各具一條膜質闊翅。葉軸上有時生有不定芽。

在台灣廣泛分布於海拔 1,000 ～ 3,000 公尺溪谷、林緣或路旁半開闊環境的岩縫中。葉軸遠軸面之膜質翅未延伸至葉柄的個體曾被發表為擬鐵角蕨（*A. trichomanes* var. *subtrialatum*），台灣中南部海拔較高的族群常有此特徵，但是否為一獨立分類群仍有待深入釐清。

一回羽狀複葉

羽片卵圓形，葉緣鈍齒。

兩側及遠軸面各具一條膜質闊翅

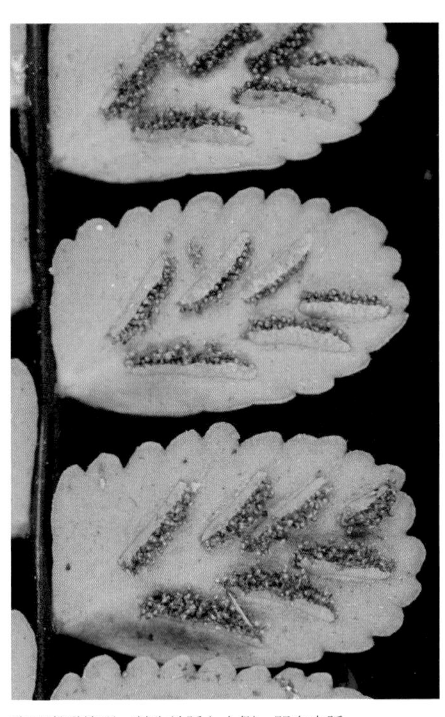

孢子囊群線形，著生於脈之上側，開向中脈。

生於中高海拔林緣或開闊環境的岩縫中

葉柄及葉軸栗褐色

綠柄鐵角蕨

屬名　鐵角蕨屬

學名　*Asplenium viride* Huds.

小型蕨類，根莖短直立，先端密被披針形栗色鱗片。葉叢生，葉柄僅最基部為栗色或紅褐色，基部以上包含葉軸均為綠色，葉片線形，一回羽狀複葉，羽片達 16 ～ 20 對，菱狀卵形至近圓形。孢膜橢圓形，開口向羽軸。

在台灣生長於高海拔開闊峭壁岩石環境之岩縫中。

羽片菱狀卵形至近圓形，淺圓齒緣。

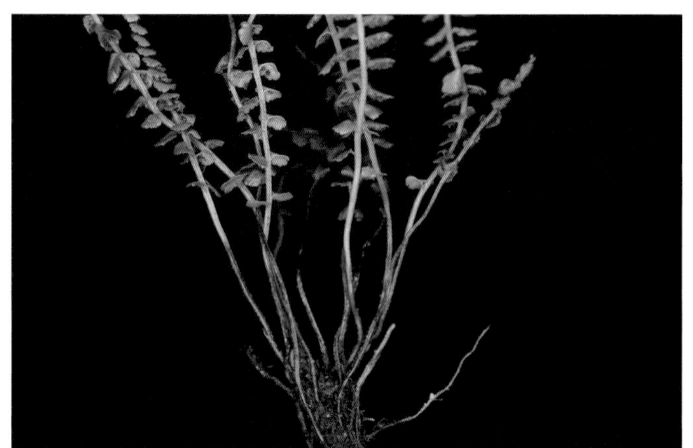

葉柄中下段呈黑褐色

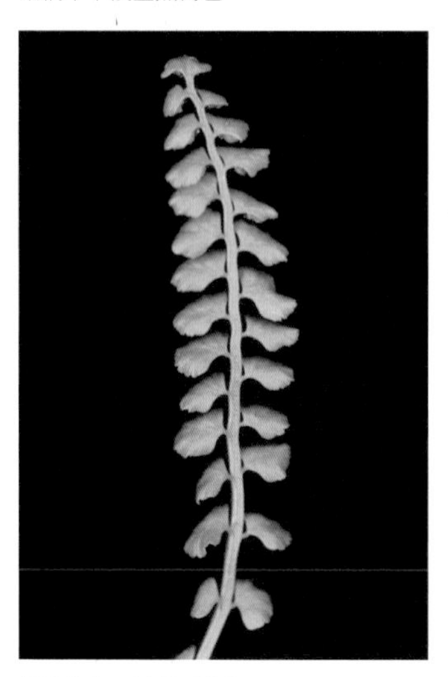

葉軸綠色，近軸面溝狀。

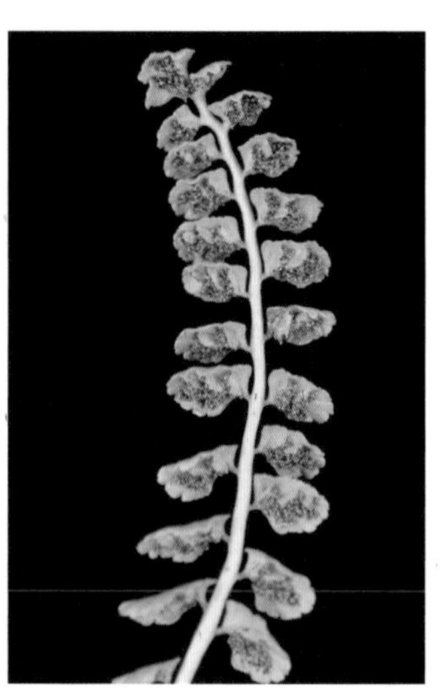

孢膜橢圓形，開口向羽軸。

生於高山開闊環境之岩石縫隙

王氏鐵角蕨

屬名　鐵角蕨屬

學名　*Asplenium* × *wangii* C.M.Kuo

葉大型，二回羽狀複葉，有時達三回羽裂；側羽片鐮刀狀披針形，先端尾狀漸尖；羽片下部之小羽片菱狀卵形，先端圓或鈍尖，具鈍齒緣。「王氏鐵角蕨」發表時推定為大鐵角蕨與萊氏鐵角蕨之天然雜交種，而此處描述之物種亦由形態及分子證據證實為上述二類群之天然雜交種，因而暫歸入此名；然而，其形態卻與模式標本有所差異，此疑問仍有待深入研究釐清。

零星分布於苗栗、南投及嘉義中海拔山區，生長於林下濕潤土坡及山壁。

生於林下陰暗岩壁

小羽片菱狀卵形，先端鈍。

嫩葉密被紅棕色長尾狀鱗片

囊群短線形

二回羽狀複葉

威氏鐵角蕨

屬名　鐵角蕨屬

學名　*Asplenium wilfordii* Mett. *ex* Kuhn var. *wilfordii*

根莖短直立，先端密被紅棕色狹披針形鱗片。葉叢生，三至四回羽狀分裂，葉片披針形，羽片具柄，末裂片楔形頂端圓齒裂。孢膜線形，生於小脈內側。

在台灣全島中海拔山區廣泛分布，北部可降至低海拔地帶；生長於暖溫帶闊葉林或混合林間樹幹或岩石上。

葉三至四回羽狀分裂

葉片近軸面光亮

葉裂片狹楔形，先端圓齒裂。

根莖密被紅棕色狹披針形鱗片

孢膜線形

嫩葉被紅棕色狹披針形鱗片

密生鐵角蕨

屬名　鐵角蕨屬

學名　*Asplenium wilfordii* Mett. *ex* Kuhn var. *densum* Rosenst.

與承名變種（威氏鐵角蕨，見前頁）之區別為末裂片較為寬闊且先端齒突數目稍多，以及生育環境大多為略乾燥之岩壁。此類群形態接近華南鐵角蕨（*A. austrosinense*）及擬威氏鐵角蕨（*A. pseudowilfordii*），仍有待深入比對。

在台灣可見於中南部低中海拔山區。

裂片較威氏鐵角蕨寬闊

裂片先端鋸齒緣

植物體基部密生暗褐色鱗片

孢膜線形

三回羽狀複葉

小型個體為二回羽狀複葉

生於乾溼季分明之岩壁環境

萊氏鐵角蕨

屬名　鐵角蕨屬

學名　*Asplenium wrightii* D.C.Eaton *ex* Hook.

幼葉覆有蜘蛛絲狀毛以及淺褐色鱗片

根莖短而直立，密被披針形棕色鱗片。葉叢生，一回羽狀複葉，葉鐮狀披針形，邊緣鋸齒，基部偶有耳狀或不規則之裂片。孢膜長線形，生於羽片側脈上側。

在台灣廣泛分布於低至中海拔山地，生長於林下遮蔭處或溪谷環境之岩壁、土坡、岩石上。

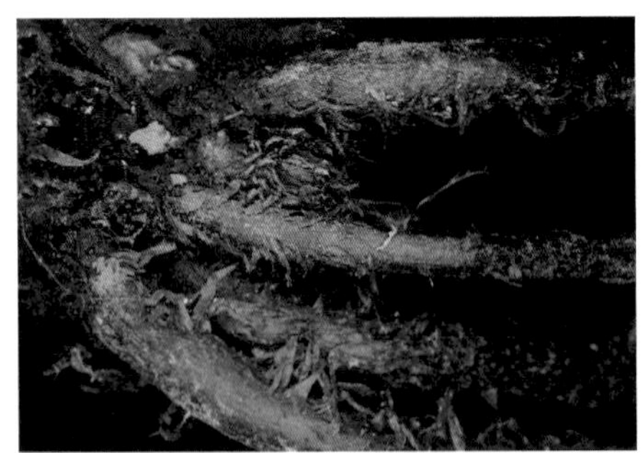
葉柄基部黑色，密被深褐色披針形鱗片。

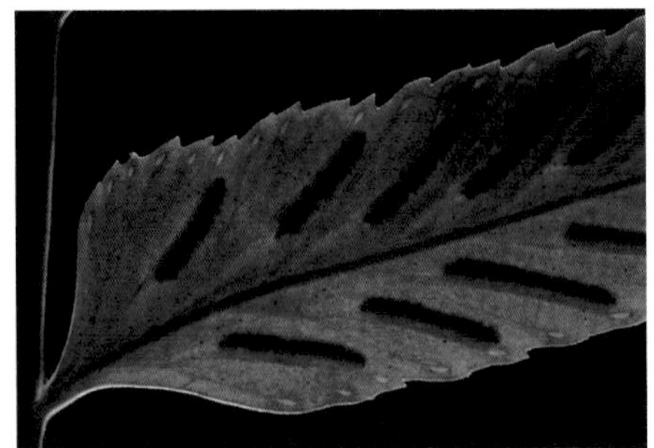
葉緣鋸齒

葉正面多少可見由孢子囊群著生處所造成的突起

側羽片鐮形，邊緣鋸齒。

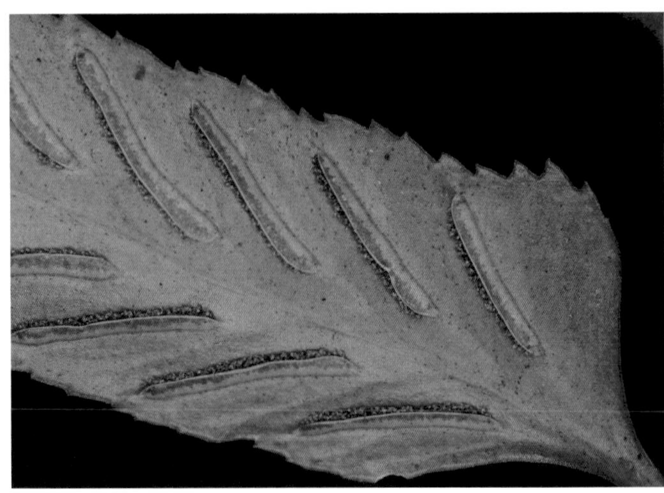
孢膜線形，著生於脈之一側。

一回羽狀複葉，不具頂羽片。

斜葉鐵角蕨

屬名　鐵角蕨屬

學名　*Asplenium yoshinagae* Makino

根莖短而直立，先端密被狹披針形鱗片。葉叢生，草質，一回羽狀複葉，葉片披針形，羽片具短柄，菱形或披針狀菱形，邊緣鋸齒。部分個體具有不定芽，發育於基部羽片與羽軸交界處。

在台灣生長於中海拔通風良好之針闊葉混生林下樹幹中低處或岩壁上，常與蘚苔植物混生。

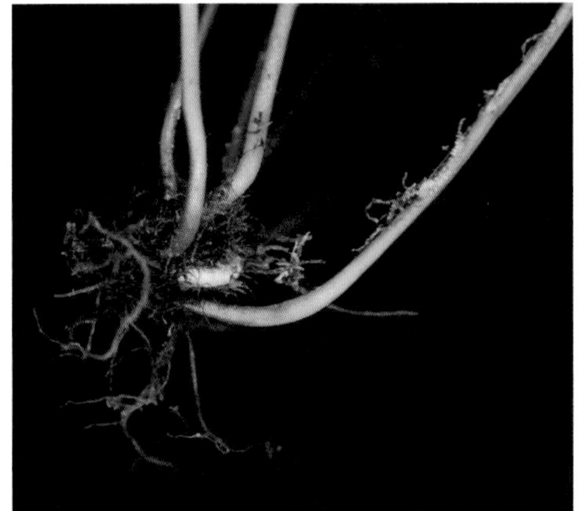

根莖短而直立，先端密被狹披針形鱗片。

幼葉被有棕色披針形鱗片

一回羽狀複葉

偶具不定芽生於羽軸與基羽片交界處

孢子囊群線形，著生在脈之一側。

羽片具短柄，菱形或菱形披針狀，邊緣鋸齒。

生長於霧林帶林下樹幹上，常與苔蘚植物混生。

雲南鐵角蕨

屬名　鐵角蕨屬

學名　*Asplenium yunnanense* Franch.

根莖短而直立，密生狹披針狀黑褐色鱗片。葉叢生，葉柄基部栗黑色，上部綠色，肉質；葉片線狀披針形或橢圓狀披針形，一回羽狀複葉，二至三回羽裂，基部漸縮，先端漸尖，側羽片卵狀橢圓形，具短柄。孢膜長橢圓形，貼近羽軸生長。

在台灣生長於中高海拔半開闊岩石環境，亦常生長於石灰岩區域。台灣族群可細分為二種形態：第一型較接近 *A. yunnanense* 之模式標本，羽片呈線狀披針形，葉柄極短，側羽片常超過 20 對，可見於花蓮及南投海拔 1,000 ～ 2,000 公尺山區。另一型（*A.* aff. *yunnanense*）羽片呈橢圓狀披針形，葉柄長度超過葉身之半，側羽片 10 對以下，可見於花蓮、嘉義、高雄海拔 2,200 ～ 3,200 公尺山區。此外，部分研究認為本種學名應使用 *A. exiguum*，然而該種羽軸最先端延展且具有不定芽，台灣族群並無此特徵。

孢膜橢圓形

葉柄短，基部栗黑色。

羽片常 20 對以上，多數近等長。

生於石灰岩縫隙間

葉軸具溝

A. aff. *yunnanense* 葉片質地厚，齒緣圓鈍。

A. aff. *yunnanense* 葉柄顯著較長，羽片對數少。

鐵角蕨屬未定種 1

屬名　鐵角蕨屬

學名　*Asplenium* sp. 1 (*A.* aff. *boreale*)

形態接近北方生芽鐵角蕨（*A. boreale*，見第 366 頁），但植物體更為壯碩，下部羽片常略大於上部羽片，使葉略呈披針形，且囊群稍長而密。此類群可能與新近發表之廣東鐵角蕨（*A. guangdongense*）近緣，尚待深入比對。

僅發現於南投魚池鄉低海拔山區闊葉林下。

羽片具鈍齒緣

基羽片稍短縮且反折

囊群線形，生於小脈中部。

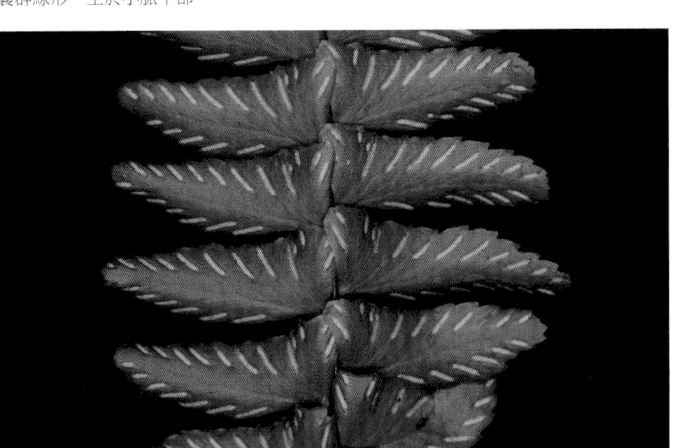

羽片基上側稍呈耳狀，常與羽軸交疊。

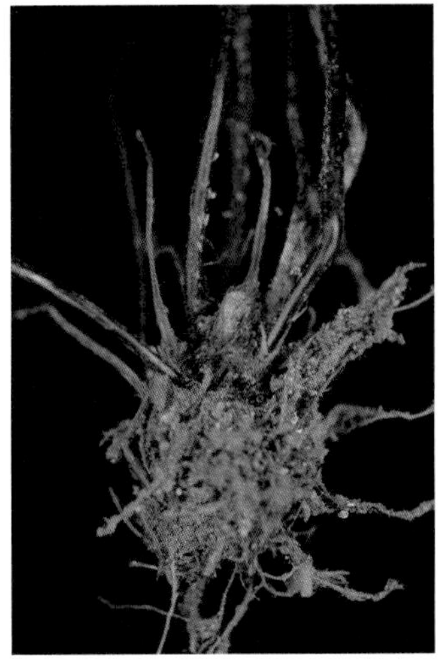

根莖短，葉叢生。

羽片先端尾狀，不產生不定芽。

生於低海拔林下土坡

鐵角蕨屬未定種 2

屬名 鐵角蕨屬

學名 *Asplenium* sp. 1 (*A.* aff. *khullarii*)

形態接近姬鐵角蕨（*A. capillipes*，見第 368 頁），但植物體較大，葉柄及葉軸近軸面明顯凹陷為槽狀，下部羽片明顯具柄，末回裂片常二至四裂。本種亦接近描述自印度之 *A. khullarii*。

偶見於南投及花蓮中海拔山地，生於溪谷周遭濕潤岩壁。

根莖被黑褐色窗格狀鱗片

末回裂片常二至四裂

孢膜橢圓形，邊緣啮蝕狀。

葉柄下部遠軸面有一條褐色帶

下部側羽片明顯具柄；羽軸近軸面呈槽狀凹陷。

小脈終止於泌水孔，與葉緣不相連。

具甚長之葉柄

鐵角蕨屬未定種 3

屬名　鐵角蕨屬
學名　*Asplenium* sp. 3 (*A.* aff. *nesii*)

形態接近雲南鐵角蕨（*A. yunnanense*，見第 406 頁），區別為葉柄極短，葉片倒披針狀長橢圓形，最寬處於中上部，羽片質地稍薄，具有較尖之齒緣。本種亦接近廣布中亞至東亞地帶的西北鐵角蕨（*A. nesii*）。

僅見於南投中海拔略乾燥岩石環境。

葉緣具尖齒

羽片最寬處於中上部，向基部漸狹。

葉柄被披針形鱗片，向葉軸漸變為絲狀鱗片。

孢膜長橢圓形

葉柄極短，基部羽片漸縮。

生長於略乾燥之岩石環境

膜葉鐵角蕨屬 HYMENASPLENIUM

根莖長橫走，具背腹性，除最先端外僅被有稀疏鱗片；葉片遠生，一回羽狀複葉，羽片膜質，基下側常有一至數條側脈缺失。

阿里山膜葉鐵角蕨

屬名　膜葉鐵角蕨屬

學名　*Hymenasplenium adiantifrons* (Hayata) Viane & S.Y.Dong

根莖長橫走，先端被三角形至狹三角形鱗片。葉軸紫褐色有光澤，葉遠生，一回羽狀複葉；羽片質地薄但不透光，近斜方形，先端鈍，圓齒緣，側脈先端凹入。孢子囊群短線形，生於中脈與葉緣間稍靠內側。本種在過往文獻常鑑定為 *Asplenium filipes*，然而該類群可能僅分布於菲律賓而未見於台灣。

在台灣可見於全島中海拔山區，生於林下或溝谷內濕潤石壁或土坡。

根莖橫走

孢膜短線形，著生於小脈中部。

羽片斜方形，基羽片不顯著反折。

群生於潮濕的岩壁上

羽片上緣於側脈先端明顯凹入

無配膜葉鐵角蕨

屬名　膜葉鐵角蕨屬

學名　*Hymenasplenium apogamum* (N.Murak. & Hatan.) Nakaike

根莖長橫走，先端連同葉柄基部密被披針形窗格狀鱗片。葉軸紫褐色有光澤，葉近生，一回羽狀複葉，葉膜質近草質，線狀披針形，羽片斜方形，邊緣缺刻圓齒狀，游離脈。孢子囊群線形生於中脈與葉緣間，開口大多朝向羽軸。

在台灣生長於低海拔溪谷環境岩石上，北部較常見。

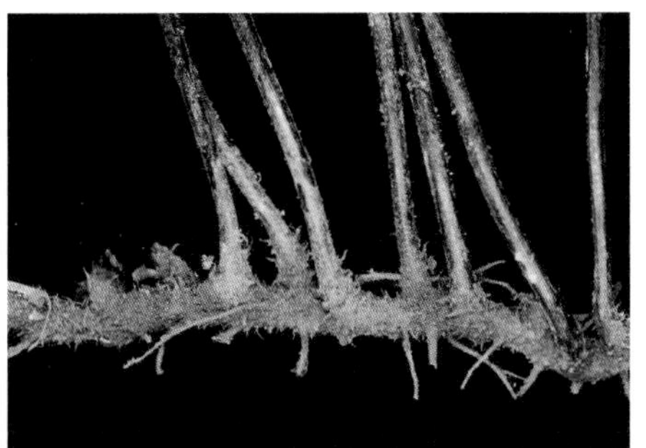
根莖橫走，密被褐色鱗片。

孢膜線形，著生於脈之一側。

羽片斜方形，先端多少下垂。

葉軸黑色，具光澤。

基羽片反折

葉先端成尾狀

生長於低海拔溪谷環境岩石上

薄葉孔雀鐵角蕨

屬名　膜葉鐵角蕨屬

學名　*Hymenasplenium cheilosorum* (Kunze *ex* Mett.) Tagawa

根莖長橫走，密被淺褐色披針形鱗片。葉軸栗色有光澤，葉近生，一回羽狀複葉，薄紙質，線狀披針形，羽片上側邊緣缺刻圓齒狀。孢子囊群橢圓形生於羽片上側近葉緣之齒狀裂片上。

在台灣生長於中低海拔林下溪流周邊潮濕環境，附生於岩壁上。

幼葉密被淺褐色鱗片

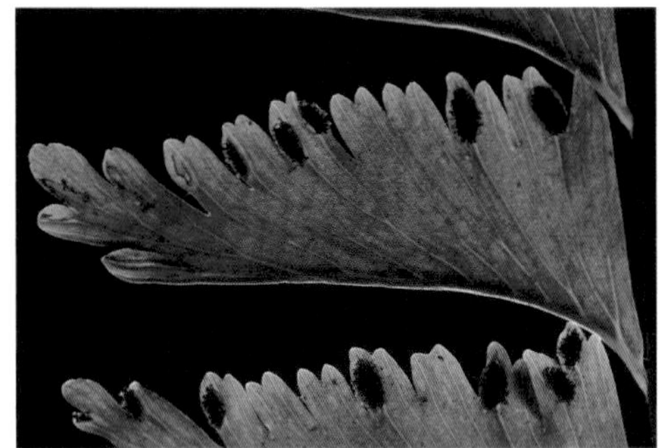

葉脈游離

羽片斜長方形，上部具數個指狀裂片。

葉線狀披針形

葉先端呈尾狀

常群生於林下溪谷兩側山壁

孢膜橢圓形，只著生於齒狀裂片上脈之一側。

剪葉膜葉鐵角蕨

屬名　膜葉鐵角蕨屬

學名　*Hymenasplenium excisum* (C.Presl) S.Linds.

根莖長橫走，先端密被披針形黑色鱗片。葉近生，一回羽狀複葉，葉軸栗黑色，表面光亮，葉片闊披針形，薄草質，羽片基部不對稱楔形，呈菱形鐮刀狀。孢子囊群線形，生於中脈與葉緣間。

在台灣生於中低海拔林下遮蔭潮濕環境土坡，或滲水岩壁上。南投至嘉義一帶中海拔山區部分族群葉片較為狹長，羽片質地較薄，小型個體葉柄及葉軸為綠褐色，光澤較弱，略似綠柄剪葉鐵角蕨（*H. obscurum*，亦參見第 416 頁之敘述），但大型個體即轉為光亮近黑色，其分類地位仍待確認。

羽片基部不對稱，呈菱形鐮刀狀。

羽軸遠軸面及中肋基部亦為亮黑色

孢子囊群線形，著生於小脈上側。

生於林下遮蔭潮濕環境土坡，或滲水岩壁上。

葉柄栗黑色，具強烈光澤。

H. aff. *obscurum* 葉近軸面光澤稍弱

H. aff. *obscurum* 小型個體葉軸遠軸面綠褐色，光澤弱。

單邊鐵角蕨

屬名　膜葉鐵角蕨屬

學名　*Hymenasplenium murakami-hatanakae* Nakaike

根莖長橫走，密被棕色披針形鱗片。葉遠生，一回羽狀複葉，葉片披針形，薄草質，羽片鐮刀狀，上緣具單鋸齒。孢子囊群短線形，生於小脈近邊緣處。本種在過往文獻常鑑定為 *Asplenium cataractarum*。

在台灣生於中低海拔林下遮蔭潮濕環境土坡，或滲水岩壁上。於中海拔山區可見部分族群羽片較近斜方形或三角狀斜披針形，孢子囊群稍遠離葉緣，形態近似東亞膜葉鐵角蕨（*H. hondoense*），分類地位有待確認。

羽片鐮刀狀，上緣具單鋸齒。

生於林下遮蔭潮濕環境土坡，或滲水岩壁上。

孢子囊群短線形，生於小脈較近邊緣處。

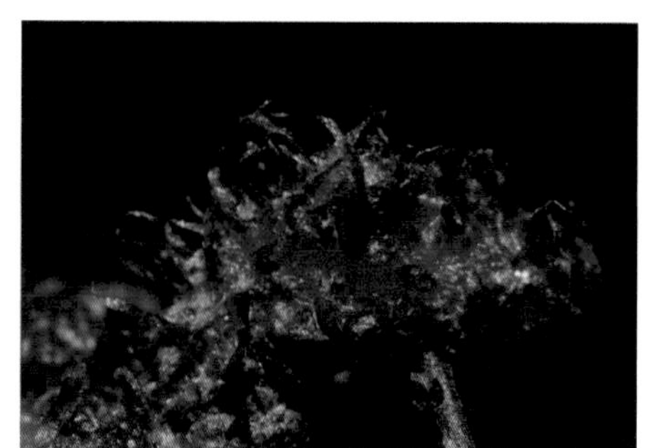

根莖長橫走，被棕色披針形鱗片。

H. aff. *hondoense* 羽片較近斜方形

H. aff. *hondoense* 孢子囊群稍遠離葉緣

蔭濕膜葉鐵角蕨

屬名　膜葉鐵角蕨屬

學名　*Hymenasplenium obliquissimum* (Hayata) Sugim.

形態接近阿里山膜葉鐵角蕨（*H. adiantifrons*，見第410頁），但本種上部羽片斜出，羽片暗綠，質地甚薄，些許透光，上緣於側脈先端僅些微凹入。

偶見於新北、宜蘭、嘉義等中海拔山區，生於陰暗濕潤之岩壁及土坡。

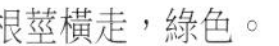

根莖橫走，綠色。

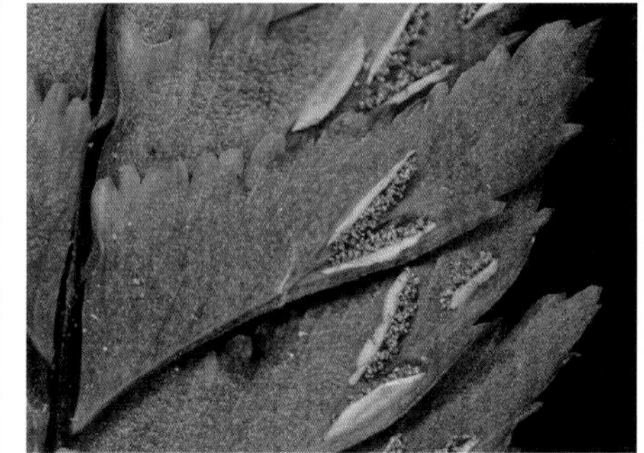

孢膜短線形

羽片膜質，暗綠色。

羽片斜方形，側脈先端僅些微凹入。

上部羽片斜出

囊群多分布於羽片中上部，稍近羽軸。

生於霧林環境溪溝兩側濕潤山壁

尖峰嶺膜葉鐵角蕨

屬名　膜葉鐵角蕨屬

學名　*Hymenasplenium pseudobscurum* Viane

形態上與剪葉膜葉鐵角蕨（*H. excisum*，見第 413 頁）相似，但葉柄（最基部除外）及葉軸綠色無光澤；其孢子囊群兩側均有孢膜，亦為鐵角蕨中少見的特徵。過往文獻均將本種錯誤鑑定為綠柄剪葉鐵角蕨（*H. obscurum*），但該種僅具單邊孢膜，在台灣目前尚無確切之紀錄。

在台灣生長於林下遮蔭環境溪谷滴水岩壁上。

囊群兩側均有孢膜，呈香腸形，在鐵角蕨科極為罕見。

一回羽狀複葉，羽片膜質。

孢子囊群短線形，生於側脈中段。

葉柄帶綠色，光澤微弱。

葉軸兩面均為綠色

生於山澗流水間之濕潤岩石上

小膜葉鐵角蕨

屬名　膜葉鐵角蕨屬

學名　*Hymenasplenium subnormale* (Copel.) Nakaike

根莖長橫走，葉軸黑紫色有光澤。葉遠生，卵狀披針形，一回羽狀複葉，羽片通常 7 ～ 15 對，薄紙質，兩側不對稱，斜方形，頂端具圓鈍狀鋸齒，游離脈，一至二岔。孢子囊群線形，生於小脈邊，開口朝向羽軸。

分布於高雄、屏東、台東、綠島及蘭嶼，生於低海拔岩石或土坡遮蔽處。

生於高位珊瑚礁縫隙之較小型個體

葉卵狀披針形，羽片對數通常少於其它同屬物種。

根莖橫走

基羽片多少反折，呈鐮狀三角形。

羽片兩側不對稱，斜方形，粗鈍齒緣。

生於林蔭土坡之較大型個體

孢子囊群線形，生於側脈中段。

膜葉鐵角蕨屬未定種

屬名　膜葉鐵角蕨屬

學名　*Hymenasplenium* sp. (*H.* aff. *latidens*)

形態接近阿里山膜葉鐵角蕨（*H. adiantifrons*，見第 410 頁）及蔭濕膜葉鐵角蕨（*H. obliquissimum*，見第 415 頁），區別為葉片近基部漸縮，基羽片短縮且反折，羽片近先端常些許加寬，邊緣不規則粗圓齒狀且波狀起伏。此種形態近似產於中國之闊齒膜葉鐵角蕨（*H. latidens*）。

偶見於新北及宜蘭中海拔山區，生於霧林環境內極濕潤之遮蔭岩石或土坡。

羽片近先端常些許加寬，具不規則粗圓齒緣。

羽片質地極薄，呈半透光狀。

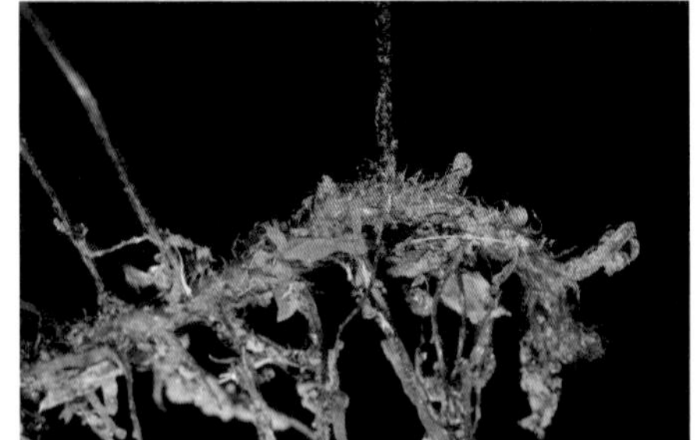

根莖橫走，綠色，疏被鱗片。

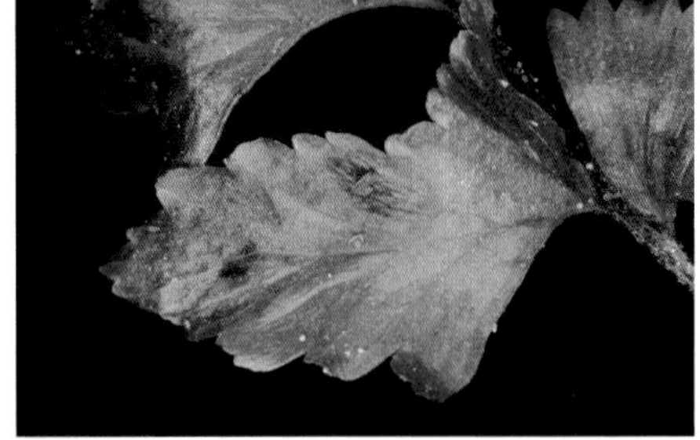

基羽片短縮，近三角形。

囊群短線形，稍近羽軸。

生於溪溝周圍濕潤山壁

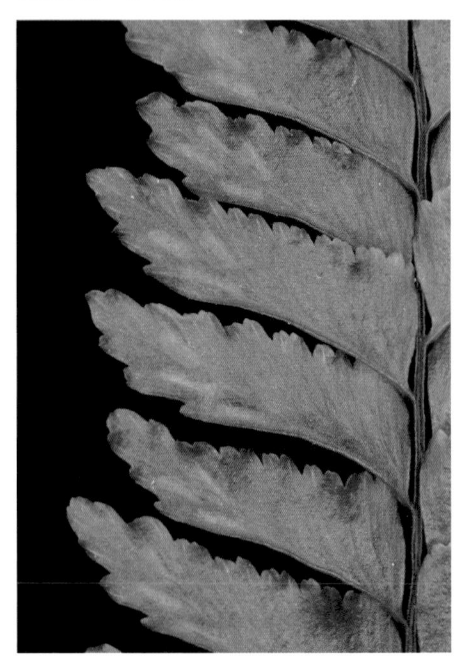

上部羽片斜出

岩蕨科 WOODSIACEAE

本科僅岩蕨屬（*Woodsia*）1 屬，全世界約 35 種，主要分布於北半球，歐亞大陸之溫帶地區以及墨西哥之乾燥地區具有最高的物種多樣性。本科均為小型簇生之岩生或地生蕨類，葉一至二回羽裂，最重要的區別特徵為孢膜著生於孢子囊群之基部，常由絲狀或鱗片狀的裂片所組成，極少為杯狀或球狀，或無孢膜（後三者均不產在台灣）。孢子豆形。

特徵

孢膜下位著生，常分裂為絲狀。（岩蕨屬未定種）

為生長於高山岩石環境之小型蕨類（岡本氏岩蕨）

根莖密被鱗片，葉叢生。（岩蕨屬未定種）

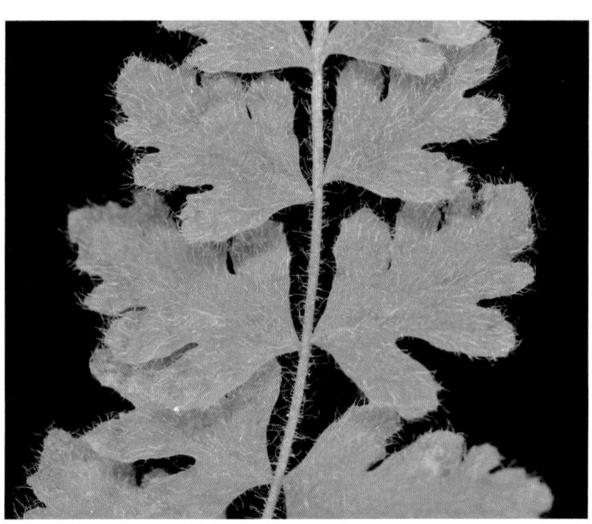
葉軸及葉面常覆有不同型式之毛被（蜘蛛岩蕨）

岩蕨屬 WOODSIA

特徵同科。

蜘蛛岩蕨

屬名　岩蕨屬

學名　*Woodsia andersonii* (Bedd.) Christ

根莖粗短，直立或斜升，被披針形深棕色鱗片。葉叢生，葉柄及葉軸綠色，被短腺毛，紅棕色長毛及毛狀鱗片；葉片一回羽狀複葉，達二回深裂，羽片卵形至菱形，兩面密被短腺毛及淺鏽色長毛。孢子囊群圓形，位於葉緣與中脈間，具少量絲狀孢膜。

在台灣偶見於海拔 3,100 ～ 3,400 公尺高山環境，生長於冷杉林內巨岩縫隙間，乾旱植株的葉柄及葉軸纏繞成團狀。

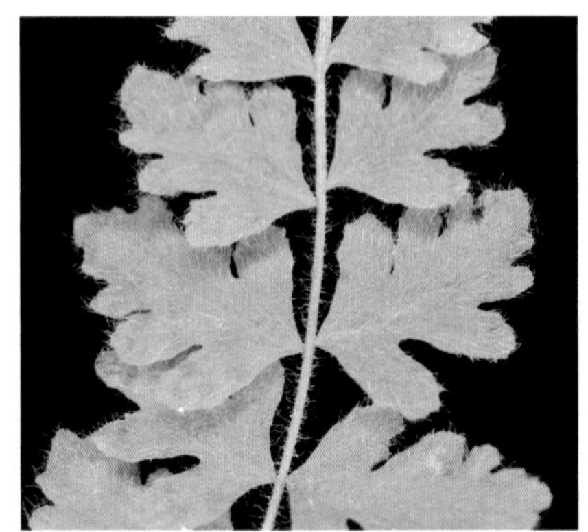

葉兩面被較短之腺毛及較長之非腺毛

孢子囊群圓形

葉柄被短腺毛及紅棕色長毛

生於高海拔林下之岩石環境

羽片卵形至菱形，基部寬楔形。

岡本氏岩蕨 特有種

屬名　岩蕨屬

學名　*Woodsia okamotoi* Tagawa

根莖短，直立或斜升，先端被窄披針形鱗片。葉叢生，葉柄及葉軸下部紫黑色具光澤，被毛及披針形鱗片；葉片一回羽狀複葉，常有頂羽片；側羽片約 8～10 對，無柄，草質，卵狀長橢圓形，先端圓，邊緣粗圓齒狀或淺至深羽裂，兩面被長毛。孢子囊群著生於脈上位於葉緣與中脈間，具絲狀孢膜。

特有種，分布於台灣海拔 2,800～3,500 公尺高山環境，生於針葉林下或開闊環境之巨岩縫隙間。

一回羽狀複葉，羽片橢圓形至卵形，圓齒狀。

葉兩面被無色長毛

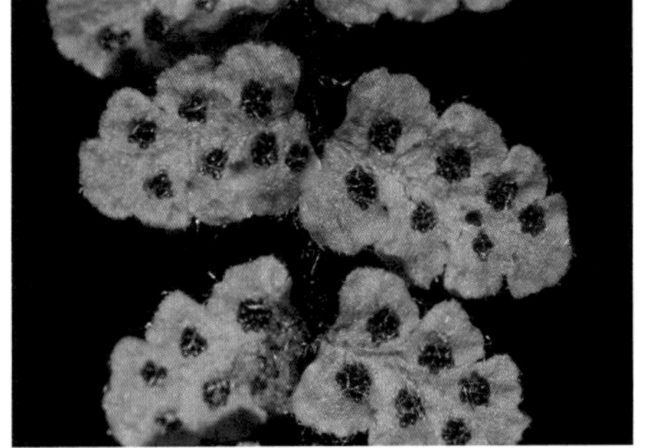
孢子囊群圓形，具絲狀孢膜。

具二回深裂葉片之個體

生長於高海拔岩縫中（張智翔攝）

葉柄及葉軸紫黑色，表面光亮，被毛及褐色披針形鱗片。

岩蕨

屬名　岩蕨屬

學名　*Woodsia polystichoides* D.C.Eaton

根莖短而直立，密被卵狀披針形棕色鱗片。葉叢生，葉片線狀披針形，一回羽狀複葉，羽片橢圓披針形，基部具明顯的耳狀突起。孢子囊群圓形，亞邊緣生，孢膜邊緣淺裂並有睫毛。

在台灣生長於中高海拔山區開闊環境石壁縫隙中。

一回羽狀複葉，羽片基部具耳狀突起。

羽片先端圓鈍，邊緣近全緣或稍波狀緣。

羽片上具凹陷之中肋及小脈

可見於高海拔岩石環境或林緣處

葉軸有縱溝，被短柔毛。

孢子囊群圓形，近葉緣生，上覆滿細長毛；孢膜基生，淺碟狀，邊緣淺裂。

岩蕨屬未定種

屬名　岩蕨屬

學名　*Woodsia* sp.

根莖短，直立。葉叢生，葉柄基部有大型鱗片，下部有一關節，與葉軸均為草稈色，近軸面具凹溝，疏被短腺毛及毛狀鱗片；葉片披針形，二回羽狀深裂，羽片向先端漸縮為尾狀，不具獨立頂羽片；側羽片 8 ～ 10 對，具短柄，菱狀卵形，兩面疏被短腺毛，遠軸面及邊緣另有極疏之長毛。孢子囊群球形，由許多絲狀之孢膜包覆。

偶見於高海拔山區之岩縫間，本種在台灣由王弼昭先生首次紀錄，因而有「王氏岩蕨」之非正式稱呼，但其形態與陝西岩蕨（*W. shensiensis*）相當接近，尚待詳細比對。

孢膜下位著生，細裂成絲狀。

葉軸、中肋及側脈近軸面具凹溝。

葉叢生，根莖被褐色披針形鱗片。

生長於高山岩石縫隙內

葉二回羽狀深裂，基羽片略短縮。

葉柄近基部有一關節

與岡本氏岩蕨共域生長

球子蕨科 ONOCLEACEAE

全世界 4 屬 5 種，分別為莢果蕨屬（*Matteuccia*，1 種）、球子蕨屬（*Onoclea*，1 種）、假球子蕨屬（*Onocleopsis*，1 種）與東方莢果蕨屬（*Pentarhizidium*，2 種），廣泛分布於北半球溫帶地區與墨西哥。本科成員最主要的區別特徵為幼葉紅色，葉柄具兩條維管束；營養葉與孢子葉明顯兩型，孢子葉羽片強烈收縮，反捲包覆孢子囊群。孢子具葉綠素，豆形。

東方莢果蕨屬 PENTARHIZIDIUM

根莖直立，被鱗片，營養葉與孢子葉顯著二型，孢子葉緊縮，葉緣強烈反捲呈豆莢狀。

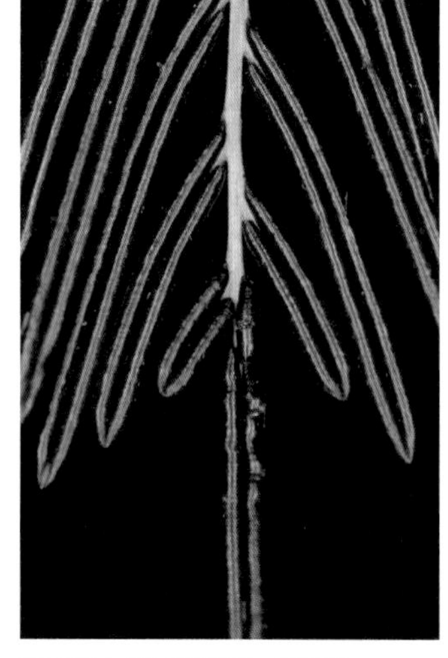
孢子羽片成熟呈深褐色，莢果狀。

東方莢果蕨

屬名　東方莢果蕨屬

學名　*Pentarhizidium orientale* (Hook.) Hayata

莖短而直立，密被披針形棕色鱗片。葉顯著二型，營養葉片橢圓形，二回深裂；孢子葉與營養葉約等高，一回羽狀，兩側反捲為豆莢狀，包覆孢子囊群。

在台灣主要分布於宜蘭中海拔山區，新竹亦有少量族群，生長於冷涼霧林環境之林緣或溪流兩岸半開闊坡地。其營養葉於春季發育，孢子葉於夏季發育，秋季成熟；冬季落葉休眠，但乾枯之孢子葉常可宿存較長時間。

裂片先端鈍尖，側脈游離。

具休眠性，春季可見新發育之營養葉及乾枯之前一年孢子葉。

側羽片近無柄，羽狀深裂。

孢子羽片線形，向遠軸面反捲。

葉大型叢生，一回羽狀複葉。

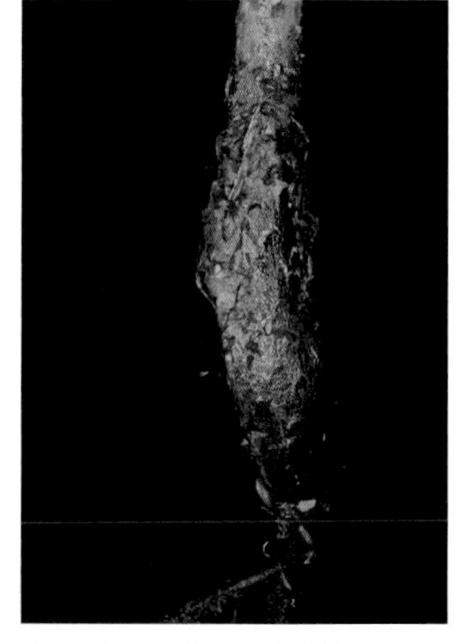
葉柄基部密被深褐色披針形鱗片

烏毛蕨科 BLECHNACEAE

全世界 24 屬約 250 種。本科成員泛世界分布，在生活型上具有高度的多樣性，從地生、岩生到附生皆有。大多種類具有營養葉與孢子葉兩型化現象。幼葉紅色。孢子囊群線形，與中肋平行，具孢膜，孢膜開口朝向中肋；少數物種無孢膜，沿脈生長或全面著生於葉遠軸面；孢子豆形。

特徵

嫩葉紅色（細葉狗脊蕨）

狗脊蕨屬具有間斷之短線形孢膜，開口向內。（東方狗脊蕨）

假桫欏屬、閉囊蕨屬及羅蔓蕨屬具莢狀孢膜，常占據大部分葉肉，僅假桫欏屬成熟時開裂。（假桫欏）

葉常為革質且光滑無毛（天長閉囊蕨）

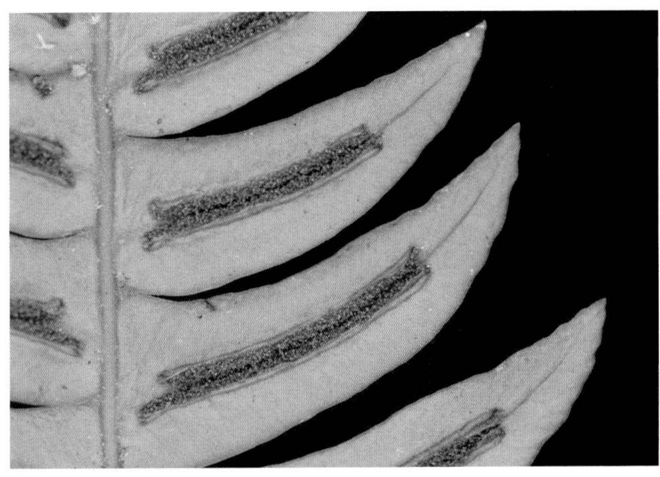

烏木蕨屬、擬烏毛蕨屬具長線形孢膜，開口向內。（烏木蕨）

烏木蕨屬 BLECHNIDIUM

常為岩生或坡生，根莖長橫走，密被紅棕色披針形鱗片。葉近或遠生，營養葉與孢子葉同型，葉片闊披針形，一回羽裂深達葉軸，羽片狹披針形，具網狀脈，基部羽片突縮為耳狀。孢子囊群線形，緊貼羽軸。本屬全世界僅 1 種。

烏木蕨

屬名　烏木蕨屬

學名　*Blechnidium melanopus* (Hook.) T.Moore

特徵同屬。本種過往常置於廣義的烏毛蕨屬，稱「雉尾烏毛蕨」（*Blechnum melanopus*）。

在台灣零星分布於中海拔山區霧林環境，成片生長於濕潤岩壁或土坡，偶附生於樹幹基部。

羽片鐮形，先端尖。

根莖密被紅棕色披針形鱗片

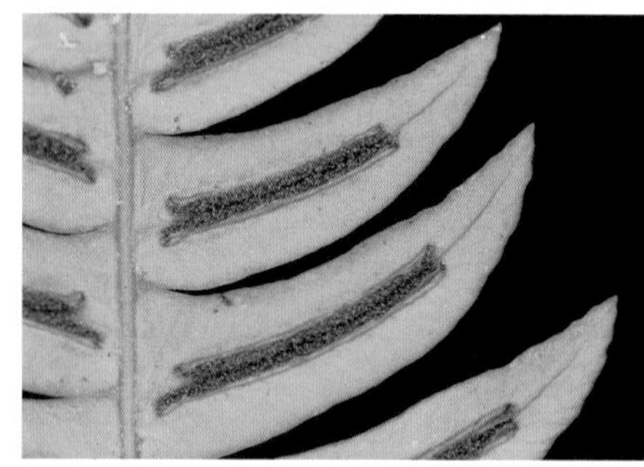

囊群緊貼裂片中脈

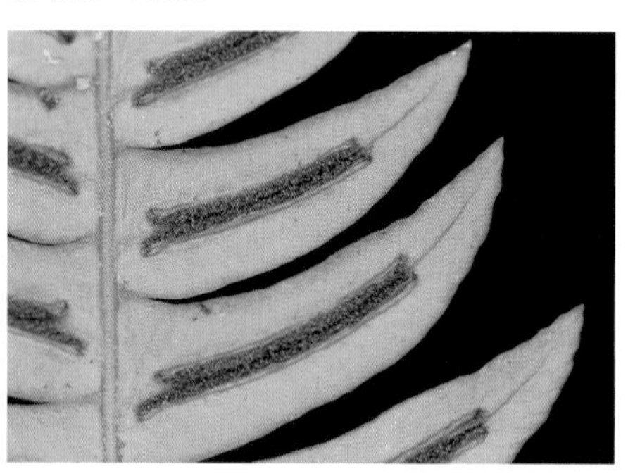

基部羽片漸縮成耳狀

生長於林緣遮蔭多濕環境，土坡或岩壁上。

葉下垂，一回深裂至葉軸。

擬烏毛蕨屬 BLECHNOPSIS

莖短，直立，密被棕色狹披針形鱗片。葉叢生於莖頂，營養葉與孢子葉同型；葉片卵狀披針形，一回羽狀複葉，基部具多對耳狀之退化羽片；側羽片線形，無柄，全緣。孢子囊群為連續之線形，緊靠主脈兩側，與主脈平行，孢膜全緣。

擬烏毛蕨

屬名　擬烏毛蕨屬

學名　*Blechnopsis orientalis* (L.) C.Presl

特徵同屬。本種過往常置於廣義的烏毛蕨屬，稱「烏毛蕨」（*Blechnum orientalis*）。

在台灣廣泛分布於本島及離島低海拔山區酸性土質環境，生長於林緣遮蔭溝邊及山坡或疏林下環境。

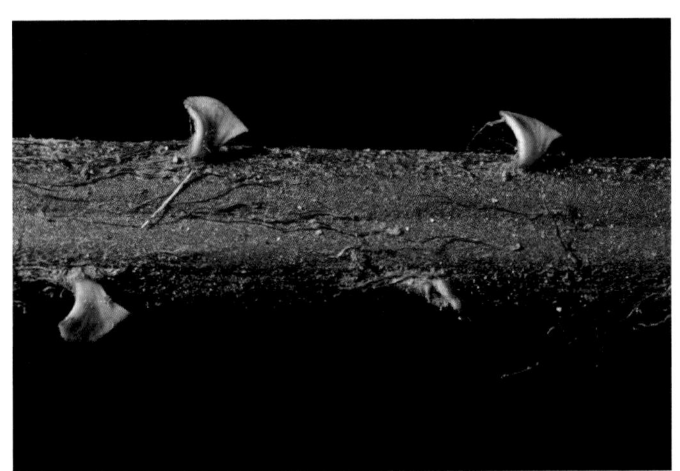

基部羽片突縮成小耳狀

孢子囊群線形，連續，緊貼主脈兩側，與主脈平行，開口朝向主脈羽軸。

植株大型，叢生狀。

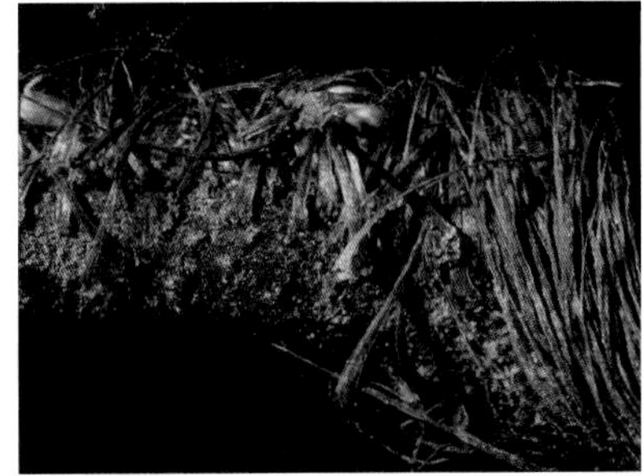

葉基密被棕色狹披針形鱗片

葉脈游離

蘇鐵蕨屬 BRAINEA

根莖直立，樹幹狀，外形似蘇鐵，頂部與葉柄基部均密被紅棕色線形鱗片。葉叢生於莖頂，葉稍二型化，孢子葉與營養葉類似，但羽片略窄，且壽命極短；葉為一回羽狀複葉，羽片狹披針形，基部略呈心形，邊緣有細密的鋸齒，沿羽軸兩側各有一排網眼。孢子囊群沿主脈兩側形成網眼之小脈著生，無孢膜。本屬全世界僅1種。

蘇鐵蕨

屬名　蘇鐵蕨屬

學名　*Brainea insignis* (Hook.) J.Sm.

特徵同屬。

在台灣僅分布於台中及南投低中海拔山區乾溼分明區域之林緣或疏林下。本種大多生長於易發生火災之棲地，其堅韌之樹狀主幹對火焚有耐受性，因而得以持續生存；但若因人為控制使林火頻率大減，族群將持續面臨其它強勢物種之競爭而有衰退可能。

孢子囊群沿羽軸兩側的小脈著生，無孢膜。

羽片狹線形，基部心形。

孢子葉形態近似營養葉

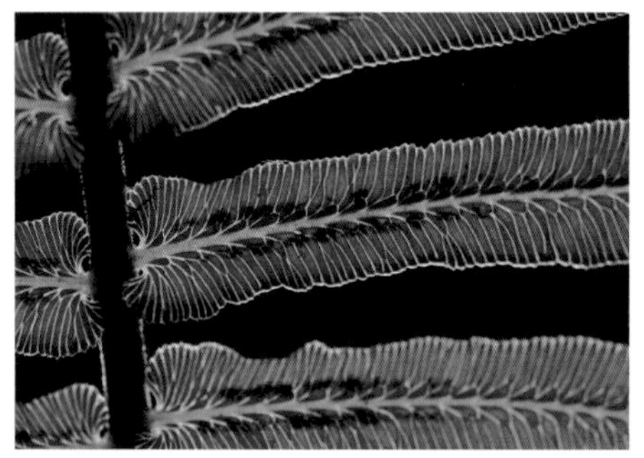
羽軸兩側各具一排網眼

根莖直立具明顯主幹，外形似蘇鐵。

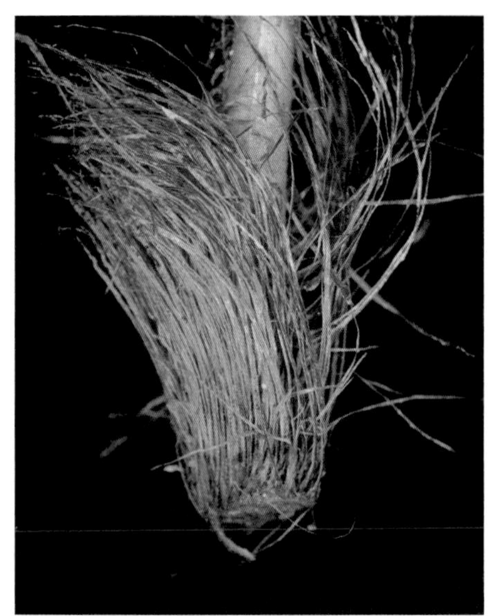
葉柄基部密被紅棕色線形鱗片

閉囊蕨屬 CLEISTOBLECHNUM

根莖直立或斜升，密被披針形棕色鱗片。葉叢生，稍二型化；營養葉線狀橢圓形，厚革質，光滑無毛，一回羽狀深裂至葉軸，裂片先端圓鈍，邊緣反捲，基部裂片漸縮為耳狀；孢子葉形態與營養葉接近，但裂片略狹窄，且壽命短暫；孢子囊群於裂片中肋兩側各一枚，幾乎完全占據裂片遠軸面，孢膜莢狀不開裂。本屬全世界僅 1 種。

天長閉囊蕨 特有種

屬名　閉囊蕨屬

學名　*Cleistoblechnum eburneum* (Christ) Gasper & Salino var. *obtusum* (Tagawa) Gasper & Salino

特徵同屬。本種過往常置於廣義的烏毛蕨屬，稱為「天長烏毛蕨」（*Blechnum eburneum*）。台灣族群葉較狹窄，寬約 3 公分以內，裂片先端圓鈍，因而可視為一獨立變種；而承名變種葉寬達 5 公分，裂片先端銳尖。

特有變種，僅分布於花蓮北部中海拔之石灰岩區域，生長於林緣岩壁縫隙間。

孢子葉裂片較窄，壽命短暫。

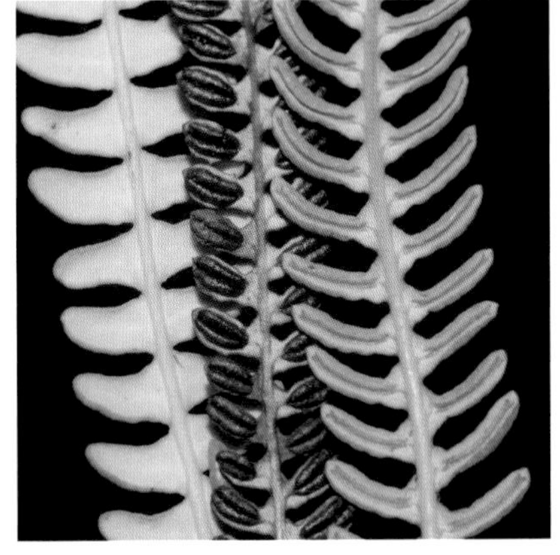
孢子葉裂片幾無葉肉，孢膜完全閉合形成莢狀。

葉一回深裂至葉軸，呈梳齒狀，厚革質。

根莖直立，密被披針形棕色鱗片。

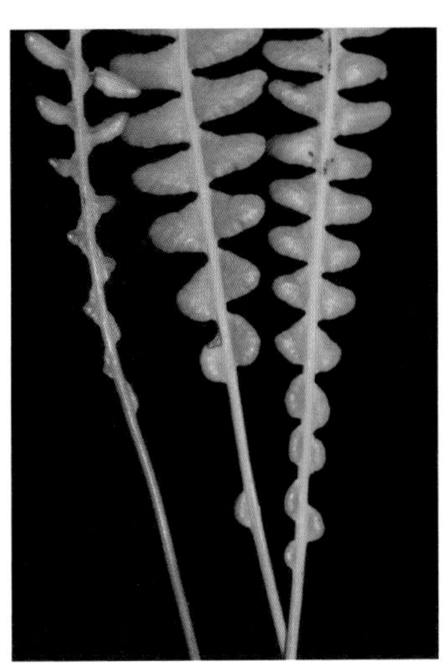
下部羽片漸縮成耳狀

生長於石灰岩壁

假桫欏屬 DIPLOBLECHNUM

根莖狹長直立，常呈灌木狀，先端密被披針形黑色鱗片。葉叢生於莖頂部，稍二型化；營養葉長橢圓披針形，一至二回羽裂；孢子葉略較狹。孢子囊群線形。

假桫欏

屬名　假桫欏屬

學名　*Diploblechnum fraseri* (A.Cunn.) DeVol

植物體呈灌木狀，具狹長直立根莖，可達 1 公尺高，有時倒伏。葉長橢圓披針形，二回羽狀深裂，基部羽片漸縮，羽軸上另有大小不等之裂片形成翼狀。孢子葉常略小於營養葉，壽命短暫。

在台灣零星分布於中央山脈南段鬼湖至浸水營一帶海拔 1,400 ～ 2,000 公尺之熱帶山地霧林環境，生長於濕潤之林緣或林隙稍開闊處。

葉二回深裂至羽軸，葉軸上另有齒狀翼。

根莖直立，由老葉之宿存葉柄基部包覆。

孢膜開口朝內，幾乎占滿整個裂片。

孢子葉形態與營養葉接近但壽命短暫

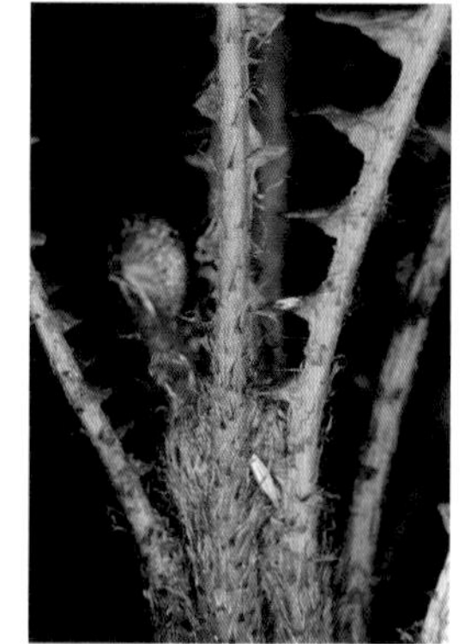
葉基部被褐色披針形鱗片

生長於熱帶霧林環境之林緣或林隙間（張智翔攝）

植物體呈灌木狀

羅曼蕨屬 SPICANTOPSIS

形態接近閉囊蕨屬（*Cleistoblechnum*），區別為葉近無柄，質地較薄，側脈約略可見，裂片邊緣不反捲。

韓氏羅曼蕨

屬名　羅曼蕨屬

學名　*Spicantopsis hancockii* (Hance) Masam.

根莖短而直立，密被線形深棕色鱗片。葉叢生，葉片闊披針形，一回羽狀深裂至葉軸，裂片狹披針形；孢子葉與營養葉近同型，常略小且較為直立。孢膜線形，著生於主脈與葉緣之間，不開裂。本種過往常置於廣義的烏毛蕨屬，稱「韓氏烏毛蕨」（*Blechnum hancockii*）。

在台灣零星分布於海拔 900 ～ 2,500 公尺霧林環境，生長於林緣半開闊土坡或岩壁上。

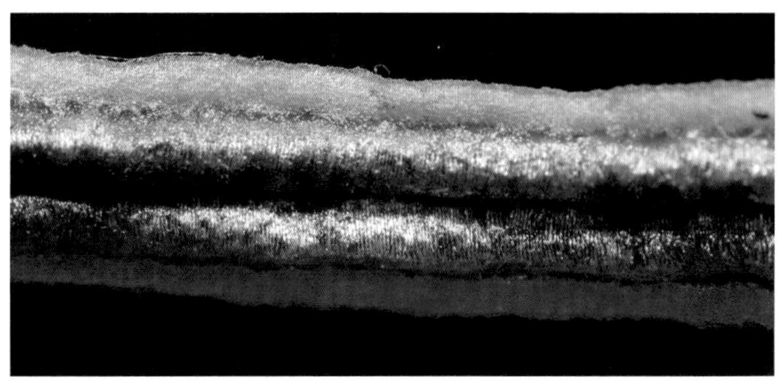

孢膜不開裂

營養葉一回羽狀深裂，無柄。

葉亞二型，孢子葉略窄於營養葉。

本種（右）與雉尾烏毛蕨（左）共域生長於密布苔蘚之濕潤山壁

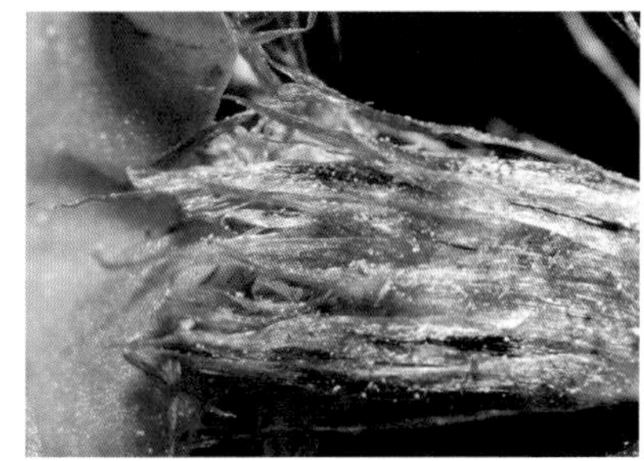

葉基密佈褐色披針形鱗片

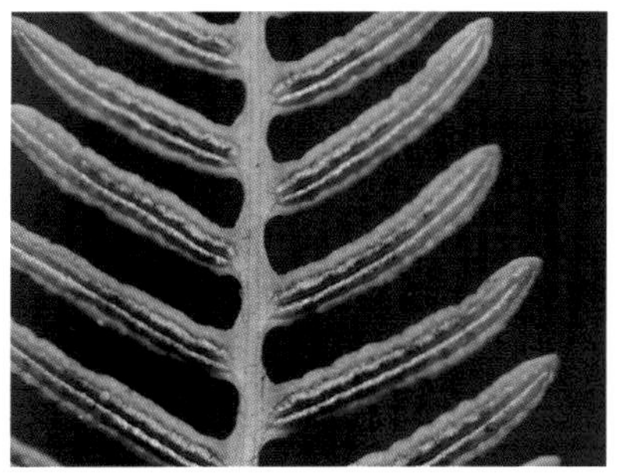

孢膜線形，緊貼裂片中脈 。（張智翔攝）

狗脊蕨屬 WOODWARDIA

根莖橫走。葉脈網狀，中肋兩側僅具一排網眼。囊群及孢膜不連續，長條形，開向中肋。

哈氏狗脊蕨

屬名　狗脊蕨屬

學名　*Woodwardia harlandii* Hook.

根莖長橫走狀，密被黑褐色披針形鱗片。葉疏生，葉形變異甚大，自披針形的單葉至一回羽狀複葉均有，羽狀裂葉具 1 ～ 4 對線狀披針形之側羽（裂）片。孢子囊群紅棕色，粗線形，沿主脈兩側生長，開向主脈。

在台灣主要分布於台北、新北至宜蘭北部受強烈東北季風影響之低海拔山區，於台東達仁亦存在少量族群，生長於稜線附近通風良好，地被較疏之闊葉林下。

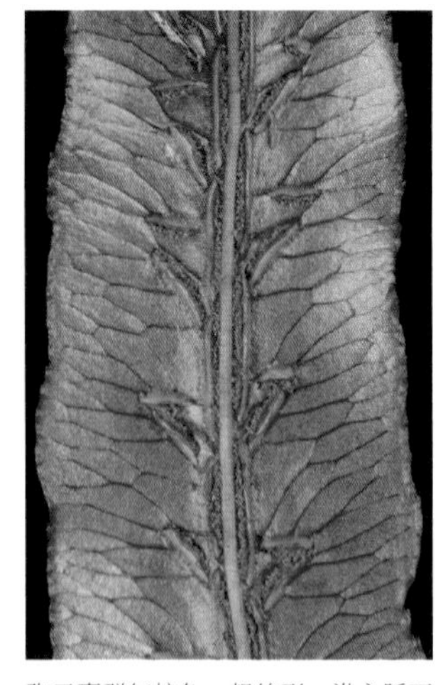

孢子囊群紅棕色，粗線形，沿主脈兩側生長，開口朝向脈。

葉脈網狀，網眼多排。

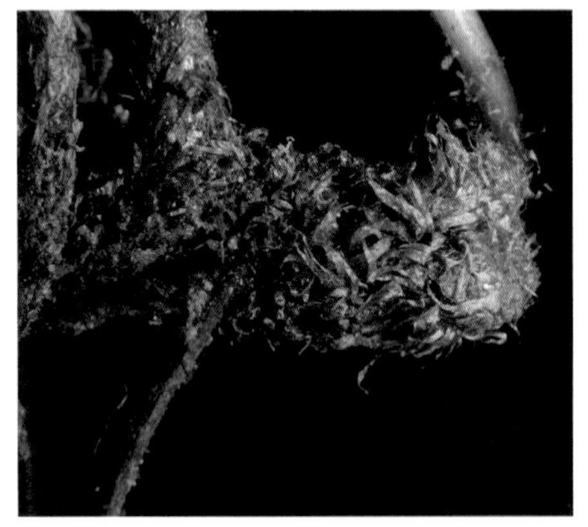

根莖長橫走狀，密被黑褐色披針形鱗片。

裂片全緣或稀疏鋸齒緣

大型個體一回羽狀深裂或複葉，側羽片或裂片 1 ～ 4 對。

較小個體具披針形單葉

日本狗脊蕨

屬名　狗脊蕨屬

學名　*Woodwardia japonica* (L.f.) Sm.

根莖短匍匐狀，密被深棕色狹披針形鱗片。葉近生，葉片長卵形，二回羽裂，羽片線狀披針形。孢子囊群線形，著生於主脈兩側的狹長網眼上。

在台灣生長於低中海拔多雨區域之林下遮蔭處，亦分布馬祖，為酸性土指示植物。

羽片無柄，裂片先端尖。

孢子囊群線形，著生於主脈兩側的狹長網眼上，開口朝向中脈。

網狀脈，中脈網眼狹長。

葉片長卵形，二回羽裂，羽片線狀披針形。

葉柄密被棕色狹闊披針形鱗片

細葉狗脊蕨

屬名　狗脊蕨屬

學名　*Woodwardia kempii* Copel.

形態與哈氏狗脊蕨（*W. harlandii*，見第432頁）接近，但葉片達二回羽狀分裂，一回裂片排列較密集，大多4對以上，向葉片先端漸短縮，不具頂羽片。

在台灣僅分布於台北及新北近郊山區，生育環境與哈氏狗脊蕨相同，二種經常共域生長。

葉為闊三角形，二回羽狀分裂。

網狀脈，網眼中無游離小脈。

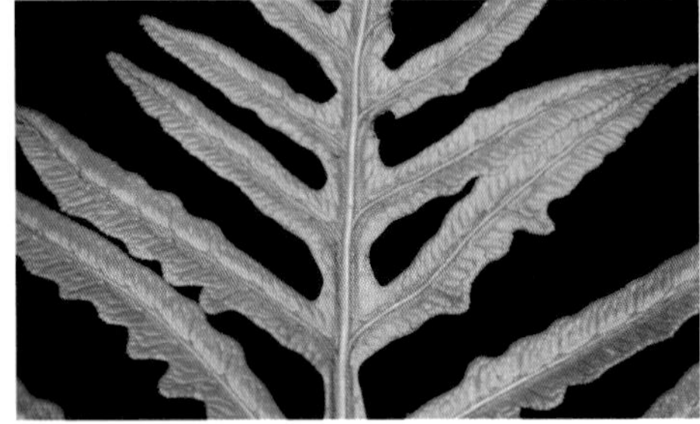

囊群沿葉軸及主脈間斷生長如脊骨狀， 孢膜開口朝向軸及脈處。

小型個體葉片披針形，一回淺裂。

生長於稜線附近通風良好森林內

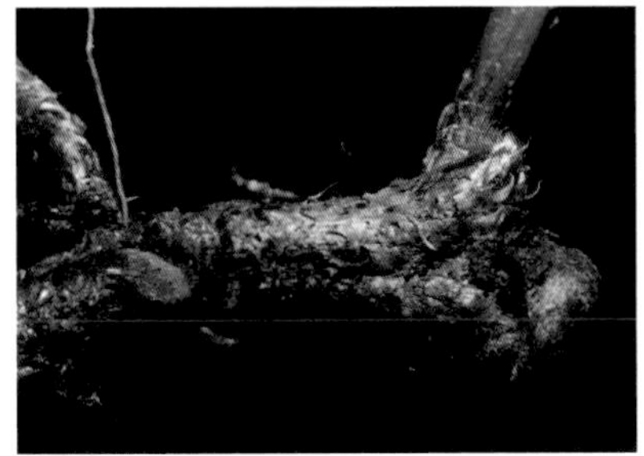

根莖橫走，被棕色鱗片。

東方狗脊蕨

屬名　狗脊蕨屬

學名　*Woodwardia prolifera* Hook. & Arn.

根莖短匍匐，密被披針形深棕色鱗片。葉叢生，葉片卵形狀披針形，二回羽狀深裂，側羽片基下側常有一至數枚裂片缺失。本種葉近軸面常生有多數小型不定芽，且不定芽上常有1枚小型葉片，為獨特之識別特徵；但有時亦可見不具不定芽之個體。

在台灣常見於低海拔山坡、路旁或溪流兩岸開闊而濕潤之山壁，亦分布金門及馬祖。

葉近軸面常生有不定芽

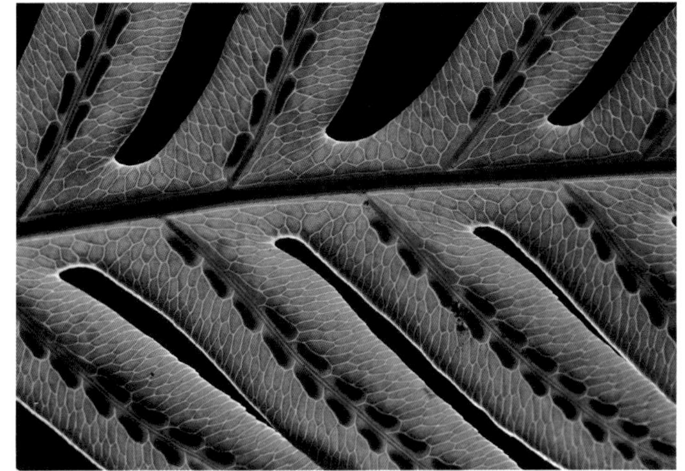

葉脈網狀，網眼中無游離小脈。

基羽片下側裂片通常縮小或闕如。

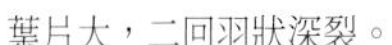

葉片大，二回羽狀深裂。

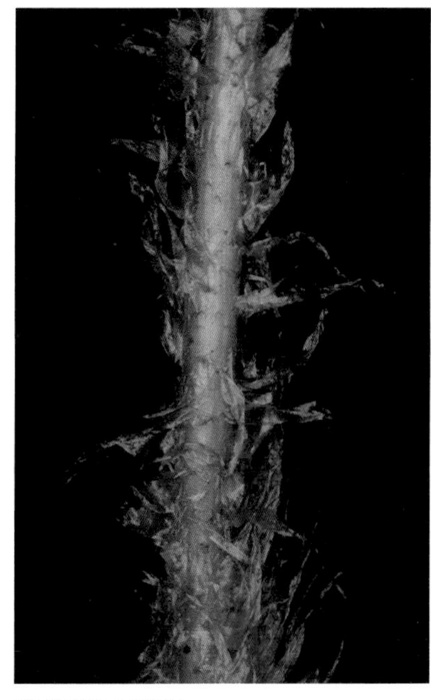

葉基被棕色大型鱗片

頂芽狗脊蕨

屬名　狗脊蕨屬

學名　*Woodwardia unigemmata* (Makino) Nakai

根狀莖匍匐狀，密被披針形褐色鱗片，葉叢生，葉片長卵形，葉軸近先端具一被棕色鱗片的大型不定芽。

在台灣生長於中海拔森林環境，常群生於濕潤之邊坡土壁上。

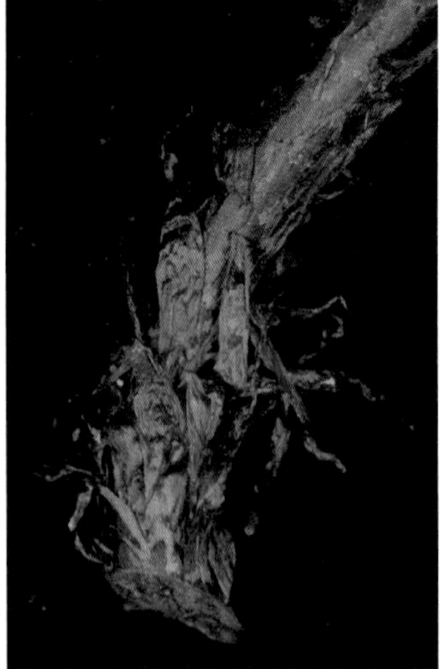

葉基被棕色大型鱗片

葉片厚紙質，表面具光澤。

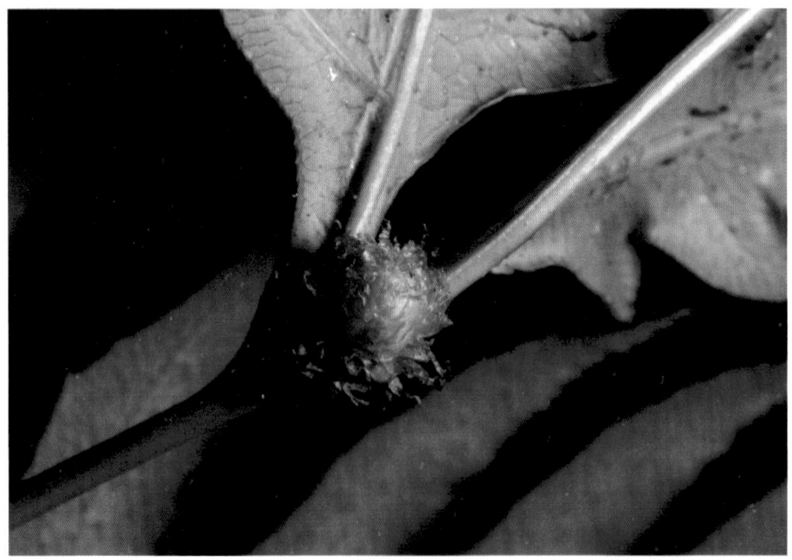

葉軸近先端具一被棕色鱗片的不定芽

孢子囊群線形，沿中脈兩側生長，開口朝向中脈。

葉片長卵形，二回深裂。

中名索引

二劃

二羽達邊蕨 209
二型鳳尾蕨 280
人厭槐葉蘋 168

三劃

三翅鐵角蕨 399
三腳鳳尾蕨 308
叉脈單葉假脈蕨 116
大球桿毛蕨 99
大陰地蕨 79
大黑柄鐵角蕨 386
大葉瓶蕨 148
大葉鳳尾蕨 277
大蓬萊鐵角蕨 370
大鐵角蕨 367
小杉葉石杉 13
小車前蕨 244
小垂枝馬尾杉 37
小泉氏瘤足蕨 177
小烏蕨 205
小笠原卷柏 45
小傅氏鳳尾蕨 288
小葉海金沙 163
小葉假脈蕨 107
小葉鐵角蕨 396
小膜葉鐵角蕨 417
山地卷柏 60
山蘇花 365

四劃

中孢書帶蕨 263
中華裏白 159
中華鱗蓋蕨 342
分枝莎草蕨 165
分株假紫萁 89
反捲葉石杉 19
天長閉囊蕨 429
天草鳳尾蕨 283
方柄鱗始蕨 197
日本石松 24
日本卷柏 55
日本狗脊蕨 433
日本金粉蕨 266
日本香鱗始蕨 207
日本鳳丫蕨 253
日本鳳尾蕨 299
木賊 64
毛果鱗蓋蕨 347
毛桿蕨 95
毛軸鐵角蕨 369
毛碎米蕨 249
毛葉蕨 134
毛葉鐵線蕨 221
毛緣細口團扇蕨 135
毛囊鱗蓋蕨 348
水蕨 247
爪哇厚壁蕨 122
爪哇鳳尾蕨 300
爪哇蕗蕨 130
爪哇鱗始蕨 195
王氏鐵角蕨 401

五劃

北方水蕨 246
北方生芽鐵角蕨 366
北京鐵角蕨 383
半月形鐵線蕨 227
半翼柄蕗蕨 141
半邊羽裂鳳尾蕨 304
卡氏鳳尾蕨 276
卡洲滿江紅 166
台北鱗蓋蕨 331
台灣大陰地蕨 78
台灣山蘇花 380
台灣木賊 65
台灣水韭 41
台灣芒萁 156
台灣車前蕨 241
台灣金狗毛蕨 180
台灣亮毛蕨 355
台灣姬蕨 326
台灣粉背蕨 234
台灣桫欏 187
台灣鳳尾蕨 289
台灣瘤足蕨 175
台灣樹蕨 185
台灣蕗蕨 143
台灣鐵線蕨 230
台灣觀音座蓮 84
司氏碗蕨 324
四國鐵角蕨 393
平羽蕗蕨 137
玉山石松 27
玉山地刷子 28
玉山卷柏 52
玉柏 25
瓦氏鳳尾蕨 310
生芽鐵角蕨 381
生根卷柏 49
田字草 170
石生假脈蕨 108
石杉屬未定種 21
石長生 225
禾桿亮毛蕨 356

六劃

伊藤氏觀音座蓮 82
光葉鱗蓋蕨 × 毛囊鱗蓋蕨 333
光葉鱗蓋蕨 332
全緣卷柏 47
全緣鳳丫蕨 251
地刷子 26
尖峰嶺膜葉鐵角蕨 416
尖葉鐵角蕨 388
曲軸蕨 351
有刺鳳尾蕨 305
灰背鐵線蕨 226
灰姬蕨 327
羽裂鱗蓋蕨 335
羽節蕨 359
耳形瘤足蕨 178
行方氏鳳尾蕨 298

七劃

亨氏擬旱蕨 235
亨利氏車前蕨 242
克氏粉背蕨 236
克氏假脈蕨 101
克氏鱗蓋蕨 336
冷蕨 357
尾葉鳳尾蕨 282
杉葉馬尾杉 39
杉葉蔓石松 23
芒萁 154
車前蕨 243

八劃

亞粗毛鱗蓋蕨 345
亞窗格狀瓶蕨 150
亞緣單葉假脈蕨 117
刺柄碗蕨 323
卷柏屬未定種 63
孟連鐵線蕨 224
岡本氏岩蕨 421
岩穴蕨 350
岩鳳尾蕨 279
岩蕨 422
岩蕨屬未定種 423
弧脈鳳尾蕨 275
東方狗脊蕨 435
東方莢果蕨 424
東洋山蘇花 392
松葉蕨 66
波紋蕗蕨 123
虎克氏鱗蓋蕨 334

金毛裸蕨 269
金狗毛蕨 179
金門水韭 42
金粉蕨 268
長毛蕗蕨 133
長片蕨 93
長生團扇蕨 106
長生鐵角蕨 385
長尾鐵線蕨 217
長柄千層塔 16
長柄粉背蕨 233
長柄鳳尾蕨 274
長葉鳳尾蕨 296
阿里山千層塔 18
阿里山鳳尾蕨 273
阿里山膜葉鐵角蕨 410
阿里山蕨萁 72
青綠膜蕨 132

九劃

俄氏鐵角蕨 382
南洋厚壁蕨 129
南洋假脈蕨 98
南洋桫欏 184
南洋蕗蕨 139
南海瓶蕨 149
南海鐵角蕨 373
南海鐵角蕨×叢葉鐵角蕨 374
厚壁蕨 124
厚邊蕨 100
哈氏狗脊蕨 432
垂枝馬尾杉 36
垂葉書帶蕨 259
城戶氏鳳尾蕨 293
威氏鐵角蕨 402
屋久書帶蕨 265
指裂細口團扇蕨 126
星毛膜蕨 138
柳杉葉蔓馬尾杉 32
相馬氏石杉 20
盾型單葉假脈蕨 118
紅柄鳳尾蕨 303
美葉車前蕨 239
耶氏鳳尾蕨 284
革葉鐵角蕨 372
香鱗始蕨 208

十劃

倒葉瘤足蕨 174
涼山石杉 17
姬卷柏 50
姬書帶蕨 258
姬蕨 329
姬鐵角蕨 368
峨眉石杉 14
扇羽陰地蕨 68
扇葉鐵線蕨 219
書帶蕨 261
栗色車前蕨 240
栗蕨 325
海金沙 162
海島鱗始蕨 190
烏木蕨 426
烏來鳳尾蕨 311
烏蕨 203
烏蕨 × 小烏蕨 204
烏蕨屬未定種 206
狹葉瓶爾小草 76
琉球卷柏 53
琉球鳳尾蕨 302
粉葉蕨 271
翅柄假脈蕨 102
翅柄鳳尾蕨 290
翅柄鐵線蕨 229
逆羽裏白 158
針葉蕨 319
馬尾杉屬未定種 40
馬來鐵線蕨 222
高山金粉蕨 267
高山珠蕨 255
高山瓶爾小草 74
高山鳳丫蕨 254
高雄卷柏 58
鬼桫欏 186

十一劃

假脈蕨屬未定種 1 112
假脈蕨屬未定種 2 113
假脈蕨屬未定種 3 114
假桫欏 430
剪葉膜葉鐵角蕨 413
密生鐵角蕨 403
密葉卷柏 51
帶狀瓶爾小草 73
張氏馬尾杉 31
斜方鱗蓋蕨 341
斜葉鐵角蕨 405
梅山口鐵線蕨 223
深山粉背蕨 232
深山鐵角蕨 364
深山鐵線蕨 220
球桿毛蕨 110
瓶爾小草未定種 77
瓶蕨 146
異葉卷柏 54
異葉書帶蕨 262
異葉鱗始蕨 194
疏葉卷柏 57
疏葉珠蕨 256
粒囊蕨 85
粗毛鱗蓋蕨 344
粗齒革葉紫萁 90
細口團扇蕨 131
細毛碗蕨 321
細裂羽節蕨 360
細葉狗脊蕨 434
細葉美葉鐵線蕨 228
細葉姬蕨 330
細葉碎米蕨 248
細葉鳳尾蕨 272
細葉蕗蕨 128
細葉鐵角蕨 387
細葉鱗始蕨 196
連孢針葉蕨 318
陰地蕨屬未定種 69
頂芽狗脊蕨 436
頂囊蕗蕨 136
鹵蕨 212

十二劃

傅氏鳳尾蕨 287
單邊鐵角蕨 414
掌鳳尾蕨 278
斐濟假脈蕨 111
棣氏卷柏 48
棣氏膜蕨 125
無柄鳳尾蕨 292
無配膜葉鐵角蕨 411
無腺姬蕨 328
短柄單葉假脈蕨 115
稀子蕨 349
稀毛毛葉蕨 119
窗格長片蕨 92
筆筒樹 188
紫萁 88
絨紫萁 87
華中瘤足蕨 173
華東瓶蕨 147
華東瘤足蕨 176
華東膜蕨 121
華南鱗蓋蕨 338
華鳳丫蕨 252
菲律賓厚葉蕨 96
萊氏鐵角蕨 404
軸果蕨 361
鈍齒鐵角蕨 395
鈍齒鱗始蕨 198
雲南鐵角蕨 406
黃鱗鐵角蕨 379
黑心蕨 257

十三劃

圓唇假脈蕨 97
圓葉鱗始蕨 199
愛氏鐵線蕨 218

溪鳳尾蕨 306
碗蕨 322
腸蕨 362
萬年松 61
裏白 160
過山龍 29
達邊蕨 210
鈴木氏鳳尾蕨 307

十四劃

團羽鐵線蕨 213
團羽鱗蓋蕨 339
團扇蕨 105
嫩鱗蓋蕨 346
對開蕨 390
槐葉蘋 169
滿江紅 167
碧鳳鐵角蕨 384
福氏馬尾杉 35
綠柄鐵角蕨 400
網脈鱗始蕨 192
翠雲草 62
翠蕨 238
蜘蛛岩蕨 420
裸柄蕗蕨 140
銀杏葉鐵角蕨 389
鳳尾蕨 297
鳳尾蕨屬未定種 1 312
鳳尾蕨屬未定種 2 313
鳳尾蕨屬未定種 3 314
鳳尾蕨屬未定種 4 315
鳳尾蕨屬未定種 5 316
鳳尾蕨屬未定種 6 317

十五劃

劍羽鐵角蕨 394
劍葉書帶蕨 260
劍葉鐵角蕨 371
寬片膜蕨 142
寬羽鳳尾蕨 294
寬葉冷蕨 358
寬葉馬尾杉 33
寬葉假脈蕨 109
廣葉書帶蕨 264
熱帶鱗蓋蕨 343
瘤足蕨 172
箭葉鳳尾蕨 285
箭葉鳳尾蕨 × 琉球鳳尾蕨 286
箭葉鱗始蕨 193
線片長片蕨 94
線葉鐵角蕨 391
緣毛卷柏 46
膜葉卷柏 44
膜葉鐵角蕨屬未定種 418
膜蕨屬未定種 1 144
膜蕨屬未定種 2 145
蓬萊鳳尾蕨 295
蔓芒萁 157
蔭濕膜葉鐵角蕨 415
銳葉馬尾杉 34
銳頭瓶爾小草 75

十六劃

澤瀉蕨 270
燕尾蕨 151
蕨 352
蕨萁 70
錢氏鱗始蕨 191
錫金石杉 15
錫蘭七指蕨 71

十七劃

擬日本卷柏 56
擬長柄粉背蕨 237
擬烏毛蕨 427
擬翅柄鳳尾蕨 281
擬密葉卷柏 59
縮羽鐵角蕨 376
蕗蕨 120
薄葉孔雀鐵角蕨 412
薄葉碎米蕨 250
薄葉鐵角蕨 397
賽芒萁 155
闊片烏蕨 201
闊片烏蕨 × 烏蕨 202
闊葉鱗蓋蕨 340
闊邊假脈蕨 103
韓氏桫欏 182
韓氏羅曼蕨 431

十八劃

叢葉蕗蕨 127
叢葉鐵角蕨 375
叢穗莎草蕨 164
覆葉馬尾杉 30
雙扇蕨 152
鞭葉鐵線蕨 216

十九劃

攀緣鱗始蕨 200
藤石松 22
邊緣鱗蓋蕨 337

二十劃

蘇鐵蕨 428

二十一劃

蘭嶼車前蕨 245
蘭嶼桫欏 183
蘭嶼鐵角蕨 378
蘭嶼鐵線蕨 215
蘭嶼觀音座蓮 81
鐵角蕨 398
鐵角蕨屬未定種 1 407
鐵角蕨屬未定種 2 408
鐵角蕨屬未定種 3 409
鐵線蕨 214
鐵線蕨屬未定種 231

二十二劃

巒大蕨 353
彎羽鳳尾蕨 291

二十三劃

變葉假脈蕨 104
變葉鳳尾蕨 301
鱗芽裏白 161
鱗柄鐵角蕨 377
鱗葉馬尾杉 38
鱗蓋鳳尾蕨 309

二十五劃

觀音座蓮 83

學名索引

A

Abrodictyum clathratum (Tagawa) Ebihara & K.Iwats. 窗格長片蕨 92
Abrodictyum cumingii C.Presl 長片蕨 93
Abrodictyum obscurum (Blume) Ebihara & K.Iwats. 線片長片蕨 94
Acrostichum aureum L. 鹵蕨 212
Actinostachys digitata (L.) Wall. 叢穗莎草蕨 164
Acystopteris taiwaniana (Tagawa) Á.Löve & D.Löve 台灣亮毛蕨 355
Acystopteris tenuisecta (Blume) Tagawa 禾桿亮毛蕨 356
Adiantum × meishanianum F.S.Hsu *ex* Yea C.Liu & W.L.Chiou 梅山口鐵線蕨 223
Adiantum capillus-junonis Rupr. 團羽鐵線蕨 213
Adiantum capillus-veneris f. *lanyuanum* W.C.Shieh 蘭嶼鐵線蕨 215
Adiantum capillus-veneris L. 鐵線蕨 214
Adiantum caudatum L. 鞭葉鐵線蕨 216
Adiantum diaphanum Blume 長尾鐵線蕨 217
Adiantum edgeworthii Hook. 愛氏鐵線蕨 218
Adiantum flabellulatum L. 扇葉鐵線蕨 219
Adiantum formosanum Tagawa 深山鐵線蕨 220
Adiantum hispidulum Sw. 毛葉鐵線蕨 221
Adiantum malesianum J.Ghatak 馬來鐵線蕨 222
Adiantum menglianense Y.Y.Qian 孟連鐵線蕨 224
Adiantum monochlamys D.C.Eaton 石長生 225
Adiantum myriosorum Baker 灰背鐵線蕨 226
Adiantum philippense L. 半月形鐵線蕨 227
Adiantum raddianum C.Presl 細葉美葉鐵線蕨 228
Adiantum soboliferum Wall. *ex* Hook. 翅柄鐵線蕨 229
Adiantum sp. 鐵線蕨屬未定種 231
Adiantum taiwanianum Tagawa 台灣鐵線蕨 230
Aleuritopteris agetae Saiki 深山粉背蕨 232
Aleuritopteris argentea (S.G.Gmel.) Fée 長柄粉背蕨 233
Aleuritopteris formosana (Hayata) Tagawa 台灣粉背蕨 234
Aleuritopteris henryi comb. ined. 亨氏擬旱蕨 235
Aleuritopteris krameri (Franch. & Sav.) Ching 克氏粉背蕨 236
Aleuritopteris subargentea Ching 擬長柄粉背蕨 237
Alsophila denticulata Baker 韓氏桫欏 182
Alsophila fenicis (Copel.) C.Chr. 蘭嶼桫欏 183
Alsophila loheri (Christ) R.M.Tryon 南洋桫欏 184
Alsophila metteniana Hance 台灣樹蕨 185
Alsophila podophylla Hook. 鬼桫欏 186
Alsophila spinulosa (Wall. *ex* Hook.) R.M.Tryon 台灣桫欏 187
Angiopteris × itoi (W.C.Shieh) J.M.Camus 伊藤氏觀音座蓮 82
Angiopteris evecta (G.Forst.) Hoffm. 蘭嶼觀音座蓮 81
Angiopteris lygodiifolia Rosenst. 觀音座蓮 83
Angiopteris somae (Hayata) Makino & Nemoto 台灣觀音座蓮 84
Anogramma leptophylla (L.) Link 翠蕨 238
Antrophyum callifolium Blume 美葉車前蕨 239
Antrophyum castaneum H.Ito 栗色車前蕨 240
Antrophyum formosanum Hieron. 台灣車前蕨 241
Antrophyum henryi Hieron. 亨利氏車前蕨 242

Antrophyum obovatum Baker 車前蕨 243
Antrophyum parvulum Blume 小車前蕨 244
Antrophyum sessilifolium (Cav.) Spreng. 蘭嶼車前蕨 245
Asplenium × *shikokianum* Makino 四國鐵角蕨 393
Asplenium × *wangii* C.M.Kuo 王氏鐵角蕨 401
Asplenium adiantum-nigrum L. 深山鐵角蕨 364
Asplenium antiquum Makino 山蘇花 365
Asplenium boreale (Ohwi *ex* Sa.Kurata) Nakaike 北方生芽鐵角蕨 366
Asplenium bullatum Wall. *ex* Mett. 大鐵角蕨 367
Asplenium capillipes Makino 姬鐵角蕨 368
Asplenium crinicaule Hance 毛軸鐵角蕨 369
Asplenium cuneatiforme Christ 大蓬萊鐵角蕨 370
Asplenium ensiforme Wall. *ex* Hook. & Grev. 劍葉鐵角蕨 371
Asplenium falcatum Lam. 革葉鐵角蕨 372
Asplenium formosae × *A. griffithianum* 南海鐵角蕨 × 叢葉鐵角蕨 374
Asplenium formosae Christ 南海鐵角蕨 373
Asplenium griffithianum Hook. 叢葉鐵角蕨 375
Asplenium incisum Thunb. 縮羽鐵角蕨 376
Asplenium lacinioides Fraser-Jenk., Pangtey & Khullar 鱗柄鐵角蕨 377
Asplenium matsumurae Christ 蘭嶼鐵角蕨 378
Asplenium neolaserpitiifolium Tardieu & Ching 黃鱗鐵角蕨 379
Asplenium nidus L. 台灣山蘇花 380
Asplenium normale D.Don 生芽鐵角蕨 381
Asplenium oldhamii Hance 俄氏鐵角蕨 382
Asplenium pekinense Hance 北京鐵角蕨 383
Asplenium pifongiae L.Y.Kuo, F.W.Li & Y.H.Chang 碧鳳鐵角蕨 384
Asplenium prolongatum Hook. 長生鐵角蕨 385
Asplenium pseudolaserpitiifolium Ching *ex* Tardieu & Ching 大黑柄鐵角蕨 386
Asplenium pulcherrimum (Baker) Ching 細葉鐵角蕨 387
Asplenium ritoense Hayata 尖葉鐵角蕨 388
Asplenium ruta-muraria L. 銀杏葉鐵角蕨 389
Asplenium scolopendrium L. 對開蕨 390
Asplenium septentrionale (L.) Hoffm. 線葉鐵角蕨 391
Asplenium setoi N.Murak. & Seriz 東洋山蘇花 392
Asplenium sp. 1 (*A.* aff. *boreale*) 鐵角蕨屬未定種 *1* 407
Asplenium sp. 1 (*A.* aff. *khullarii*) 鐵角蕨屬未定種 *2* 408
Asplenium sp. 3 (*A.* aff. *nesii*) 鐵角蕨屬未定種 *3* 409
Asplenium steerei Harr. 劍羽鐵角蕨 394
Asplenium tenerum G.Forst. 鈍齒鐵角蕨 395
Asplenium tenuicaule Hayata 小葉鐵角蕨 396
Asplenium tenuifolium D.Don 薄葉鐵角蕨 397
Asplenium trichomanes L. 鐵角蕨 398
Asplenium tripteropus Nakai 三翅鐵角蕨 399
Asplenium viride Huds. 綠柄鐵角蕨 400
Asplenium wilfordii Mett. *ex* Kuhn var. *densum* Rosenst. 密生鐵角蕨 403
Asplenium wilfordii Mett. *ex* Kuhn var. *wilfordii* 威氏鐵角蕨 402
Asplenium wrightii D.C.Eaton *ex* Hook. 萊氏鐵角蕨 404
Asplenium yoshinagae Makino 斜葉鐵角蕨 405
Asplenium yunnanense Franch. 雲南鐵角蕨 406
Azolla caroliniana Willd. 卡州滿江紅 166
Azolla pinnata R.Br. 滿江紅 167

B

Blechnidium melanopus (Hook.) T.Moore 烏木蕨 426
Blechnopsis orientalis (L.) C.Presl 擬烏毛蕨 427
Botrychium lunaria (L.) Sw. 扇羽陰地蕨 68
Botrychium sp. 陰地蕨屬未定種 69
Botrypus virginianus (L.) Michx. 蕨萁 70
Brainea insignis (Hook.) J.Sm. 蘇鐵蕨 428

C

Callistopteris apiifolia (C.Presl) Copel. 毛桿蕨 95
Cephalomanes javanicum (Blume) C.Presl 菲律賓厚葉蕨 96
Ceratopteris gaudichaudii Brongn. *var.* vulgaris Masuyama & Watano 北方水蕨 246
Ceratopteris thalictroides (L.) Brongn. 水蕨 247
Cheilanthes chusana Hook. 細葉碎米蕨 248
Cheilanthes nudiuscula (R.Br.) T.Moore 毛碎米蕨 249
Cheilanthes tenuifolia (Burm.f.) Sw. 薄葉碎米蕨 250
Cheiropleuria integrifolia (D.C.Eaton *ex* Hook.) M.Kato, Y.Yatabe, Sahashi & N.Murak. 燕尾蕨 151
Cibotium barometz (L.) J.Sm. 金狗毛蕨 179
Cibotium taiwanense C.M.Kuo 台灣金狗毛蕨 180
Claytosmunda claytoniana (L.) Metzgar & Rouhan 絨紫萁 87
Cleistoblechnum eburneum (Christ) Gasper & Salino var. *obtusum* (Tagawa) Gasper & Salino 天長閉囊蕨 429
Coniogramme fraxinea (D.Don) Fée *ex* Diels 全緣鳳丫蕨 251
Coniogramme intermedia Hieron. 華鳳丫蕨 252
Coniogramme japonica (Thunb.) Diels 日本鳳丫蕨 253
Coniogramme procera Wall. *ex* Fée 高山鳳丫蕨 254
Crepidomanes bilabiatum (Nees & Blume) Copel. 圓唇假脈蕨 97
Crepidomanes bipunctatum (Poir.) Copel. 南洋假脈蕨 98
Crepidomanes grande (Copel.) Ebihara & K.Iwats. 大球桿毛蕨 99
Crepidomanes humile (G.Forst.) Bosch 厚邊蕨 100
Crepidomanes kurzii (Bedd.) Tagawa & K.Iwats. 克氏假脈蕨 101
Crepidomanes latealatum (Bosch) Copel. 翅柄假脈蕨 102
Crepidomanes latemarginale (D.C.Eaton) Copel. 闊邊假脈蕨 103
Crepidomanes makinoi (C.Chr.) Copel. 變葉假脈蕨 104
Crepidomanes minutum (Blume) K.Iwats. subsp. *minutum* 團扇蕨 105
Crepidomanes minutum (Blume) K.Iwats. subsp. *proliferum comb. ined.* 長生團扇蕨 106
Crepidomanes parvifolium (Baker) K.Iwats. 小葉假脈蕨 107
Crepidomanes rupicola (Racib.) Copel. 石生假脈蕨 108
Crepidomanes schmidtianum (Zenker *ex* Taschner) K.Iwats. var. *latifrons* (Bosch) K.Iwats. 寬葉假脈蕨 109
Crepidomanes sp. 1 假脈蕨屬未定種 *1* 112
Crepidomanes sp. 2 假脈蕨屬未定種 *2* 113
Crepidomanes sp. 3 假脈蕨屬未定種 *3* 114
Crepidomanes thysanostomum (Makino) Ebihara & K.Iwats. 球桿毛蕨 110
Crepidomanes vitiense (Baker) Bostock 斐濟假脈蕨 111
Cryptogramma brunoniana Wall. *ex* Hook. & Grev. 高山珠蕨 255
Cryptogramma stelleri (S.G.Gmel.) Prantl 疏葉珠蕨 256
Cystopteris fragilis (L.) Bernh. 冷蕨 357
Cystopteris moupinensis Franch. 寬葉冷蕨 358

D

Dennstaedtia hirsuta (Sw.) Mett. *ex* Miq. 細毛碗蕨 321
Dennstaedtia scabra (Wall. *ex* Hook.) T.Moore 碗蕨 322

Dennstaedtia scandens (Blume) T.Moore 刺柄碗蕨 323
Dennstaedtia smithii (Hook.) T.Moore 司氏碗蕨 324
Dicranopteris linearis (Burm.f.) Underw. 芒萁 154
Dicranopteris subpectinata (Christ) C.M.Kuo 賽芒萁 155
Dicranopteris taiwanensis Ching & Chiu 台灣芒萁 156
Dicranopteris tetraphylla (Rosenst.) C.M.Kuo 蔓芒萁 157
Didymoglossum beccarianum (Cesati) Senterre & Rouhan 短柄單葉假脈蕨 115
Didymoglossum bimarginatum (Bosch) Ebihara & K.Iwats. 叉脈單葉假脈蕨 116
Didymoglossum sublimbatum (Müll.Berol.) Ebihara & K.Iwats. 亞緣單葉假脈蕨 117
Didymoglossum tahitense (Nadeaud) Ebihara & K.Iwats. 盾型單葉假脈蕨 118
Diplaziopsis javanica (Blume) C.Chr. 腸蕨 362
Diploblechnum fraseri (A.Cunn.) DeVol 假桫欏 430
Diplopterygium blotianum (C.Chr.) Nakai 逆羽裏白 158
Diplopterygium chinense (Rosenst.) DeVol 中華裏白 159
Diplopterygium glaucum (Thunb. *ex* Houtt.) Nakai 裏白 160
Diplopterygium laevissimum (Christ) Nakai 鱗芽裏白 161
Dipteris conjugata Reinw. 雙扇蕨 152
Doryopteris concolor (Langsd. & Fisch.) Kuhn 黑心蕨 257

E

Equisetum ramosissimum Desf. subsp. *debile* (Roxb. *ex* Vaucher) Hauke 台灣木賊 65
Equisetum ramosissimum Desf. subsp. *ramosissimum* 木賊 64

G

Gymnocarpium oyamense (Baker) Ching 羽節蕨 359
Gymnocarpium remotepinnatum (Hayata) Ching 細裂羽節蕨 360

H

Haplopteris anguste-elongata (Hayata) E.H.Crane 姬書帶蕨 258
Haplopteris elongata (Sw.) E.H.Crane 垂葉書帶蕨 259
Haplopteris ensiformis (Sw.) E.H.Crane 劍葉書帶蕨 260
Haplopteris flexuosa (Fée) E.H.Crane 書帶蕨 261
Haplopteris heterophylla C.W.Chen, Y.H.Chang & Yea C.Liu 異葉書帶蕨 262
Haplopteris mediosora (Hayata) X.C.Zhang 中孢書帶蕨 263
Haplopteris taeniophylla (Copel.) E.H.Crane 廣葉書帶蕨 264
Haplopteris yakushimensis C.W.Chen & Ebihara 屋久書帶蕨 265
Helminthostachys zeylanica (L.) Hook. 錫蘭七指蕨 71
Histiopteris incisa (Thunb.) J.Sm. 栗蕨 325
Huperzia appressa (Desv.) Á.Löve & D.Löve 小杉葉石杉 13
Huperzia emeiensis (Ching & H.S.Kung) Ching & H.S.Kung 峨眉石杉 14
Huperzia herteriana (Kümmerle) T.Sen & U.Sen 錫金石杉 15
Huperzia javanica (Sw.) C.Y.Yang 長柄千層塔 16
Huperzia liangshanica (H.S.Kung) Ching & H.S.Kung 涼山石杉 17
Huperzia myriophyllifolia (Hayata) Holub 阿里山千層塔 18
Huperzia quasipolytrichoides (Hayata) Ching 反捲葉石杉 19
Huperzia somae (Hayata) Ching 相馬氏石杉 20
Huperzia sp. (*H.* aff. *serrata*) 石杉屬未定種 21
Hymenasplenium adiantifrons (Hayata) Viane & S.Y.Dong 阿里山膜葉鐵角蕨 410
Hymenasplenium apogamum (N.Murak. & Hatan.) Nakaike 無配膜葉鐵角蕨 411
Hymenasplenium cheilosorum (Kunze *ex* Mett.) Tagawa 薄葉孔雀鐵角蕨 412
Hymenasplenium excisum (C.Presl) S.Linds. 剪葉膜葉鐵角蕨 413

Hymenasplenium murakami-hatanakae Nakaike 單邊鐵角蕨 414
Hymenasplenium obliquissimum (Hayata) Sugim. 薩濕膜葉鐵角蕨 415
Hymenasplenium pseudobscurum Viane 尖峰嶺膜葉鐵角蕨 416
Hymenasplenium sp. (*H.* aff. l*atidens*) 膜葉鐵角蕨屬未定種 418
Hymenasplenium subnormale (Copel.) Nakaike 小膜葉鐵角蕨 417
Hymenophyllum acutum (C.Presl) Ebihara & K.Iwats. 稀毛毛葉蕨 119
Hymenophyllum badium Hook. & Grev. 蕗蕨 120
Hymenophyllum barbatum (Bosch) Baker 華東膜蕨 121
Hymenophyllum blandum Racib. 爪哇厚壁蕨 122
Hymenophyllum crispatum Wall. *ex* Hook. & Grev. 波紋蕗蕨 123
Hymenophyllum denticulatum Sw. 厚壁蕨 124
Hymenophyllum devolii M.J.Lai 棣氏膜蕨 125
Hymenophyllum digitatum (Sw.) Fosberg 指裂細口團扇蕨 126
Hymenophyllum fimbriatum J.Sm. 叢葉蕗蕨 127
Hymenophyllum fujisanense Nakai 細葉蕗蕨 128
Hymenophyllum holochilum (Bosch) C.Chr. 南洋厚壁蕨 129
Hymenophyllum javanicum Spreng. 爪哇蕗蕨 130
Hymenophyllum nitidulum (Bosch) Ebihara & K.Iwats. 細口團扇蕨 131
Hymenophyllum okadae Masam. 青綠膜蕨 132
Hymenophyllum oligosorum Makino 長毛蕗蕨 133
Hymenophyllum pallidum (Blume) Ebihara & K.Iwats. 毛葉蕨 134
Hymenophyllum palmatifidum (Müll.Berol.) Ebihara & K.Iwats. 毛緣細口團扇蕨 135
Hymenophyllum paniculiflorum C.Presl 頂囊蕗蕨 136
Hymenophyllum parallelocarpum Hayata 平羽蕗蕨 137
Hymenophyllum pilosissimum C.Chr. 星毛膜蕨 138
Hymenophyllum productum Kunze 南洋蕗蕨 139
Hymenophyllum punctisorum Rosenst. 裸柄蕗蕨 140
Hymenophyllum semialatum T.C.Hsu 半翼柄蕗蕨 141
Hymenophyllum simonsianum Hook. 寬片膜蕨 142
Hymenophyllum sp. 1 膜蕨屬未定種 1 144
Hymenophyllum sp. 2 膜蕨屬未定種 2 145
Hymenophyllum taiwanense (Tagawa) C.V.Morton 台灣蕗蕨 143
Hypolepis alpina (Blume) Hook. 台灣姬蕨 326
Hypolepis pallida (Blume) Hook. 灰姬蕨 327
Hypolepis polypodioides (Blume) Hook. 無腺姬蕨 328
Hypolepis punctata (Thunb.) Mett. *ex* Kuhn 姬蕨 329
Hypolepis tenuifolia (G.Forst.) Bernh. 細葉姬蕨 330

I

Isoetes taiwanensis DeVol var. *kinmenensis* F.Y.Lu, H.H.Chen & Y.L.Hsueh 金門水韭 42
Isoetes taiwanensis DeVol var. t*aiwanensis* 台灣水韭 41

J

Japanobotrychium lanuginosum (Wall. *ex* Hook. & Grev.) Nishida *ex* Tagawa 阿里山蕨萁 72

L

Lindsaea bonii Christ 海島鱗始蕨 190
Lindsaea chienii Ching 錢氏鱗始蕨 191
Lindsaea cultrata (Willd.) Sw. 網脈鱗始蕨 192
Lindsaea ensifolia Sw. 箭葉鱗始蕨 193
Lindsaea heterophylla Dryand. 異葉鱗始蕨 194

Lindsaea javanensis Blume 爪哇鱗始蕨 195
Lindsaea kawabatae Sa.Kurata 細葉鱗始蕨 196
Lindsaea lucida Blume 方柄鱗始蕨 197
Lindsaea obtusa Hook. 鈍齒鱗始蕨 198
Lindsaea orbiculata (Lam.) Mett. *ex* Kuhn 圓葉鱗始蕨 199
Lindsaea yaeyamensis Tagawa 攀緣鱗始蕨 200
Lycopodiastrum casuarinoides (Spring) Holub *ex* R.D.Dixit 藤石松 22
Lycopodium annotinum L. 杉葉蔓石松 23
Lycopodium japonicum Thunb. 日本石松 24
Lycopodium juniperoideum Sw. 玉柏 25
Lycopodium multispicatum J.H.Wilce 地刷子 26
Lycopodium veitchii Christ 玉山石松 27
Lycopodium yueshanense C.M.Kuo 玉山地刷子 28
Lygodium japonicum (Thunb.) Sw. 海金沙 162
Lygodium microphyllum (Cav.) R.Br. 小葉海金沙 163

M

Marsilea minuta L. 田字草 170
Microlepia × bipinnata (Makino) Y.Shimura 台北鱗蓋蕨 331
Microlepia × intramarginalis (Tagawa) Seriz. 羽裂鱗蓋蕨 335
Microlepia calvescens (Wall. *ex* Hook.) C.Presl 光葉鱗蓋蕨 332
Microlepia calvescens × M. trichosora 光葉鱗蓋蕨 × 毛囊鱗蓋蕨 333
Microlepia hookeriana (Wall. *ex* Hook.) C.Presl 虎克氏鱗蓋蕨 334
Microlepia krameri C.M.Kuo 克氏鱗蓋蕨 336
Microlepia marginata (Panz.) C.Chr. 邊緣鱗蓋蕨 337
Microlepia nepalensis (Spreng.) Fraser-Jenk., Kandel & Pariyar 華南鱗蓋蕨 338
Microlepia obtusiloba Hayata 團羽鱗蓋蕨 339
Microlepia platyphylla (D.Don) J.Sm. 闊葉鱗蓋蕨 340
Microlepia rhomboidea (Wall. *ex* Kunze) Prantl 斜方鱗蓋蕨 341
Microlepia sinostrigosa Ching 中華鱗蓋蕨 342
Microlepia speluncae (L.) T.Moore 熱帶鱗蓋蕨 343
Microlepia strigosa (Thunb.) C.Presl 粗毛鱗蓋蕨 344
Microlepia substrigosa Tagawa 亞粗毛鱗蓋蕨 345
Microlepia tenera Christ 嫩鱗蓋蕨 346
Microlepia trichocarpa Hayata 毛果鱗蓋蕨 347
Microlepia trichosora Ching 毛囊鱗蓋蕨 348
Monachosorum henryi Christ 稀子蕨 349
Monachosorum maximowiczii (Baker) Hayata 岩穴蕨 350

O

Odontosoria biflora (Kaulf.) C.Chr. 闊片烏蕨 201
Odontosoria biflora × O. chinensis 闊片烏蕨 × 烏蕨 202
Odontosoria chinensis (L.) J.Sm. 烏蕨 203
Odontosoria chinensis × O. gracilis 烏蕨 × 小烏蕨 204
Odontosoria gracilis (Tagawa) Ralf Knapp 小烏蕨 205
Odontosoria sp. 烏蕨屬未定種 206
Onychium japonicum (Thunb.) Kunze 日本金粉蕨 266
Onychium lucidum (D.Don) Spreng. 高山金粉蕨 267
Onychium siliculosum (Desv.) C.Chr. 金粉蕨 268
Ophioderma pendulum (L.) C.Presl 帶狀瓶爾小草 73
Ophioglossum austroasiaticum Nishida 高山瓶爾小草 74

Ophioglossum petiolatum Hook. 銳頭瓶爾小草 75
Ophioglossum sp. (*O.* aff. *parvum*) 瓶爾小草未定種 77
Ophioglossum thermale Kom. 狹葉瓶爾小草 76
Osmolindsaea japonica (Baker) Lehtonen & Christenh. 日本香鱗始蕨 207
Osmolindsaea odorata (Roxb.) Lehtonen & Christenh. 香鱗始蕨 208
Osmunda japonica Thunb. 紫萁 88
Osmundastrum cinnamomeum (L.) C.Presl 分株假紫萁 89

P

Paesia luzonica Christ 曲軸蕨 351
Palhinhaea cernua (L.) Franco & Carv. 過山龍 29
Paragymnopteris vestita (Hook.) K.H.Shing 金毛裸蕨 269
Parahemionitis cordata (Roxb. *ex* Hook. & Grev.) Fraser-Jenk. 澤瀉蕨 270
Pentarhizidium orientale (Hook.) Hayata 東方莢果蕨 424
Phlegmariurus carinatus (Desv. *ex* Poir.) Ching 覆葉馬尾杉 30
Phlegmariurus changii T.Y.Hsieh 張氏馬尾杉 31
Phlegmariurus cryptomerinus (Maxim.) Satou 柳杉葉蔓馬尾杉 32
Phlegmariurus cunninghamioides (Hayata) Ching 寬葉馬尾杉 33
Phlegmariurus fargesii (Herter) Ching 銳葉馬尾杉 34
Phlegmariurus fordii (Baker) Ching 福氏馬尾杉 35
Phlegmariurus phlegmaria (L.) Holub 垂枝馬尾杉 36
Phlegmariurus salvinioides (Herter) Ching 小垂枝馬尾杉 37
Phlegmariurus sieboldii (Miq.) Ching 鱗葉馬尾杉 38
Phlegmariurus sp. (*P.* aff. *fordii*) 馬尾杉屬未定種 40
Phlegmariurus squarrosus (G.Forst.) Á.Löve & D.Löve 杉葉馬尾杉 39
Pityrogramma calomelanos (L.) Link 粉葉蕨 271
Plagiogyria adnata (Blume) Bedd. 瘤足蕨 172
Plagiogyria euphlebia (Kunze) Mett. 華中瘤足蕨 173
Plagiogyria falcata Copel. 倒葉瘤足蕨 174
Plagiogyria glauca (Blume) Mett. 台灣瘤足蕨 175
Plagiogyria japonica Nakai 華東瘤足蕨 176
Plagiogyria koidzumii Tagawa 小泉氏瘤足蕨 177
Plagiogyria stenoptera (Hance) Diels 耳形瘤足蕨 178
Plenasium banksiifolium (C.Presl) C.Presl 粗齒革葉紫萁 90
Psilotum nudum (L.) P.Beauv. 松葉蕨 66
Pteridium latiusculum (Desv.) Hieron. 蕨 352
Pteridium revolutum (Blume) Nakai 巒大蕨 353
Pteris × namegatae Sa.Kurata 行方氏鳳尾蕨 298
Pteris angustipinna Tagawa 細葉鳳尾蕨 272
Pteris arisanensis Tagawa 阿里山鳳尾蕨 273
Pteris bella Tagawa 長柄鳳尾蕨 274
Pteris biaurita L. 弧脈鳳尾蕨 275
Pteris cadieri Christ 卡氏鳳尾蕨 276
Pteris cretica L. 大葉鳳尾蕨 277
Pteris dactylina Hook. 掌鳳尾蕨 278
Pteris deltodon Baker 岩鳳尾蕨 279
Pteris dimorpha Copel. var. *dimorpha* 二型鳳尾蕨 280
Pteris dimorpha Copel. var. *metagrevilleana* Y.S.Chao, H.Y.Liu & W.L.Chiou 擬翅柄鳳尾蕨 281
Pteris dimorpha Copel. var. *prolongata* Y.S.Chao, H.Y.Liu & W.L.Chiou 尾葉鳳尾蕨 282
Pteris dispar Kunze 天草鳳尾蕨 283
Pteris edanyoi Copel. 耶氏鳳尾蕨 284

Pteris ensiformis × *P. ryukyuensis* 箭葉鳳尾蕨 × 琉球鳳尾蕨 286
Pteris ensiformis Burm.f. 箭葉鳳尾蕨 285
Pteris fauriei Hieron. var. *fauriei* 傅氏鳳尾蕨 287
Pteris fauriei Hieron. var. *minor* Hieron. 小傅氏鳳尾蕨 288
Pteris formosana Baker 台灣鳳尾蕨 289
Pteris grevilleana Wall. *ex* J.Agardh 翅柄鳳尾蕨 290
Pteris incurvata Y.S.Chao, H.Y.Liu & W.L.Chiou 彎羽鳳尾蕨 291
Pteris kawabatae Sa.Kurata 無柄鳳尾蕨 292
Pteris kidoi Sa.Kurata 城戶氏鳳尾蕨 293
Pteris latipinna Y.S.Chao & W.L.Chiou 寬羽鳳尾蕨 294
Pteris longipes D.Don 蓬萊鳳尾蕨 295
Pteris longipinna Hayata 長葉鳳尾蕨 296
Pteris multifida Poir. 鳳尾蕨 297
Pteris nipponica W.C.Shieh 日本鳳尾蕨 299
Pteris pellucida C.Presl 爪哇鳳尾蕨 300
Pteris perplexa Y.S.Chao, H.Y.Liu & W.L.Chiou 變葉鳳尾蕨 301
Pteris ryukyuensis Tagawa 琉球鳳尾蕨 302
Pteris scabristipes Tagawa 紅柄鳳尾蕨 303
Pteris semipinnata L. 半邊羽裂鳳尾蕨 304
Pteris setulosocostulata Hayata 有刺鳳尾蕨 305
Pteris sp. 1 鳳尾蕨屬未定種 1 312
Pteris sp. 2 鳳尾蕨屬未定種 2 313
Pteris sp. 3 鳳尾蕨屬未定種 3 314
Pteris sp. 4 (*P.* aff. *semipinnata*) 鳳尾蕨屬未定種 4 315
Pteris sp. 5 鳳尾蕨屬未定種 5 316
Pteris sp. 6 鳳尾蕨屬未定種 6 317
Pteris terminalis Wall. *ex* J.Agardh 溪鳳尾蕨 306
Pteris tokioi Masam. 鈴木氏鳳尾蕨 307
Pteris tripartita Sw. 三腳鳳尾蕨 308
Pteris vittata L. 鱗蓋鳳尾蕨 309
Pteris wallichiana J.Agardh 瓦氏鳳尾蕨 310
Pteris wulaiensis C.M.Kuo 烏來鳳尾蕨 311
Ptisana pellucida (C.Presl) Murdock 粒囊蕨 85

R

Rhachidosorus pulcher (Tagawa) Ching 軸果蕨 361

S

Salvinia molesta D.S.Mitch. 人厭槐葉蘋 168
Salvinia natans (L.) All. 槐葉蘋 169
Sceptridium formosanum (Tagawa) Holub 台灣大陰地蕨 78
Sceptridium ternatum (Thunb.) Lyon 大陰地蕨 79
Schizaea dichotoma (L.) J.Sm. 分枝莎草蕨 165
Selaginella aristata Spring 膜葉卷柏 44
Selaginella boninensis Baker 小笠原卷柏 45
Selaginella ciliaris (Retz.) Spring 緣毛卷柏 46
Selaginella delicatula (Desv. *ex* Poir.) Alston 全緣卷柏 47
Selaginella devolii H.M.Chang, P.F.Lu & W.L.Chiou 棣氏卷柏 48
Selaginella doederleinii Hieron. subsp. *doederleinii* 生根卷柏 49
Selaginella heterostachys Baker 姬卷柏 50
Selaginella involvens (Sw.) Spring 密葉卷柏 51

Selaginella labordei Hieron. *ex* Christ 玉山卷柏 52
Selaginella lutchuensis Koidz. 琉球卷柏 53
Selaginella moellendorffii Hieron. 異葉卷柏 54
Selaginella nipponica Franch. & Sav. 日本卷柏 55
Selaginella pseudonipponica Tagawa 擬日本卷柏 56
Selaginella remotifolia Spring 疏葉卷柏 57
Selaginella repanda (Desv. *ex* Poir.) Spring 高雄卷柏 58
Selaginella sp. 卷柏屬未定種 63
Selaginella stauntoniana Spring 擬密葉卷柏 59
Selaginella tama-montana Seriz. 山地卷柏 60
Selaginella tamariscina (P.Beauv.) *Spring* 萬年松 61
Selaginella uncinata (Desv. *ex* Poir.) Spring 翠雲草 62
Sphaeropteris lepifera (J.Sm. *ex* Hook.) R.M.Tryon 筆筒樹 188
Spicantopsis hancockii (Hance) Masam. 韓氏羅曼蕨 431

T

Tapeinidium biserratum (Blume) Alderw. 二羽達邊蕨 209
Tapeinidium pinnatum (Cav.) C.Chr. 達邊蕨 210

V

Vaginularia junghuhnii Mett. 連孢針葉蕨 318
Vaginularia trichoidea Fée 針葉蕨 319
Vandenboschia auriculata (Blume) Copel. 瓶蕨 146
Vandenboschia kalamocarpa (Hayata) Ebihara 華東瓶蕨 147
Vandenboschia maxima (Blume) Copel. 大葉瓶蕨 148
Vandenboschia striata (D.Don) Ebihara 南海瓶蕨 149
Vandenboschia subclathrata K.Iwats. 亞窗格狀瓶蕨 150

W

Woodsia andersonii (Bedd.) Christ 蜘蛛岩蕨 420
Woodsia okamotoi Tagawa 岡本氏岩蕨 421
Woodsia polystichoides D.C.Eaton 岩蕨 422
Woodsia sp. 岩蕨屬未定種 423
Woodwardia harlandii Hook. 哈氏狗脊蕨 432
Woodwardia japonica (L.f.) Sm. 日本狗脊蕨 433
Woodwardia kempii Copel. 細葉狗脊蕨 434
Woodwardia prolifera Hook. & Arn. 東方狗脊蕨 435
Woodwardia unigemmata (Makino) Nakai 頂芽狗脊蕨 436